中职中专机电类教材系列

Pro/ENGINEER Wildfire 中文版实训教程

胡焕成　主编

科学出版社

北　京

内 容 简 介

Pro/ENGINEER Wildfire（野火版）3.0 是 PTC 公司推出的最新版本的 CAD/CAM 系统，在实际工程中得到了广泛的应用。本书共分成 15 个项目，主要内容包括 Pro/ENGINEER Wildfire 的基本操作、草绘设计、基本实体特征的建立、基准特征、标准特征、常用特征、特征的编辑、工程图制作、零件组合和模具设计等。本书遵循由浅入深的原则，通过典型实用的操作实例，讲解较难掌握的功能和操作方法，并且精心设计了大量有针对性的思考与练习供读者练习，使读者能在较短时间内学会使用软件基本功能。

本书适合作为各类大中专院校相关专业和各类培训班学习 Pro/ENGINEER 的教材，也可供工程技术人员学习参考。

图书在版编目(CIP)数据

Pro/ENGINEER Wildfire 中文版实训教程/胡焕成主编.—北京：科学出版社，2007

（中职中专机电类教材系列）

ISBN 978-7-03-019945-4

Ⅰ.P… Ⅱ.胡… Ⅲ. 机械设计：计算机辅助设计-应用软件，ENGINEER Wildfire-教材 Ⅳ. TH122

中国版本图书馆 CIP 数据核字（2007）第 140519 号

责任编辑：吕建忠 陈砺川/责任校对：赵 燕
责任印制：吕春珉/封面设计：耕者设计工作室

科学出版社 出版
北京东黄城根北街 16 号
邮政编码：100717
http://www.sciencep.com

铭浩彩色印装有限公司印刷

科学出版社发行 各地新华书店经销

*

2007 年 9 月第 一 版 开本：787×1092 1/16
2020 年 1 月第十一次印刷 印张：17 3/4
字数：403 000

定价：43.00 元

（如有印装质量问题，我社负责调换〈铭浩〉）
销售部电话 010-62136131 编辑部电话 010-62135763-1028

前　　言

Pro/ENGINEER 自问世以来，10 多年时间就已成为世界上发展最快、最流行的CAD/CAM 系统软件之一，可广泛应用于机械、电子、航空航天、汽车、模具、工业设计、家电、通信、玩具等行业。

Pro/ENGINEER 是一个全方位的产品开发软件，其功能包括零件设计、产品组合、模具开发、二维工程图制作、NC 加工、机构仿真、自动测量、应力分析、钣金件设计、铸造件设计、逆向工程、产品数据库管理等。

由于 Pro/ENGINEER 模块多、功能强，如果没有合适的学习资料以及实用的教学培训教材，想尽快掌握基本功能的使用技巧是非常困难的。针对这种情况，编者总结了多年来在 Pro/ENGINEER 方面的教学经验，参考了大量相关资料，针对初中级读者编写了本教程。

本书以项目形式展开，共包括 15 个项目来讲述 Pro/ENGINEER Wildfire 3.0 中文版的主要功能与使用技巧。

本书，主要内容包括 Pro/ENGINEER 的基本操作、草绘设计、基本特征、基准特征、标准特征、常用特征、特征的编辑、工程图制作、零件组合及模具设计等，实用性和可操作性强，通过典型实用的操作实例，讲解较难掌握的软件功能和操作方法，还精心设计了大量有针对性的思考与练习，使读者能在较短时间内学会使用软件的基本功能。

本书适合各类大中专院校相关专业和各类培训班作为学习 Pro/ENGINEER Wildfire3.0 中文版软件的教材，也可供工程技术人员学习参考。

本书由胡焕成担任主编。参加本书编写的人员还有吴流发、徐晓俊、吴文亮、熊帮风。

由于本书涉及的内容较广，加之篇幅、时间所限，错漏之处在所难免，恳请广大读者批评指正。

本书中所有范例素材（Pro/ENGINEER Wildfire 的图形源文件）可从科学出版社网站的下载区内下载。

目　录

项目 1

常用特征综合训练

学习目标

- 熟悉 Pro/ENGINEER Wildfire 的操作界面。
- 了解新建零件文件的基本过程。
- 掌握 Pro/ENGINEER Wildfire 文件的基本操作。
- 掌握模型方位的基本操作。

本章内容包括 Pro/ENGINEER Wildfire 3.0（野火版）的操作界面介绍，建立一个新文件的基本过程及文件的基本操作。

■ 1.1 Pro/ENGINEER Wildfire 3.0的操作界面 ■

◄◄◄ 知 识

如图 1.1 所示为启动 Pro/ENGINEER Wildfire 3.0 后的界面，主要包括以下内容。

1. 主窗口

主窗口为图形操作及图形显示区域。

2. 下拉主菜单

下拉主菜单主要用来控制 Pro/ENGINEER Wildfire 的整体环境，其下面含有多级子菜单，可以实现 Pro/ENGINEER 的各种功能。

3. 工具栏

在工具栏中将常用的操作命令以图标的形式放在 Pro/ENGINEER Wildfire 界面上。

图 1.1

4. 信息提示窗口

当进行 CAD 模型制作过程中，信息在此处提示用户下一步的操作，或要求用户输入必要的数据，并显示命令执行情况。

5. 命令说明窗口

当鼠标位于下拉菜单内的任一命令时或特征工具按钮时，在该窗口立即会出现一行该命令的简要说明。

6. 特征工具按钮

Pro/ENGINEER Wildfire 使用特征工具按钮及下拉主菜单进行特征操作，使学习并掌握其操作变得更容易。

7. 导航栏

Pro/ENGINEER Wildfire 的导航栏左侧包括有模型树、资源管理器、收藏夹和相关的网络技术资源，单击导航栏右侧边框上的箭头可以隐藏或打开导航栏，单击上方的选项卡即可进行不同功能的切换。导航栏右侧是一个 IE 浏览器，它可以打开网页，可以与导航栏左侧的相关网络技术资源配合使用；与导航栏左侧模型树配合使用，可以用来显示特征信息及模型信息。

8. 选择过滤器

操作界面右下方有一选择过滤器，它可以让用户指定选取某一类型对象，可以提高选择的效率。选取类型有智能、特征、几何、基准、面组、注释等。

9. 特征控制区

特征控制区控制常用的特征定义操作。

1.2 新建零件文件的简单实例

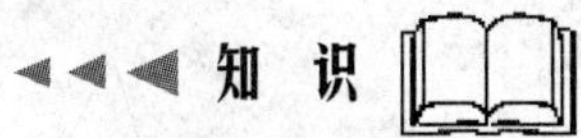

下面通过一个简单实例来说明建立一个新 Pro/ENGINEER 文件的基本过程。

1.2.1 新建一个文件

新建文件有两种方式。

1）选择主菜单“文件”→“新建”命令。

2）直接单击□按钮。

结果会弹出“新建”对话框。主要操作如下。

① 选取文件类型及子类型来确定新建文件类型。常用的文件类型有以下几种。

◆草绘。二维截面图形文件，扩展名为.sec。

◆零件。三维零件文件，扩展名为.prt。

◆组件。三维零件装配文件，扩展名为.asm。

◆制造。加工程序制作，扩展名为.mfg。

◆绘图。二维工程图，扩展名为.drw。

这里选择“零件”文件类型，子类型为“实体”，如图 1.2 所示。

② 在相应的区域输入新文件的名称。默认文件名为 prt0001。

③ 可以使用系统默认的模板，但单位是英制的，如果要使用公制单位，则不能使用系统默认的模板，单击☑按钮让其空白，再单击“确定”按钮就会得到如图 1.3 所示的“新文件选项”对话框，在此对话框中就可以选择合适的模板，一般选择公制的 mmns_part_solid 模版，而默认模板是 inlbs_part_solid。如果不想使用系统提供的模板，可以选择“空”的。

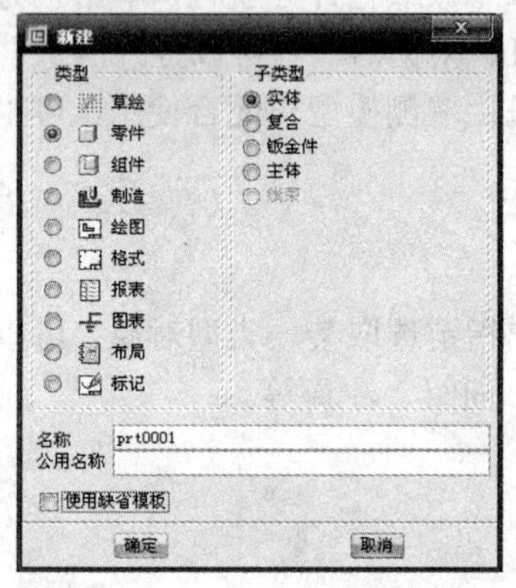

图 1.2

图 1.3

在“新文件选项”对话框中，单击“确定”按钮，即会在主窗口出现四个特征：三个基准平面和一个坐标系，结果如图 1.4 所示。同时在右边模型树信息栏内出现了四个特征的信息，如图 1.5 所示。

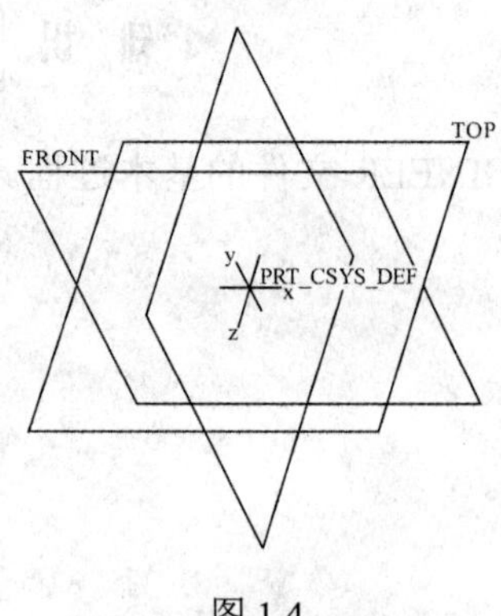

图 1.4

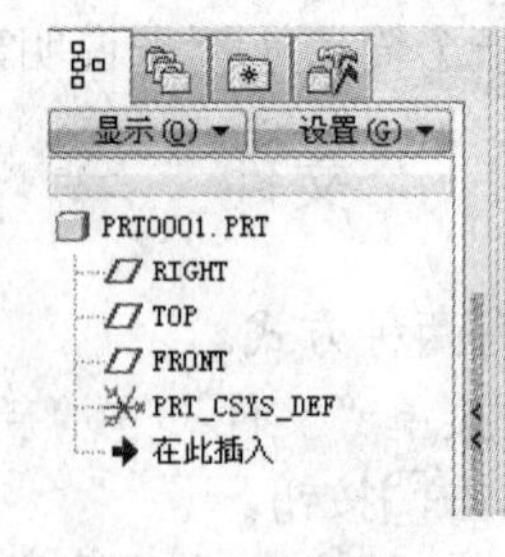

图 1.5

1.2.2 建立一个拉伸实体特征

1）选择下拉菜单中的“插入”→“拉伸”命令，或单击右边特征工具按钮，得到如图 1.6 所示的“拉伸特征控制”对话框。

图 1.6

2）在“拉抻特征控制”对话框中单击“放置”→“定义”项，出现如图 1.7 所示的“草绘”对话框。

3）选择 FRONT 面作为草绘平面（Sketch Plane），这时在“草绘方向”栏中出现系统默认的绘图视角，即把 RIGHT 面作为基准平面，“草绘”对话框结果见图 1.8。

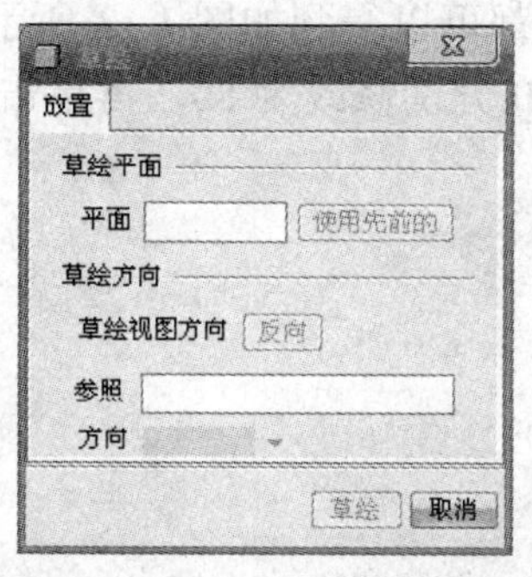

图 1.7

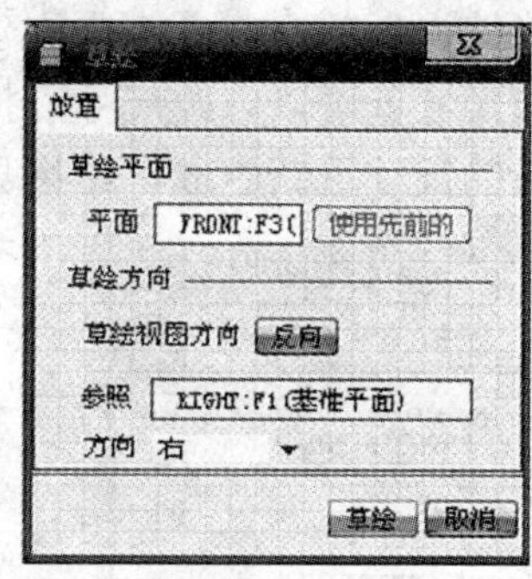

图 1.8

4）单击“草绘”按钮系统进入草绘界面，在主绘图区的右边出现草绘工具按钮，主菜单上也多出了一个草绘主菜单；三个基准平面方位也自动改变，FRONT 面面向用户，系统同时默认选择了 TOP 面和 RIGHT 面作为草绘时的水平及竖直方向的尺寸参照。结果见图 1.9。

5）绘制如图 1.10 所示的草绘：分别用画矩形、圆的工具按钮绘制一个矩形和一个圆，双击尺寸后重新输入所需要的尺寸，回车后即修改了尺寸，且图形会随着尺寸的修改而改变，单击✔按钮结束草绘。

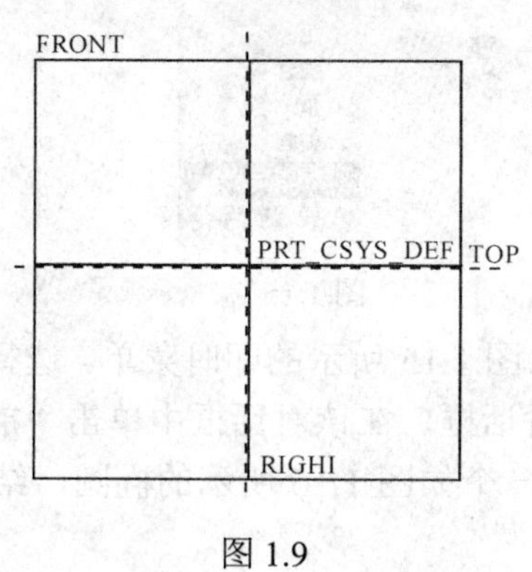

图 1.9

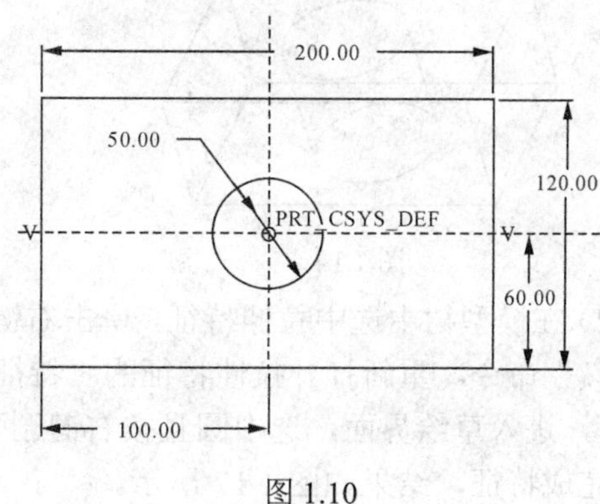

图 1.10

6）输入拉伸深度为 50，单击✔按钮完成拉伸特征的建立，结果见图 1.11。

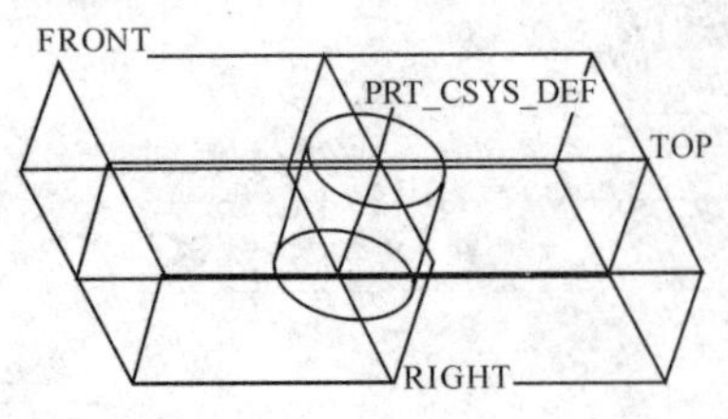

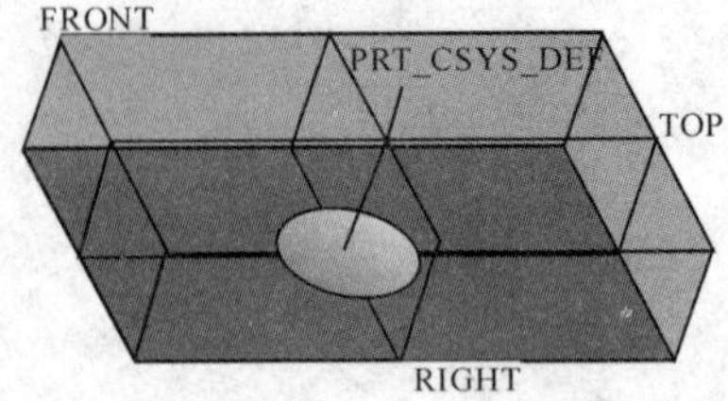

图 1.11

1.2.3 编辑拉伸特征

1）在模型树中选中刚建立的拉伸特征，再单击右键，得到如图 1.12 所示的即时菜单，选择“编辑”项，或者双击刚建立的拉伸特征，都可以得到如图 1.13 所示的结果，双击图中的尺寸就可以修改尺寸，把直径 50、深度 50 分别修改为 80，再单击✔按钮，零件就按新的尺寸重新生成，结果见图 1.14。

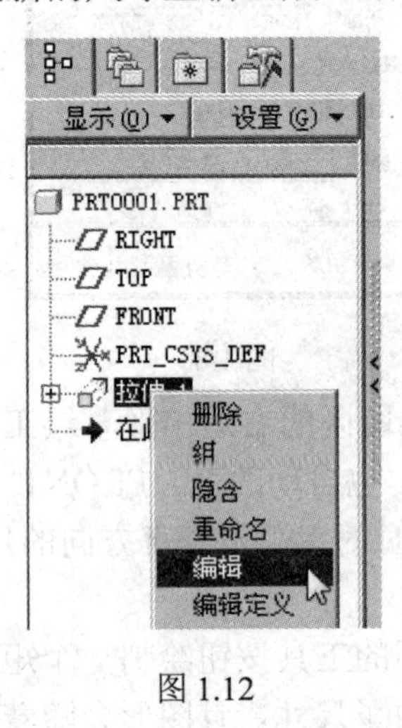

图 1.12

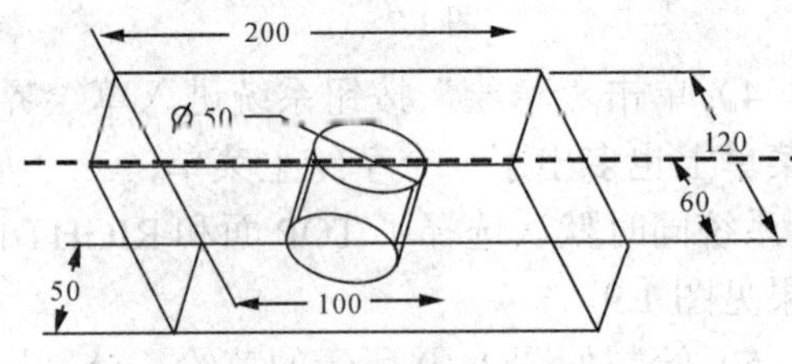

图 1.13

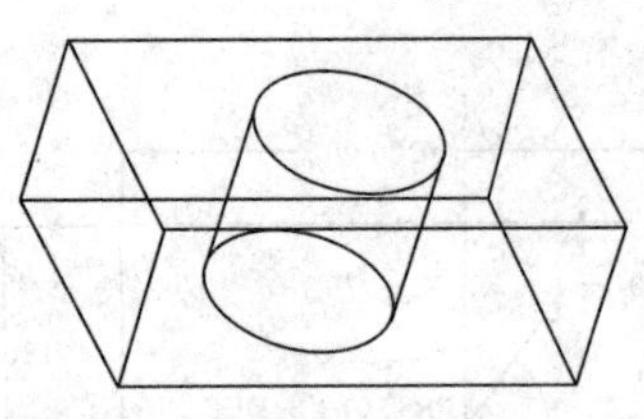

图 1.14

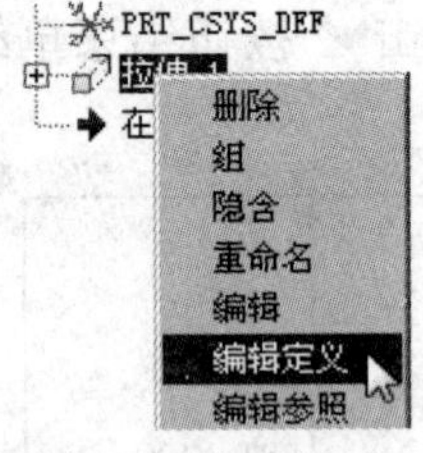

图 1.15

2）在模型树中选中拉伸特征，单击右键，得到如图 1.15 所示的即时菜单，选择“编辑定义”命令，重新打开拉伸特征的“特征控制”对话框，在该对话框中单击“放置、编辑”，进入草绘界面，选中圆且按右键删除，再画一个如图 1.16 所示的椭圆，结束草绘，完成特征，结果如图 1.17 所示。

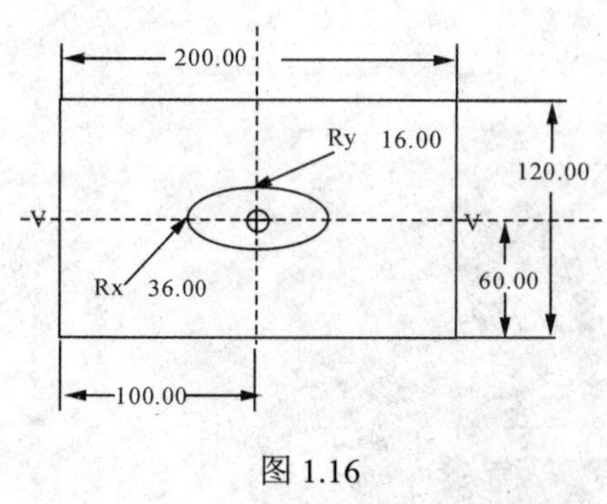

图 1.16

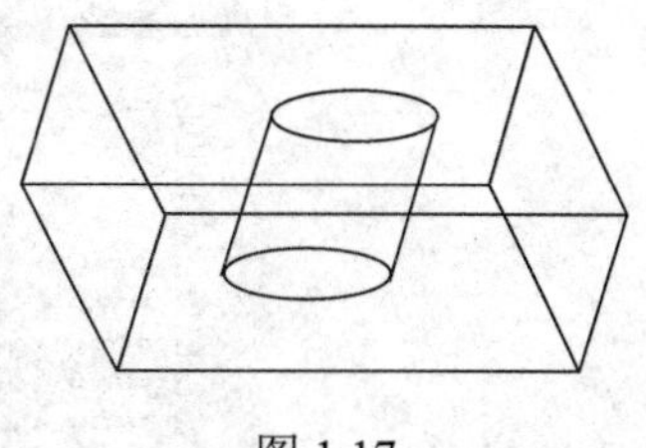

图 1.17

3）选择下拉菜单“文件”→“保存”命令，或者单击保存工具按钮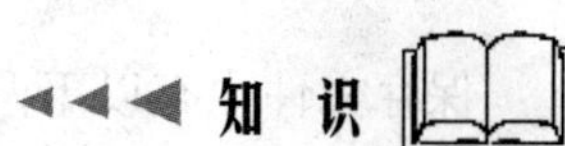，保存文件。

■ 1.3 Pro/ENGINEER Wildfire 3.0的文件操作 ■

◀◀◀ **知 识**

1.3.1 打开文件

打开文件有以下三种方式。

1）选择主菜单“文件”→“打开”命令。

2）直接单击按钮，与第一种方式相同，可以得到如图 1.18 所示的“文件打开”对话框。

3）利用导航栏的资源管理器及 IE 浏览器也可以打开文件，如图 1.19 所示。

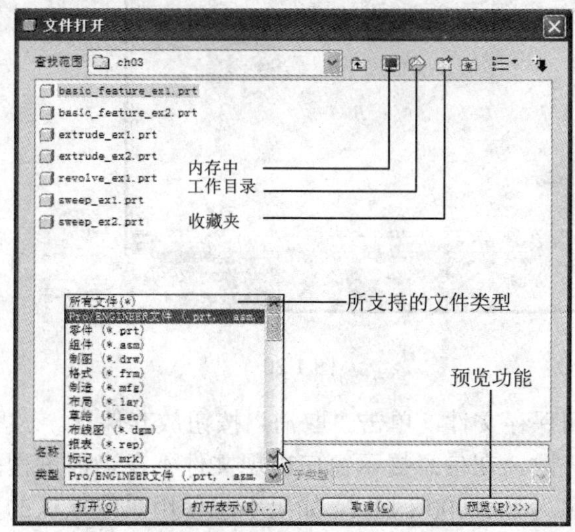

图 1.18

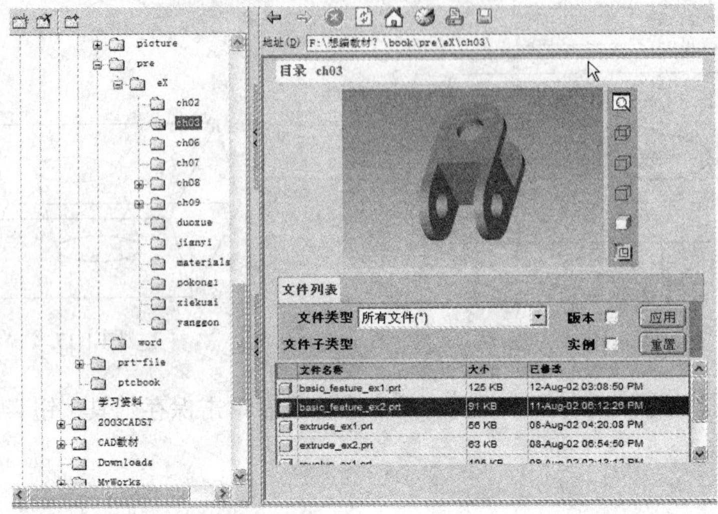

图 1.19

1.3.2 保存文件

保存文件也有以下两种方式。

1）选择主菜单“文件”→“保存”命令。

2）单击 按钮。

此时出现“保存对象”对话框，如图 1.20 所示。

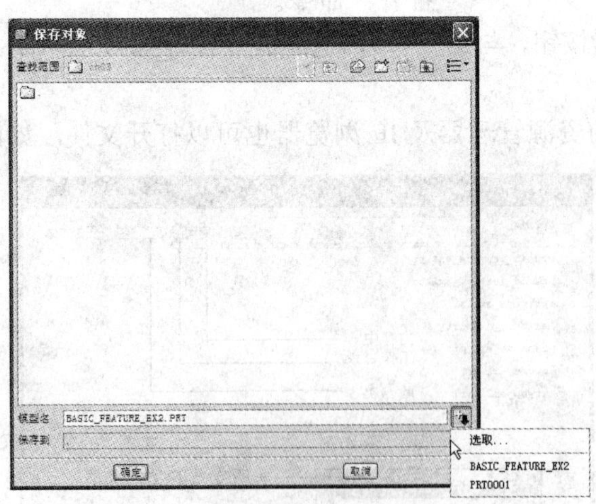

图 1.20

单击“确定”按钮保存文件，单击“取消”按钮放弃保存。这里保存文件时不能更改文件名，否则保存失败，在信息提示窗口出现文件不在当前进程的提示。

系统默认的文件名为 PRT000X.PRT，如果不想使用系统默认的文件名，可以有以下两种方法。

1）在新建文件时就输入好所需的文件名。

2）选择“文件”→“重命名”命令打开“重命名”对话框，可以对文件进行重新命名。

单击“文件”→“保存副本”命令，打开如图 1.21 所示的“保存副本”对话框，可以选择文件名及文件类型另外保存文件；如果是装配体，可以通过单击右下方的选取按钮，选取其中的某个零件进行保存。

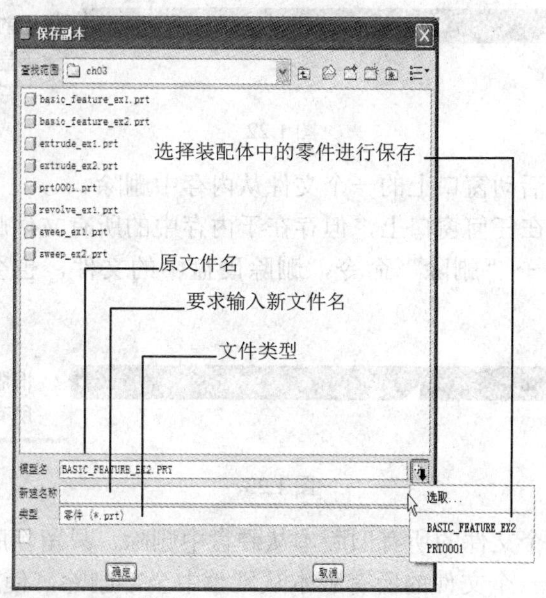

图 1.21

保存副本相当重要，因为同时具备输出功能，可以指定保存副本的文件格式，是与其他 CAD 软件系统间数据转换的桥梁。

在保存文件时不能更改目录位置，只能保存在系统工作目录下，下面就介绍如何设置工作目录。

1.3.3 设置工作目录

设置好工作目录，可以方便文件的存取，往往在一打开 Pro/ENGINEER 后就设置好工作目录。

选择“文件”→“设置工作目录”命令就可以打开设置工作目录的对话框，可以按用户的需要选择文件存取的目录。

也可以利用导航栏的文件夹浏览器选择文件存取的目录，单击鼠标右键，再在即时菜单中选“设置工作目录”来设置工作目录。

在桌面上选择 Pro/ENGINEER 快捷方式并单击鼠标右键，选择“属性”命令，更改“快捷方式”选项卡下的“起始位置”的目录，这样每次启动系统时就会自动进入自定义的目录中。也可以在配置文件中设置，选项为 START_MODEL_DIR，这些内容将在后面介绍。

1.3.4 文件的删除

文件的删除有删除内存中的文件和删除硬盘中的文件两种方式。

1）选择“文件”→“拭除”命令，删除内存中的文件，会出现两种情况，如图 1.22 所示。

图 1.22

“当前”：将当前活动窗口上的一个文件从内存中删除。

“不显示”：将不在任何窗口上，但存在于内存中的所有文件删除。

2）选择“文件”→“删除”命令，删除硬盘中的文件，也会出现两种情况，如图 1.23 所示。

图 1.23

“旧版本”：将一个文件的所有旧版本从硬盘中删除，只留新版本。

“所有版本”：将一个文件的所有版本从硬盘中全部删除，使用此命令时系统会出现一个警告提示，要求用户确认操作。

■ 1.4 模型方位的基本操作 ■

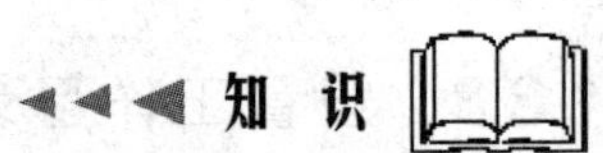

Pro/ENGINEER 对模型的缩放、旋转、平移等操作需要用 Ctrl 键+鼠标的左、中、右键来完成，要求左、右手同时使用。

1.4.1 模型的缩放

模型的缩放可以有两种方式：一是直接滚动中键的滚轮即可对模型进行缩放，也可以使用 Ctrl 键+鼠标中键上下拖动鼠标来实现模型的缩放。

鼠标指定的位置在缩放过程中保持不动，因此只要将鼠标选在合适位置进行缩放，即可实现一定的平移功能。

1.4.2　模型的旋转

模型的旋转可以有以下三种方式。

1）按住中键拖动鼠标即可旋转模型，如果旋转中心按钮是打开的，则模型的旋转以旋转中心为中心来进行；如果旋转中心按钮是关闭的，则模型的旋转以鼠标的初始位置为中心来进行。

2）使用 Ctrl 键+鼠标中键左右拖动鼠标来实现模型的旋转，这里先按住 Ctrl 键，再按住鼠标中键，左右拖动鼠标，当模型开始旋转起来后，放开 Ctrl 键可以继续旋转模型。如果先按住鼠标中键，使模型旋转起来，再按住 Ctrl 键，模型从开始绕一点转动（旋转轴不固定），变为绕一固定轴转动，旋转中心由红变绿。

3）使用按钮使模型按一定的要求来旋转，打开按钮，关闭旋转中心按钮，如果在某一曲面上同一点双击且按住鼠标中键，拖动鼠标就可以使模型绕过前面单击的点且垂直于该曲面的轴进行旋转；如果在某一边上同一点双击且按住鼠标中键，拖动鼠标就可以使模型绕该边进行旋转。两旋转参考点重合时，模型又回到初始位置。

1.4.3　模型的平移

同时按下 Shift 键和鼠标中键后，拖动鼠标即可实现模型的平移。

在绘制工程图时，只需按下鼠标中键即可实现平移。

思考与练习

1．熟悉 Pro/ENGINEER Wildfire 的操作界面。

2．新建一个实体文件。

3．对新建文件进行各种操作。

4．熟悉模型方位的操作。

项目 2

草绘设计

学习目标

- 熟悉草绘设计的绘图环境。
- 了解草绘设计的一般步骤。
- 掌握绘制工具、选择工具、几何工具、约束工具的基本使用方法。
- 能熟练进行尺寸标注与修改。

草绘设计就是二维图形的绘制，Pro/ENGINEER 三维模型的建立大多是通过对二维图形的一系列操控来完成的，因此草绘设计在三维设计中占有非常重要的地位。培养良好的绘图习惯，尽量减少错误的发生，提高绘图的质量与效率，是学好 Pro/ENGINEER 的关键之一。下面将详细介绍 Pro/ENGINEER Wildfire 中文版的草绘设计功能。

2.1 草绘设计的绘图环境及一般步骤

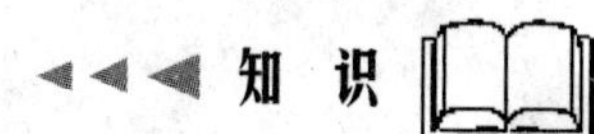

2.1.1 草绘设计的绘图环境

1. 绘图界面

草绘设计可以在三维建模过程中进行，也可以直接新建一个草绘文件，草绘文件后缀名为.sec，进入新建草绘文件绘图界面如图 2.1 所示。

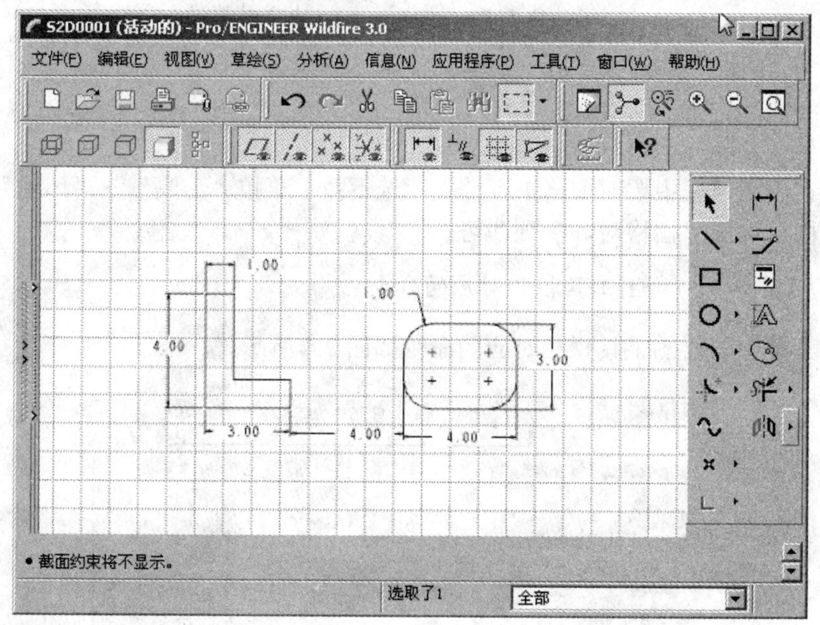

图 2.1

2. 草绘器工具

草绘设计中最重要也是最常用的工具就是主窗口右侧的绘图器工具栏，如图 2.2 所示。后面将分别介绍各工具如何使用。

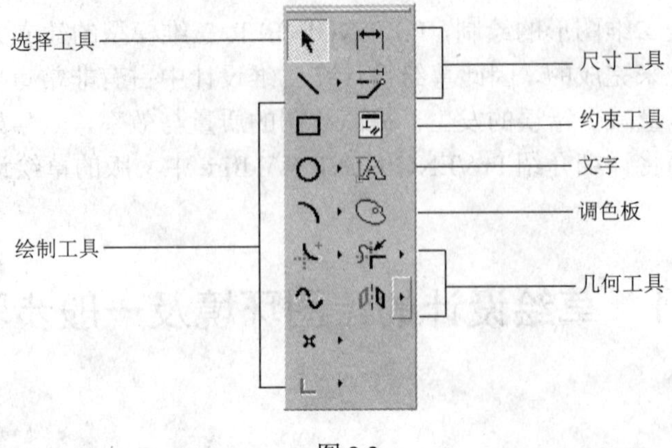

图 2.2

3. 草绘器

在主窗口的上方与草绘设计相关的四个“显示/隐藏”按钮，如图 2.3 所示。

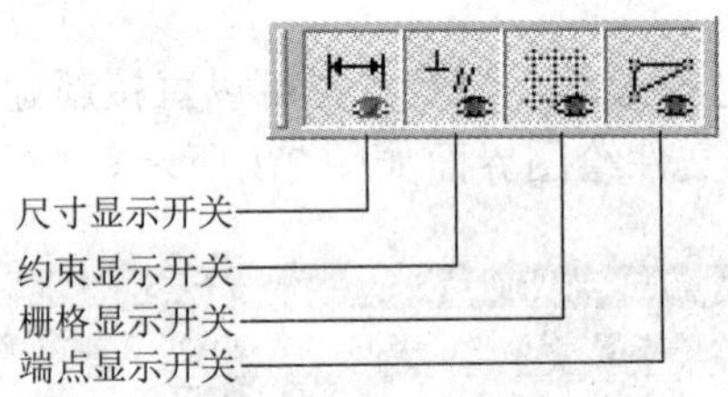

图 2.3

如果在绘图过程中要对栅格进行捕捉，选下拉主菜单“工具”→“环境”打开环境设置对话框，勾选“栅格对齐”项即可。

4. 下拉菜单中与绘图工具栏相对应的命令

下拉菜单中与绘图工具栏相对应的命令如图 2.4 所示。

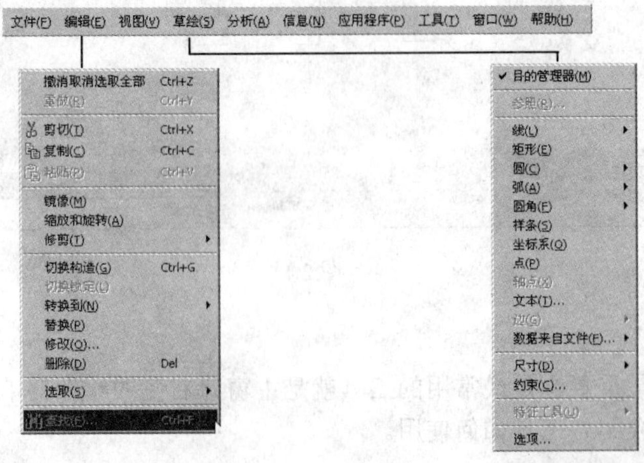

图 2.4

2.1.2　草绘设计的一般步骤

1. 绘制几何线条

用绘图工具栏的工具绘制如图 2.5 所示的图形，开始绘制时不要求尺寸精确，只需要形状相似即可，系统会自动标出尺寸，称为软尺寸。

2. 设定几何约束条件

在绘制时系统有自动追踪功能，可以很容易地画出水平、铅垂直线等，用户还可以利用约束工具设定的几何约束。无论是系统自定义的约束，还是用户设定的几何约束，系统都会显示出来，如图 2.6 所示。如 H、V、T 等分别表示水平、竖直、相切等。

3. 修改尺寸

尺寸可以修改，也可以重新标注，随着尺寸的确定最后的几何形状也就确定了，草绘的设计即完成，如图 2.7 所示。

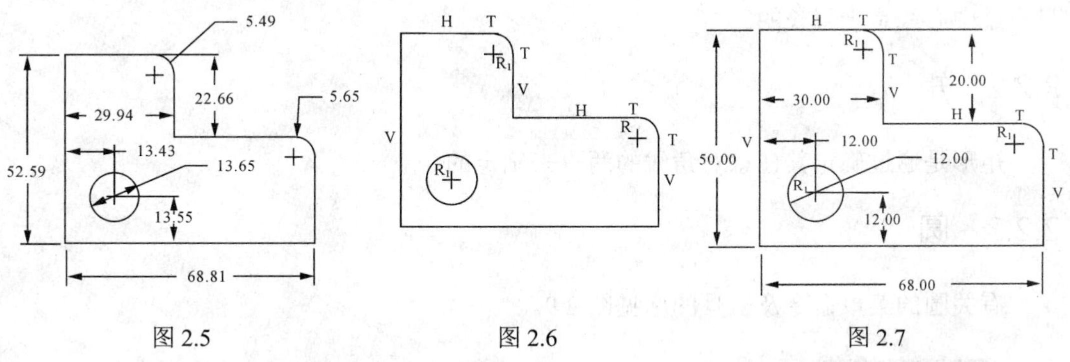

图 2.5　　　　图 2.6　　　　图 2.7

■ 2.2　绘 制 工 具 ■

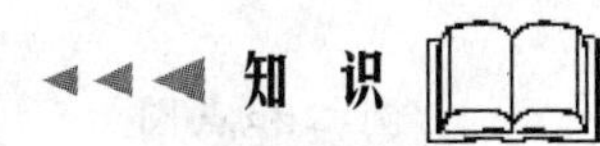

从草绘器工具栏和下拉菜单中都可以调用绘制工具，下面主要介绍直线、矩形、圆、圆弧、倒圆角、样条曲线、点、使用边等工具。

2.2.1　直线

有关直线菜单命令及工具图标见图 2.8，菜单命令中多了一个“中心线相切”命令。

1. 直线

两点确定一条直线，可连续画直线，按中键结束。在画直线时，系统会自动跟踪水

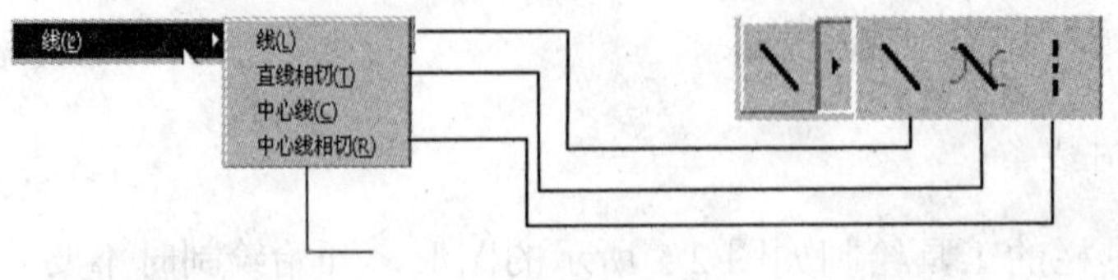

图 2.8

平、竖直、等长、对称、相切等几何约束，并有相应的符号显示，绘图时要注意利用这些功能，以方便绘图。

2. 中心线

中心线在绘图中有非常重要的作用，如作对称轴、旋转轴、定位线等。要注意绘图时利用中心线可以更快捷地绘图。

3. 直线相切及中心线相切

注意只有切线存在时才能画出相切直线。相切中心线的画法与相切线的画法相似，只不过中心线是无限长的。

2.2.2 矩形

矩形是通过确定其任意对角线的两点来确定的。

2.2.3 圆

有关圆的菜单命令及工具图标见图 2.9。

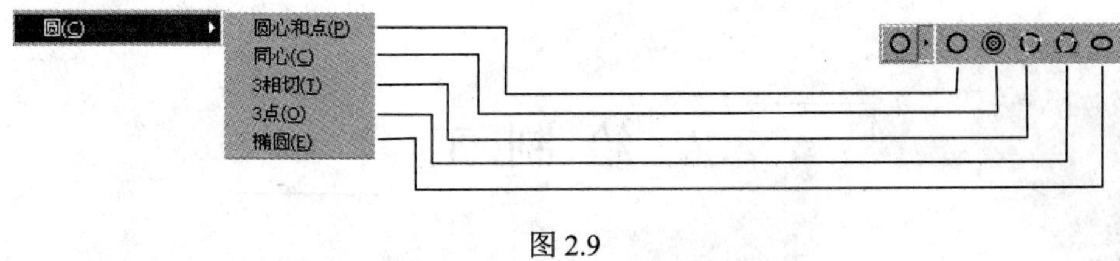

图 2.9

1. 圆心和点圆

先点圆心，再点圆周上任意一点。

2. 同心圆

先点已有的圆，再点新圆圆周上任意一点。

3. 三点圆

三点就能确定一个圆，形状与点的顺序无关。

4. 3 相切圆

3 相切圆是在已有 3 条线（直线或曲线）的情况下画出与它们相切的圆，如果 3 条线是直线，圆的结果与选取 3 条线的顺序及位置无关。

如果 3 条线不都是直线，圆的结果则与选取 3 条线的顺序及位置有关，有时还会画出 3 条线延长线的 3 切圆。

5. 椭圆

这里是通过两点来确定一个椭圆的，系统是将椭圆的长短轴默认为水平和竖直方向的，所以两点就可以确定椭圆，系统也给出长短轴的尺寸。

2.2.4 圆弧

有关圆弧的菜单命令及工具图标见图 2.10。

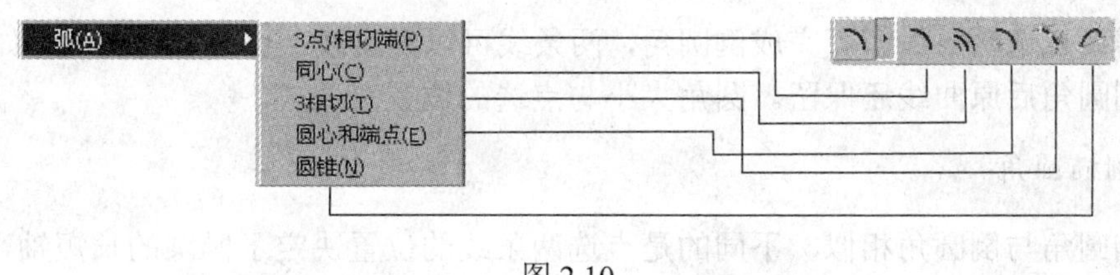

图 2.10

1. 3 点/相切端圆弧

3 点决定一条圆弧，先选两端点，再点第三点。

当圆弧起点正好在其他曲线端点上时，系统会自动使它们相切，此时只需两点就可以画圆弧；也可以画 3 点圆弧。

2. 同心圆弧

先点已存在的圆或圆弧，再点两端点。

3. 圆心和端点圆弧

先点圆心，再点两端点。

4. 3 相切圆弧

3 相切圆弧是在已有 3 条线（直线或曲线）的情况下画出与这 3 条线相切的圆弧，无论 3 条线是直线还是曲线，圆弧的结果与选取 3 条线的顺序都有关，先选的两条线之间是开口的。

5. 圆锥曲线

3 点即可画出一条圆锥曲线。

圆锥曲线有一重要的参考值——rho 值，它必须介于 0.05～0.95 之间，圆锥曲线按照参照值的大小，可以分为如下类型。

1）0.05<rho 值<0.5 为椭圆。

2）rho 值= 0.5 为抛物线。

3）0.5<rho 值<0.95 为双曲线。

2.2.5 倒圆角

有关倒圆角的菜单命令及工具图标见图 2.11。

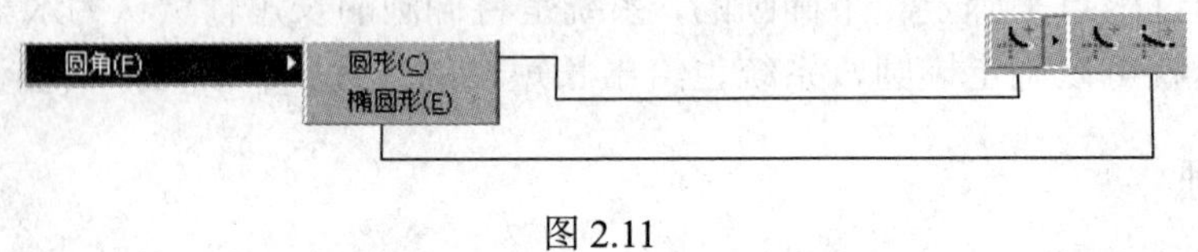

图 2.11

1. 倒圆角

只需要点选两条线即可完成倒圆角，两条线可以是直线，也可以是曲线。如果有曲线，则倒圆角后原曲线还保留。圆角大小与点选的位置有关。

2. 倒椭圆角

倒椭圆角与倒圆角相似，不同的是点选两条线的位置决定了椭圆的长短轴半径。

2.2.6 样条线

样条线工具图标是 ，样条线能够将一系列点以光滑的方式连接起来，是三次以上的曲线，可以通过移动控制点来进行修改。

2.2.7 点与坐标系

有关点与坐标系的工具图标及菜单命令见图 2.12。

在下拉菜单中多了一个轴点（Axis Point）命令，用该命令可以拉伸出一根通过该点垂直于绘图面的轴，这个命令在 3D 设计时才能使用。

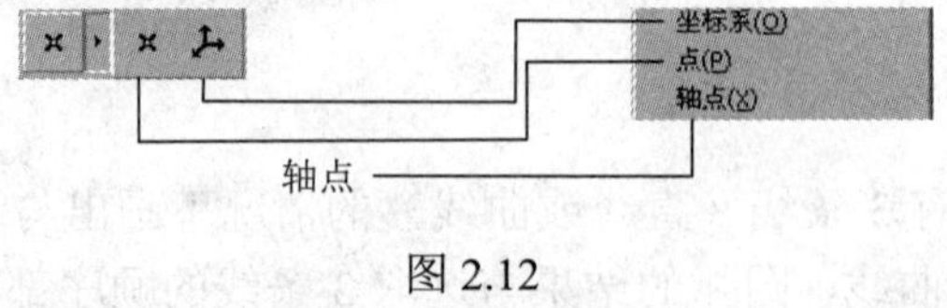

图 2.12

2.2.8 使用边及边偏移

有关使用边及边偏移的菜单命令及工具图标见图 2.13。使用两工具都会出现选择类型工具栏，如图 2.14 所示。

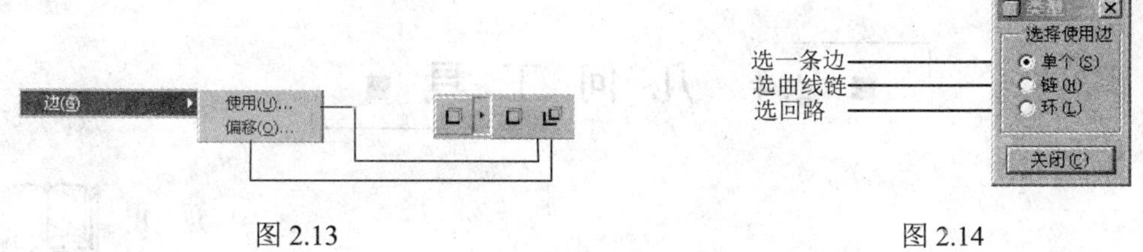

图 2.13　　　　图 2.14

1. 使用边

使用边工具有对已存在的实体边线投影进行捕捉的功能。

2. 边偏移

边偏移工具有对已存在的实体边线投影进行捕捉并偏移的功能。

2.3 选择工具

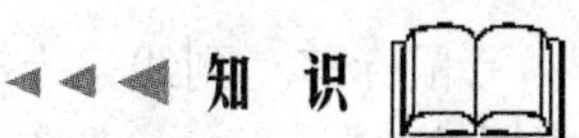

选择工具按钮，这是草绘设计中最常用的工具，它的功能有如下几种。

1）直接拖动式修改图形形状，直接修改尺寸参数。

2）选中某线条后按右键可以对其进行多项操作，见图 2.15；如果在同一位置可能选中几个图元时，选中某线条后再按右键就会出现如图 2.16 所示的菜单；选择“从列表中拾取”项，就可以得到如图 2.17 所示的对话框，在对话框中拾取目标。

3）选中某线条后再使用复制等工具，后面将进一步介绍。

熟练运用这些功能，能够更快地进行绘图。

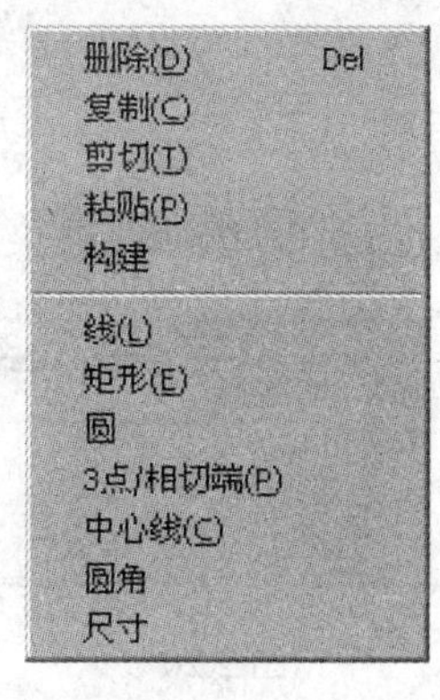

图 2.15

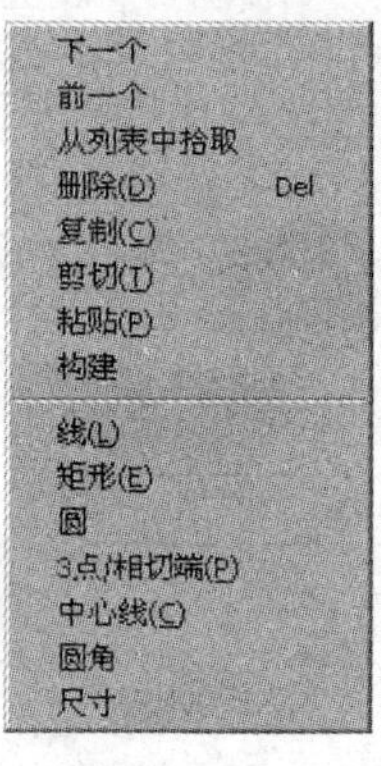

图 2.16

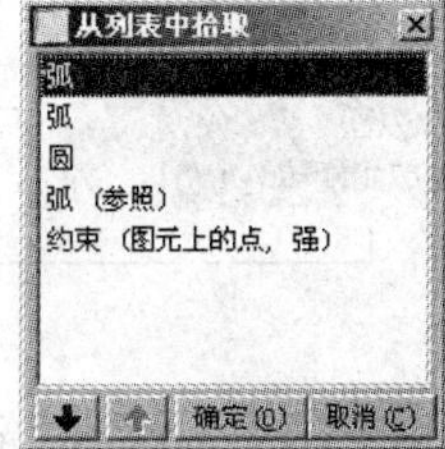

图 2.17

■ 2.4 几何工具 ■

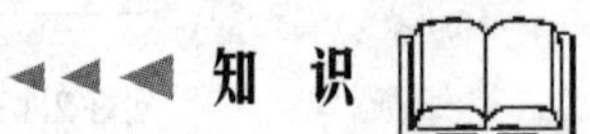

几何工具包括修剪工具及复制工具，可以对几何线条进行调整与修改。

2.4.1 修剪工具

修剪工具的下拉菜单命令及工具图标见图 2.18，下拉菜单是在“编辑”主菜单下。

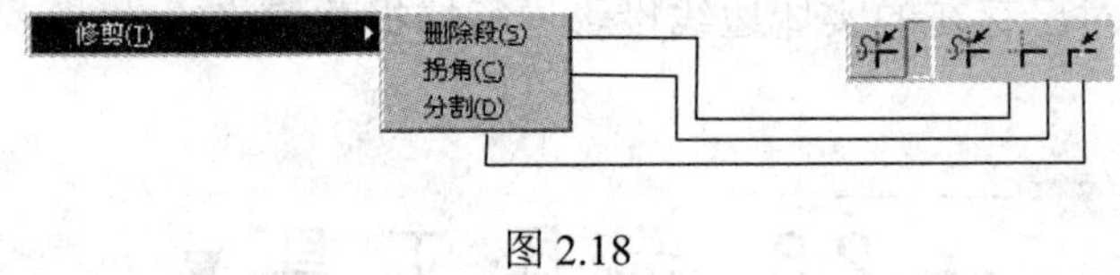

图 2.18

1. 删除段

鼠标移动到线条上时，单个线条或被交截的线条会以淡蓝色显示，单击左键即可删除线条。

2. 拐角

拐角可以使两条线延长相交，或在相交点进行裁剪，注意点选位置不同，结果将有所不同，所点选的部分将是保留的部分。

3. 分割

用此工具可以将线条打断，只需将鼠标移动到所需打断线条上的打断点上，再单击左键即可。

2.4.2 复制工具

复制工具的下拉菜单命令及工具图标见图 2.19，下拉菜单也是在“编辑”主菜单下。

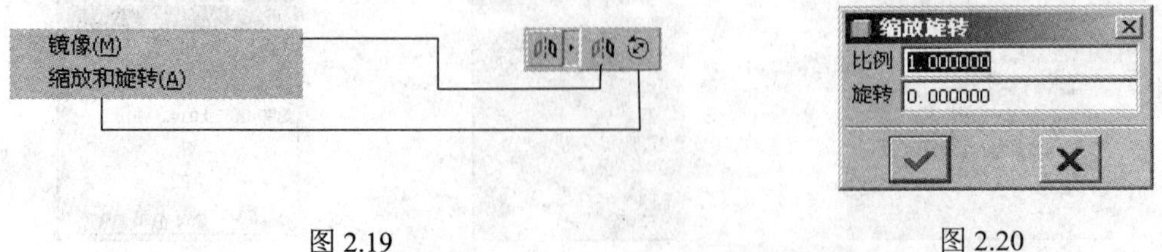

图 2.19　　图 2.20

1. 镜像

使用镜像工具可以在中心线的另外一边产生原图形的对称图形，因为是以中心线为对称轴的，所以在使用镜像工具前，一定要先画好作为对称轴的中心线。在使用过程中，先要选中需要镜像的图形（此时镜像工具才被激活），再单击镜像工具，最后单击中心线，即完成镜像。

2. 缩放和旋转

缩放和旋转主要是对几何线条形状的调整，可以将几何线条平移、旋转、缩放。先选中要操作的几何线条，再单击旋转缩放工具，可以直接在图中拖动鼠标进行平移、旋转、缩放等操作，此时可以实现几何元素的捕捉，旋转时还能够以45°角增量捕捉。同时，还出现如图2.20所示的对话框，也可以在对话框直接输入数据来完成旋转和缩放。

3. 复制

选中某线条后再单击右键，选用复制、粘贴命令也可以实现缩放和旋转功能。不同之处在于复制时保留了操作前的几何线条。

2.4.3 调色板

调色板功能是Pro/ENGINEER Wildfire 3.0中新增加的功能，使用调色板命令可以将调色板中的外部数据插入到活动对象中。

选择下拉菜单“草绘”→“数据来自文件”→“调色板”命令，或者单击工具按钮，都可以得到“草绘器调色板”对话框。通过单击多边形、轮廓、形状、星形选项卡来选择所需要的形状，工作目录下的草绘文件也会出现在调色板中，双击所选定的形状，在对话框的上部区域显示该形状，再将鼠标移到绘图区，选择插入图形放置位置，即可插入该图形，并可以缩放和旋转。

■ 2.5 约束工具 ■

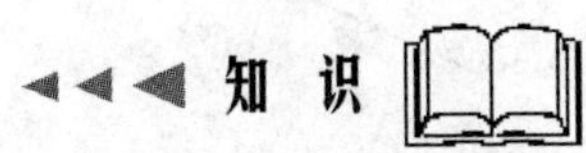

约束就是几何限制条件，在草绘设计过程中，常常要对几何线条之间进行约束，使用好约束工具，往往可以简化绘图，提高绘图效率。

约束工具按钮为，单击后得到如图2.21所示的对话框。要使用对话框中的约束功能，先要单击对应的工具按钮，然后再去选有关的几何元素。

1. 竖直、水平

运用此约束可以让直线变成竖直的或者水平的，而且还可以让两点之间处在同一竖直或同一水平线上，如图2.22所示。

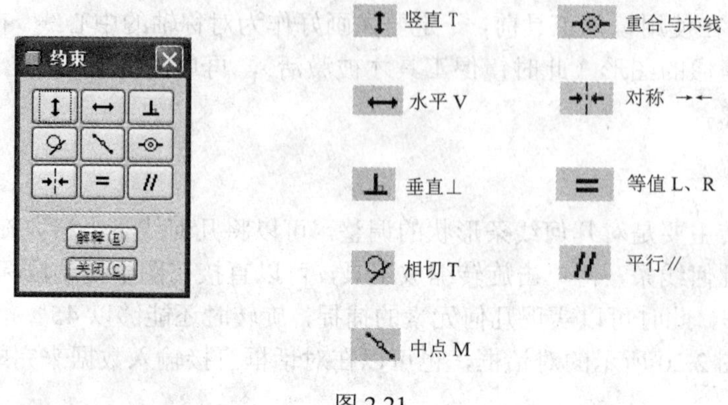

图 2.21

2. 相切

相切工具按钮的运用见图 2.23。

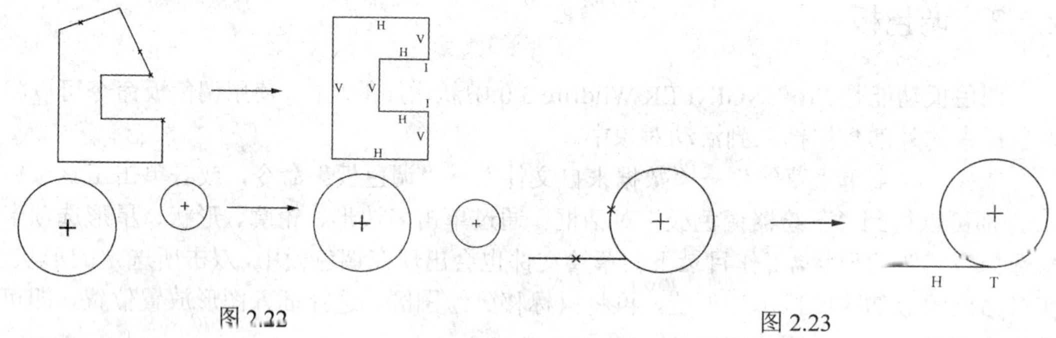

图 2.22

图 2.23

3. 垂直

垂直工具按钮的运用见图 2.24。

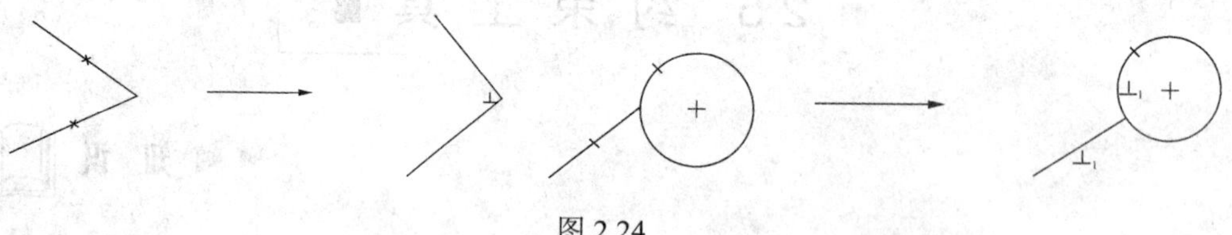

图 2.24

4. 中点

中点工具按钮的运用见图 2.25。

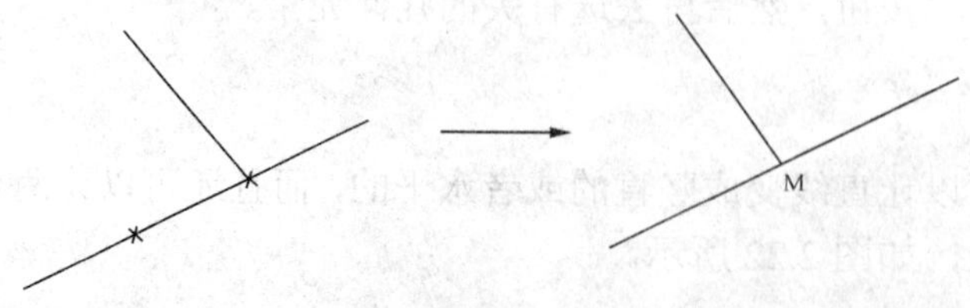

图 2.25

5. 重合与共线

重合与共线工具按钮的运用见图 2.26。

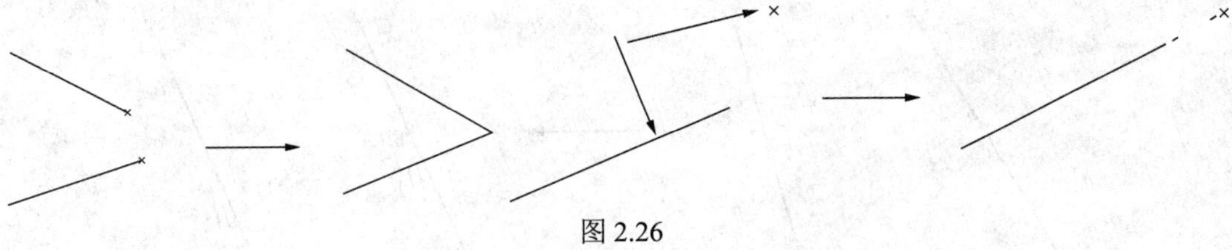

图 2.26

6. 对称

对称必须以中心线为对称轴。对称工具按钮的运用见图 2.27。

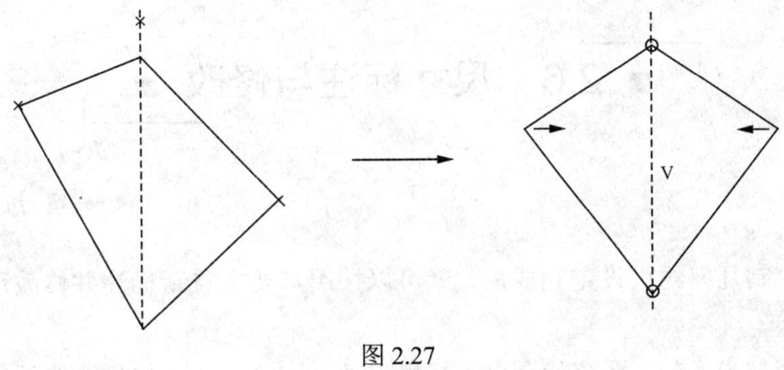

图 2.27

7. 等值

最后的值等于前二值的平均值。等值工具按钮的运用见图 2.28。

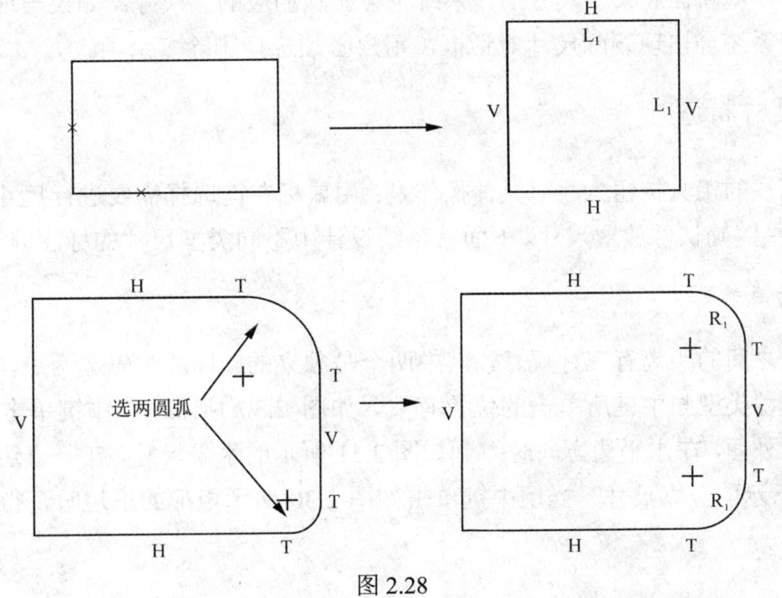

图 2.28

8. 平行

平行工具按钮的运用见图 2.29。

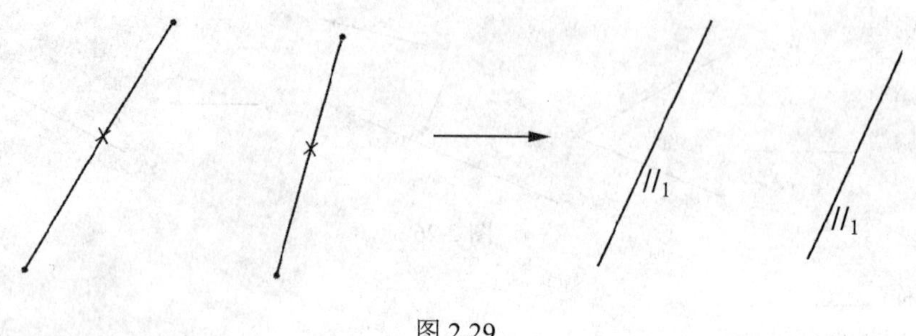

图 2.29

2.6 尺寸标注与修改

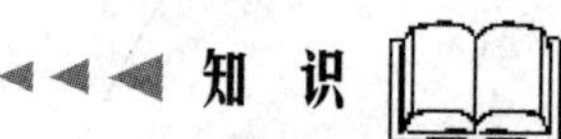

在图形绘制几何约束设定完成后，就可以按用户要求重新标注并修改尺寸，最后确定草绘的形状。

从开始绘制线条起，系统就会自动标出尺寸，这些尺寸以非常淡的颜色显示，称为弱尺寸；当重新标注或修改以后，尺寸显示为黄色，称为强尺寸。

在草绘设计时，不允许出现多余的尺寸或约束。当设定某一约束后，系统会删除相应的弱尺寸；重新标注某一尺寸后，系统也会删除相应的弱尺寸；如果出现多余的尺寸或约束，则系统会出现删除尺寸对话框，用户必须选择删除多余项。

2.6.1 尺寸标注

尺寸标注的工具按钮为↦，具体操作是：用鼠标左键选择需要进行尺寸标注的几何元素，使用中键确认并放置尺寸。下面就草绘设计中不同类型尺寸的标注问题进行说明。

1. 点与点的距离

点与点之间的距离有三种尺寸，其中两个是独立的。标注时先选两点，再用中键放置尺寸，尺寸类型与中键所单击的位置有关，如图 2.30 所示。当中键单击在如图 2.30 所示矩形的外面，在水平边方向时得到如图 2.31 所示的水平尺寸，在竖直边方向时得到如图 2.32 所示的竖直尺寸。当用中键单击如图 2.30 所示矩形的里边时，得到如图 2.33 所示的尺寸。

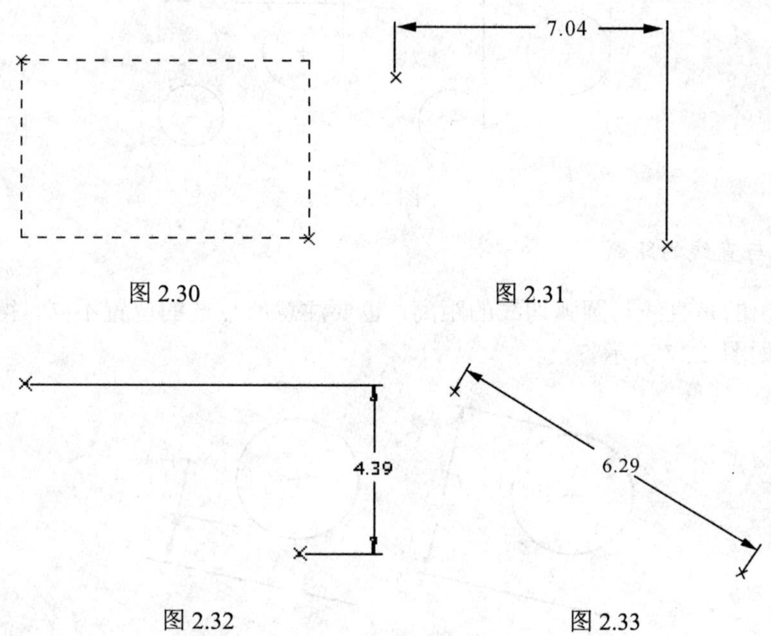

图 2.30　　图 2.31

图 2.32　　图 2.33

2. 点与直线及平行直线之间的距离

点与直线及平行直线之间尺寸标注方法基本相同，尺寸大小唯一，位置随中键单击位置的变化而变化；也可以在标注好尺寸后，在选择状态下移动尺寸位置，如图 2.34 所示。

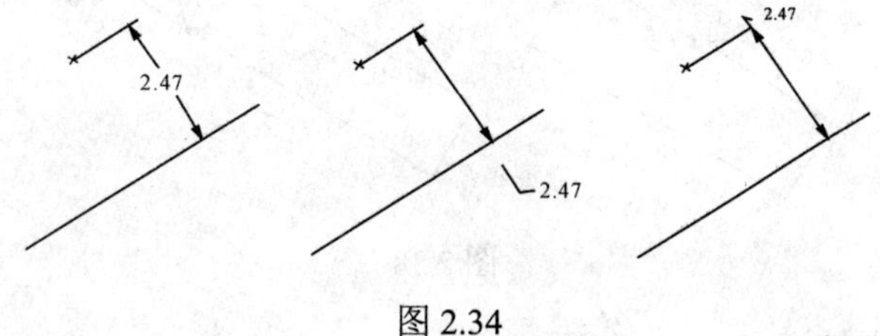

图 2.34

3. 圆弧与圆弧的距离

圆弧与圆弧之间的尺寸是指两圆弧水平、竖直切线距离，先选两圆弧，再按下中键，就会出现“尺寸定向”所示的选择对话框，让用户选择标注尺寸的类型。选择“竖直”单选项则得到竖直方向的尺寸，选择“水平”单选项就得到水平方向的尺寸，效果如图 2.35、图 2.36 所示。注意所点选的位置不同，得到的尺寸也有所不同。

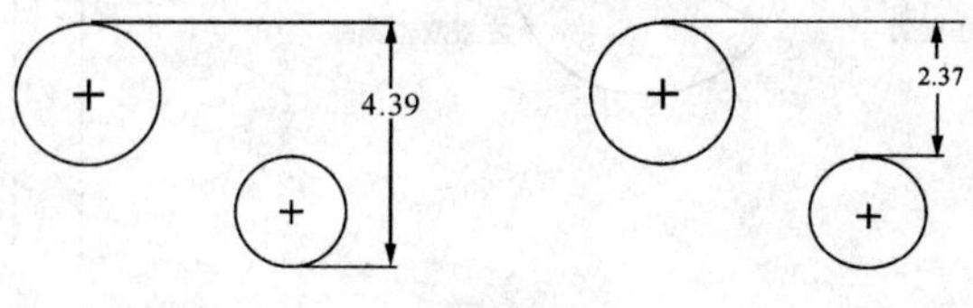

图 2.35

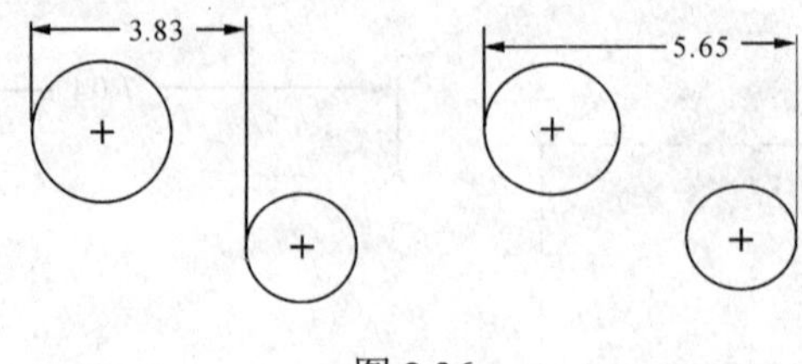

图 2.36

4. 圆弧与直线的距离

尺寸标出的是直线与圆弧切线的距离，也要注意所点选的位置不同，得到的尺寸也有所不同，如图 2.37 所示。

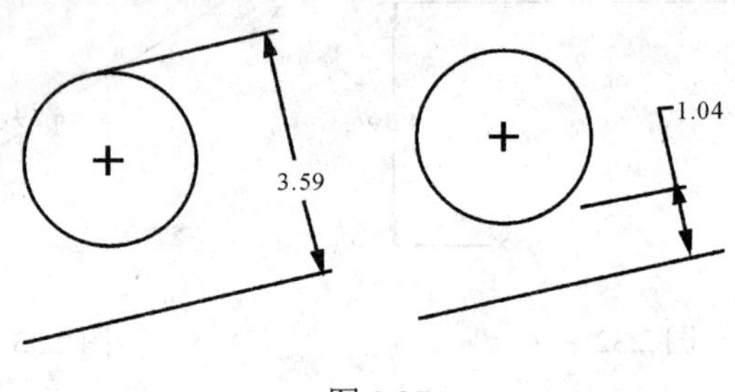

图 2.37

5. 直线的长度用鼠标

直线的长度只需左键选择直线、中键选择位置即可，如图 2.38 所示。

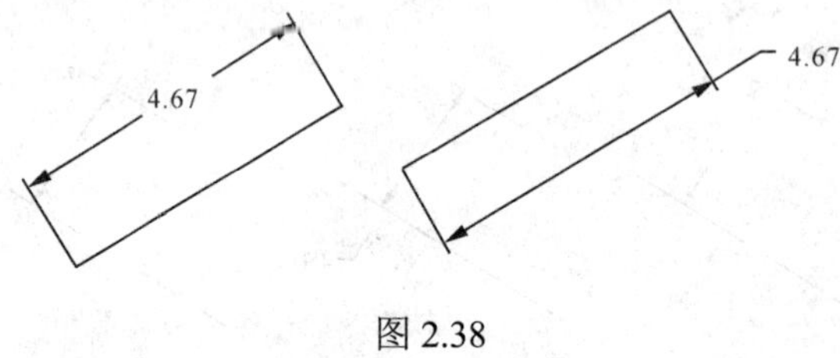

图 2.38

6. 圆弧的半径与直径

用鼠标左键单击圆弧，再用中键放置尺寸位置，就得到圆弧的半径；用左键双击圆弧，再用中键放置尺寸位置，就得到圆弧的直径，如图 2.39 所示。

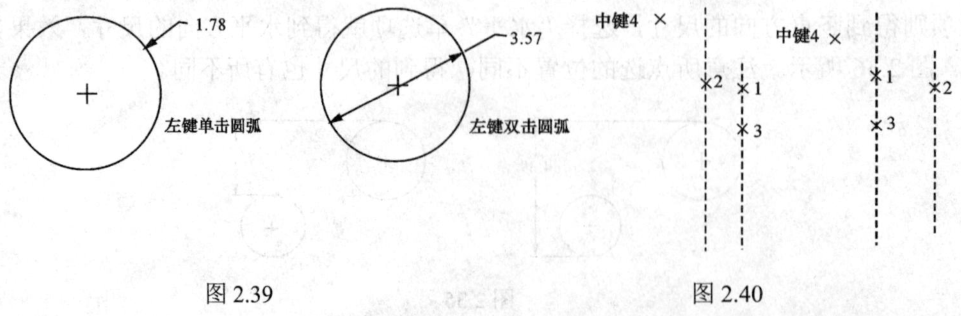

图 2.39　　图 2.40

7. 中心线的对称标注

按如图 2.40 所示的两种选取次序，都能得到如图 2.41 所示的结果。

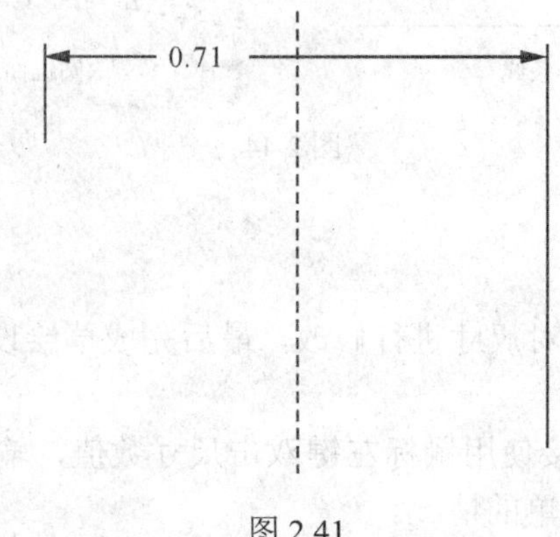

图 2.41

8. 直线与直线的角度

先选择要标注的两条直线，然后在需要的地方用中键放置尺寸，放置的位置不同，得到标注的结果也不同，如图 2.42 所示。

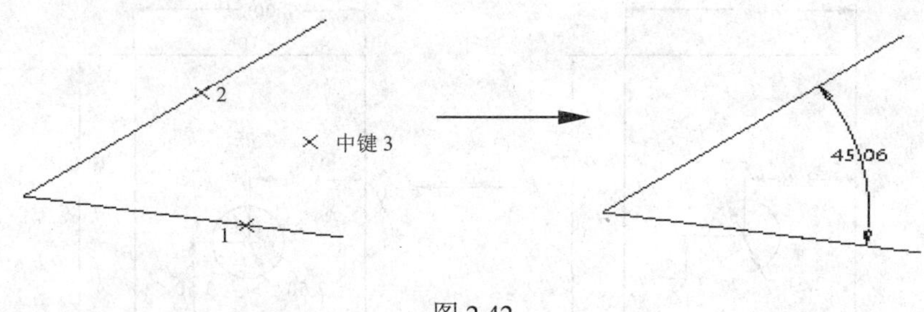

图 2.42

9. 圆弧角度

圆弧角度示例如图 2.43 所示。

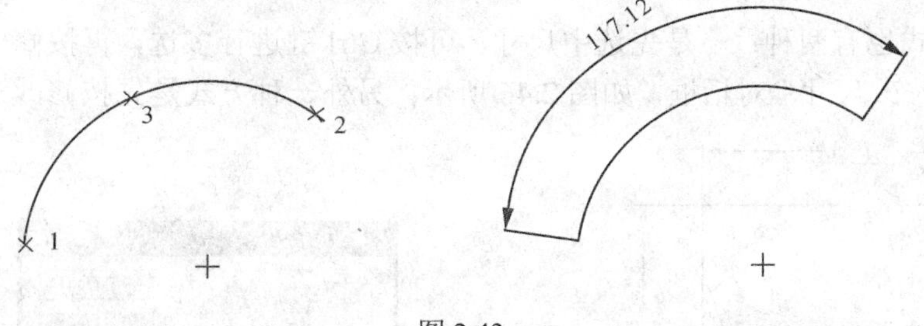

图 2.43

10. 其他曲线的角度

先选取直线（或中心线）、曲线端点、曲线，可以不分先后，再用鼠标中键放置尺寸，如图 2.44 所示。

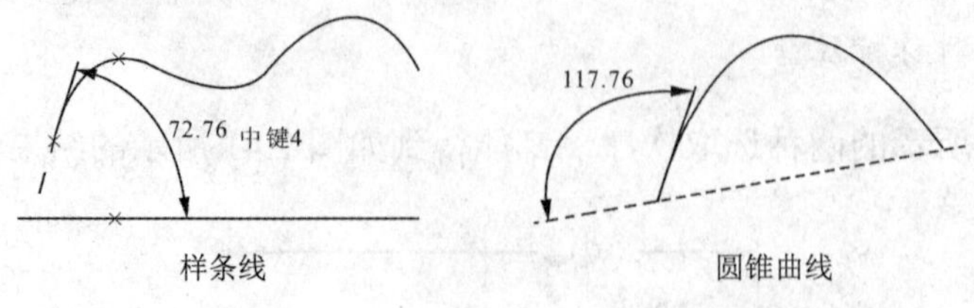

图 2.44

2.6.2 尺寸修改

标注好尺寸以后，就要对尺寸进行修改，最后完成草绘设计。修改尺寸有以下两种方法。

1）在选择状态下，直接使用鼠标左键双击尺寸数值，输入新值后回车。这种方法比较快捷，用在草绘比较简单的情况。

2）使用尺寸修改工具，工具按钮为 。这种方法稍微繁琐些，用在草绘较为复杂的情况。

第一种方法比较简单，前面在选择工具里已经介绍过，这里重点介绍第二种方法的使用。下面就用图 2.45 中的修改说明应如何使用尺寸修改工具。

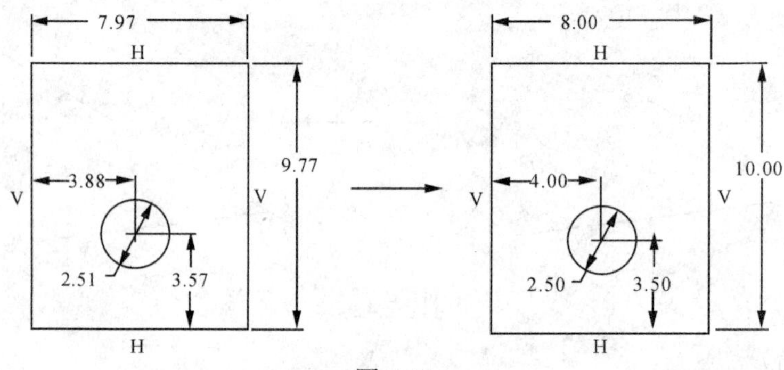

图 2.45

1. 选择要修改的尺寸

选择方式也有两种：一是先选中尺寸，可按 Ctrl 键进行多选，再按修改工具，此时就会弹出“修改尺寸”对话框，如图 2.46 所示；另外一种方式是先按修改工具，再连续

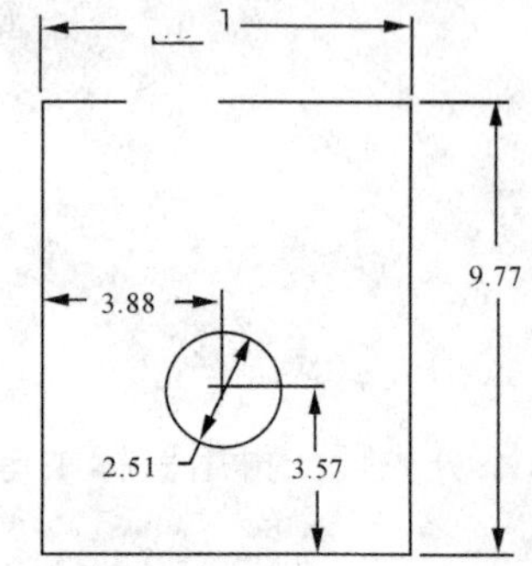

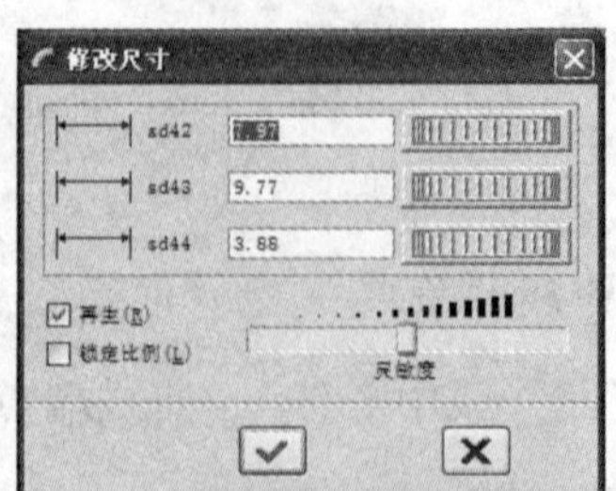

图 2.46

点选要修改的尺寸（无须按 Ctrl 键），也可以得到如图 2.46 所示的对话框。

2. 修改尺寸

如图 2.46 所示的对话框中的尺寸与用户选择修改的尺寸相对应，可以直接在对话框中修改尺寸，按回车键后进入下一次尺寸的修改，修改完所有尺寸后，按 ✓ 按钮结束尺寸修改。

3. 对话框功能介绍

如图 2.47 所示，在“修改尺寸”对话框中除能够修改尺寸外，还有一些其他功能。

左上方有尺寸类型、尺寸编号；右上方有滚轮，可以用鼠标拖动从而动态改变尺寸数值，在主窗口上可以看到草绘尺寸随滚轮的转动而改变；在滚轮的下方，还可以调节滚轮转动的灵敏度。

下面重点介绍一下“再生”与“锁定比例”复选项。

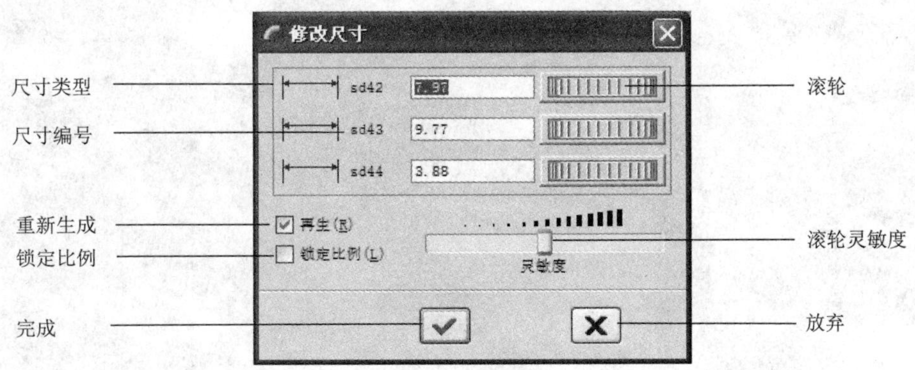

图 2.47

1）再生。根据输入的新数据重新计算草绘的几何形状。在勾选状态下，每一个尺寸的修改都会立即在草绘图中反映出来；如果不勾选，则在所有尺寸修改完后再勾选或按完成按钮，系统就会一次完成计算。在勾选状态下修改前后尺寸的数值相差太大时，立即计算出新的几何形状可能会使草绘出现难以预计的形状，有时会无法继续修改尺寸，遇到这种情况，就不要勾选。系统默认为勾选，用户应根据需要进行选择。

2）锁定比例。使所有被选中的尺寸保持固定的比例。勾选此项后，无角度尺寸时，改动尺寸只能改变草绘的大小，而不能改变草绘的形状；如果有角度尺寸，角度尺寸也随距离尺寸按比例改变。

项目 3

草绘设计综合训练

学习目标

- 熟悉草绘设计的过程。
- 熟练掌握绘制工具、选择工具、几何工具、约束工具的使用方法。
- 能够熟练进行尺寸标注与修改。
- 能进行较复杂的草绘设计。

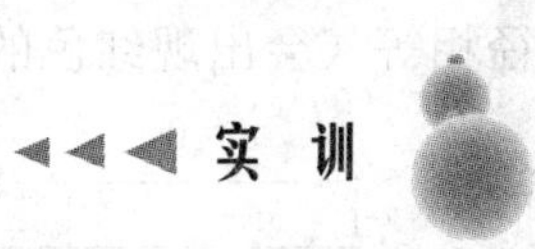

实例 1 设计如图 3.1 所示的草绘图。

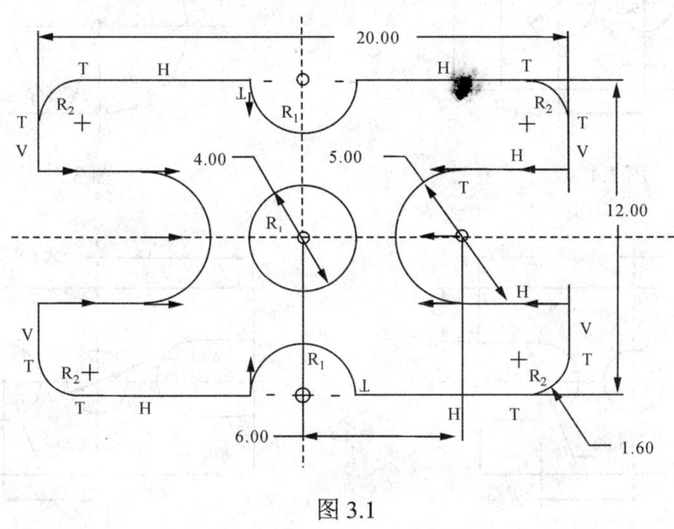

图 3.1

1）建立一个新的草绘文件，文件名为 ex3-1。

2）首先画两条垂直的中心线及一个直径为 4 的圆，先随意画一个圆，再修改它的直径，结果见图 3.2。

3）画一个 20×12 的矩形，在画的时候注意让矩形上下、左右对称（对称时就会出现一对小红色的箭头），这样不需要定位尺寸，只需要大小尺寸，结果见图 3.3。

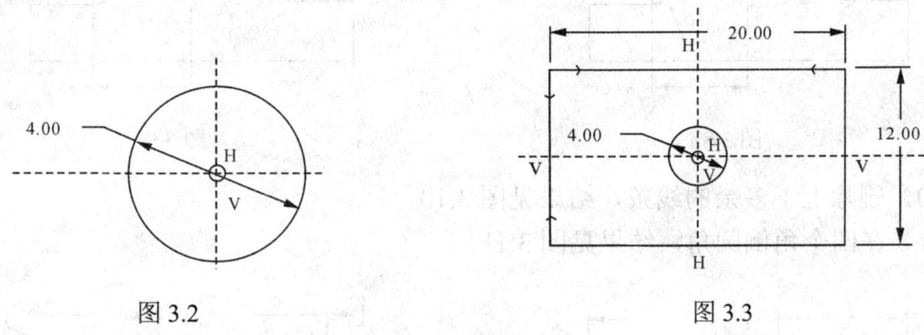

图 3.2　　图 3.3

4）画右边直径为 5 的圆，结果见图 3.4。

5）画右边两条与圆相切的直线，约束它们的水平，见图 3.5。

6）删除右边多余的线条，结果见图 3.6。

7）选中右边两条直线及半圆弧进行镜像，以竖直中心轴为对称轴，结果见图 3.7。

8）删除左边多余的线条，结果见图 3.8。

9）画上下两半圆弧，最好使用圆心端点圆弧命令，同时注意让半径与中间圆的半径相等（会出现红色的 R1），结果见图 3.9。

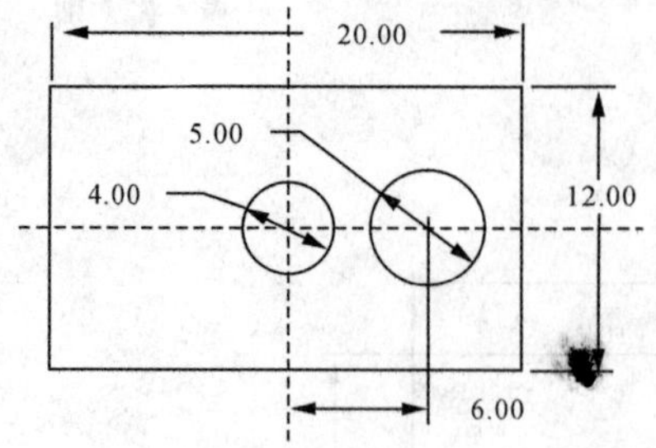

图 3.4

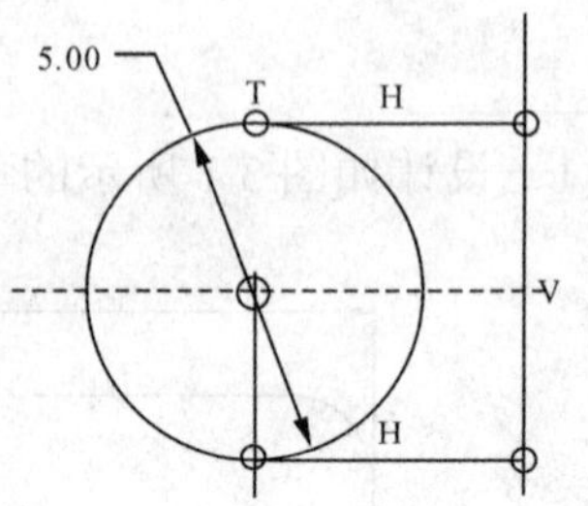

图 3.5

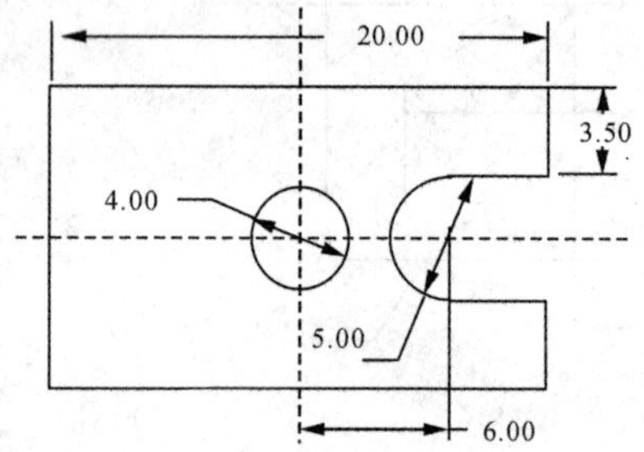

图 3.6

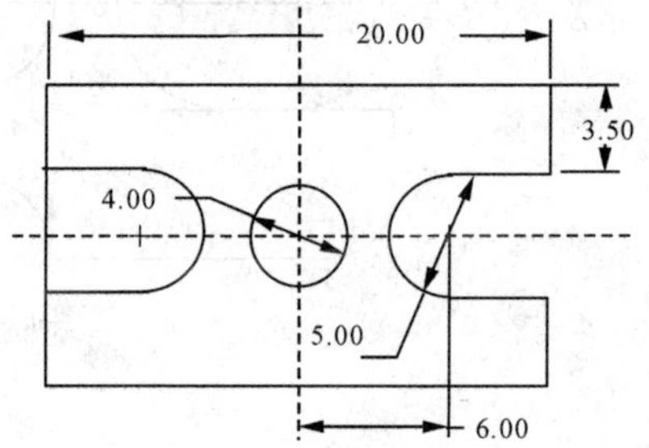

图 3.7

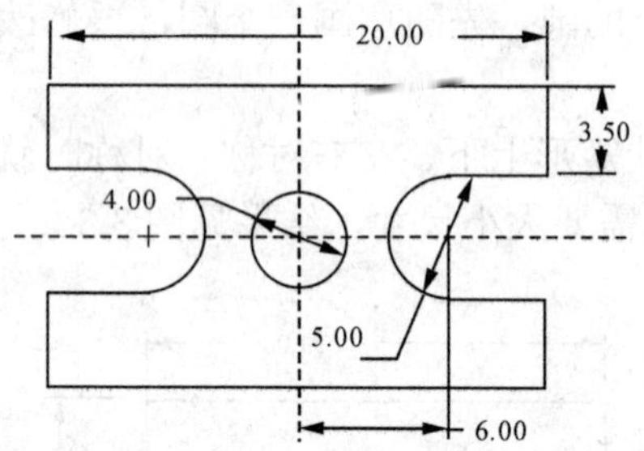

图 3.8

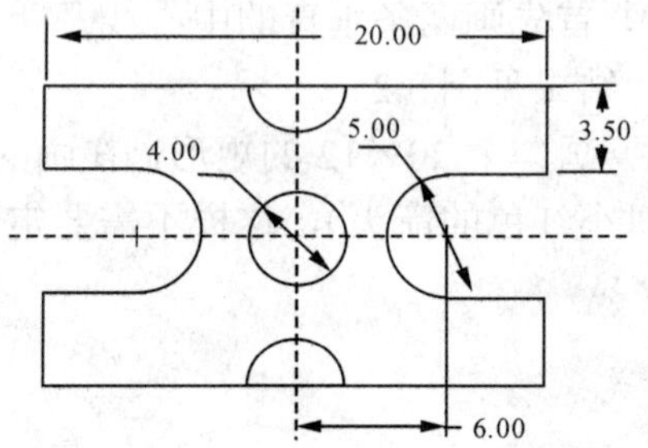

图 3.9

10）删除上下多余的线条，结果见图 3.10。

11）在四个角倒圆角，结果见图 3.11。

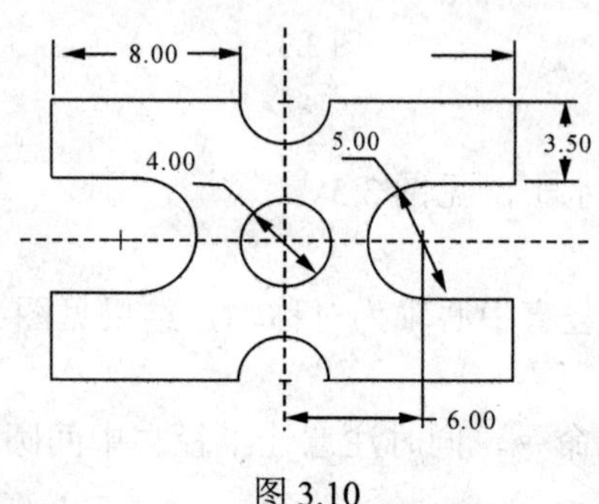

图 3.10

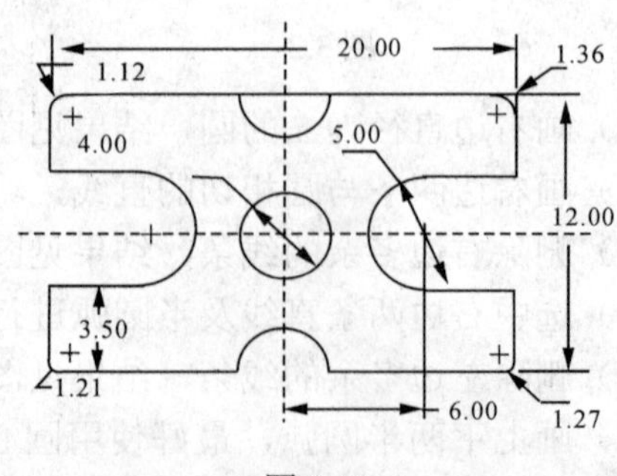

图 3.11

12）约束四个圆角半径相等，并重新标注并修改尺寸，结果见图 3.12。

13）从图 3.13 中可以看到草绘假设条件及约束条件。

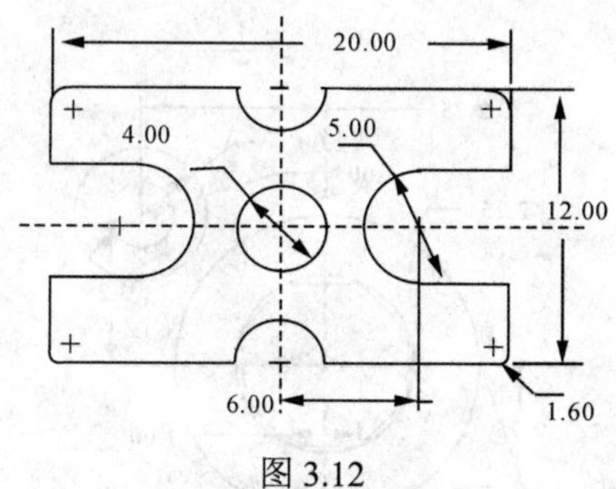

图 3.12

图 3.13

实例 2 设计如图 3.14 所示的草绘图。

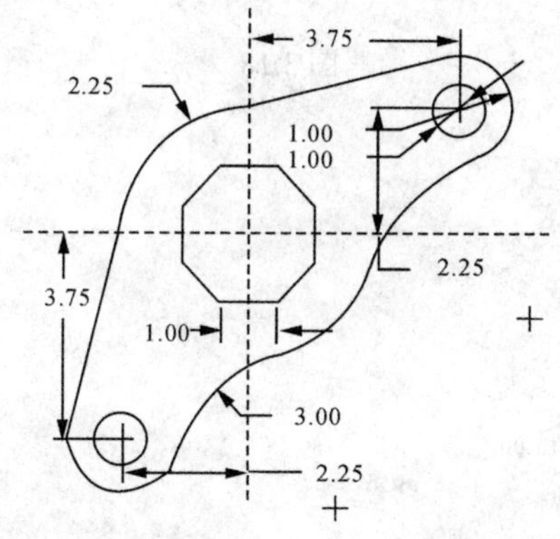

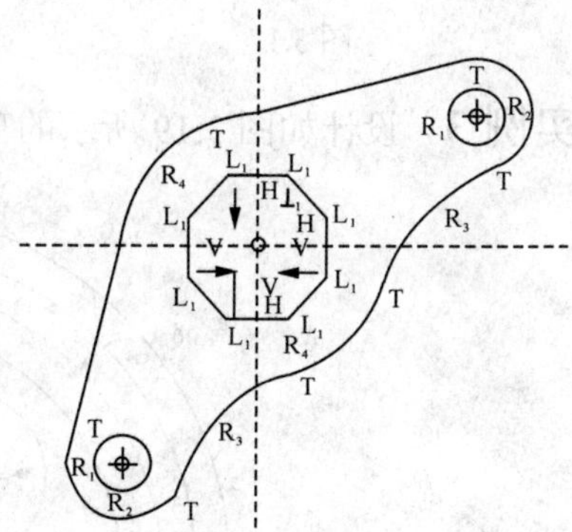

图 3.14

1）建立一个新的草绘文件，文件名为 ex3-2。

2）首先使用调色板命令插入一个边长为 1 的正八边形，画两条通过正八边形中心的垂直中心线，结果见图 3.15。

3）画五个圆，其中有两个 R_1 和两个 R_2 的圆，注意在画的时候使它们的半径相等，修改尺寸后，结果见图 3.16。

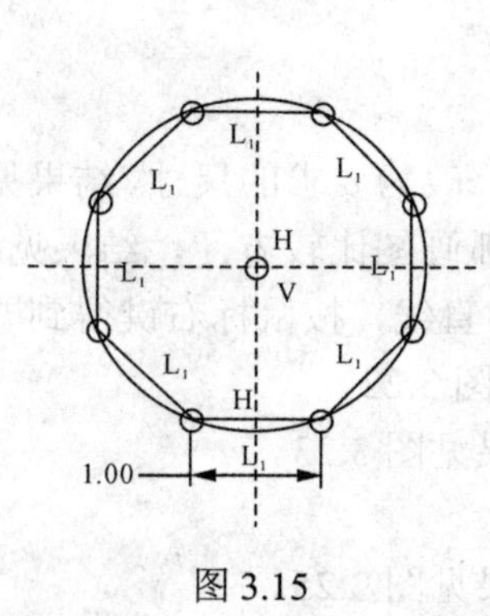

图 3.15

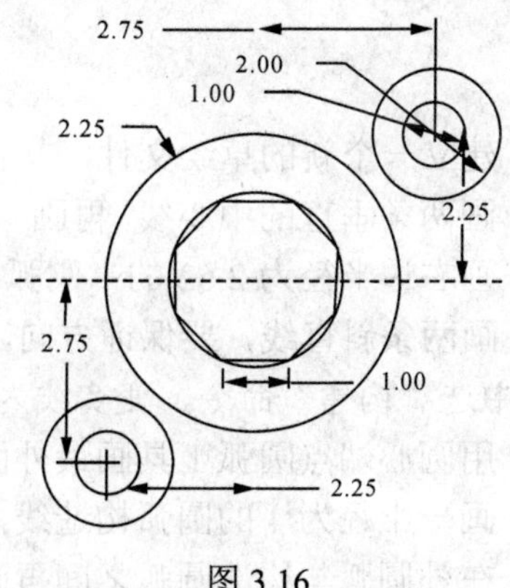

图 3.16

4）用相切直线命令画如图 3.17 所示的两条直线。

5）画两圆弧，增加半径相等即相切约束，修改尺寸后，结果见图 3.18。

6）删除构造圆得如图 3.14 所示的最后结果。

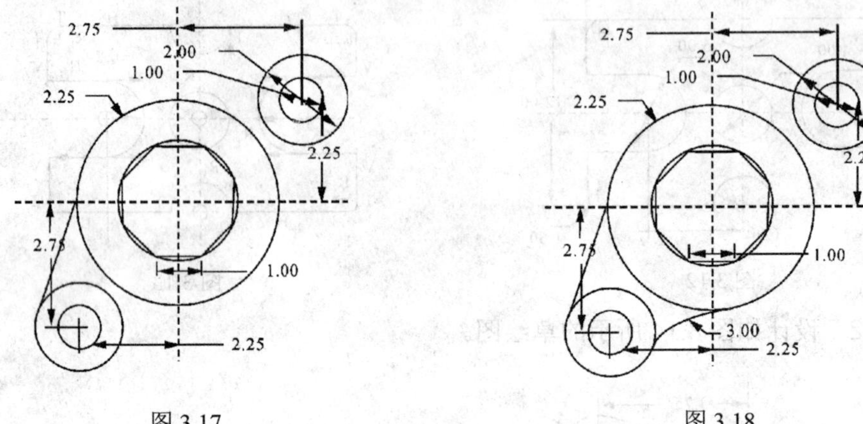

图 3.17　　　　图 3.18

实例 3　设计如图 3.19 所示的草绘图。

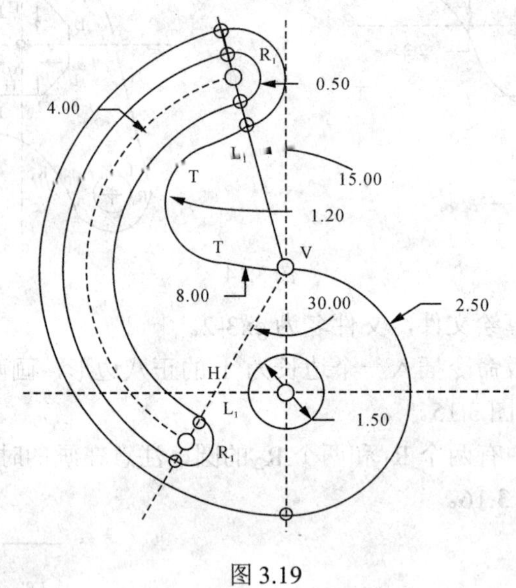

图 3.19

1）建立一个新的草绘文件，文件名为 ex3-3。

2）画两条垂直的中心线，再画一个圆，将其直径修改为要求的尺寸，结果见图 3.20。

3）画右边半径为 2.62 的半圆弧，用圆心端点圆弧画图比较方便，结果见图 3.21。

4）画两条斜直线，要保证方向，长度适中。选中直线，按鼠标右键得到即时菜单，在菜单中选“构建”命令，变实线为构造线，结果见图 3.22。

5）用圆心端点圆弧工具画最外面的大圆弧，结果见图 3.23。

6）画一半径为 4 的圆弧构造线，结果见图 3.24。

7）在外圆弧与构造圆弧之间再画一条圆弧，结果见图 3.25。

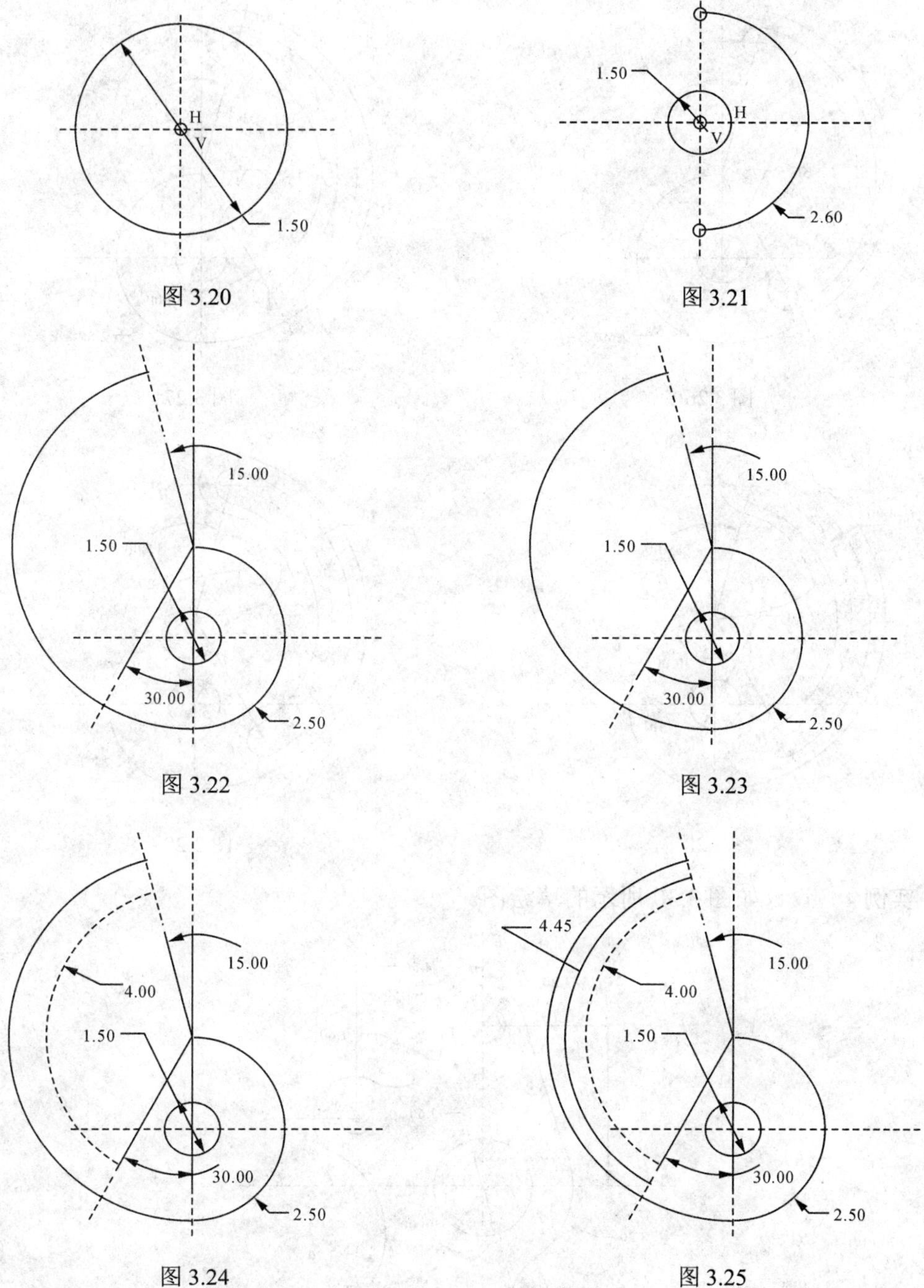

图 3.20　图 3.21　图 3.22　图 3.23　图 3.24　图 3.25

8）画两端的半圆弧，半径为 0.5，结果见图 3.26。

9）画最内层封闭的大圆弧及上端部的半圆弧，结果见图 3.27。

10）画上下两段圆弧，注意两圆弧的位置，结果见图 3.28。

11）在刚画好的两圆弧间倒圆角，修改半径尺寸，结果见图 3.29。

12）修剪多余的线条得到最后结果，见图 3.19。

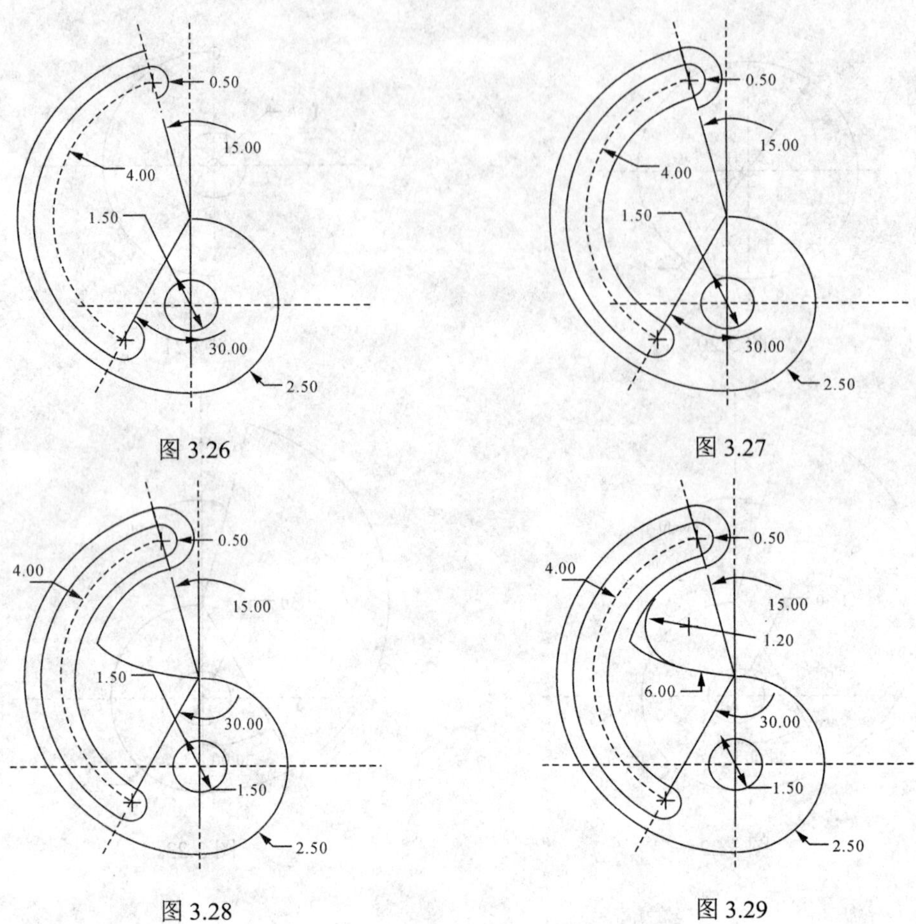

图 3.26　图 3.27

图 3.28　图 3.29

实例 4　设计如图 3.30 所示的草绘图。

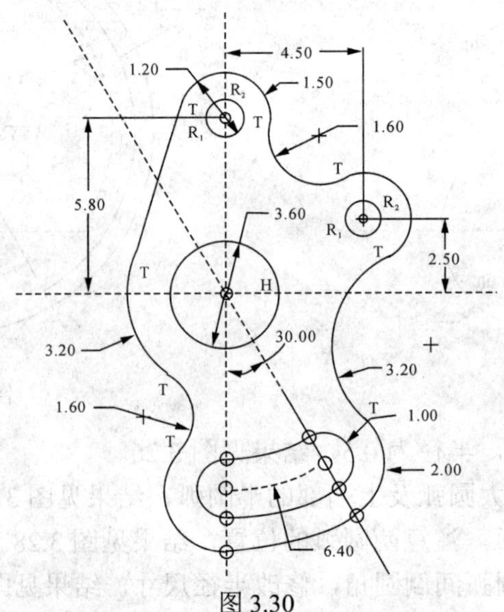

图 3.30

1）建立一个新的草绘文件，文件名为 ex3-4。

2）画一个圆，再画三条中心线，修改尺寸后，结果见图 3.31。

3）画如图 3.32 所示的五个圆，注意其中有四个圆半径两两相等。

4）用圆心端点圆弧命令画如图 3.33 所示下方的 8 个圆弧，把 R6.4 的圆弧改成构建线。

5）用相切直线命令画右上方的直线，同时用圆弧命令画外围的三个圆弧，结果见图 3.34。

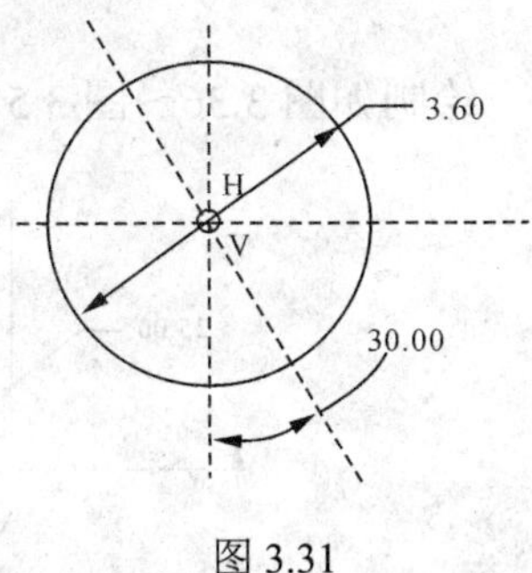

图 3.31

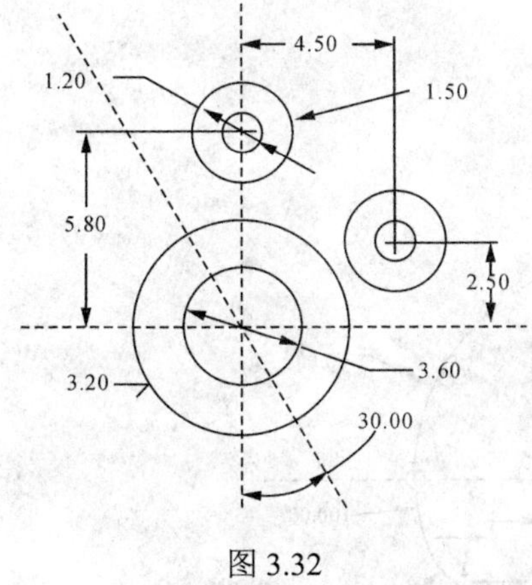

图 3.32

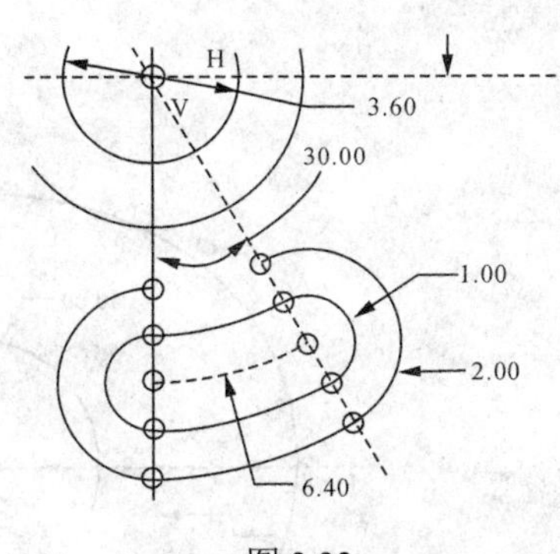

图 3.33

6）约束三个圆弧与接触的圆或圆弧相切，并修改圆弧半径，结果如图 3.35 所示。

7）修剪多余线条，最后得到如图 3.30 所示的结果。

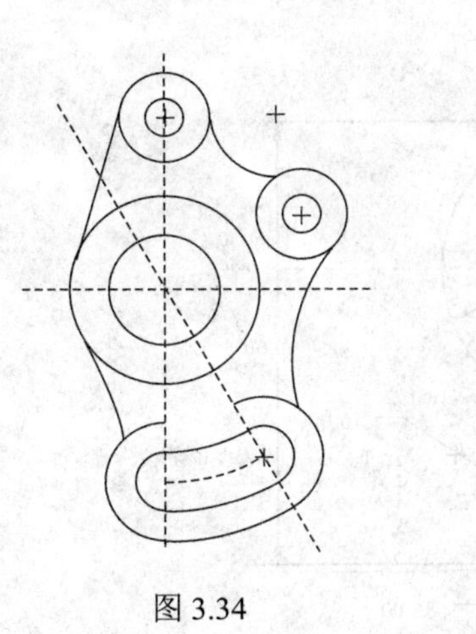

图 3.34

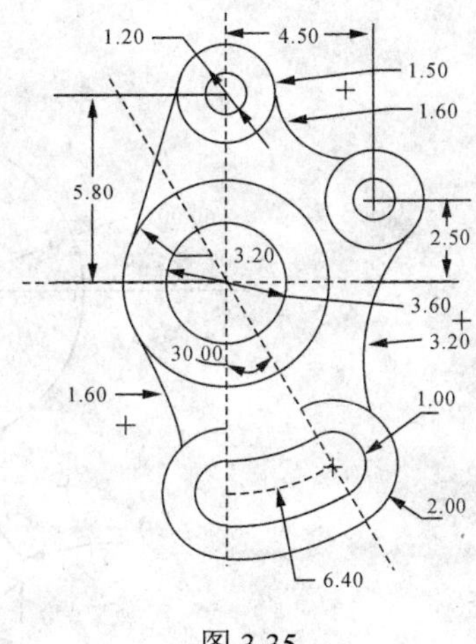

图 3.35

思考与练习

绘制如图 3.36～图 3.51 所示的草绘图。

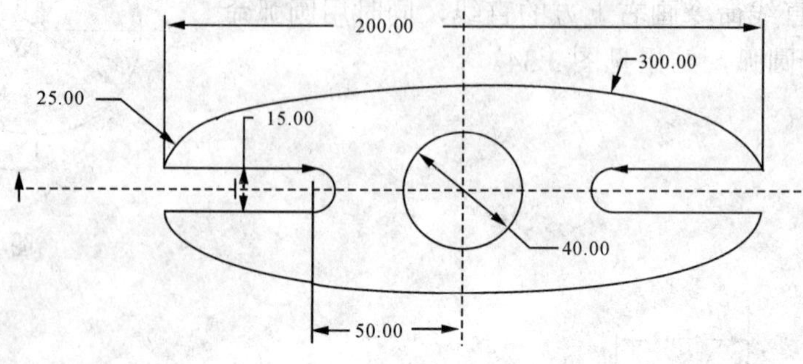

图 3.36

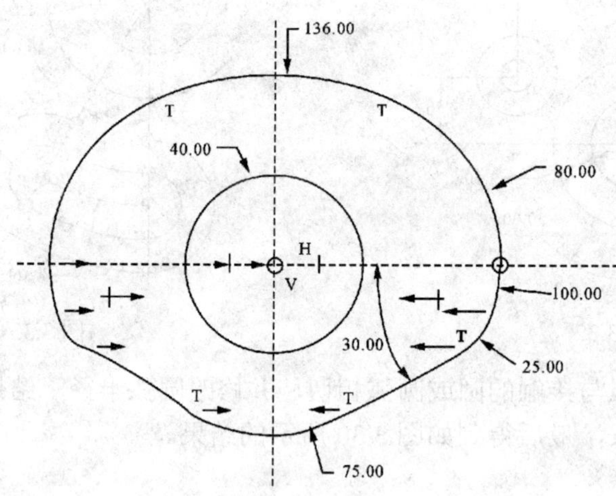

图 3.37

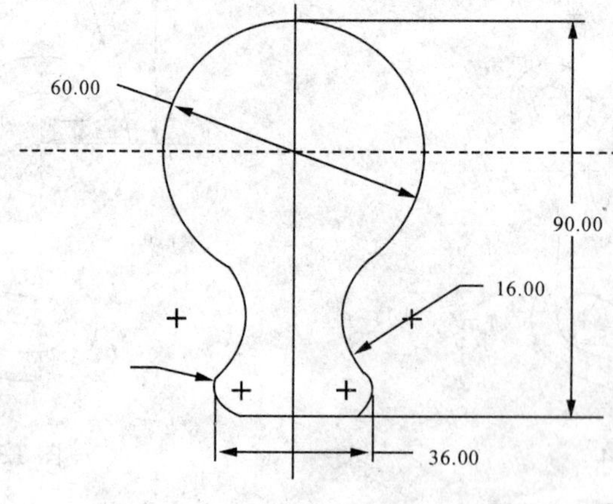

图 3.38

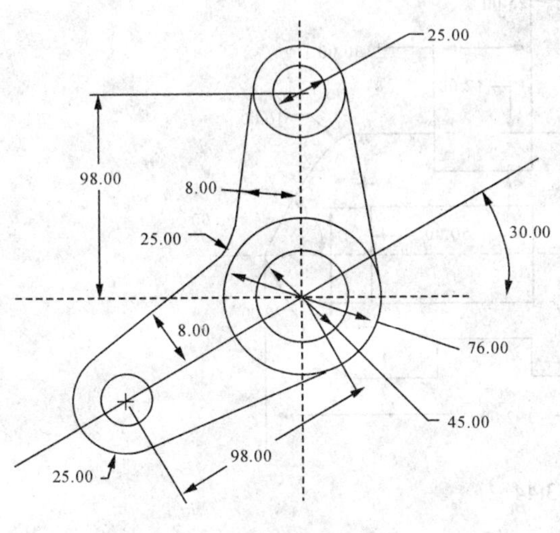

图 3.39

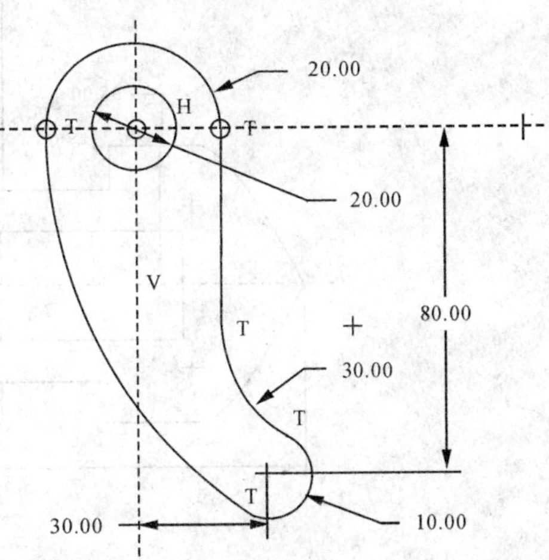

图 3.40

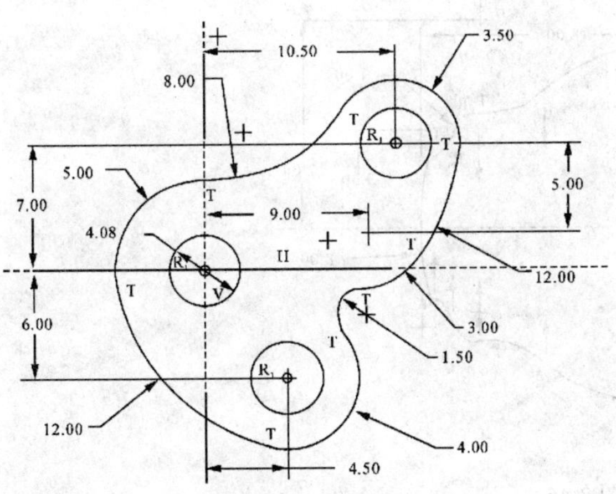

图 3.41

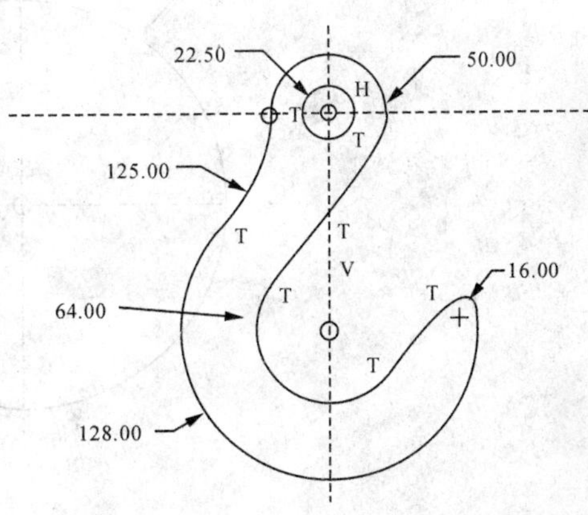

图 3.42

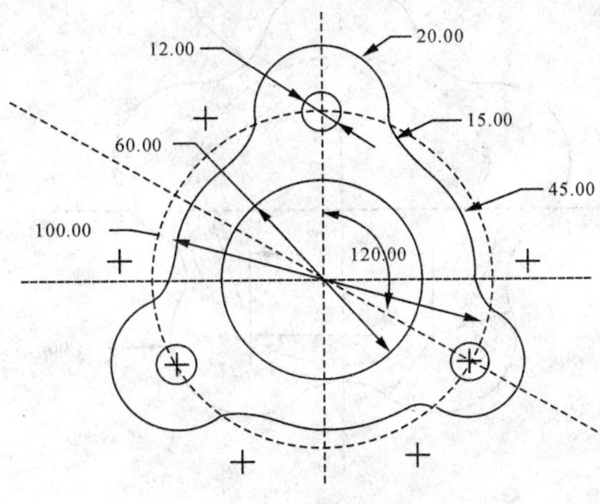

图 3.43

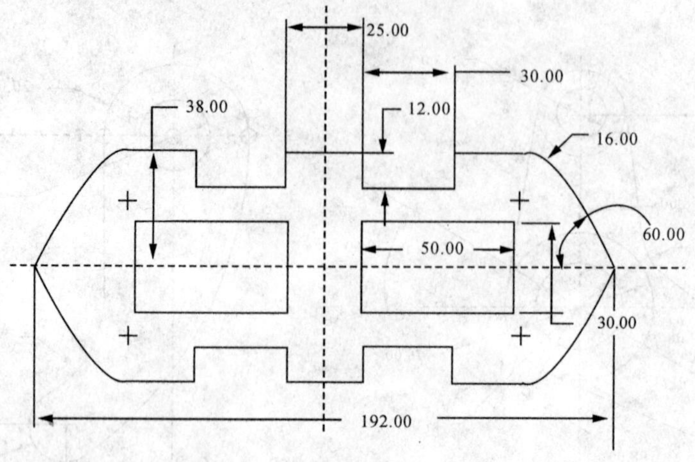

图 3.44

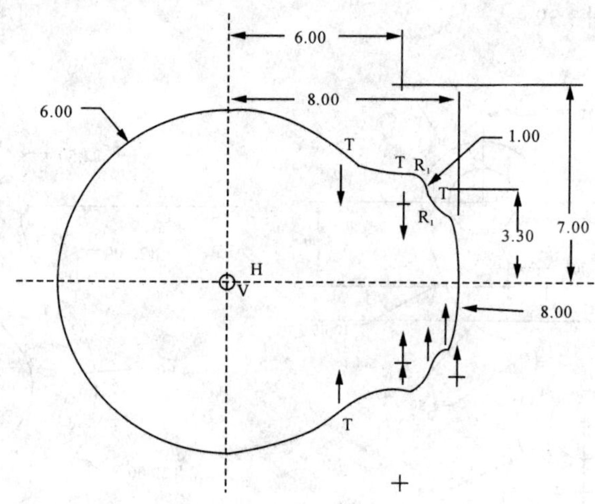

图 3.45

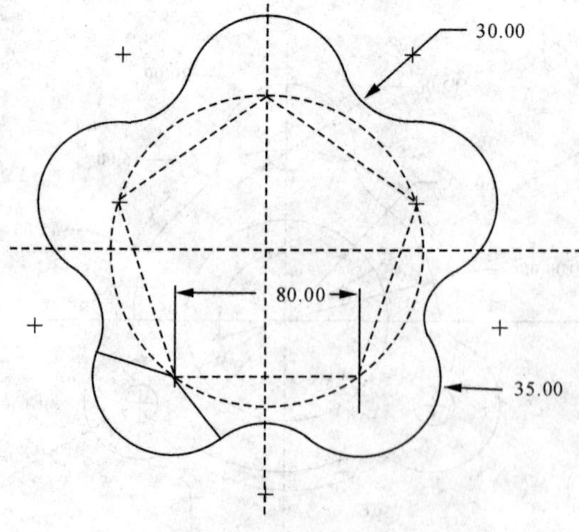

图 3.46

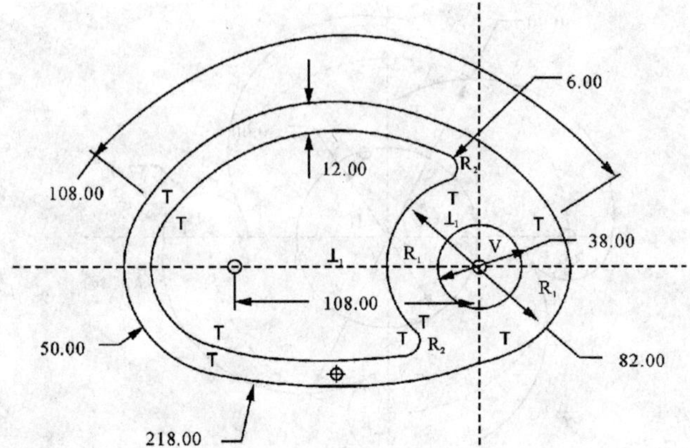

图 3.47

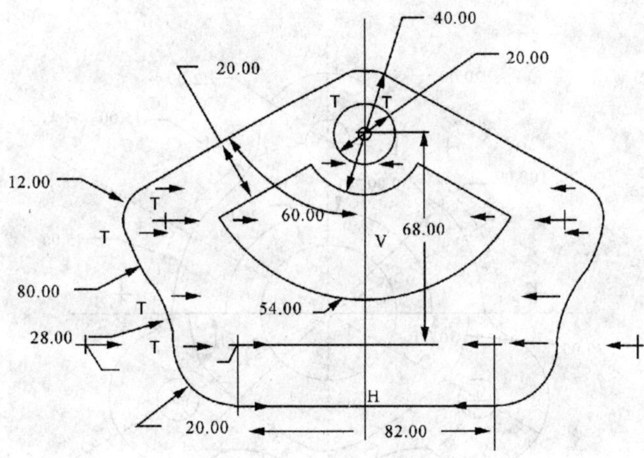

图 3.48

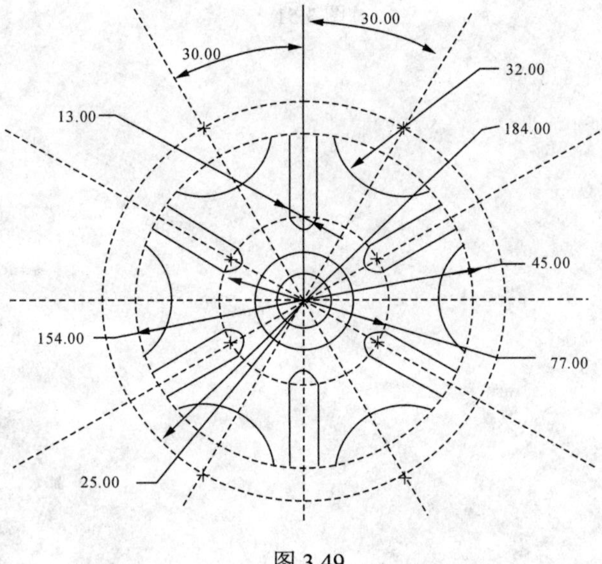

图 3.49

60.00
30.00
7.00
T
R
H
V

图 3.50

20.00
12.00
15.00
100.00
30.00
20.00
45.00
30.00
30.00
36.00
20.00

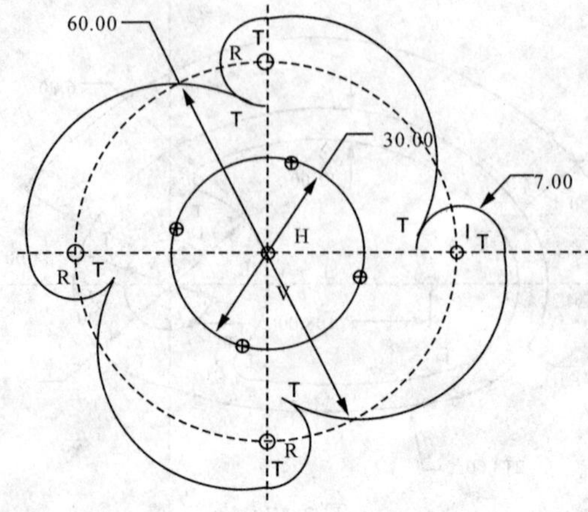

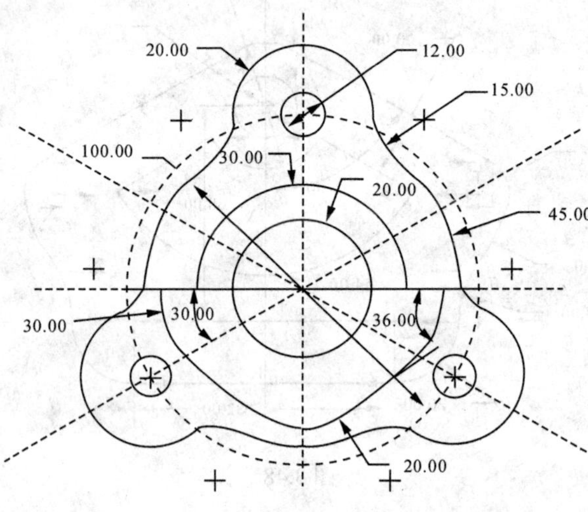

图 3.51

项目 4

基本特征

学习目标

- 熟悉拉伸、旋转、扫描特征控制对话框。
- 掌握建立拉伸、旋转、扫描特征的一般步骤。

Pro/ENGINEER 中零件的设计实际上就是实体造型，也就是在一个零件文件中建立一系列的实体特征。在 Pro/ENGINEER 实体造型中最常用的是基本特征。下面将介绍拉伸、旋转、扫描等基本特征。

基本特征工具按钮及菜单命令：下拉菜单命令如图 4.1 所示，主窗口右侧有对应的工具按钮，如图 4.2 所示。

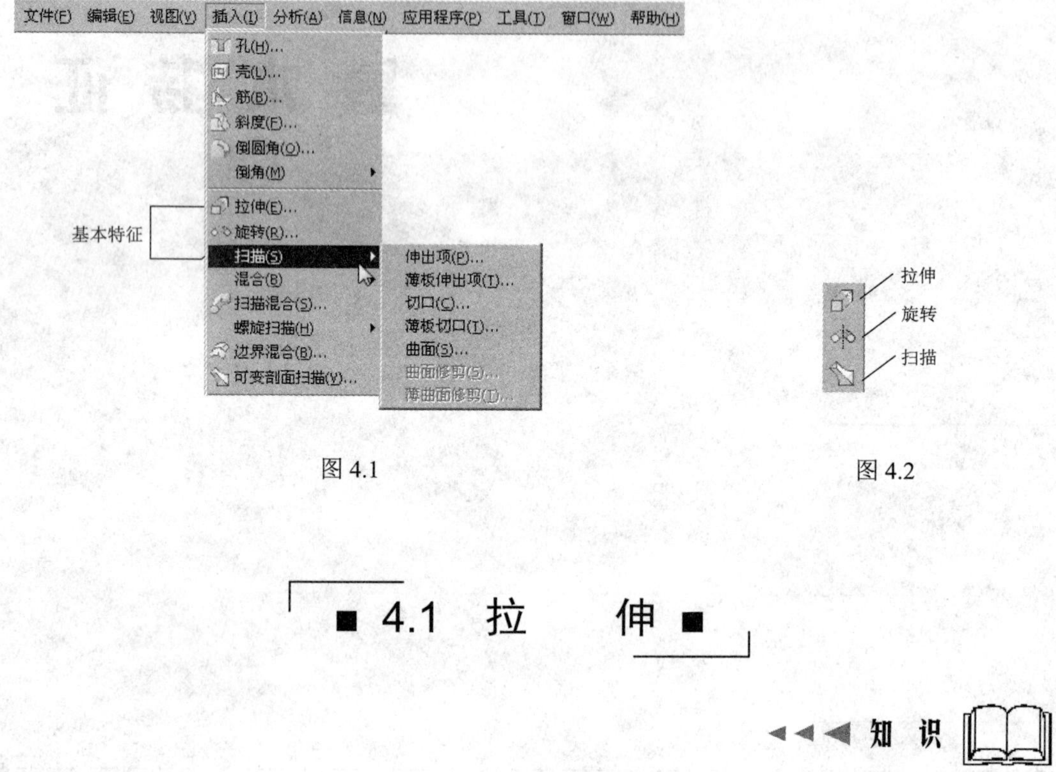

图 4.1

图 4.2

■ 4.1 拉 伸 ■

◀◀◀ 知 识

4.1.1 拉伸特征控制对话框

单击工具按钮，在主窗口下面会出现拉伸特征控制对话框，如图 4.3 所示。特征控制对话框里的各选项最后决定着特征，深度选项有六种选择，具体选择方式见图 4.4。

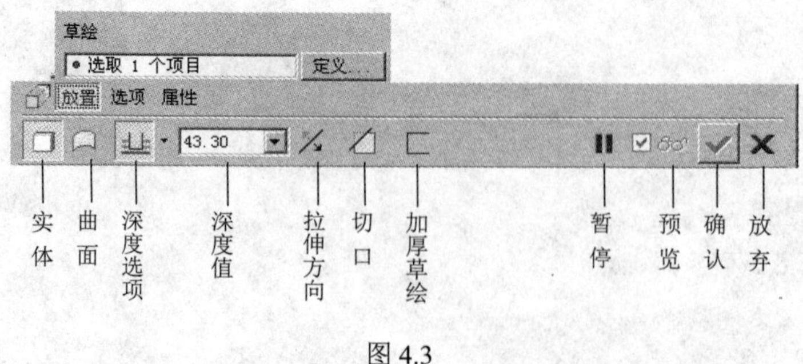

图 4.3

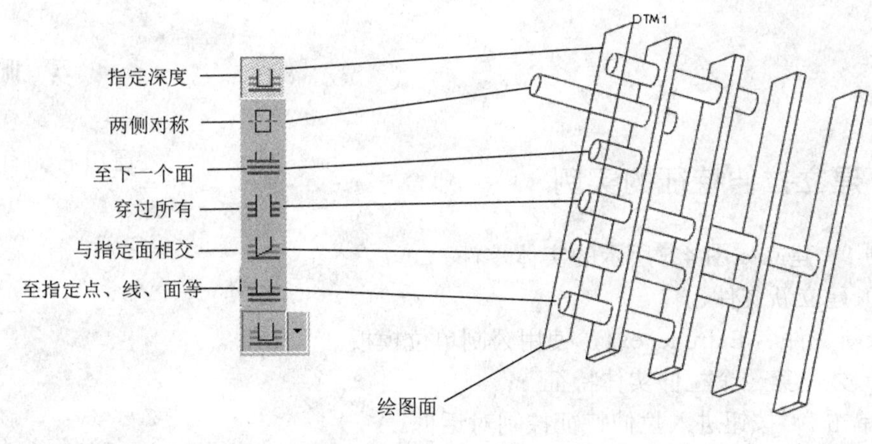

图 4.4

拉伸特征可以是实体，也可以是曲面；可以是伸出项（Protrusion），也可以是切口（Cut）；还可以和加厚草绘搭配使用，可以搭配出不同的拉伸特征。常见类型见表 4.1。

表 4.1

拉伸特征类型及控制对话框设置	拉伸结果
实体伸出项	
薄板伸出项	
拉伸实体切口	
薄板实体切口	
拉伸曲面	
拉伸曲面裁剪	
拉伸曲面薄壁裁剪	

4.1.2 建立拉伸特征的实例

实例 1 建立如图 4.5 所示的实体零件。

（1）建立新文件

输入新文件名 Extrude_ex1，使用公制单位模板。

（2）建立第一个拉伸实体特征

1）单击按钮进入拉伸特征控制对话框。

2）单击“放置”→“定义”按钮进入草绘对话框，选 FRONT 面作绘图面，接受系统默认的方位参考（RIGHT 面作右参考），单击草绘按钮进入参照窗口。

3）绘制如图 4.6 所示的草绘图，单击✔按钮结束绘图。

4）在特征控制对话框中，将深度改为，即两边对称，输入深度 250。

5）单击✔按钮得到如图 4.7 所示的结果。

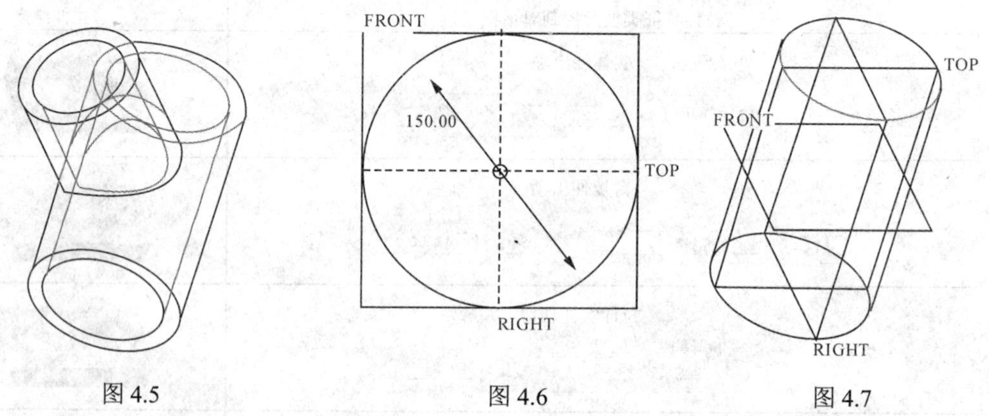

图 4.5　　图 4.6　　图 4.7

（3）建立第二个拉伸实体特征

1）单击按钮进入拉伸特征控制对话框。

2）进入草绘对话框，选 TOP 面作绘图面，接受系统默认的方位参考（RIGHT 面作右参考），单击“草绘”按钮进入参照窗口。

3）绘制如图 4.8 所示的草绘图，单击✔按钮结束绘图。

4）在特征控制对话框中“输入深度：180”。

5）单击✔按钮得到如图 4.9 所示的结果。

（4）建立一个拉伸切削特征

1）单击按钮进入拉伸特征控制对话框。

2）进入草绘对话框，选择如图 4.9 所示的面作绘图面，接受系统默认的方位参考（RIGHT 面作右参考），单击“草绘”按钮进入参照窗口。

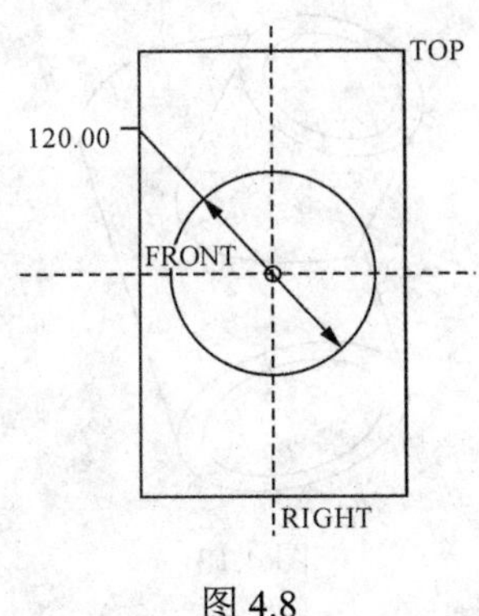

图 4.8

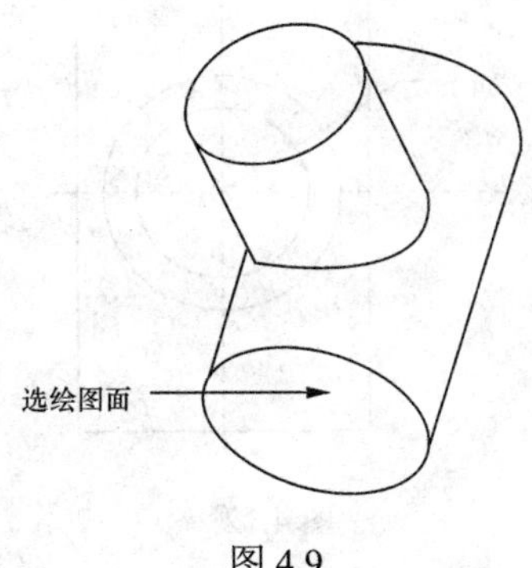

图 4.9

3）绘制如图 4.10 所示的草绘图，单击按钮结束绘图。

4）在特征控制对话框中，单击按钮改成去除材料，按鼠标中键适当转动模型，单击按钮调整切除方向，将深度选项改为，即完全贯穿。

5）单击按钮得到如图 4.11 所示的结果。

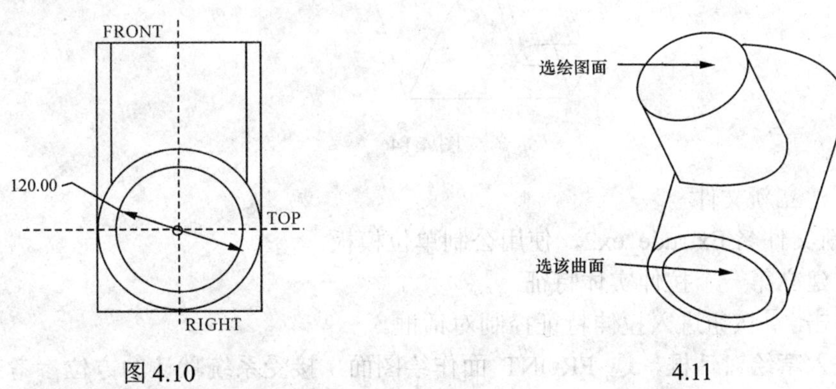

图 4.10

4.11

（5）再建立一个拉伸切削特征

1）单击按钮进入拉伸特征控制对话框。

2）进入草绘对话框，选择如图 4.11 所示的面作绘图面，接受系统默认的方位参考（RIGHT 面作右参考），单击“草绘”按钮进入参照窗口。

3）绘制如图 4.12 所示的草绘图，单击按钮结束绘图。

4）在特征控制对话框中，单击按钮改成去除材料，按鼠标中键适当转动模型，单击按钮调整切除方向，将深度选项改为，即至某一曲面，选择前面切削特征的下表面，即如图 4.11 所示的曲面。

5）单击按钮得到如图 4.13 所示的结果。

6）保存文件，再删除文件。

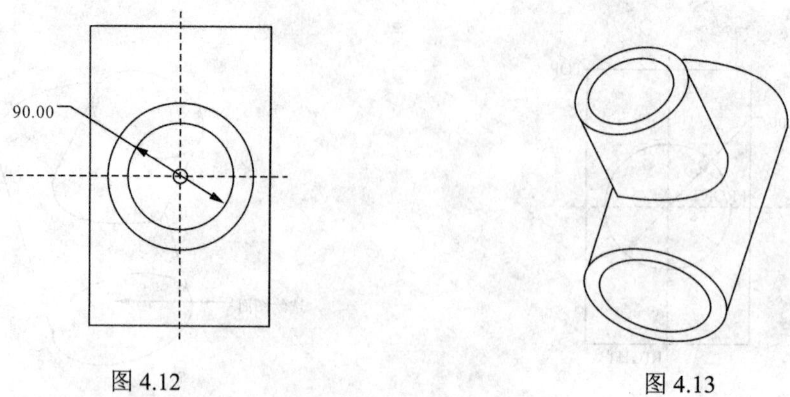

图 4.12 图 4.13

实例 2 建立如图 4.14 所示的零件。

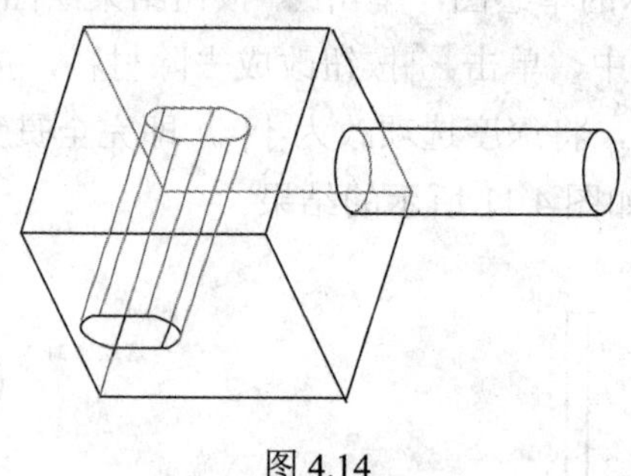

图 4.14

（1）建立新文件

输入新文件名 Extrude_ex2，使用公制单位模板。

（2）建立第一个拉伸实体特征

1）单击按钮进入拉伸特征控制对话框。

2）进入草绘对话框，选 FRONT 面作绘图面，接受系统默认的方位参考（RIGHT 面作右参考），单击“草绘”按钮进入参照窗口。

3）绘制如图 4.15 所示的草绘图，单击按钮结束绘图。

4）在特征控制对话框中，将深度改为，即两边对称，深度为 100。

5）单击按钮得到如图 4.16 所示的结果。

（3）建立一个拉伸切削特征

1）单击按钮进入拉伸特征控制对话框。

2）进入草绘对话框，选如图 4.16 所示的面作绘图面，即实体的前表面，接受系统默认的方位参考（RIGHT 面作右参考），单击“草绘”按钮进入参照窗口。

3）绘制如图 4.17 所示的草绘图，单击按钮结束绘图。

4）在特征控制对话框中，单击按钮改成去除材料，按鼠标中键适当转动模型，单击按钮调整切除方向，将深度选项改为，即完全贯穿。

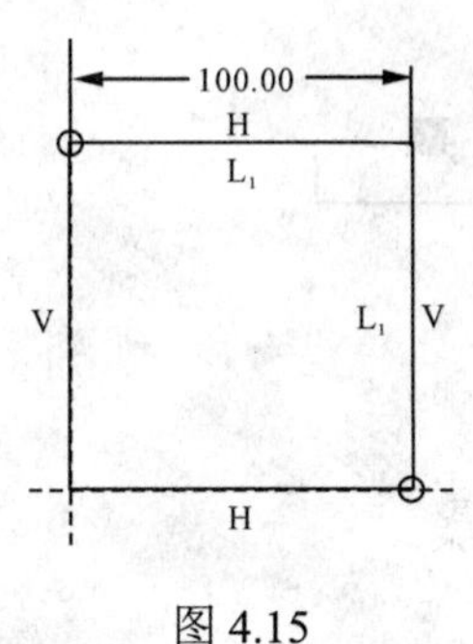

图 4.15

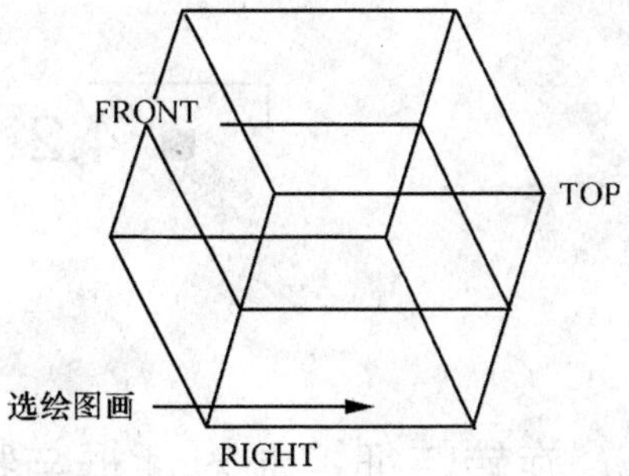

图 4.16

5）单击 ✔ 按钮得到如图 4.18 所示的结果。

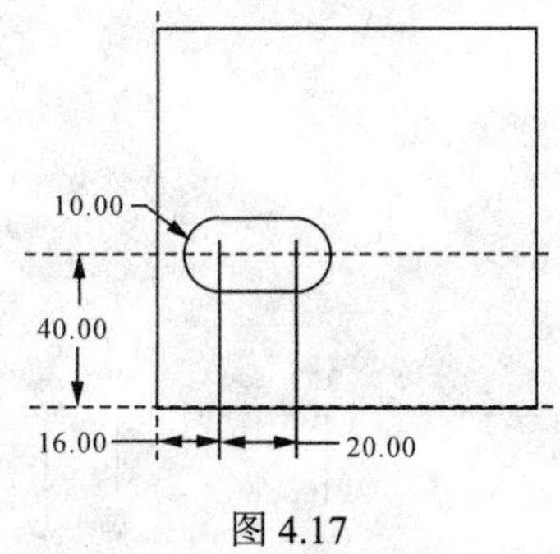

图 4.17

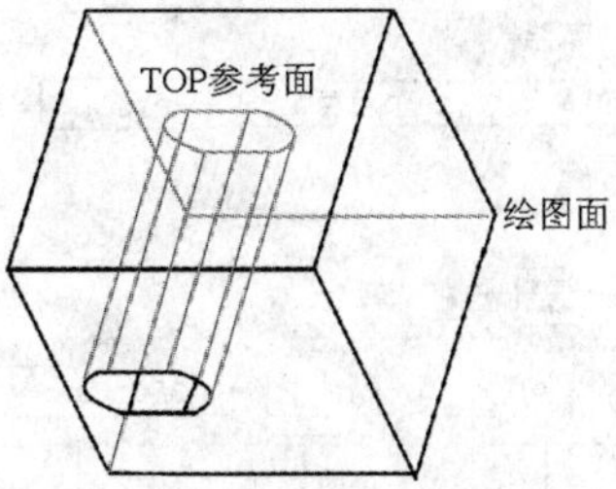

图 4.18

（4）再建立一个拉伸实体特征

1）单击 按钮进入拉伸特征控制对话框。

2）进入草绘对话框，选图 4.18 中实体的右面作绘图面，选择实体顶面作 TOP 参考，单击“草绘”按钮进入参照窗口。

3）绘制如图 4.19 所示的草绘图，单击 ✔ 按钮结束绘图。

4）在特征控制对话框中输入深度 100。

5）单击 ✔ 按钮得到如图 4.20 所示的结果，保存文件。

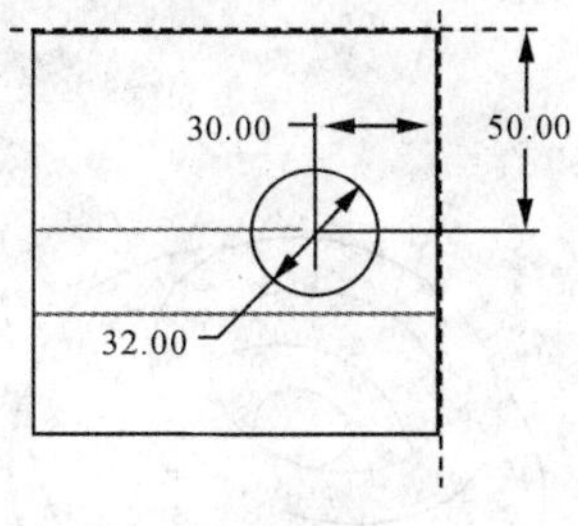

图 4.19

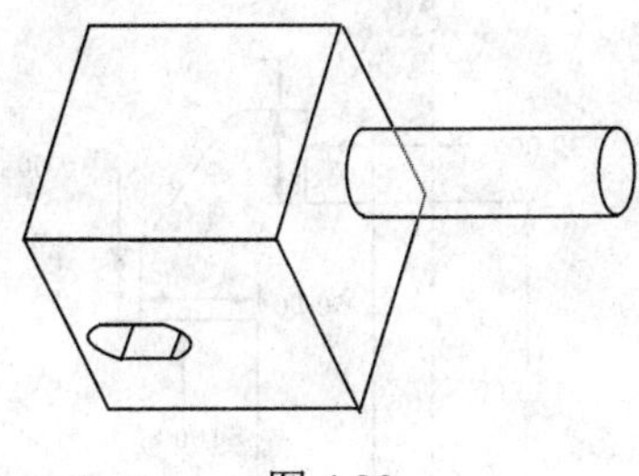

图 4.20

■ 4.2 旋 转 ■

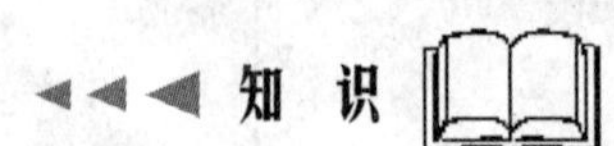

4.2.1 旋转特征控制对话框与特征建立的步骤

（1）建立旋转特征

单击工具按钮，在主窗口下面会出现旋转特征控制对话框，如图 4.21 所示。

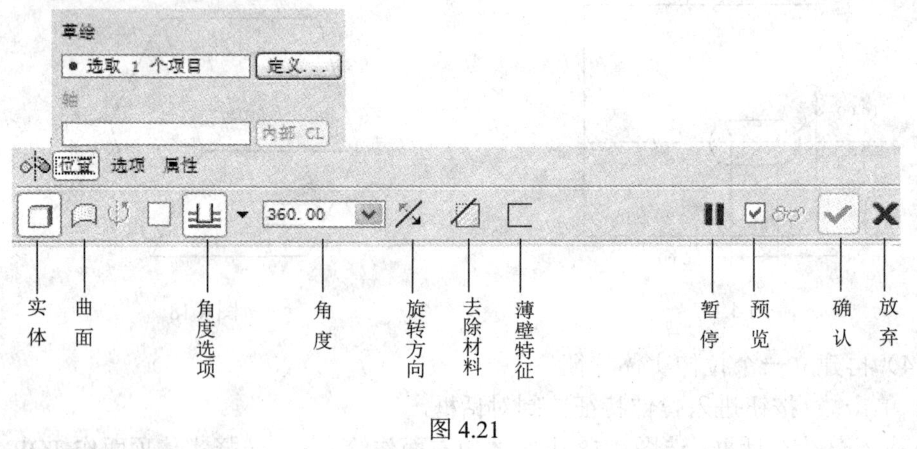

图 4.21

（2）绘制旋转特征的草绘

在特征控制对话框中单击“位置”项，在草绘区域选择“定义”项，同样会出现与拉伸一样的草绘对话框，选择 FRONT 面作为绘图平面，接受系统默认的绘图视角。单击草绘图并绘制如图 4.22 所示的草绘图，注意要先画好旋转中心线，草绘必须在中心线的一侧。如果要求旋转得到实体，那么草绘必须是封闭的。

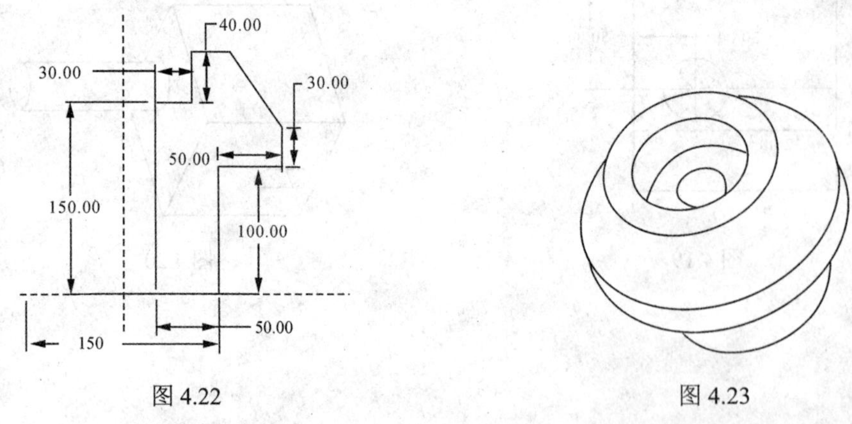

图 4.22　　　　图 4.23

（3）输入旋转角度，完成旋转特征

可以直接输入旋转角度；也可以在绘图主窗口上直接用鼠标拖动旋转角度控制点来改变角度；还可以像草绘设计中那样，直接双击角度尺寸后再输入新的值，最后回车确认即可；单击 ✔ 按钮完成特征的建立，结果见图 4.23。

（4）编辑定义

与拉伸特征一样，也可以在特征模型树中选中旋转特征，再单击鼠标右键来重新定义特征，在特征控制对话框中输入旋转角度 270，结果见图 4.24；如果再在特征控制对话框中单击 ⁒ 按钮调整旋转方向，结果见图 4.25。

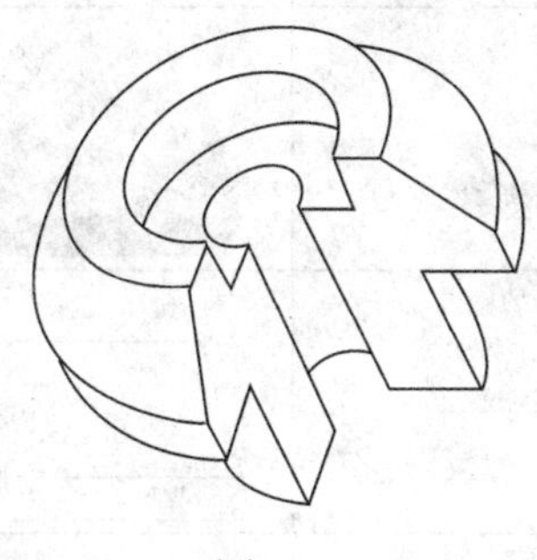

图 4.24

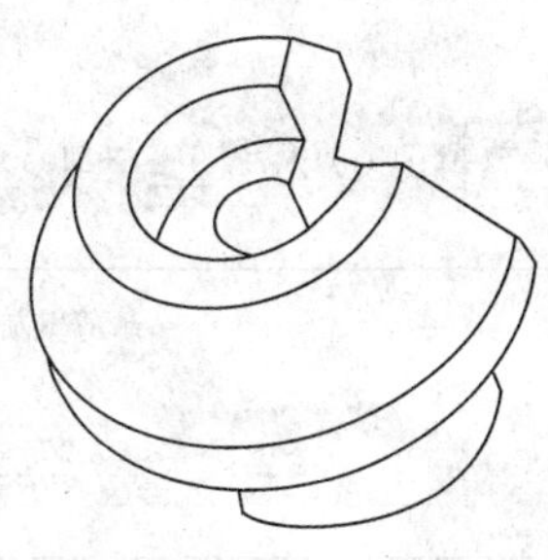

图 4.25

将特征改成薄壁实体特征，并输入厚度 8，得到结果见图 4.26；如果再将特征改成曲面特征，得到结果见图 4.27。

图 4.26

图 4.27

其实，旋转特征的特征控制对话框与拉伸非常类似，在实体、曲面、薄壁实体等方面的控制，及切削、方向调整、修改与重新定义等方面，操作都是相同的，在学习、使用时，要注意相互的联系与区别。

（5）常见旋转特征类型

旋转特征和拉伸特征既可以是实体，也可以是曲面；既可以是伸出项（Protrusion），也可以是切口（Cut）；还可以和“加厚草绘”项搭配使用，可以搭配出不同的旋转特征。常见类型如表 4.2 所示。

表 4.2

旋转特征类型及控制对话框设置	旋转结果
旋转实体伸出项	
薄壁旋转实体	
旋转切口	
薄壁旋转切口	
旋转曲面（封闭草绘）	
旋转曲面（开放草绘）	

4.2.2 建立旋转特征实例

实例 1 建立如图 4.28 所示的实体。

图 4.28

（1）建立新文件

输入新文件名 Revolve_ex1，使用公制单位模板。

（2）建立旋转实体特征

1）单击按钮进入旋转特征控制对话框。

2）在特征控制对话框中单击“位置”，在草绘区域选择“定义”项，进入草绘对话框，选 FRONT 面作绘图面，接受系统默认的方位参考（RIGHT 面作右参考），单击“草绘”按钮进入参照窗口。

3）绘制如图 4.29 所示的草绘图，单击按钮结束绘图。

4）在特征控制对话框中输入角度为 360。

5）单击按钮得到如图 4.30 所示的结果。

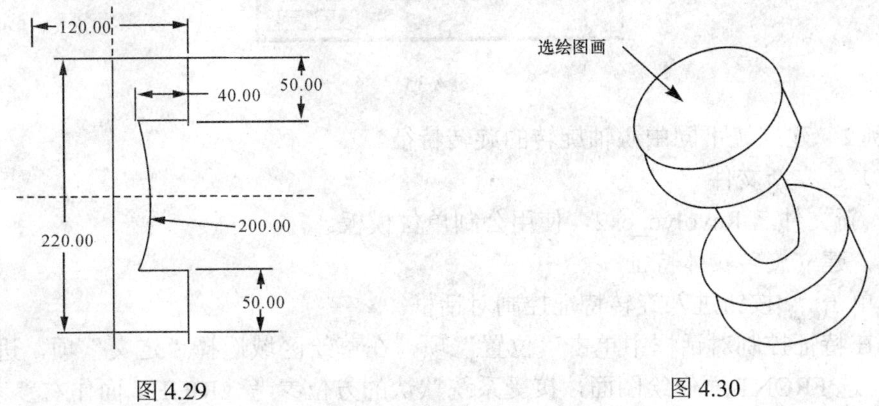

图 4.29　　图 4.30

（3）建立拉伸实体特征

1）单击按钮进入拉伸特征控制对话框。

2）进入草绘对话框，选零件顶面作绘图面，接受系统默认的方位参考（RIGHT 面作右参考）。

3）绘制如图 4.31 所示的草绘图，单击按钮后，自下往上画直线得到如图 4.33 所示的文本框，在框中可以输入文本，调整文字倾斜角度，高宽比例等，最后单击按钮结束绘图。

4）在特征控制对话框中输入深度 3。

5）单击按钮得到如图 4.32 所示的结果。

6）保存文件。

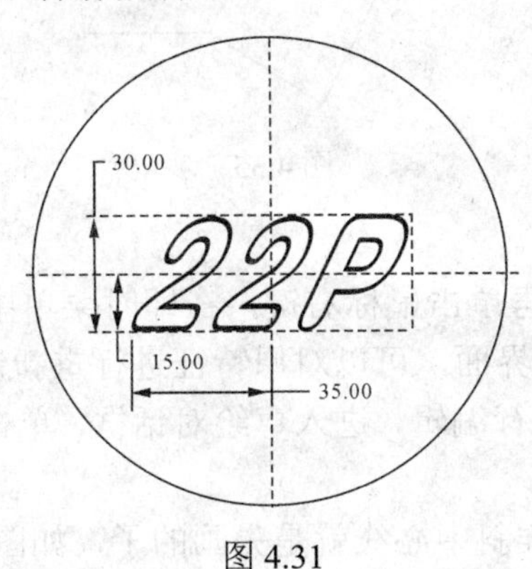

图 4.31

图 4.32

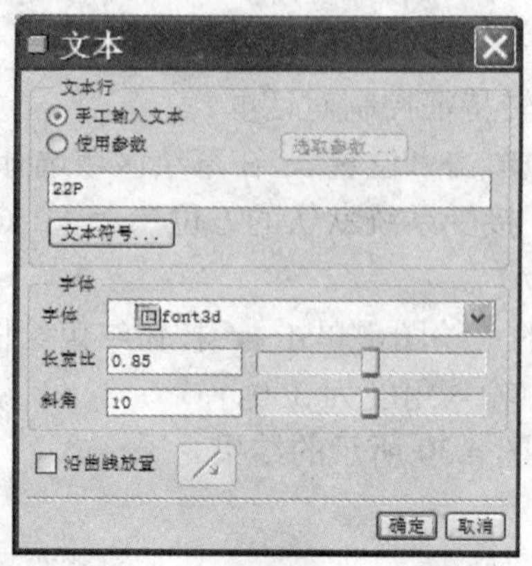

图 4.33

实例 2 建立绕不同中心轴旋转的旋转特征。

（1）建立新文件

输入新文件名 Revolve_ex2，使用公制单位模板。

（2）建立旋转实体特征

1）单击按钮进入旋转特征控制对话框。

2）在特征控制对话框中单击“位置”项，在草绘区域选择“定义”项，进入草绘对话框，选 FRONT 面作绘图面，接受系统默认的方位参考（RIGHT 面作右参考）。

3）绘制如图 4.34 所示的草绘图，单击✔按钮结束绘图。

4）在特征控制对话框中输入角度 225。

5）单击✔按钮得到如图 4.35 所示的结果。

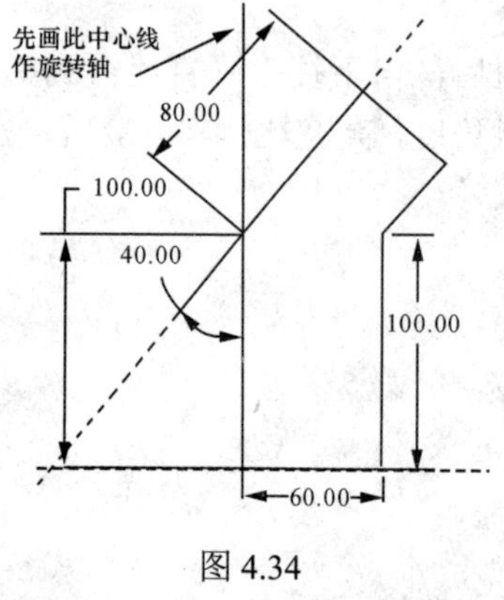

图 4.34

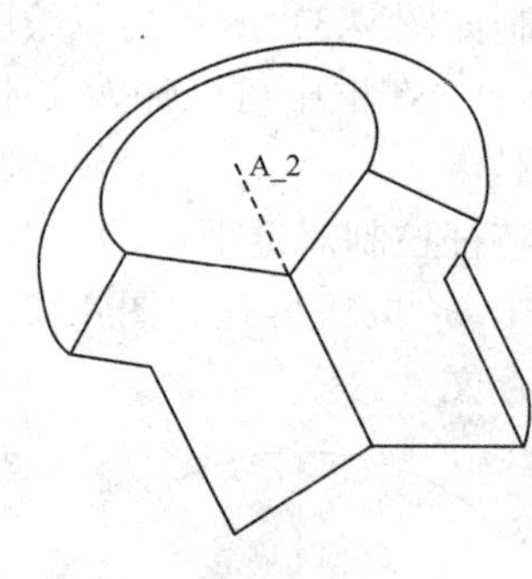

图 4.35

（3）重新定义特征

1）在右边模型树中选中刚建立的旋转特征，再单击鼠标右键，在即时菜单中选编辑定义，此时又回到出现原旋转特征控制对话框的界面，可以对原特征进行重新定义。

2）单击“位置”按钮，选择草绘区域的草绘进行编辑，进入草绘对话框，单击“草绘”按钮进入绘图界面。

3）删除竖直中心线，重新画竖直中心线，这样斜中心线就是先画的了，如图 4.36

所示，单击“确定”按钮结束绘图。

4）单击✔按钮得到如图 4.37 所示的结果。

5）保存文件，删除文件。

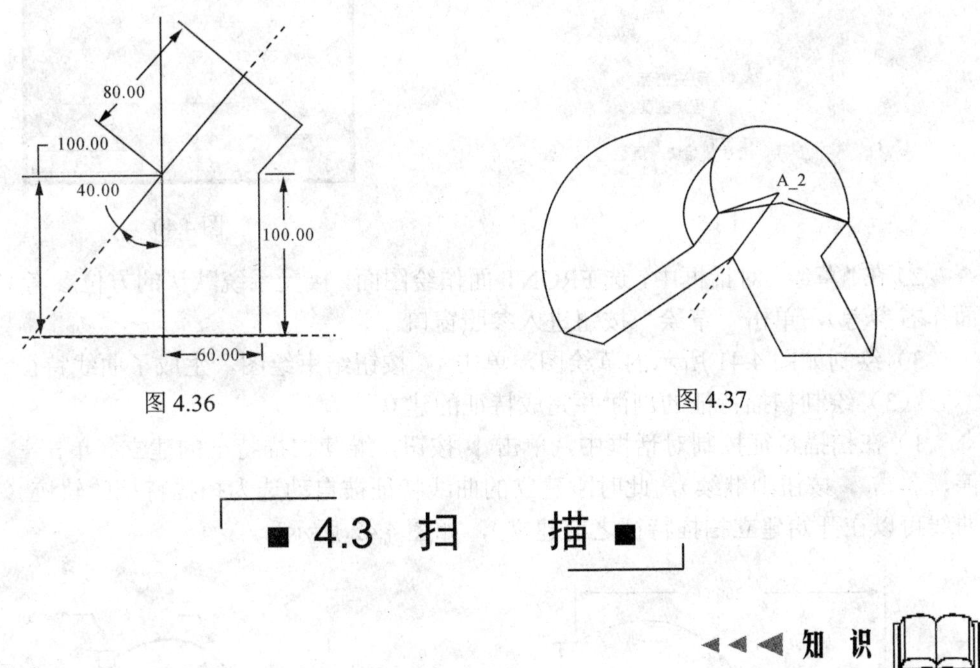

图 4.36　　　　图 4.37

■ 4.3 扫　描 ■

知 识

4.3.1 扫描特征控制对话框与特征建立的步骤

（1）建立扫描特征

1）单击工具按钮，在主窗口下面会出现扫描特征控制对话框，如图 4.38 所示。

2）在扫描特征控制对话框中，单击按钮，生成实体。

3）在扫描特征控制对话框中，单击“选项”项，选择恒定剖面（扫描过程中截面保持不变），如图 4.39 所示。

（2）绘制扫描特征的轨迹

1）选择下拉主菜单中“插入”→“模型基准”→ “草绘”命令或单击主窗口右侧的特征工具按钮，就会出现“草绘”对话框，如图 4.40 所示。

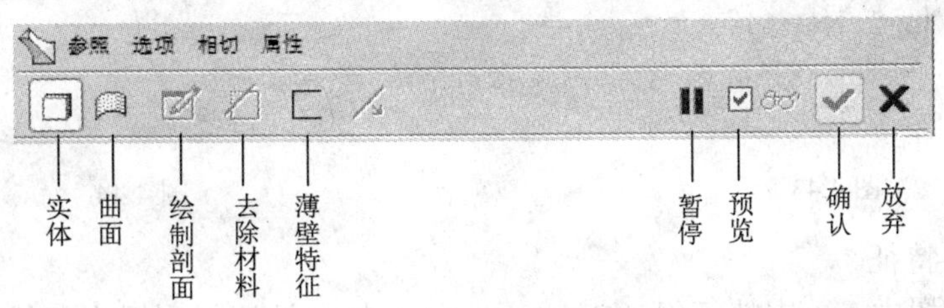

图 4.38

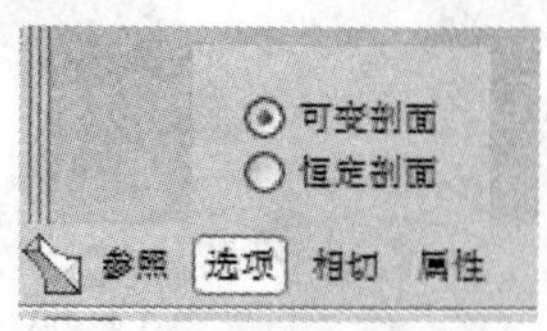

图 4.39

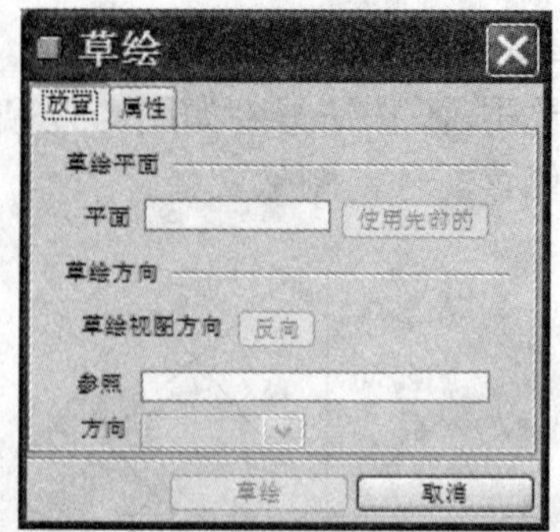

图 4.40

2）在“草绘”对话框中，选 FRONT 面作绘图面，接受系统默认的方位参考（RIGHT 面作右参考），单击“草绘”按钮进入参照窗口。

3）绘制如图 4.41 所示的草绘图，单击按钮结束绘图，生成了曲线特征。

（3）绘制扫描特征的剖面并完成特征的建立

1）在扫描特征控制对话框中，单击按钮，继续扫描特征的建立（单击按钮暂停，单击按钮则继续），此时刚建立的曲线特征被自动选为扫描特征的轨迹（注意此曲线可以在开始建立扫描特征之前建立），如图 4.42 所示。

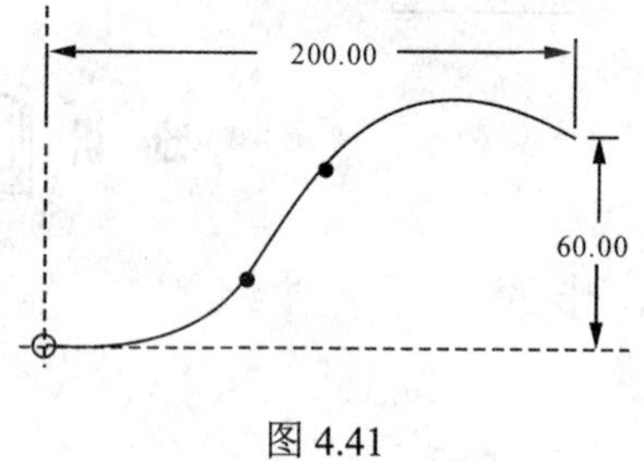

图 4.41

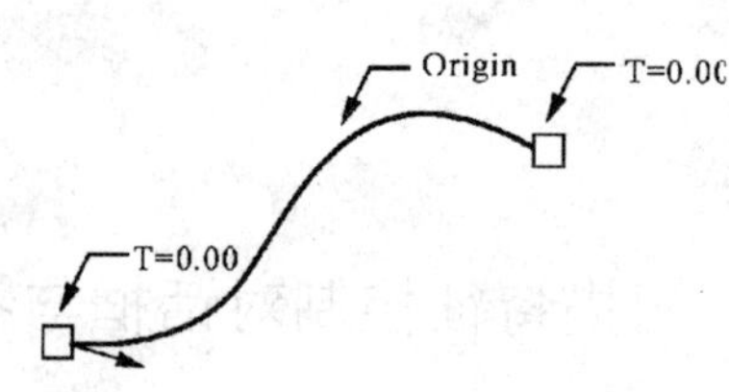

图 4.42

2）在扫描特征控制对话框中，单击按钮，系统会默认通过起点且垂直于轨迹的平面为绘图面，水平和竖直方向为绘图参考。

3）绘制如图 4.43 所示的草绘图，单击按钮结束绘图。

4）单击按钮完成特征的建立，结果见图 4.44。

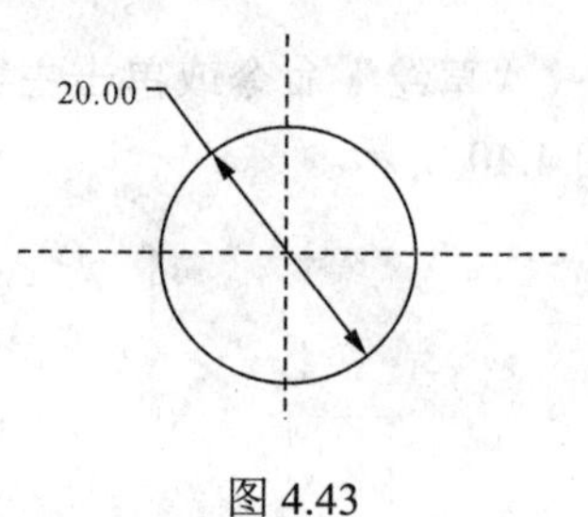

图 4.43

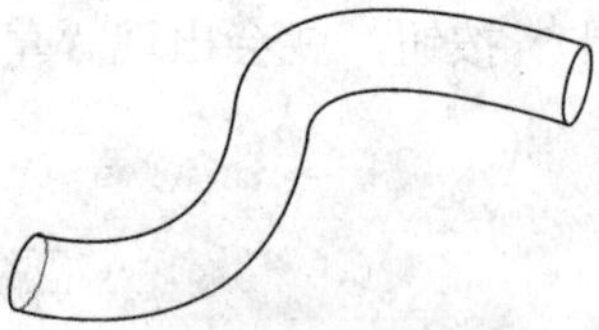

图 4.44

（4）编辑特征

1）在模型树中，单击特征组（Group）左边的加号按钮得到组中曲线及扫描实体特征，见图 4.45。

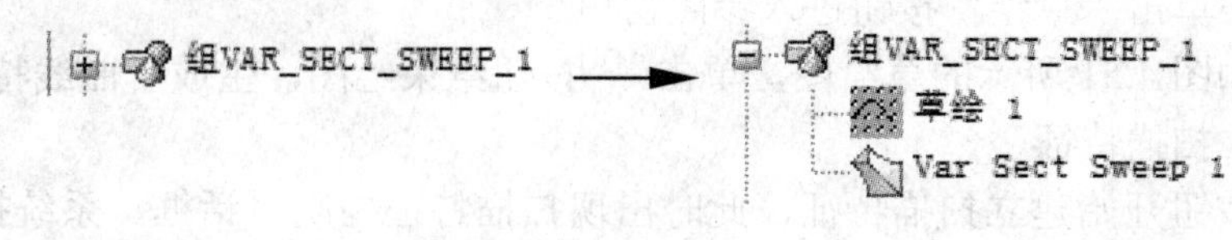

图 4.45

2）在模型树中选中扫描特征，再单击鼠标右键，选编辑定义，进入特征编辑状态，出现扫描特征控制对话框。

3）在扫描特征控制对话框中单击按钮，进入绘图界面，将截面的直径改为 40，单击按钮结束绘图。

4）单击按钮完成特征的编辑，结果见图 4.46。

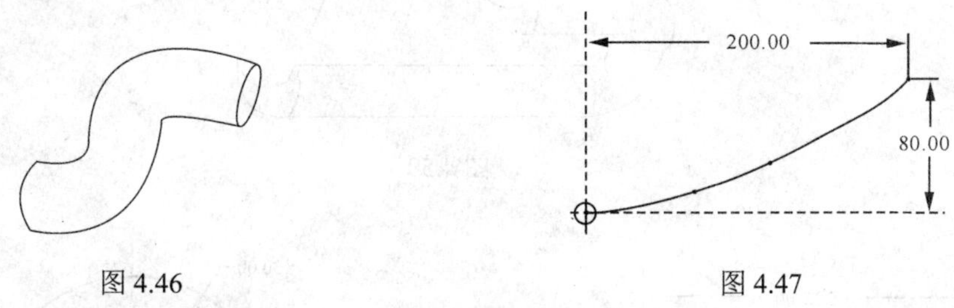

图 4.46　　图 4.47

5）在模型树中选中曲线特征，再单击鼠标右键，选编辑定义，进入特征编辑状态，出现草绘对话框。

6）在草绘对话框中单击“草绘”按钮进入曲线的草绘编辑，将曲线修改成图 4.47 所示的形状，并结束绘图。

7）在草绘对话框中单击“确定”按钮完成曲线的编辑，得到如图 4.48 所示的结果。

图 4.48　　图 4.49

8）如果对扫描实体进行编辑，把实体特征改为薄壁实体特征，得到如图 4.49 所示的结果，还可以将特征修改成曲面特征。

4.3.2 建立扫描特征实例

实例 1　建立如图 4.50 所示的扫描实体特征。

（1）建立新文件

输入新文件名 Sweep_ex1，使用公制单位模板。

（2）先建立基准曲线特征

1）单击按钮进入草绘对话框。

2）在草绘对话框中，选 FRONT 面作绘图面，接受系统默认的方位参考（RIGHT

面作右参考），单击“草绘”按钮进入参照窗口。

3）绘制如图 4.51 所示的草绘图，单击✔按钮结束绘图，生成了曲线特征。

（3）建立扫描特征

1）单击按钮开始建立扫描特征，此时出现扫描特征控制对话框，系统把刚建立的曲线自动选为扫描特征的轨迹。

2）单击按钮绘制如图 4.52 所示的扫描截面，单击✔按钮结束绘图。

3）单击✔按钮完成特征的建立，结果见图 4.50。

4）保存文件，删除文件。

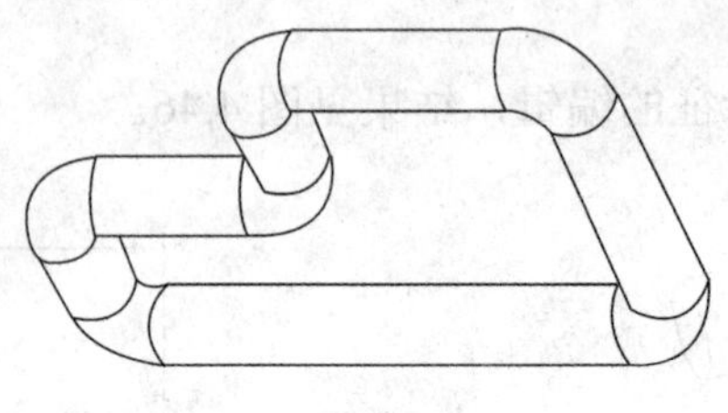

图 4.50

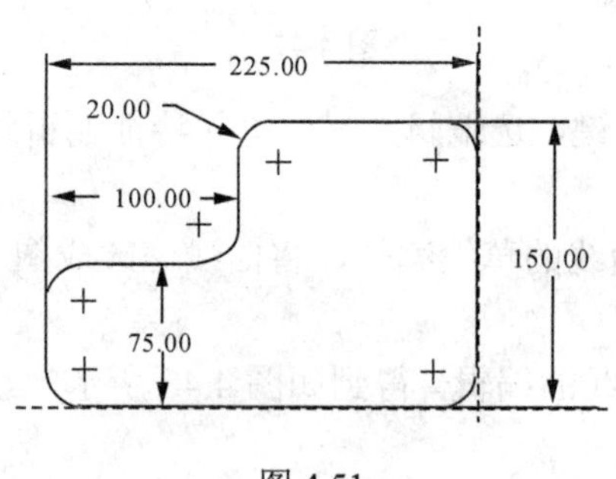

图 4.51

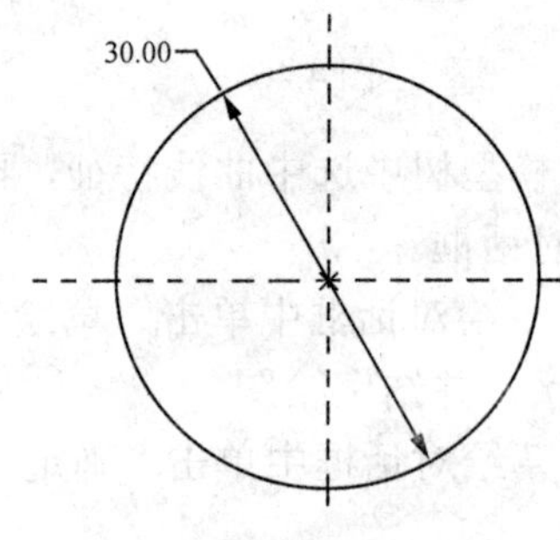

图 4.52

实例 2 建立如图 4.53 所示的扫描实体特征。

（1）建立新文件

输入新文件名 Sweep_ex2，使用公制单位模板。

（2）先建立基准曲线特征

1）单击按钮进入草绘对话框。

2）在草绘对话框中，选 FRONT 面作绘图面，接受系统默认的方位参考（RIGHT 面作右参考），单击“草绘”按钮进入参照窗口。

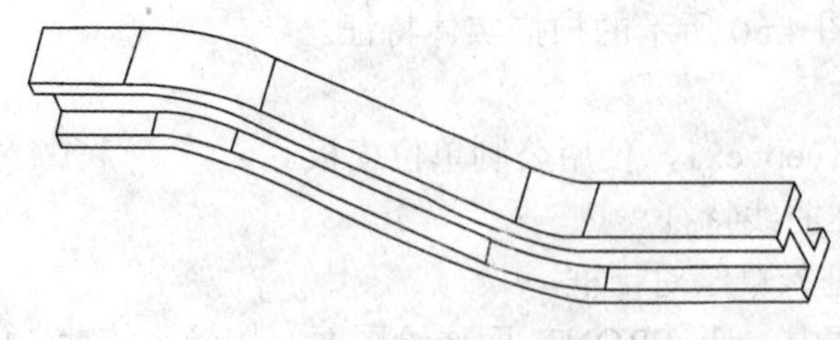

图 4.53

3）绘制如图 4.54 所示的草绘图，单击 按钮结束绘图，生成了曲线特征。

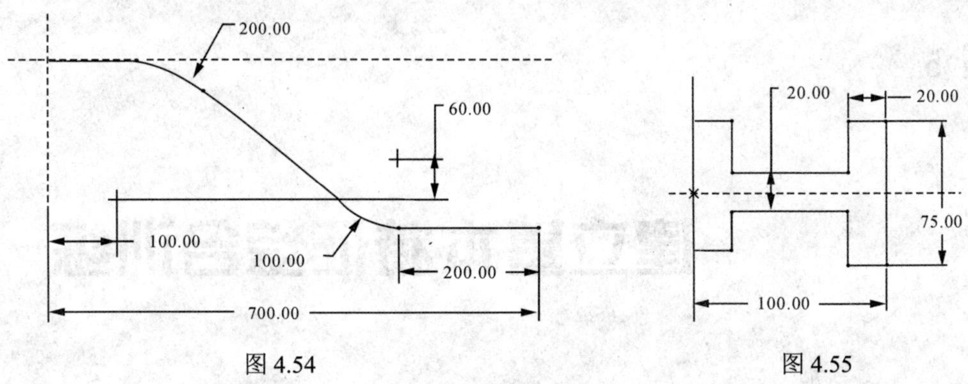

图 4.54　　　　图 4.55

（3）建立扫描特征

1）单击 按钮开始建立扫描特征，此时出现扫描特征控制对话框，系统把刚建立的曲线自动选为扫描特征的轨迹。

2）单击 按钮绘制如图 4.55 所示的扫描截面，单击 按钮结束绘图。

3）单击 按钮完成特征的建立，结果见图 4.53。

4）保存文件，删除文件。

项目 5

建立基本特征综合训练

学习目标

- 熟练掌握建立拉伸、旋转、扫描等基本特征方法。
- 能综合运用基本特征设计零件。

实训

实例 1 建立如图 5.1 所示的实体零件。

1）建立新文件。输入文件名 basic_feature_ex1，选择公制模板。

2）建立一个拉伸实体特征。以 TOP 面作绘图面，绘制如图 5.2 所示的草绘图，输入深度 100，最后得到的结果见图 5.3。

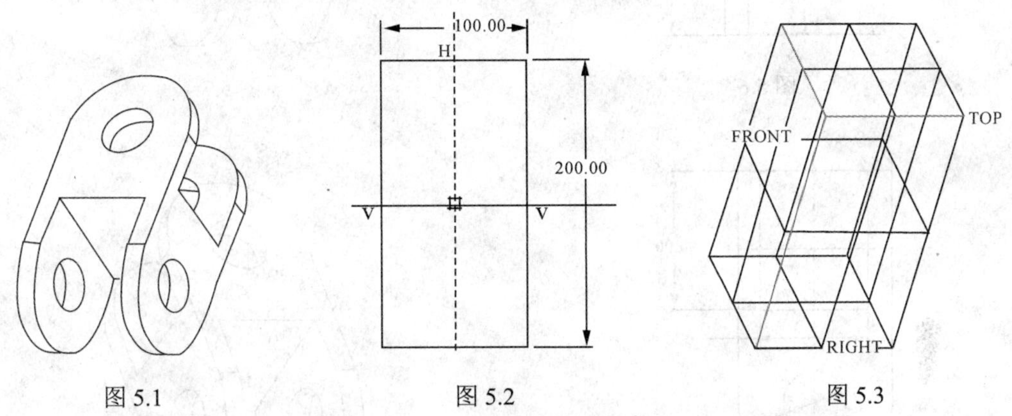

图 5.1 图 5.2 图 5.3

3）建立圆角特征。单击按钮进入圆角特征控制对话框，选如图 5.4 所示的四条边，输入圆角半径为 50，最后得到如图 5.5 所示的结果。

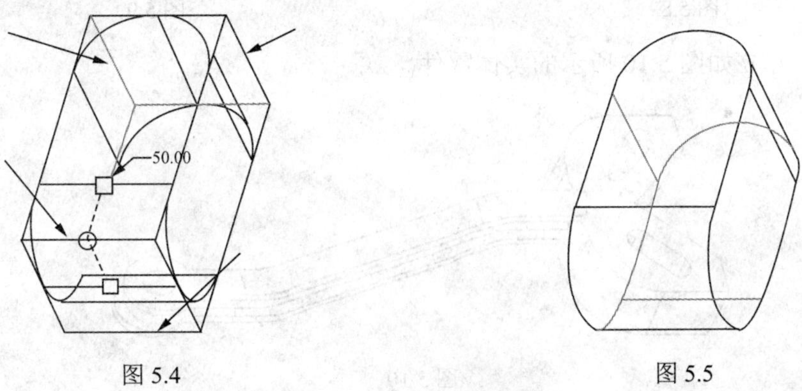

图 5.4 图 5.5

4）建立拉伸切削特征。以零件的上表面作绘图面，绘制如图 5.6 所示的草绘图，将深度选项改为完全贯穿，选择去除材料，调整好特征生成的方向，最后得到的结果见图 5.7。

5）再建立拉伸切削特征。以零件的右表面作绘图面，绘制如图 5.8 所示的草绘，将深度选项改为完全贯穿，选择去除材料，调整好特征生成的方向，最后得到的结果见图 5.9。

6）保存文件，完成零件设计。

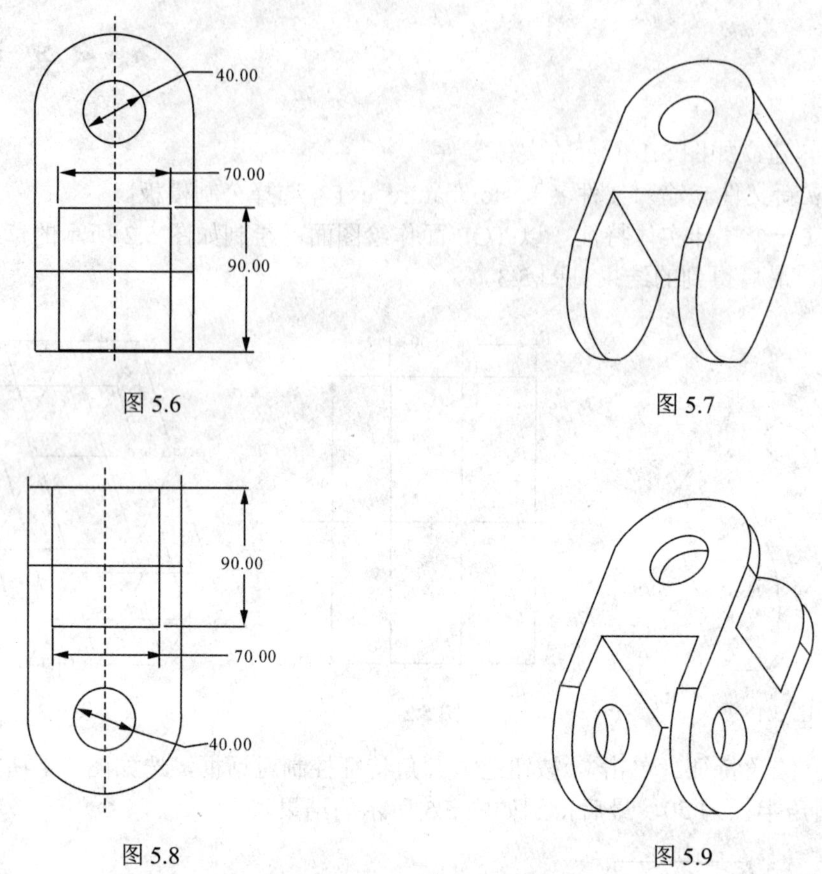

图 5.6　　图 5.7

图 5.8　　图 5.9

实例 2　建立如图 5.10 所示的实体零件。

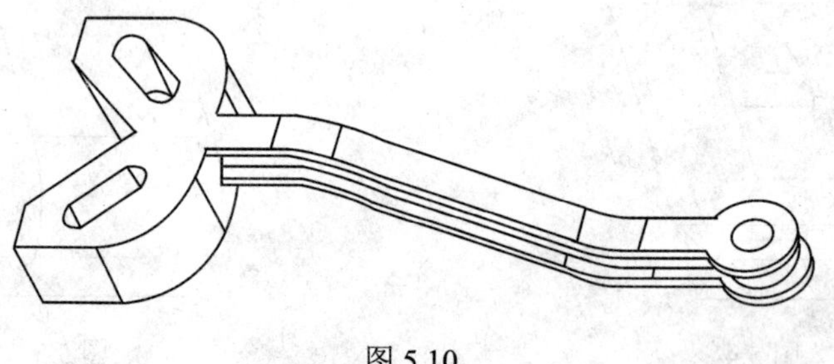

图 5.10

1）建立新文件。输入文件名 basic_feature_ex2，选择公制模板。

2）建立一个拉伸实体特征。以 TOP 面作绘图面，绘制如图 5.11 所示的草绘图，输入深度 76，最后得到的结果见图 5.12。

3）建立一个拉伸切口特征。进入拉伸特征控制对话框，以零件上表面作绘图面，画如图 5.13 所示的对称草绘图，将深度选项改为完全贯穿，选择去除材料，调整好特征生成的方向，最后得到的结果见图 5.14。

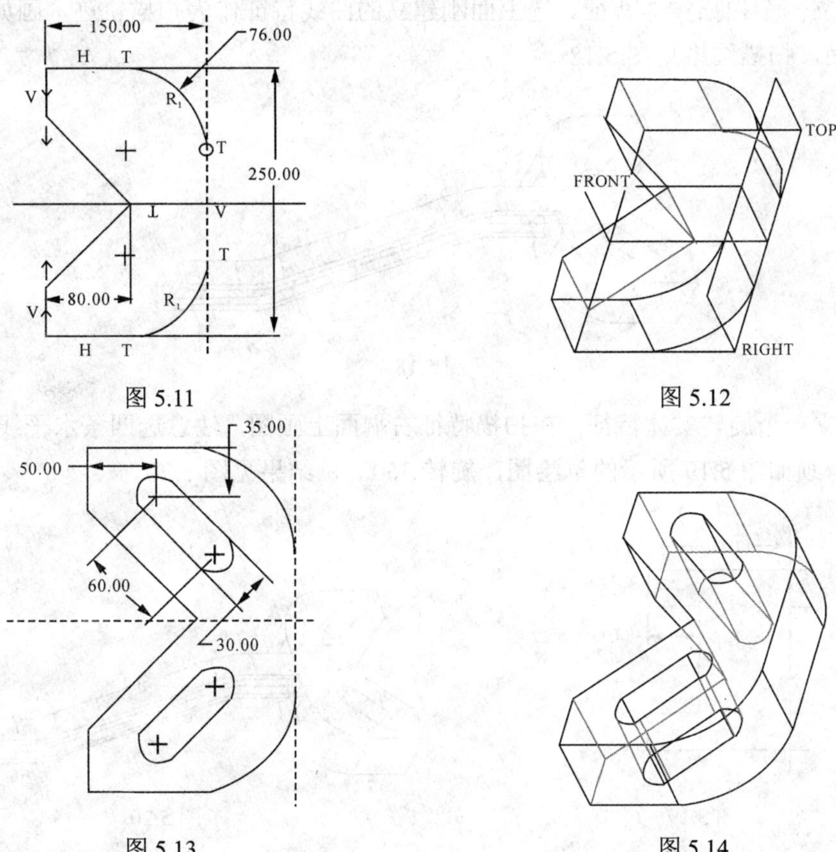

图 5.11

图 5.12

图 5.13

图 5.14

4）建立曲线特征。在 FRONT 面上绘制如图 5.15 所示的曲线，结果见图 5.16。

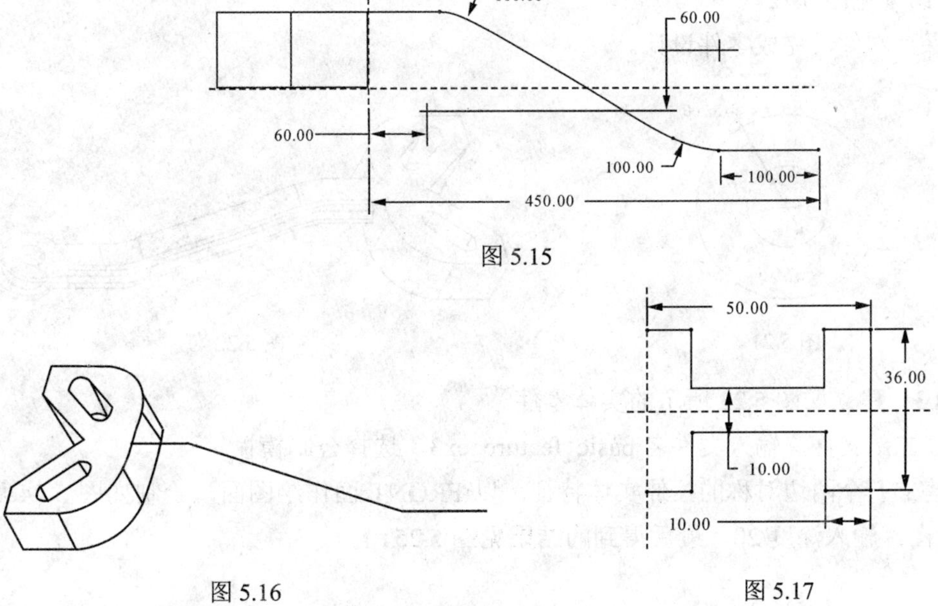

图 5.15

图 5.16

图 5.17

5）建立一个扫描实体特征。选上面刚建立的曲线特征作为扫描轨迹，画如图 5.17 所示的截面，扫描结果见图 5.18。

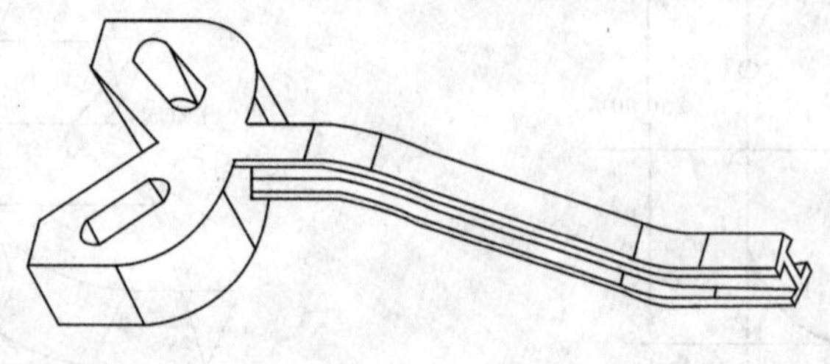

图 5.18

6）建立一个旋转实体特征。在扫描特征右端面上画图，注意选四条水平线作参考，画图方便，画如图 5.19 所示的草绘图，旋转 360°，结果见图 5.20。

图 5.19　　图 5.20

7）建立一个拉伸切口特征。以零件右端旋转特征的顶面作绘图面，绘制如图 5.21 所示的草绘图，将深度选项改为完全贯穿，选择去除材料，调整好特征生成的方向，最后得到的结果见图 5.22。

8）保存文件，完成零件设计。

图 5.21　　图 5.22

实例 3　建立如图 5.23 所示的实体零件。

1）建立新文件。输入文件名 basic_feature_ex3，选择公制模板。

2）建立一个两边对称的拉伸实体特征。以 FRONT 面作绘图面，绘制如图 5.24 所示的草绘图，输入深度 20，最后得到的结果见图 5.25。

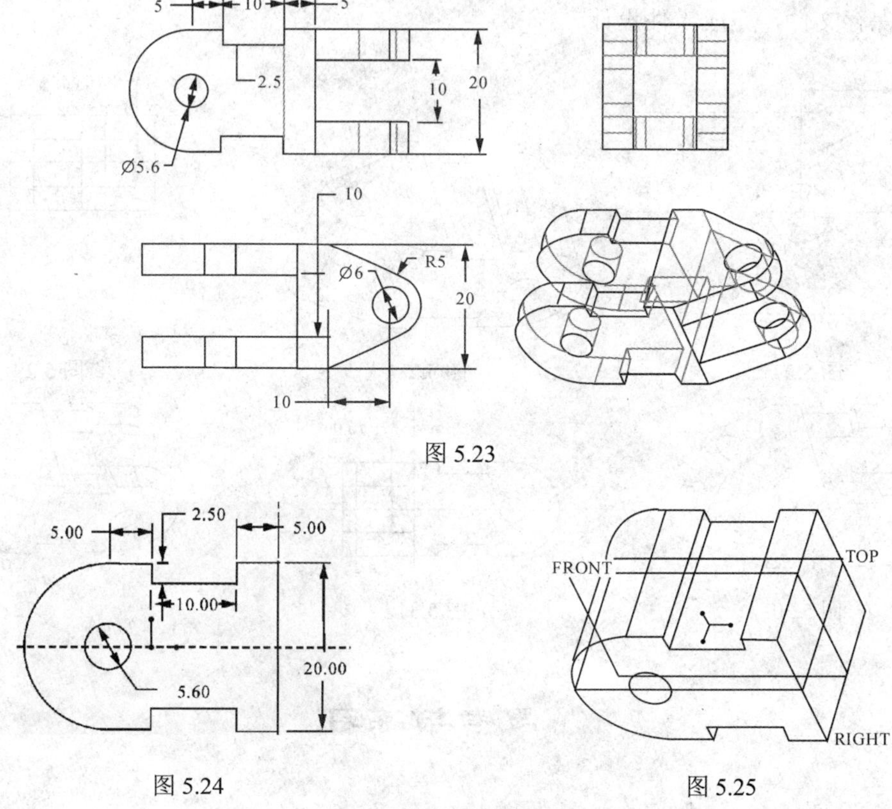

图 5.23

图 5.24

图 5.25

3）建立一个拉伸实体特征。以 TOP 面作绘图面，选择菜单中“草绘”→“参照”命令得到如图 5.26 所示的“参照”对话框，选取上下两个面作尺寸参考，并绘制如图 5.27 所示的草绘图，输入深度 20，最后得到的结果见图 5.28。

4）建立拉伸切削特征。以零件的上表面作绘图面，绘制如图 5.29 所示的矩形，绘图时注意选择尺寸参考（或者约束对齐）及上下对称关系，将深度选项改为完全贯穿，选择去除材料，调整好特征生成的方向，最后得到的结果见图 5.30。

5）建立拉伸切削特征。以零件的前表面作绘图面，绘制如图 5.31 所示的矩形，绘图时注意选择尺寸参考（或者约束对齐）及上下对称关系，将深度选项改为完全贯穿，选择去除材料，调整好特征生成的方向，最后得到的结果见图 5.32。

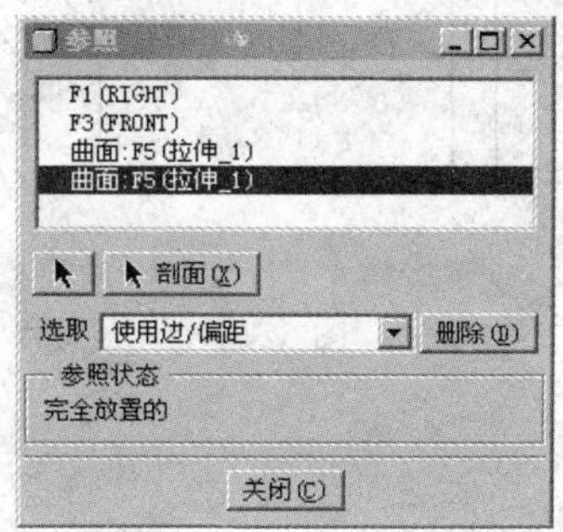

图 5.26

6）保存文件，完成零件设计。

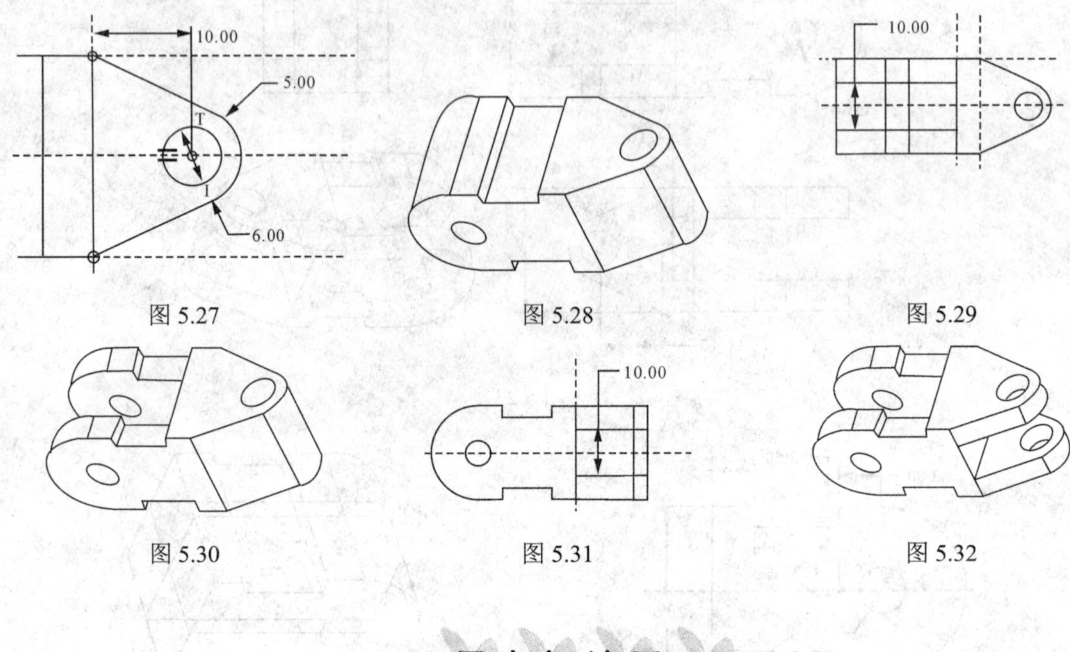

图 5.27　　图 5.28　　图 5.29

图 5.30　　图 5.31　　图 5.32

思考与练习

使用基本特征设计如图 5.33~图 5.45 所示的零件。

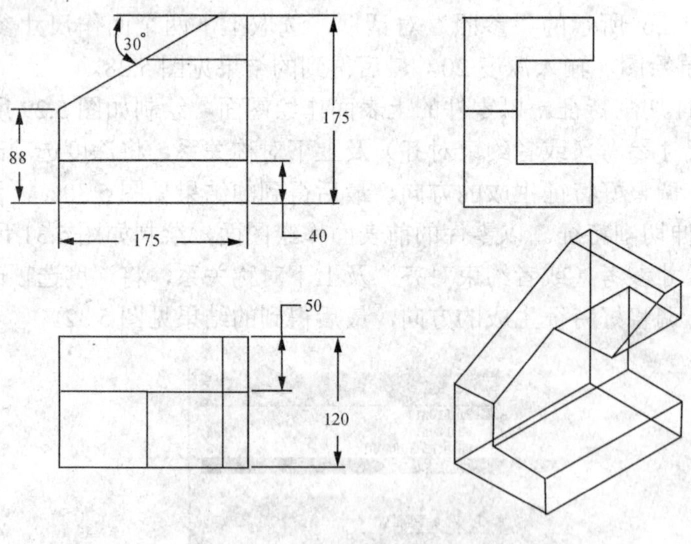

图 5.33

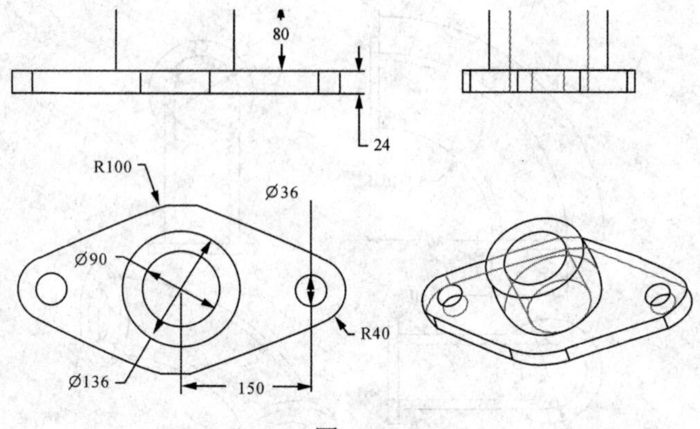

图 5.34

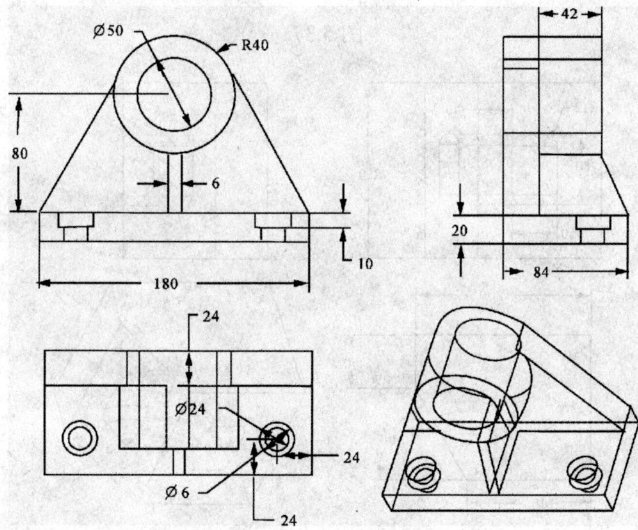

图 5.35

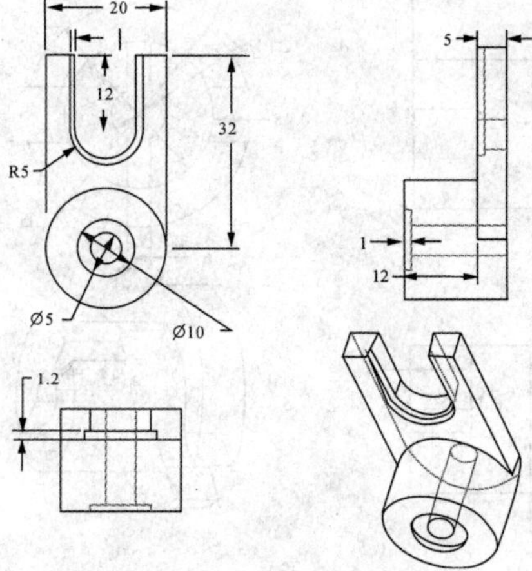

图 5.36

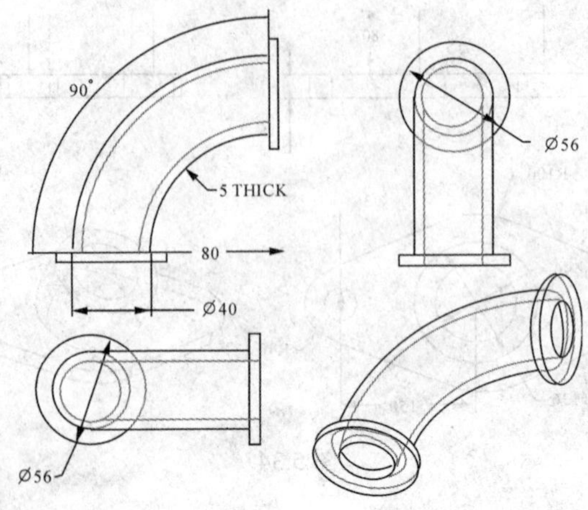

图 5.37

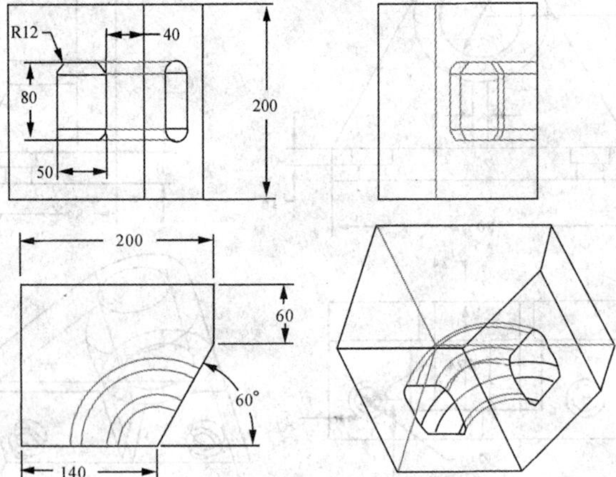

图 5.38

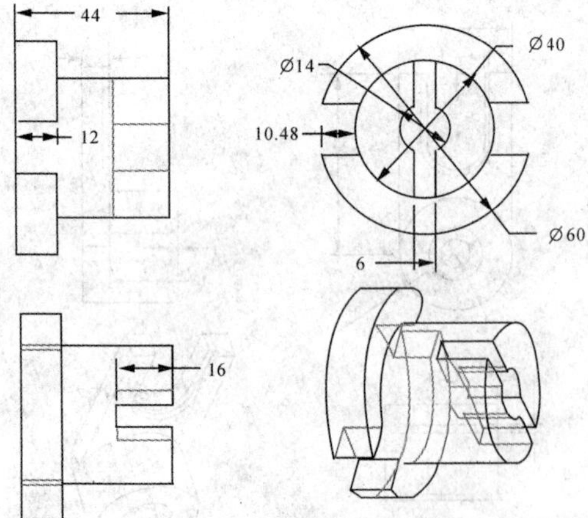

图 5.39

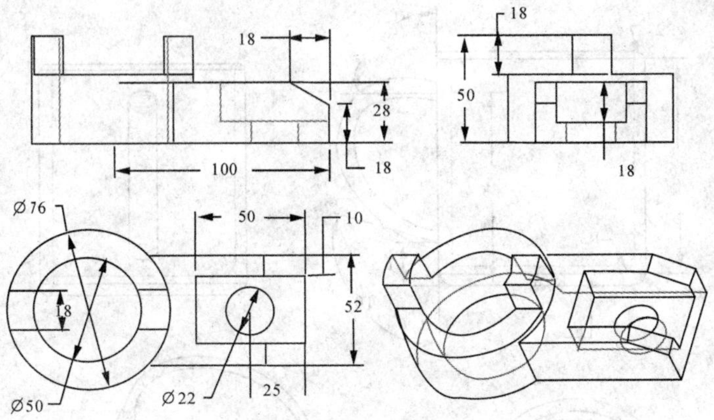

图 5.40

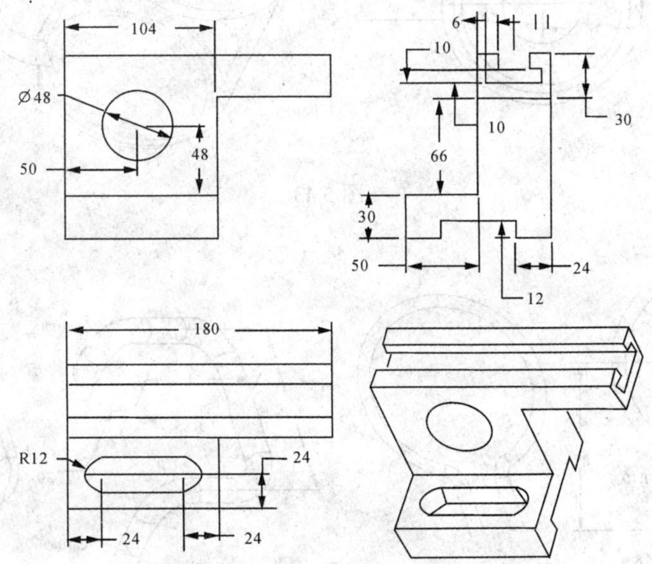

图 5.41

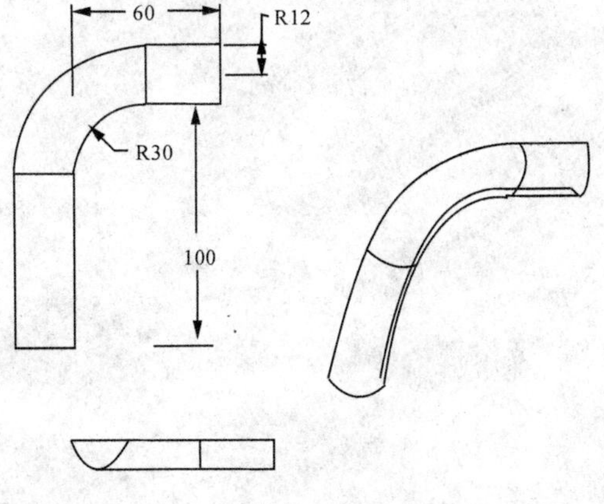

图 5.42

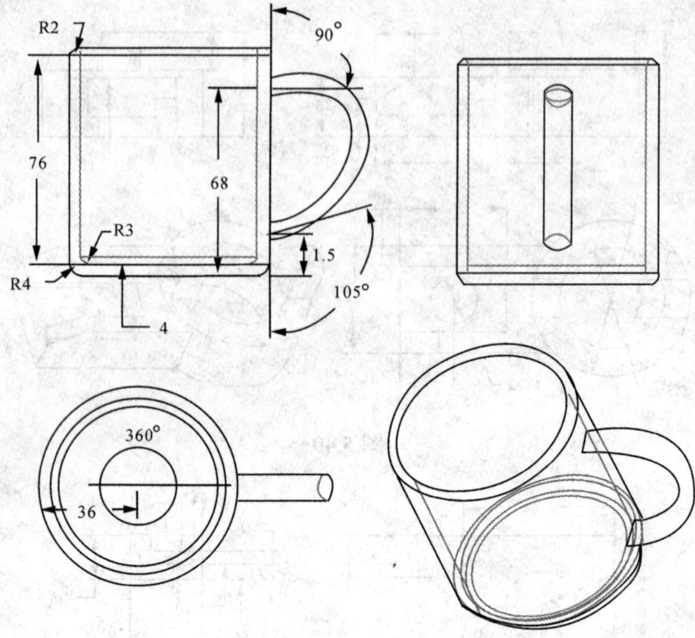

图 5.43

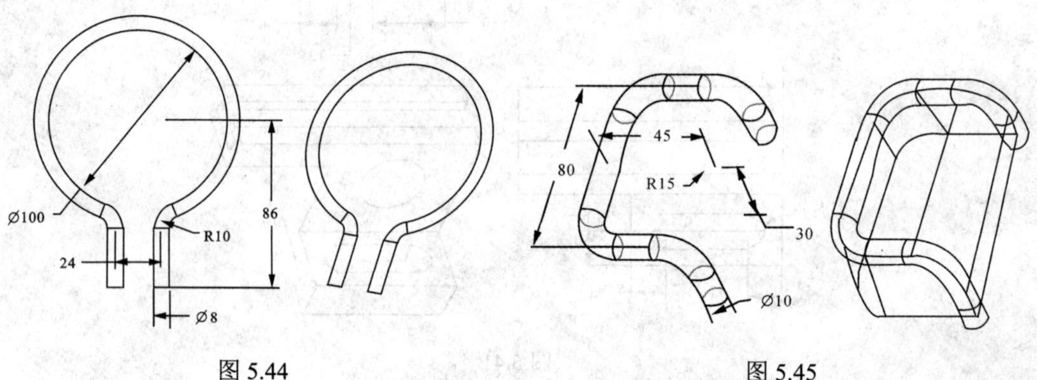

图 5.44

图 5.45

项目 6

基准特征

学习目标

- 掌握建立基准平面、基准轴、基准曲线、基准点、坐标系特征的一般步骤。
- 掌握基准特征的显示控制方法。

基准（Datum）特征包括：基准平面（Datum Plane）、基准轴（Datum Axis）、基准曲线（Datum Curve）、基准点（Datum Point）、坐标系（Coordinate System）等，是Pro/ENGINEER 中重要的特征之一。在下拉菜单及工具按钮中都有基准特征指令，下拉菜单见图 6.1

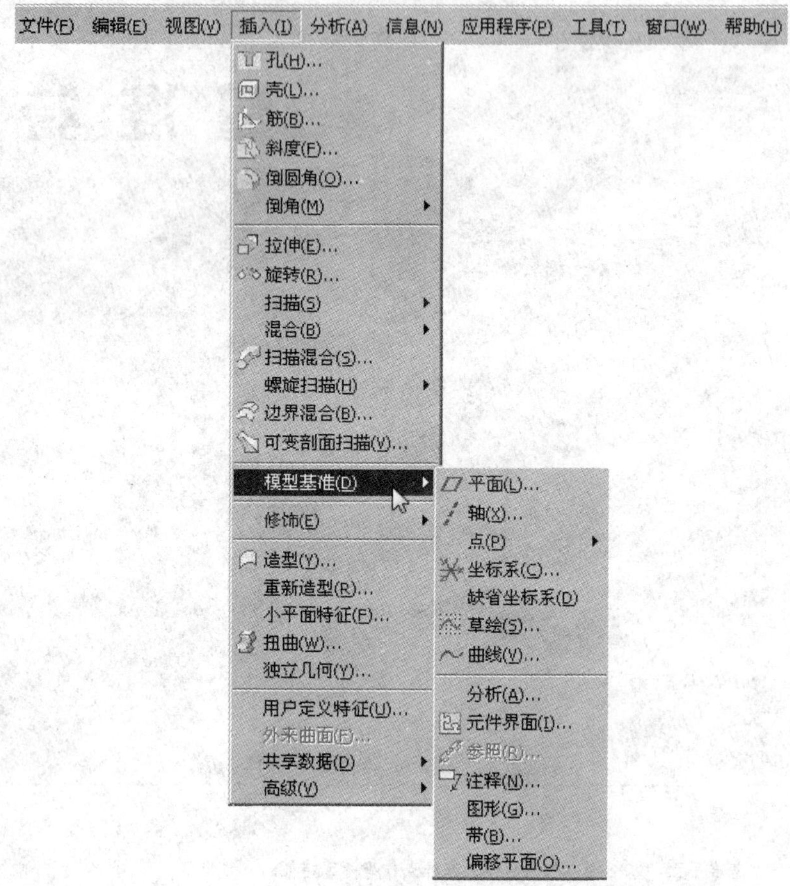

图 6.1

在主窗口右侧的特征工具栏里也有相应的按钮工具，如图 6.2 所示。

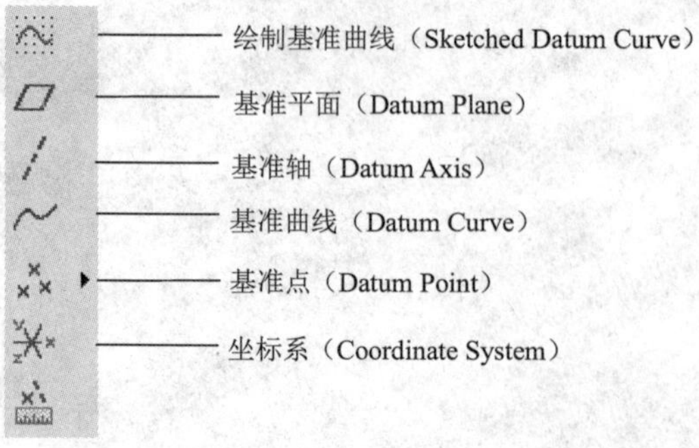

图 6.2

6.1 基 准 平 面

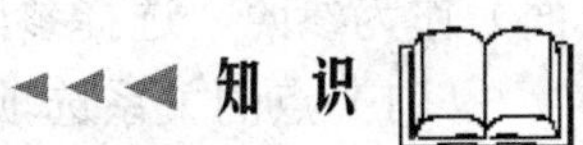

前面介绍了系统默认的基准平面，它们分别是 FRONT、TOP、RIGHT 平面，用户再建立的基准平面系统就以 DTM1、DTM2、DTM3……来标识。

基准平面的主要作用有：

1）用作尺寸参照（Reference）。

2）作为绘图平面（Sketching Plane）。

3）确定视角（View）方向。

4）零件装配时的参照面。

5）作为剖视图(Section)产生的平面。

所有的基准平面都有两个面：正面、反面，正面边界显示为褐色，反面为黑色，在使用过程中要注意区别基准平面的正反面。

6.1.1 基准平面特征控制对话框

单击基准平面按钮，就会出现如图 6.3 所示的对话框。

在对话框中最重要的选项卡就是“参照”（References），确定了基准面与参照的关系，就确定了基准面，也就是用户能完全描述与限制唯一平面的必要条件，系统会根据用户提供的条件即时给出符合条件的平面。

注意要连续选取参照时，必须按住 Ctrl 键，否则只能选中一个参照。

另外两个选项卡如图 6.4。

图中如果勾选了外形调节，系统就要求选外形参照，当选择了外形参照后，系统会根据参照的大小来确定基准平面的大小。

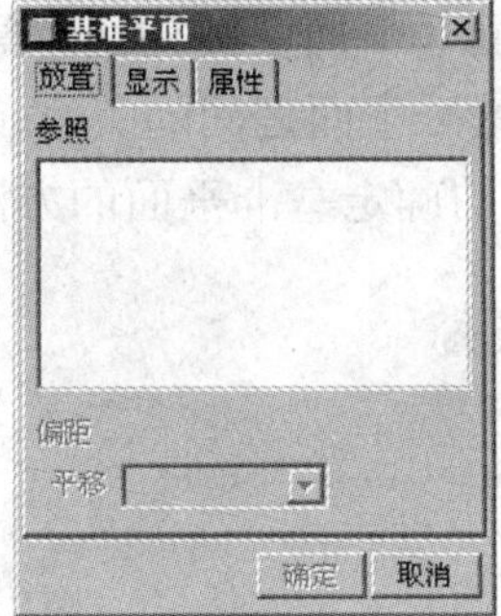

图 6.3

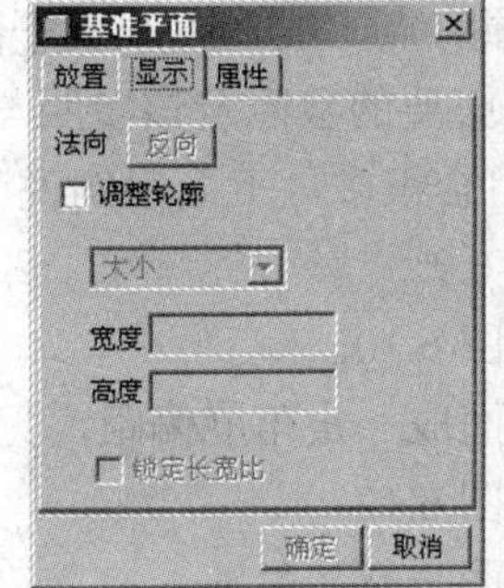

图 6.4

单击信息显示按钮就会得到整个基准平面的所有特征信息。

6.1.2 参照关系选项

在建立基准平面时可以选择点、线（包括直线和平面曲线）、面（包括平面和圆柱面）作为参照，选择参照后就会出现相应的关系选项。

（1）点的关系选项

点与平面之间只有穿过关系，即基准平面穿过点参照，如图 6.5 所示。

（2）线的关系选项

线与平面之间可以是穿过关系，也可以是法向关系，如图 6.6 所示。

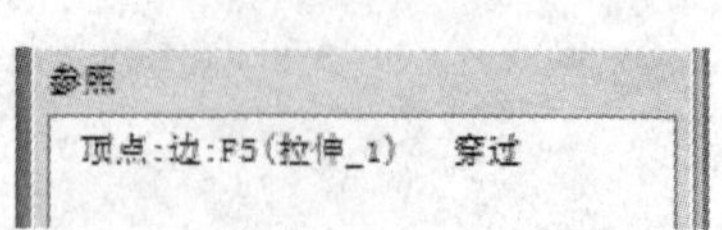

图 6.5

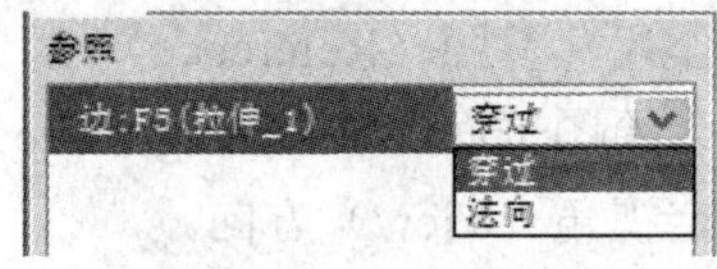

图 6.6

（3）面的关系选项

平面与平面之间有偏移、穿过、平行、法向等关系，如果参照面是圆柱面，会出现穿过和相切两种关系，如图 6.7 所示。

另外，偏距也有平移偏距与旋转偏距两种，如图 6.8 所示。

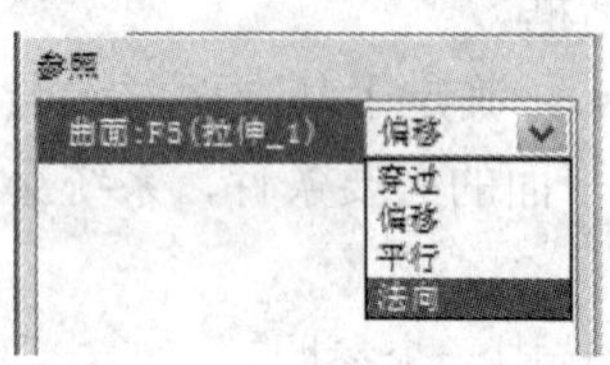

图 6.7

图 6.8

6.1.3 确定基准平面的参照

确定基准平面的参照有点、线（直线及平面曲线）、面（平面及圆柱面）等，确定一个基准平面，就是给出必要的参照及该参照与要建立的基准平面之间的关系。穿过点、线、面确定一个平面的组合很多，下面举例说明几种常见的确定基准平面的方法。

1）平面偏距，见图 6.9。

2）穿过两条边，见图 6.10。

3）穿过一边与一平面成一定角度偏距，见图 6.11。

4）穿过三个点，见图 6.12。

5）穿过一轴与一平面平行，见图 6.13。

6）穿过一轴与一平面垂直，见图 6.14。

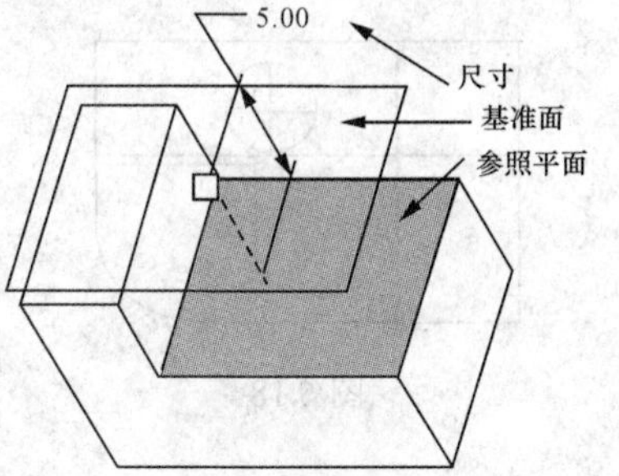

图 6.9

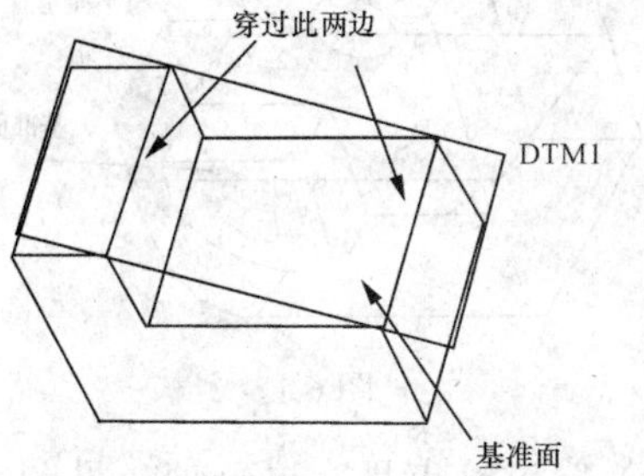

图 6.10

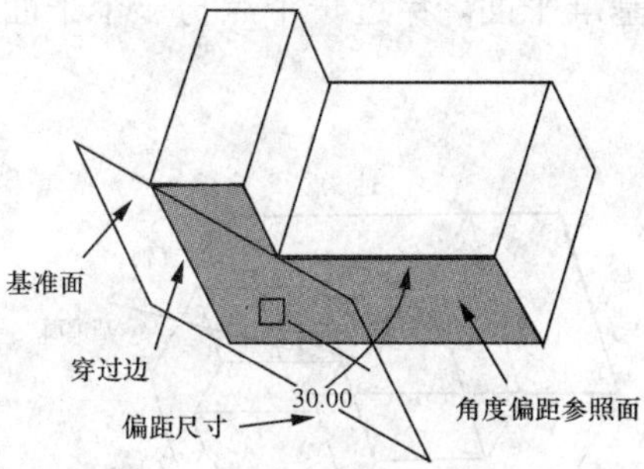

图 6.11

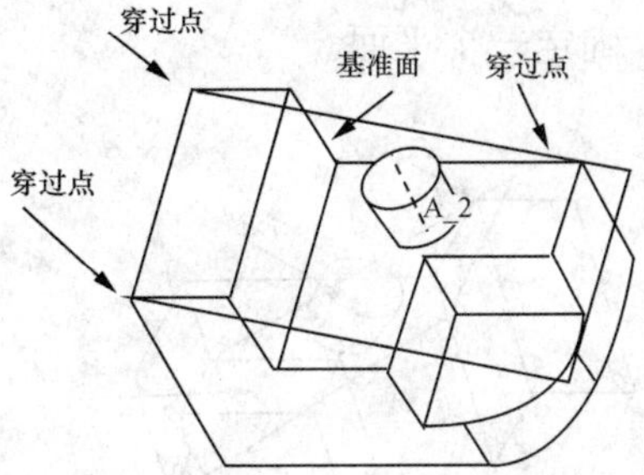

图 6.12

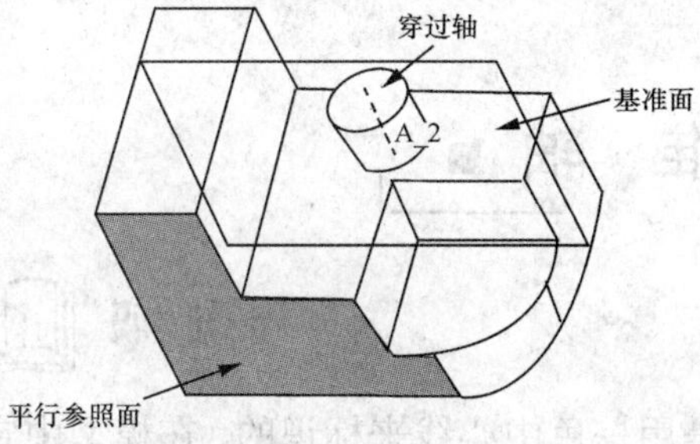

图 6.13

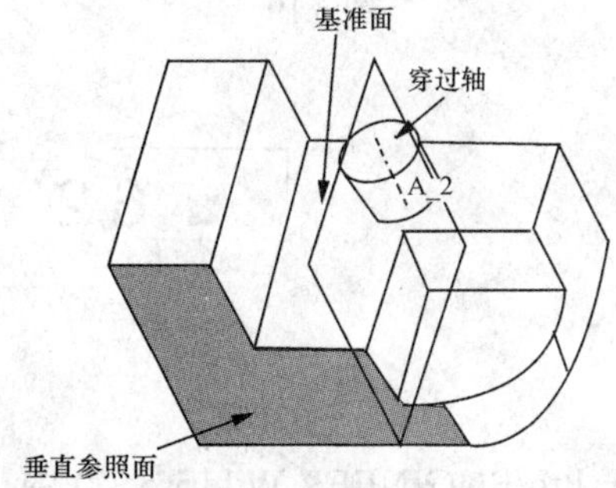

图 6.14

7）与一平面平行且与一圆柱面相切，见图 6.15，俯视图见图 6.16。

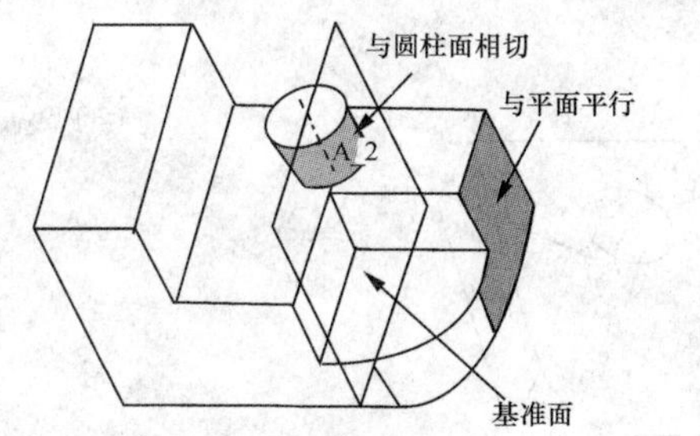

图 6.15

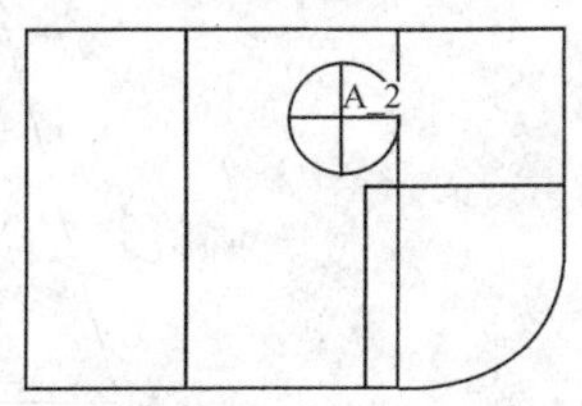

图 6.16

8）与一平面垂直且与一圆柱面相切，见图 6.17，俯视图见图 6.18。

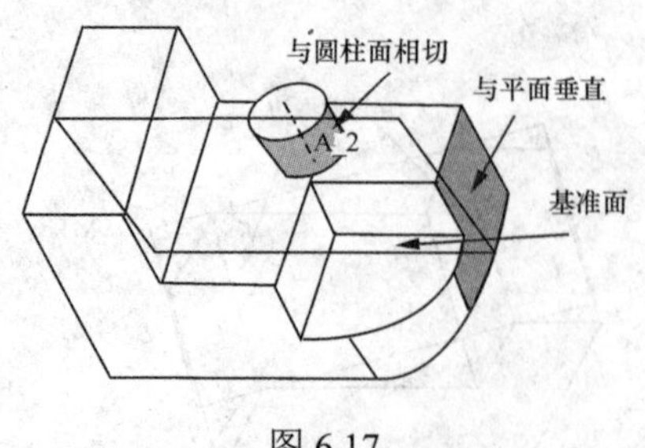

图 6.17

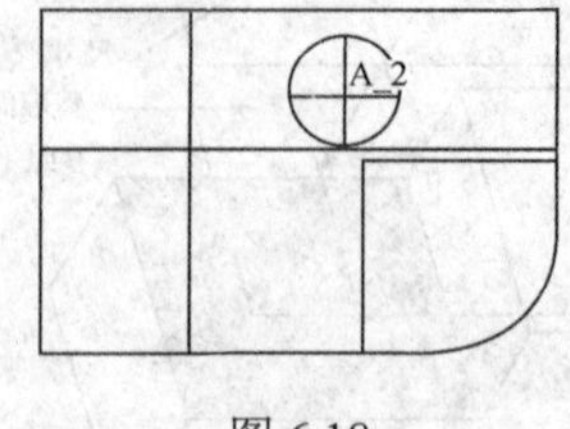

图 6.18

9）穿过一点且穿过一轴，见图 6.19。

10）穿过一点且垂直一轴，见图 6.20。

此外，还有穿过一平面曲线就可以确定一个基准平面，穿过一个点与一个平面平行也可以确定一个平面。

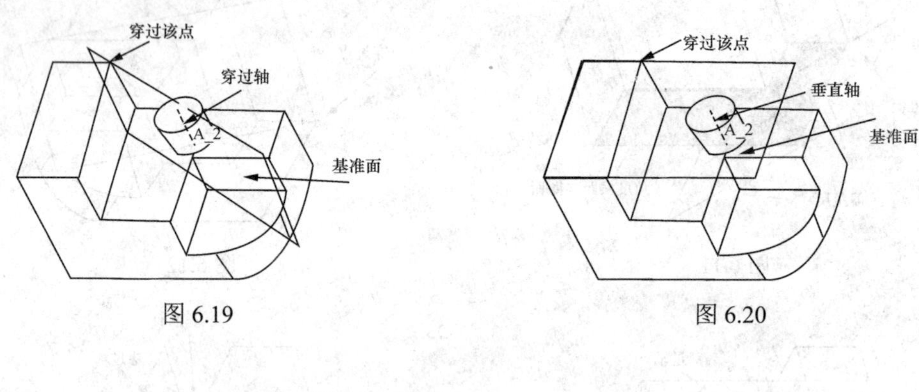

图 6.19　　图 6.20

■ 6.2 基 准 轴 ■

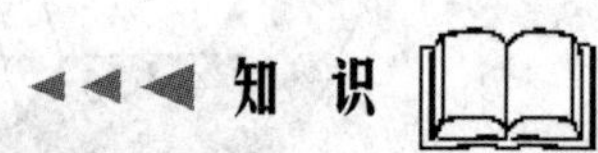

在 Pro/ENGINEER Wildfire 3.0 中，基准轴是用棕色中心线来标识的，在模型中它们是按先后顺序分别被标识为 A_1、A_2、A_3、…。在建立有些特征时会自动出现基准轴，如，拉伸产生圆柱特征、旋转特征、孔特征等，而在建立圆角特征时不会产生基准轴，见图 6.21。

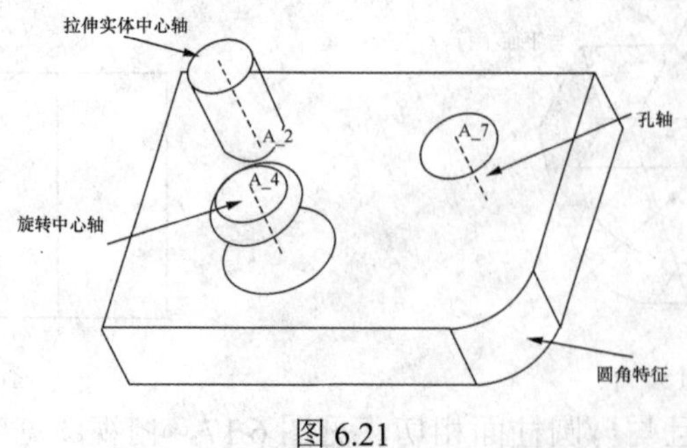

图 6.21

6.2.1 基准轴特征控制对话框

单击基准轴按钮 ，出现如图 6.22 所示的基准轴对话框，左边的对话框是“放置”选项卡，右边是“显示”选项卡。

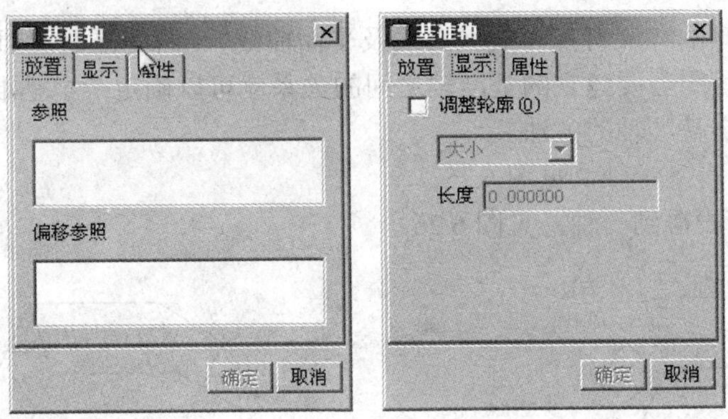

图 6.22

“基准轴”对话框的“放置”选项卡中主要有两项：参照和偏距参照。

6.2.2 参照关系选项

和基准面一样，建立基准轴也可以选点、线、面作为参照，不同的参照就有不同的关系选项。

1）点的关系选项。点与基准轴之间只能是穿过关系。

2）线的关系选项。线（包括曲线）与轴之间的关系可以是轴穿过直线、轴与曲线相切。

3）面的关系选项。轴可以穿过面，也可以与平面垂直（法向）。

当选平面作参照且选择法向选项时，就会出现两个参照点，要建立的基准轴的位置就由这两点所选取的参照来决定，如图 6.23 所示。

所选参照可以是平面，也可以是直线，当鼠标拖至参照附近时，系统能够自动捕捉参照，此时就会出现相应的定位尺寸，如图 6.24 所示。

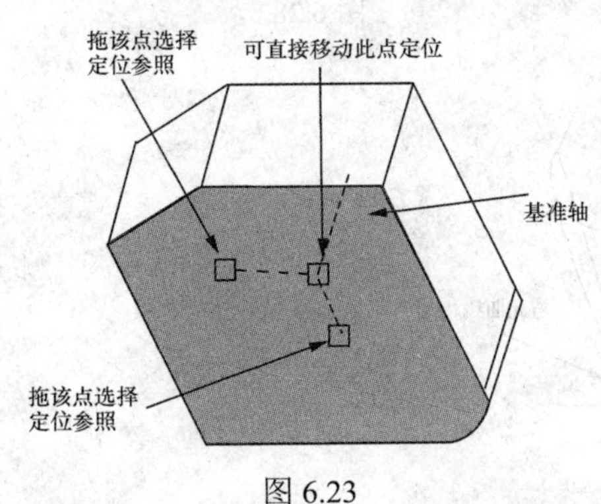

图 6.23

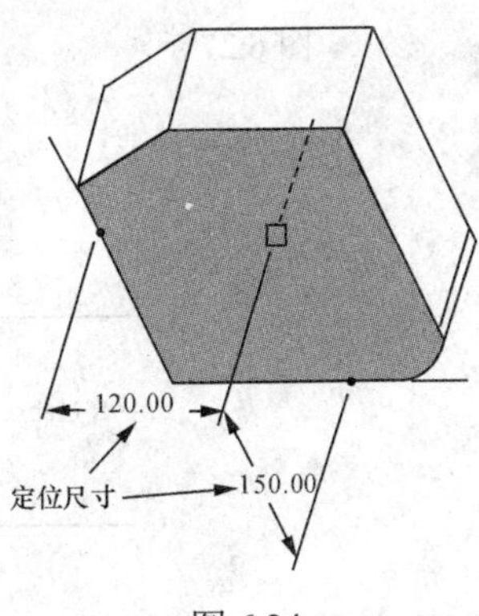

图 6.24

可以在图上直接用鼠标双击要修改的尺寸来修改定位尺寸，也可以在特征控制对话框中进行修改。

6.2.3 确定基准轴的参照

确定基准平轴的参照有点、线（直线及平面曲线）、面（平面及圆柱面）等，给出必要的参照及该参照与要建立的基准轴之间的关系就可以确定一个基准轴。下面举例说明几种常见的确定基准轴的方法。

1）穿过两点得到一轴，见图 6.25。

2）穿过一直线得到一轴，见图 6.26。

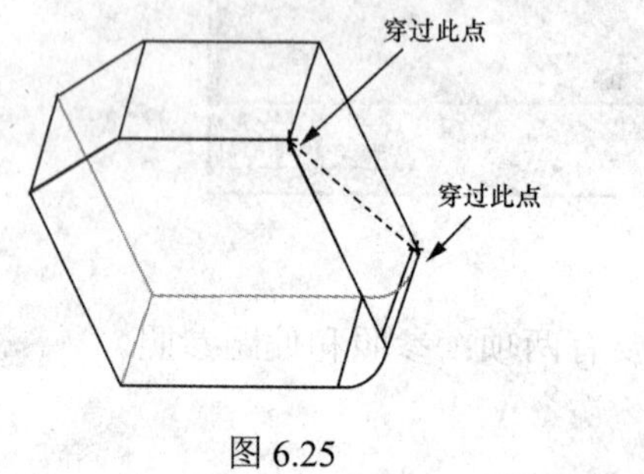

图 6.25

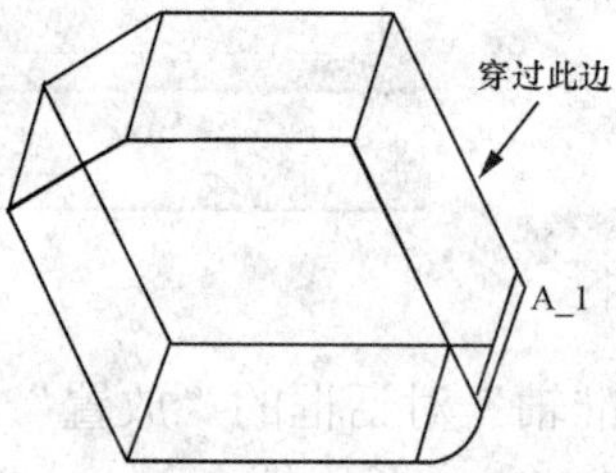

图 6.26

3）穿过两个平面得到一轴，见图 6.27。

4）穿过一圆柱面得到一轴，见图 6.28。

5）穿过一点与曲线相切得到一轴，见图 6.29。

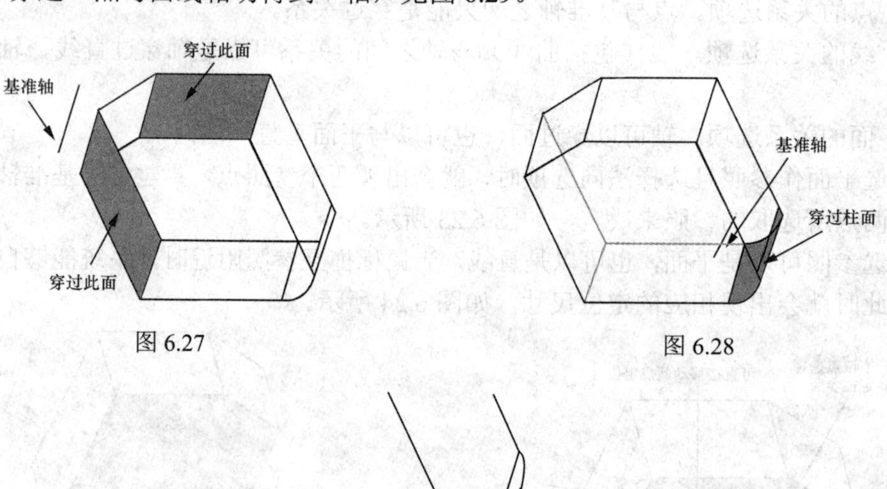

图 6.27

图 6.28

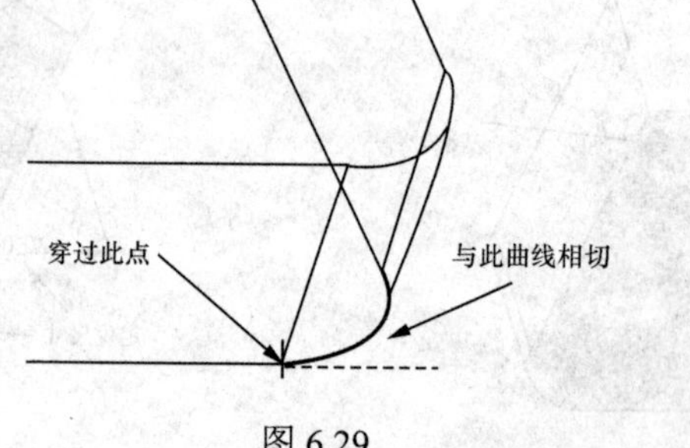

图 6.29

■ 6.3 基准曲线 ■

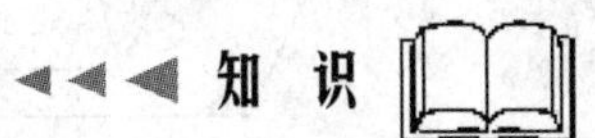

在 Pro/ENGINEER Wildfire 3.0 中曲线以蓝色显示，单击基准曲线按钮，就会出现如图 6.30 所示的“菜单管理器”。

除了“菜单管理”器中基准曲线特征建立的方式外，还有投影、相交等曲线特征建立方式，这些将在后面介绍。

基准曲线主要用来：作为建立扫描（Sweep）特征的路径；作为曲面特征的边界线（Boundary）。

下面将重点介绍穿过点来建立曲线特征及利用方程建立曲线特征。

使用绘制曲线工具按钮，可以直接在平面上绘制曲线，这在前面已经有了应用。

6.3.1 经过点

穿过空间点而得到的曲线，在“菜单管理器中”选择“经过点”→“完成”项得到如图 6.31 所示的特征建立对话框及如图 6.32 所示的“连结类型”菜单管理器。

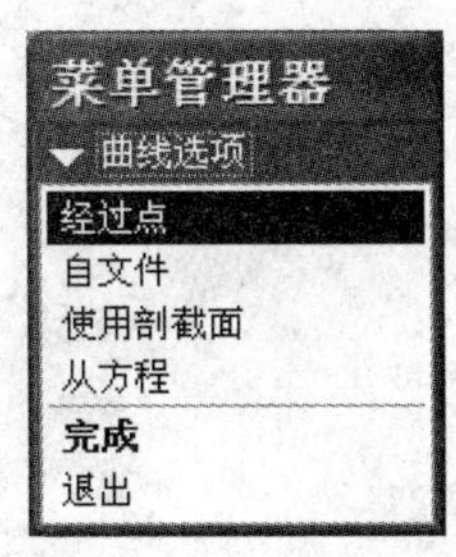

图 6.30

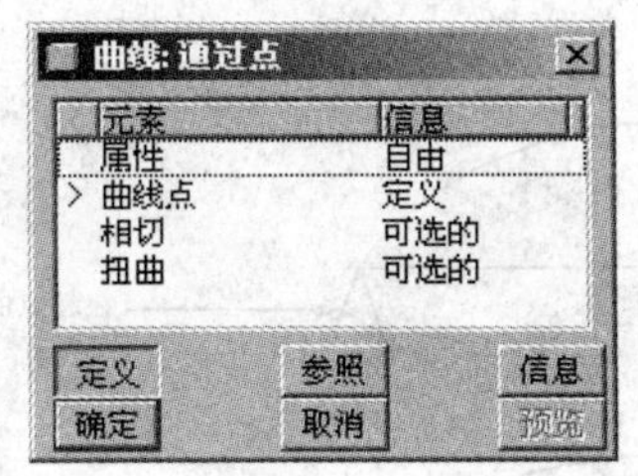

图 6.31

图 6.32

依次选择如图 6.33 所示的四个点，在“连结类型”菜单管理器中，单击“完成”选项，在特征建立对话框中单击“确定”按钮，就得到如图 6.34 所示的空间曲线，这是一条样条线。

如果选择好四个点后，在特征建立对话框中选中“相切”复选项，再单击“定义”项就可以对曲线两端进行相切（Tangent）、法向（Normal）约束，此时得到如图 6.35 所示的菜单管理器，按系统默认的相切选项，分别约束曲线与如图 6.36、图 6.37 所示的两条边及方向相切，最后得到的结果见图 6.38。

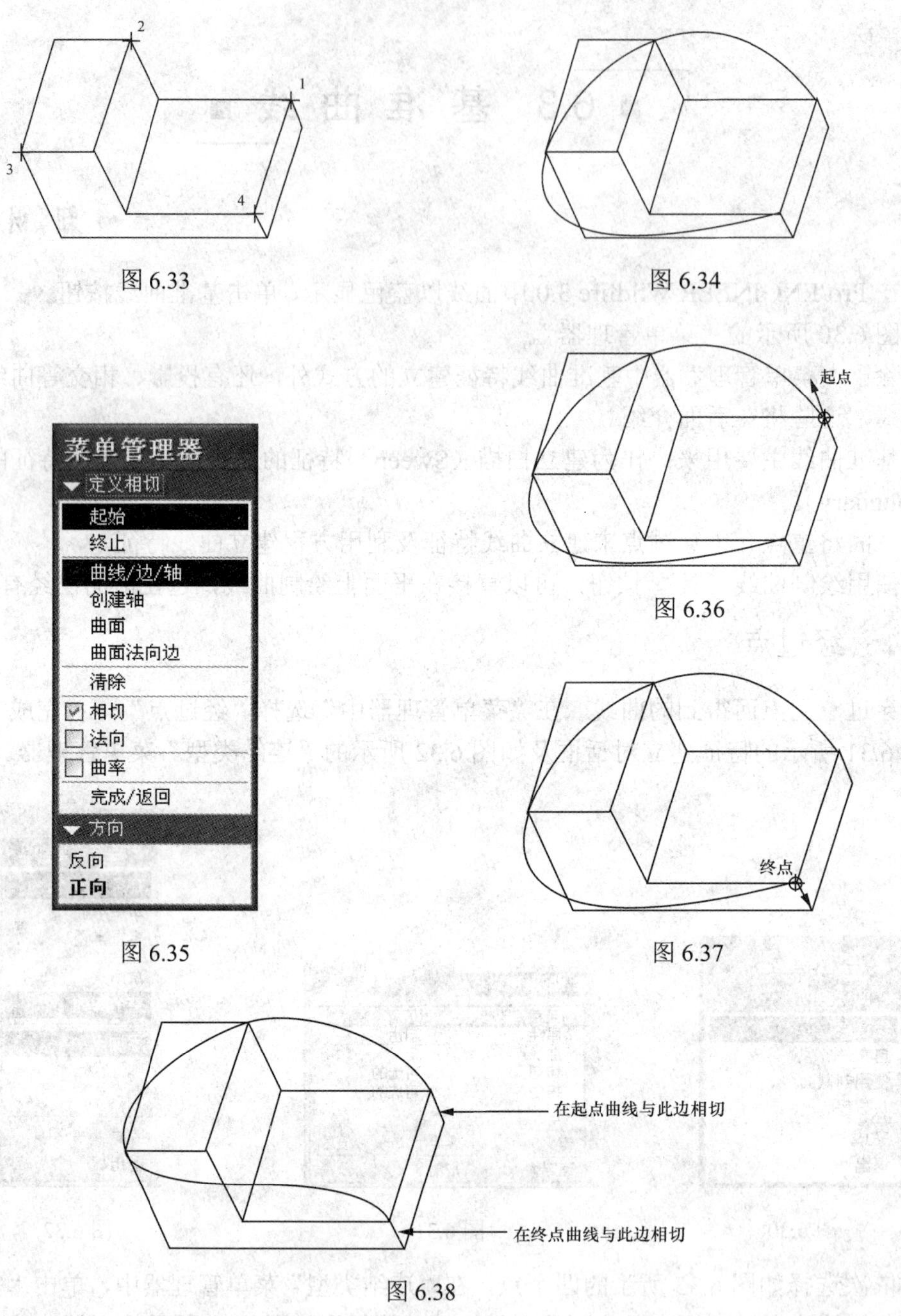

图 6.33

图 6.34

图 6.35

图 6.36

图 6.37

图 6.38

6.3.2 从方程

有些曲线用方程来建立可以更加准确、方便，如正弦曲线、渐开线等，下面就以方程的方式来建立正弦曲线特征。

1）选择“从方程”→“完成”项，出现特征建立对话框及选择坐标系菜单。

2）选系统默认的坐标系为 PRT_CSYS_DEF。

3）选择笛卡儿坐标系（正交直角坐标系）。

4）在出现的记事本中输入方程，如图 6.39 所示。

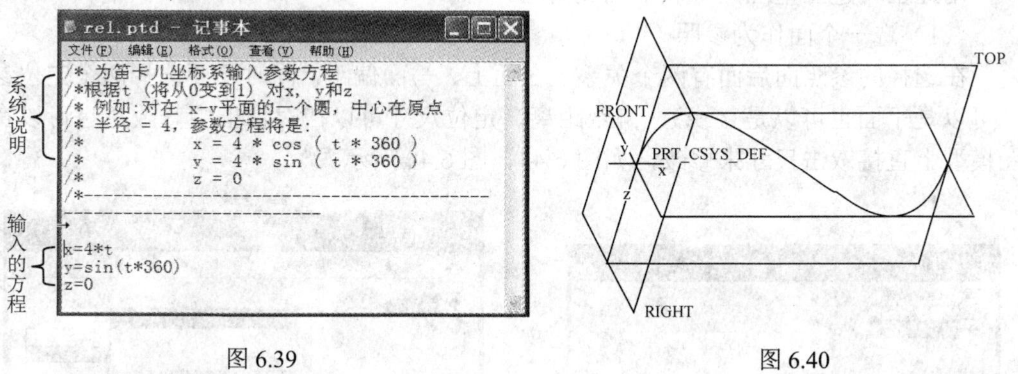

图 6.39　　图 6.40

5）在记事本中保存再退出；

6）单击特征建立对话框中的“确定”按钮，完成特征的建立，结果如图 6.40 所示。

6.3.3 来自文件与使用剖截面

来自文件(From File)功能可以直接导入*.ibl、*.igs、*.vda 的曲线，要注意在导入前必须选择一个坐标系作为参照。

使用剖截面(Use Xsec)是利用截面边界来建立曲线，这些将在后面截面的建立时加以介绍。

■ 6.4 基 准 点 ■

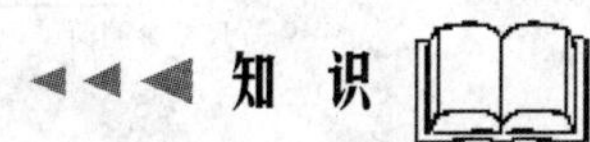

基准点的建立大多用于定位，在模型中显示为×，基准点的标识为 PNT0、PNT1、PNT2……。

基准点的工具按钮及菜单命令见图 6.41。

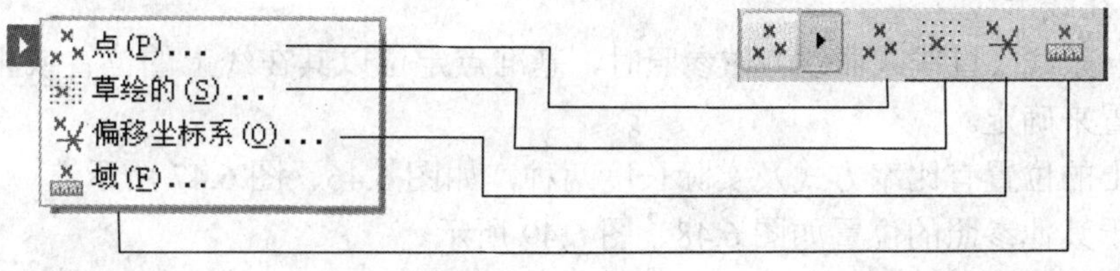

图 6.41

6.4.1 基准点

单击基准点工具按钮后，出现如图 6.42 所示的对话框。

用此工具建立基准点有以下几类情况。

（1）选一个面作为参照

在选择的参照面后面有两个关系：在面上、与面偏距，同时还要选择两个定位参照（可以是平面也可以是直线），偏距距离、定位尺寸可以在对话框中修改，也可以在绘图模型上直接双击尺寸来修改，如图 6.43、图 6.44 所示。

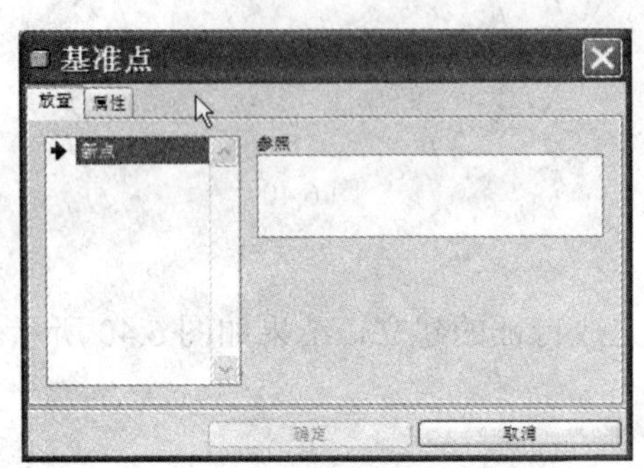

图 6.42

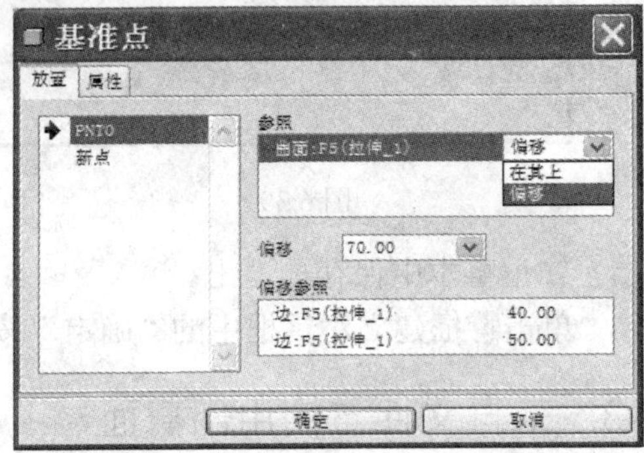

图 6.43

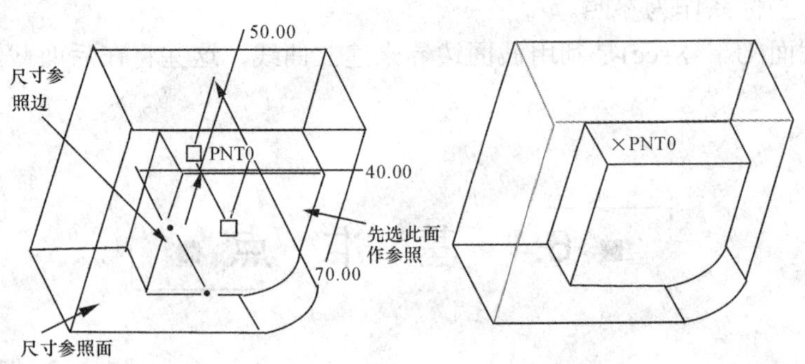

图 6.44

以一个面作参照实际上需要三个参照来决定一个点，有时需要两个尺寸（在面上），有时需要三个尺寸（面偏距）。

选择曲面作参照面时，操作也是相同的，见图 6.45。

（2）在线上

选择一条线（直线或曲线）作参照时，基准点定位以其在线上的位置或相对于其他参照的位置来确定。

在线上的位置有比率方式及实际长度两种，如图 6.46、图 6.47 所示。

相对于其他参照的位置如图 6.48、图 6.49 所示。

（3）其他方式

1）在顶点，见图 6.50。

2）在三个面的交点，见图6.51。

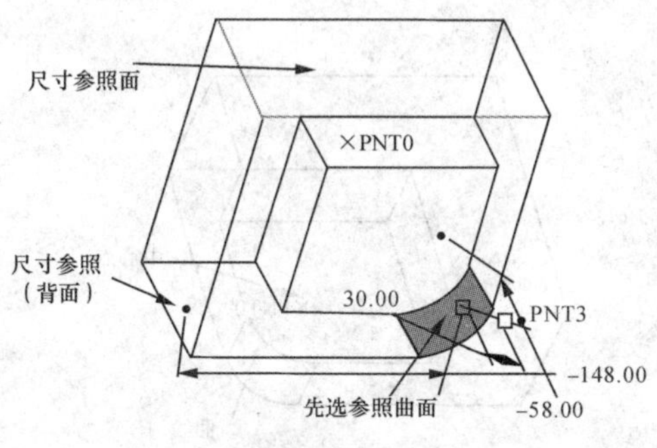

图6.45

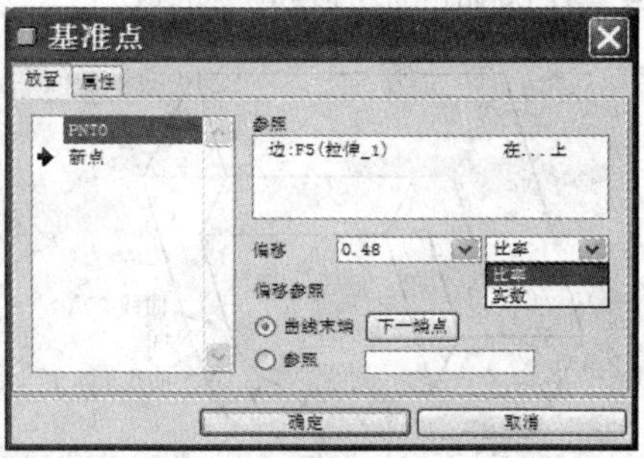

图6.46

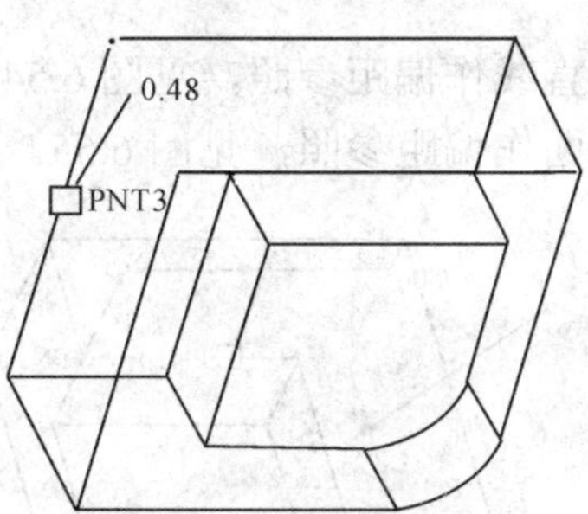

图6.47

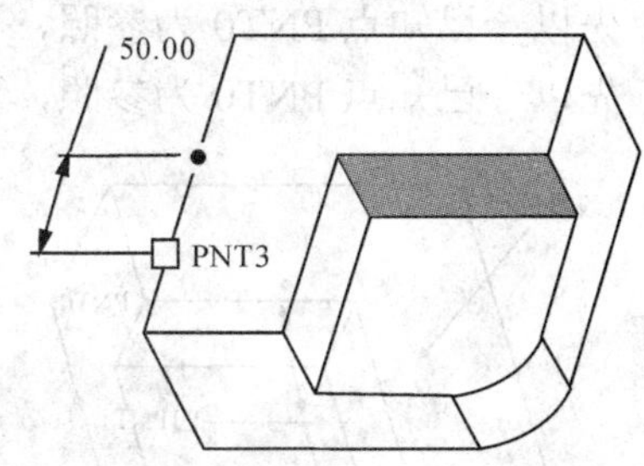

图6.48

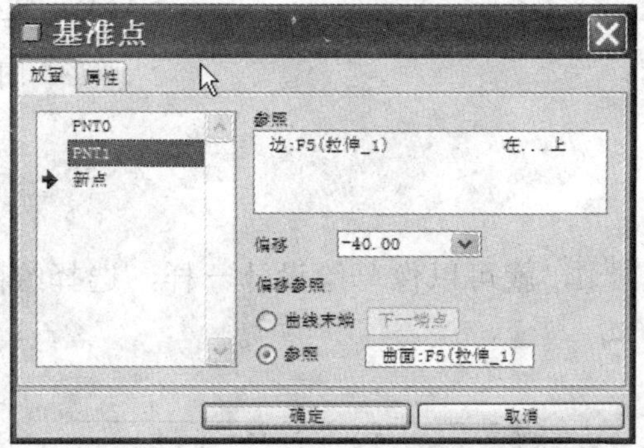

图6.49

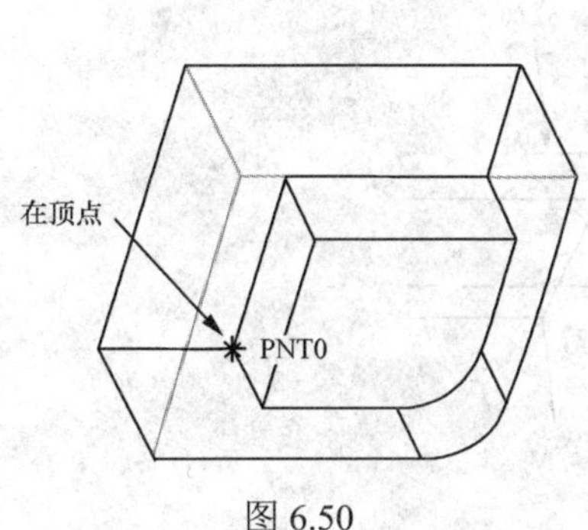

图6.50

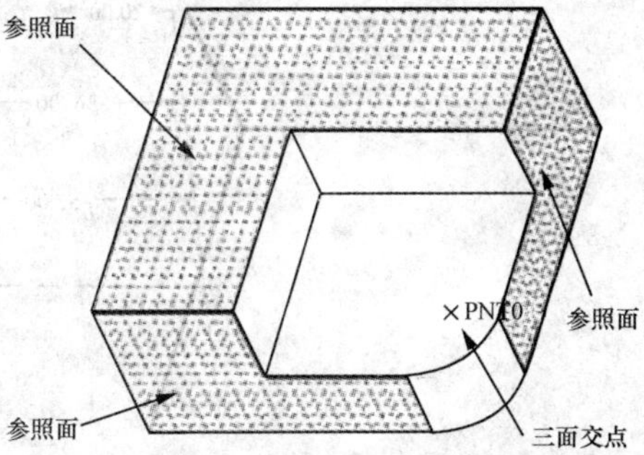

图6.51

3）在两条曲线的交点，见图 6.52。

4）在圆弧的中心点，见图 6.53。

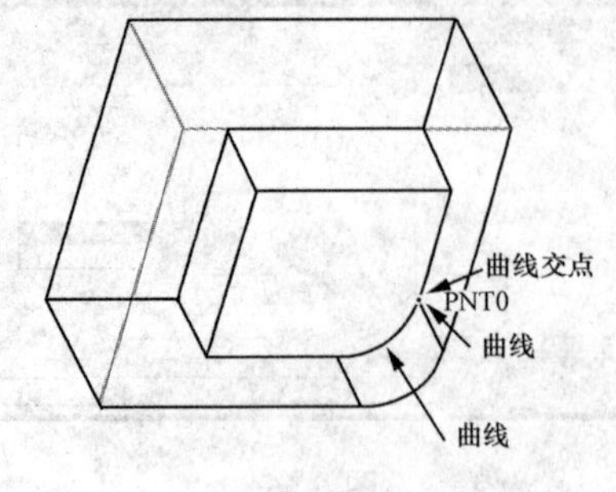

图 6.52

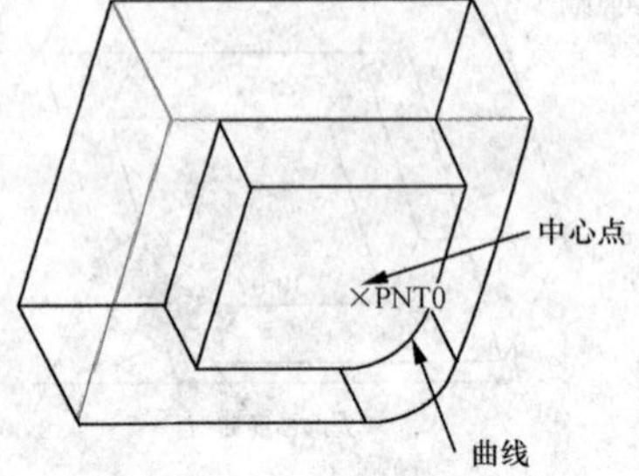

图 6.53

5）先以一已知点 PNT0 为参照，再选另外一条直线作偏距参照，见图 6.54。

6）先以一已知点 PNT0 为参照，再选另外一平面作偏距参照，见图 6.55。

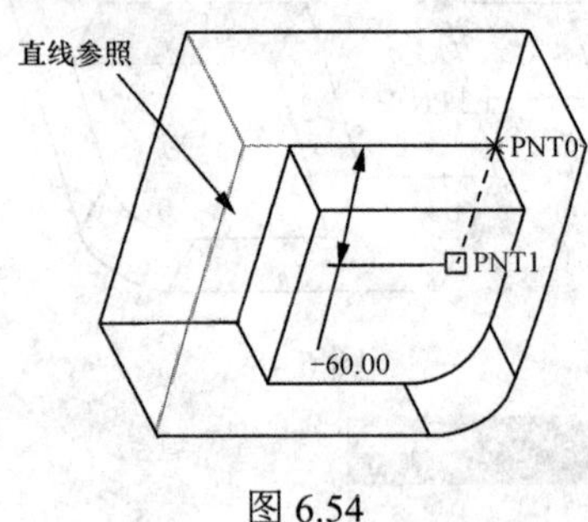

图 6.54

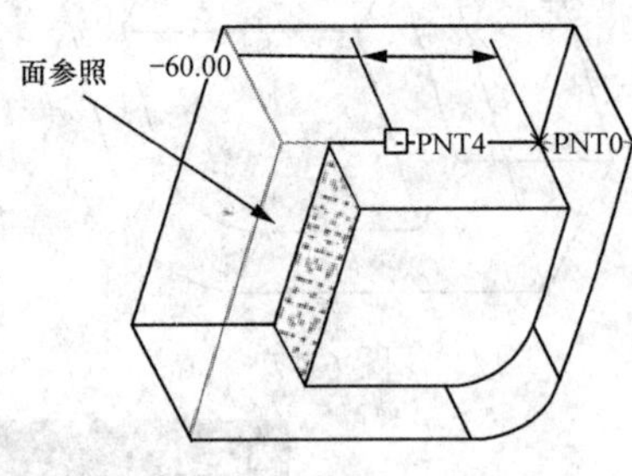

图 6.55

6.4.2 草绘基准点

按草绘基准点按钮，就可以像草绘设计一样，选择绘图面，直接绘制点，如图 6.56 所示。

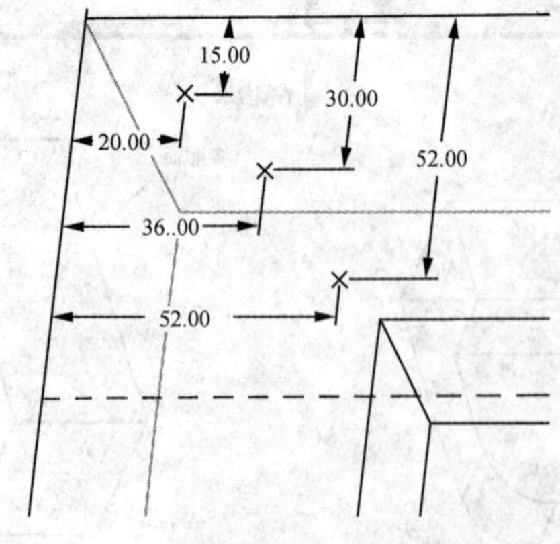

图 6.56

6.4.3 坐标偏距基准点

按工具按钮，得到如图 6.57 所示的对话框，选择适当的坐标系作参照，输入相应的偏距值，单击“确定”按钮就可以得到要建立的基准点，见图 6.58。

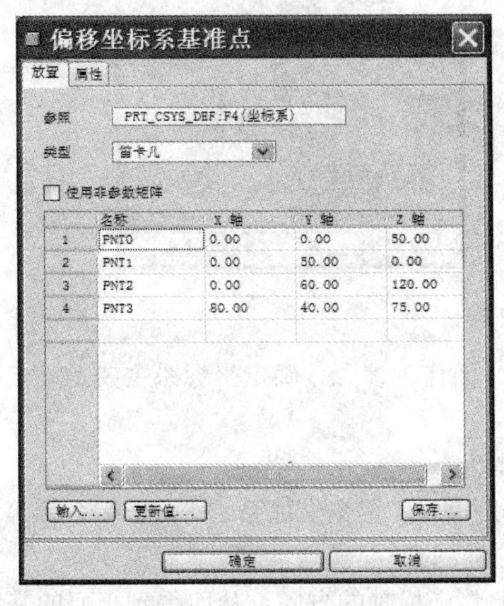

图 6.57

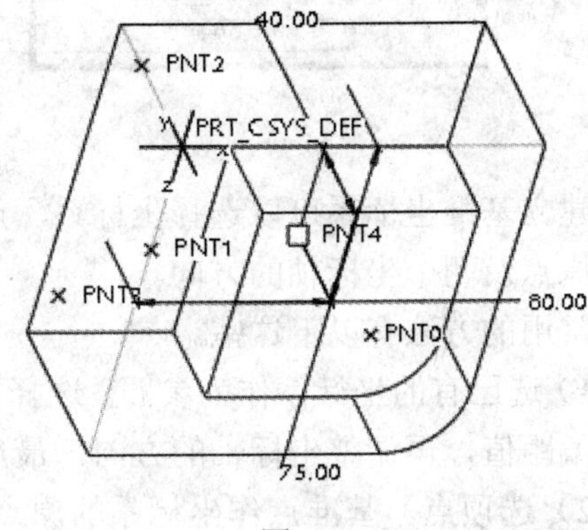

图 6.58

在如图 6.57 所示对话框中一次能建立多个基准点，可以单击“输入”按钮从文件中读入偏距数据，也可以把输入的偏距数据保存为文件。

6.4.4 区域基准点

直接在所选面（平面、曲面）上建立基准点。

■ 6.5 坐 标 系 ■

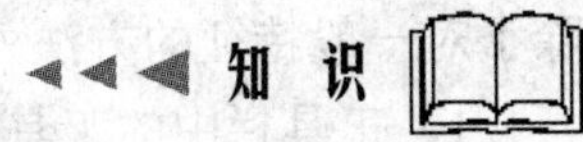

在 Pro/ENGINEER 中建立实体模型时基本上不用坐标系，坐标系可用作数据的输入与输出、NC 加工时的参照、工程分析及零件装配等。

坐标系显示为三条相互垂直的褐色短直线，系统默认的坐标系是以 PRT_CSYS_DEF 来标识，再建立的坐标系以 CS0、CS1、CS2…来标识。

单击按钮就得到建立基准坐标系的对话框，如图 6.59 所示。

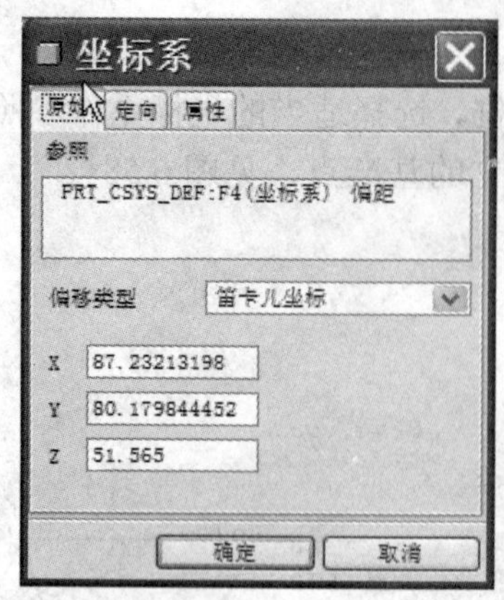

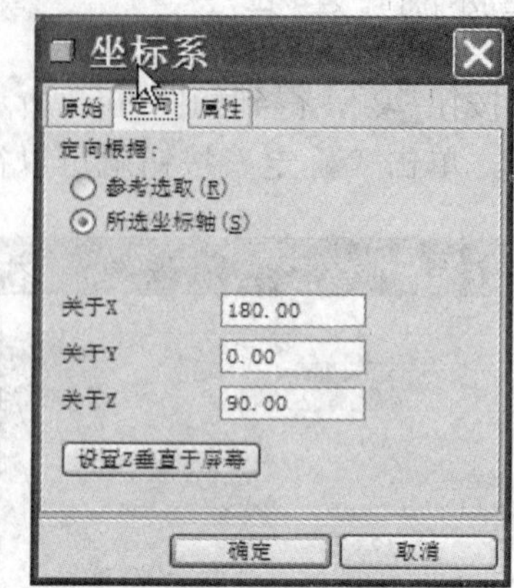

图 6.59

建立基准坐标系可以选择坐标系、点、线、面作为参照，确定坐标系主要是确定坐标系原点及两个坐标轴的方向。

常用的方法有以下这些。

1）选已有的坐标系作为参照，选择不同偏距类型（正交坐标系、柱面坐标系等等），输入偏距值，再调整坐标轴的方向，最后得到想要的基准坐标系。

2）选顶点、基准点作坐标系的原点，再调整坐标轴的方向，从而得到想要的基准坐标系。

3）选三个面作参照，三个面的交点即为坐标系的原点，再调整坐标轴的方向，也可以得到想要的基准坐标系。

6.6 基准特征的显示控制

知 识

为了方便设计，有时需要显示基准特征，有时不需要显示，控制基准特征显示与否除了对一般特征的方法外，还有以下三种方式。

1）工具栏中的工具按钮：见图 6.60，按钮压下为显示，弹起为不显示。

压下显示

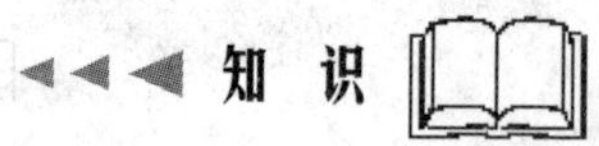

弹起不显示

图 6.60

2）在下拉主菜单中选择“视图”→“显示设置”→“基准显示”命令，得到基准特征显示对话框，可以对基准特征的显示进行控制，如图 6.61 所示。

3）在下拉主菜单中选择“工具”→“环境”命令，得到环境对话框，在该对话框中也可以对基准特征的显示进行控制，如图 6.62 所示。

图 6.61

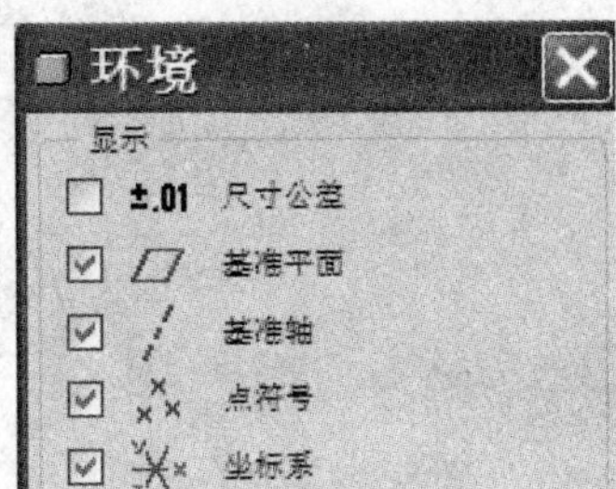

图 6.62

项目 7

建立基准特征综合训练

学习目标

- 能熟练建立基本平面、基准轴、基准曲线、基准点、坐标系特征。
- 能综合运用基准特征设计零件。

实　训

实例 1　建立如图 7.1 所示的实体零件。

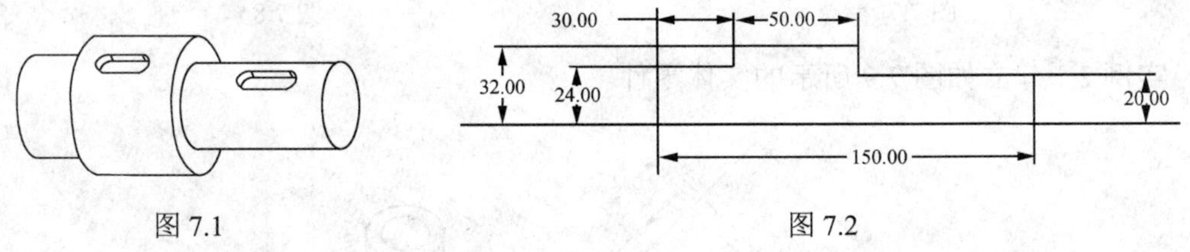

图 7.1　　　图 7.2

1）建立新文件。输入文件名 ex7-1，选择公制模板。

2）建立一个旋转实体特征。在 TOP 面上画图，画如图 7.2 所示的草绘图，旋转 360°，结果见图 7.3。

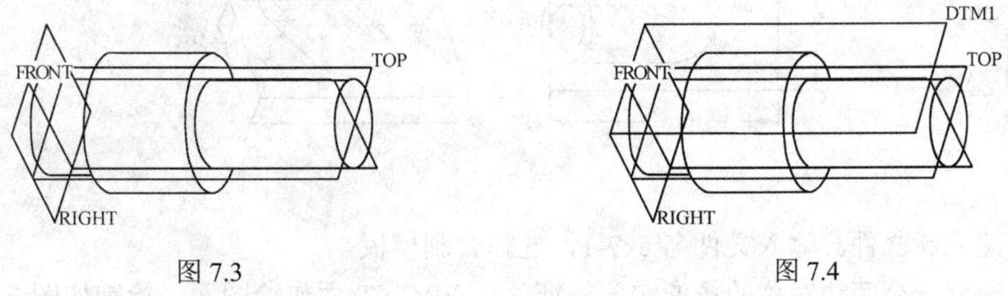

图 7.3　　　图 7.4

3）建立一个基准平面 DTM1。

选择 TOP 面作参照，输入向上的偏移值 32，结果如图 7.4 所示。

4）建立一个拉伸切口特征。以 DTM1 面作绘图面，绘制如图 7.5 所示的草绘图，选择去除材料，输入深度 5，调整好特征生成的方向，最后得到的结果见图 7.6。

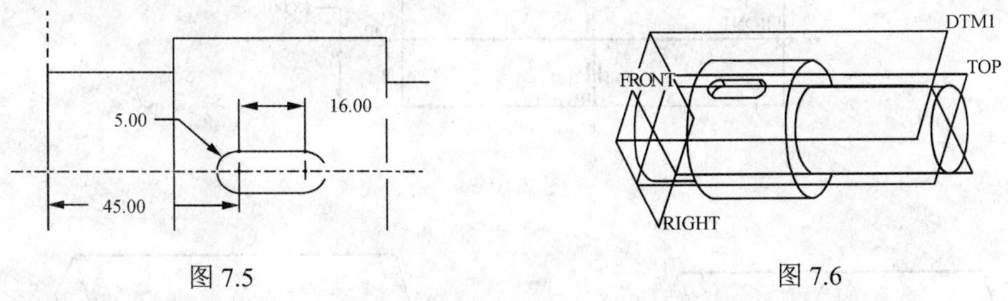

图 7.5　　　图 7.6

5）建立另一个拉伸切口特征。再以 DTM1 面作绘图面，绘制如图 7.7 所示的草绘图，选择去除材料，输入深度 5，调整好特征生成的方向，最后得到的结果见图 7.8。

6）保存文件，完成零件设计。

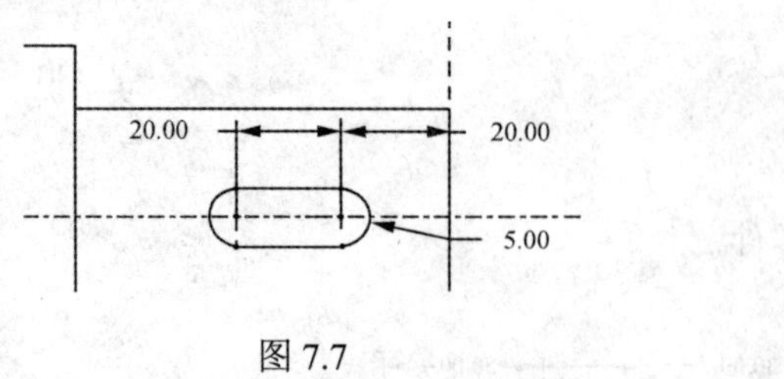

图 7.7

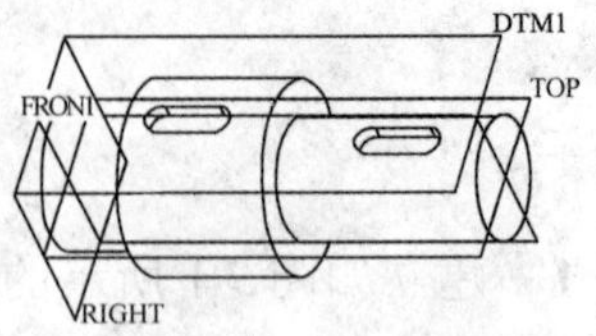

DTM1
TOP
FRONT
RIGHT

图 7.8

实例 2 建立如图 7.9 所示的实体零件。

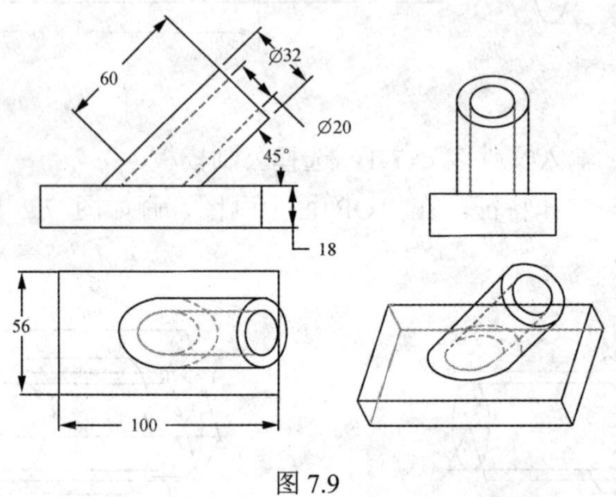

图 7.9

1）建立新文件。输入文件名 ex7-1，选择公制模板。

2）建立一个两边对称的拉伸实体特征。以 FRONT 面作绘图面，绘制如图 7.10 所示的草绘图，输入深度 56，最后得到的结果见图 7.11。

3）建立一个基准轴特征。以 RIGHT 面及 TOP 面的交线生成基准轴 A_1，结果见图 7.12。

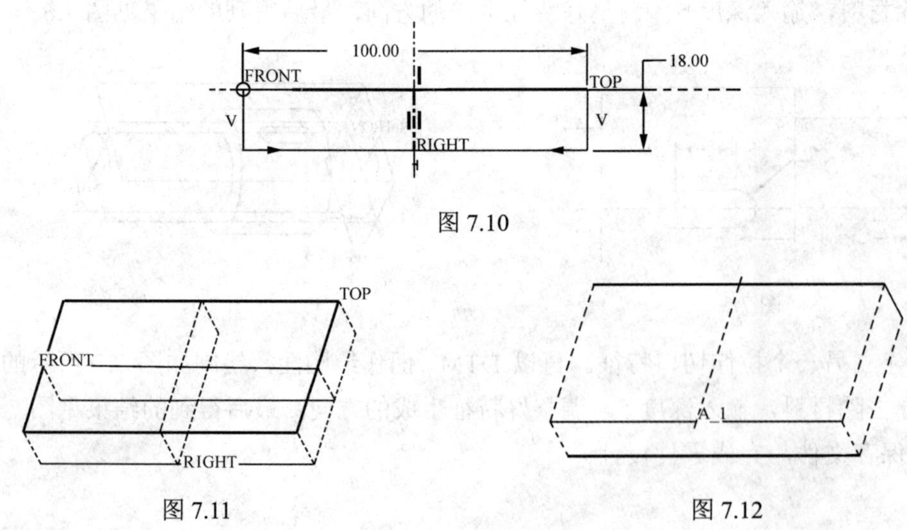

图 7.10

图 7.11

图 7.12

4）建立一个基准平面 DTM1。穿过 A_1 轴，再选择 TOP 面作参照，输入角度偏移值 45，如图 7.13 所示。

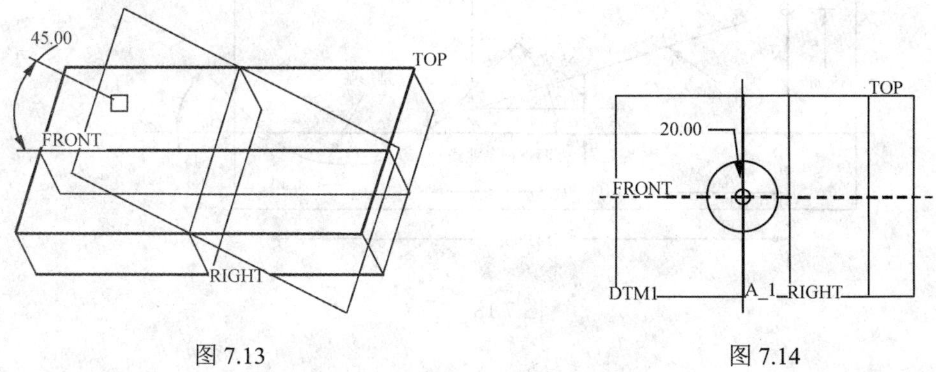

图 7.13　　　　图 7.14

5）建立一个拉伸实体特征。以 DTM1 面作绘图面，选择 A_1 轴作尺寸参照，绘制如图 8.14 所示的草绘图，首先输入深度 60，再在特征控制对话框中单击选项按钮，在“第 2 侧”选项区中选择“到选定的”项，并指定零件顶面，见图 7.15，特征完成后的结果见图 7.16。

6）保存文件，完成零件设计。

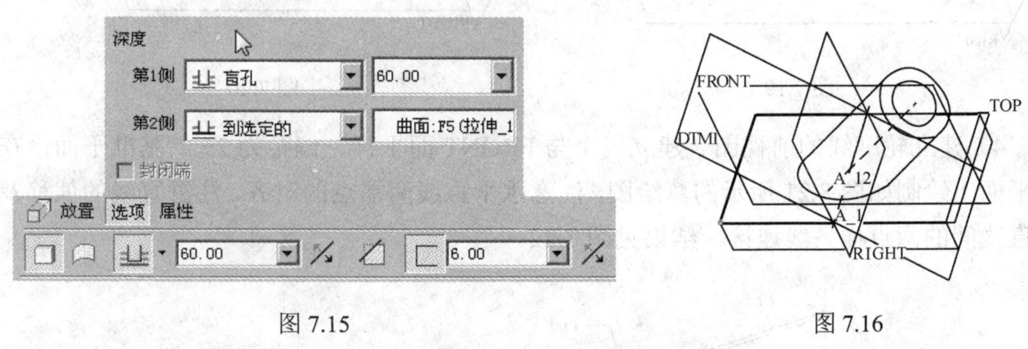

图 7.15　　　　图 7.16

实例 3　设计如图 7.17 所示的汤匙。

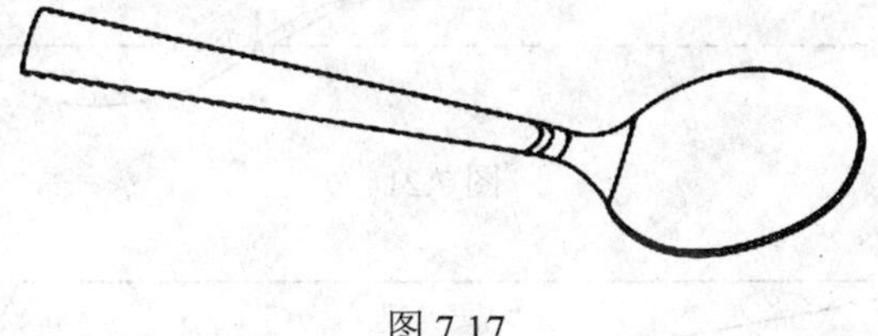

图 7.17

1）建立新文件。输入文件名 ex7-3，选择公制模板。

2）建立汤匙主轴曲线特征。选 FRONT 面作绘图面，选 TOP 面作顶参照面，绘制如图 7.18 所示的草绘图，注意对齐和相切，结果见图 7.19。

3）建立一个基准点特征。单击按钮打开基准点对话框，选择如图 7.19 所示的曲线段，修改比例为 0，如图 7.20 所示。

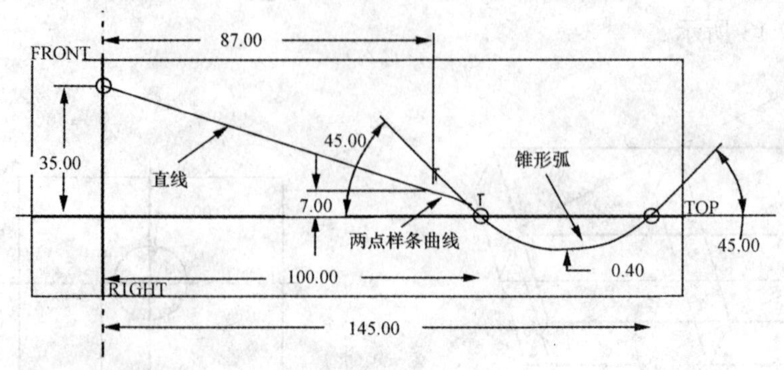

图 7.18

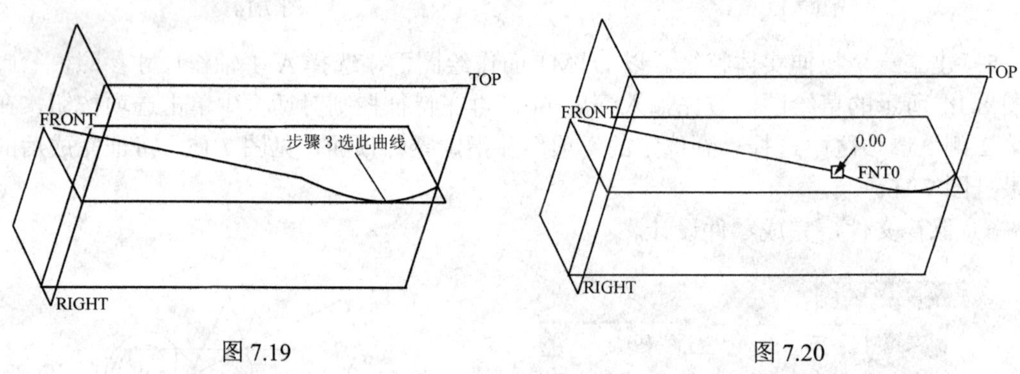

图 7.19　　图 7.20

4）建立轮廓线的前视图。建立一个与 FRONT 面平行、偏距为 25 的基准平面，在此平面上绘制如图 8.21 所示的草绘图，注意水平直线两端点的对齐，注意直线的偏移及两直线间的两点样条线连接，结果见图 7.22。

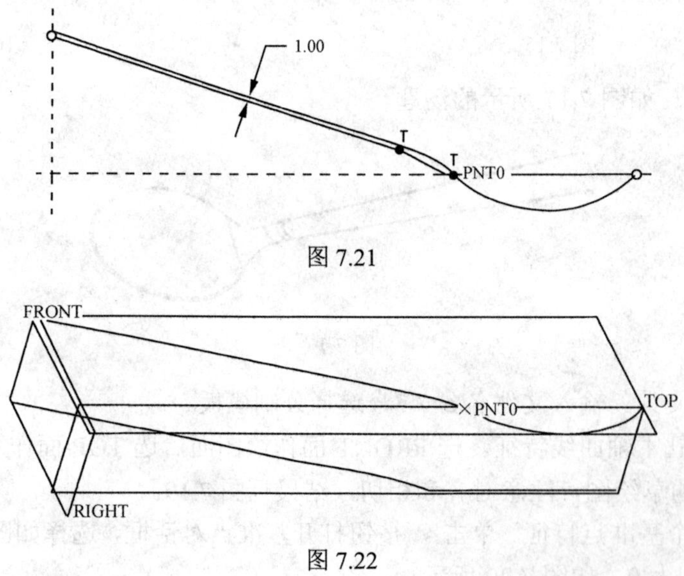

图 7.21

图 7.22

5）建立轮廓线的俯视图。选 TOP 面作绘图面，绘制如图 7.23 所示的剖面，绘制一条直线及两条样条曲线（一条两点、一条四点），注意画两条中心线且注意对齐和相切关系，结果见图 7.24。

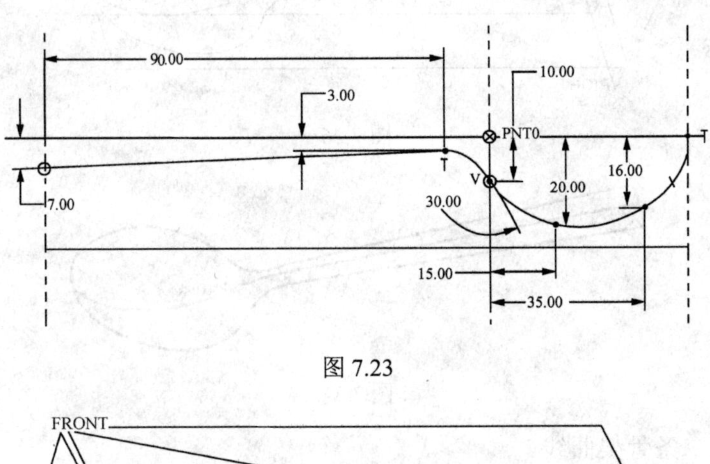

图 7.23

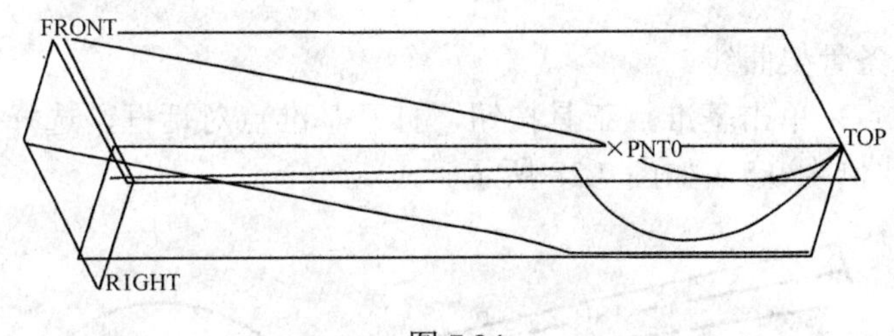

图 7.24

6）建立汤匙的下半部分轮廓线。同时选中步骤 4）、步骤 5）建立的两条曲线，再选择“编辑”→“相交”命令，得到如图 7.25 所示的空间曲线，同时步骤 4）、步骤 5）建立的两条曲线自动隐藏。

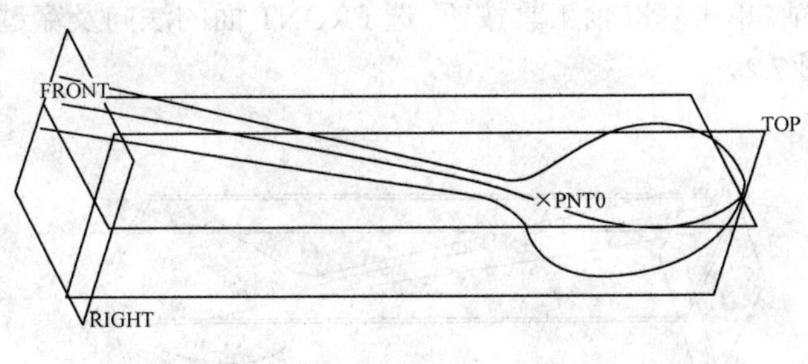

图 7.25

7）建立汤匙的下半部分轮廓线。选中刚建立的曲线，再单击镜像工具按钮，接着选 FRONT 面作镜像面，得到如图 7.26 所示的结果。

8）建立第一条骨架曲线。单击插入基准曲线工具按钮，选择“经过点”→“完成”→“选择三条曲线的左端点”→“完成”→“确定”项，结果见图 7.27。

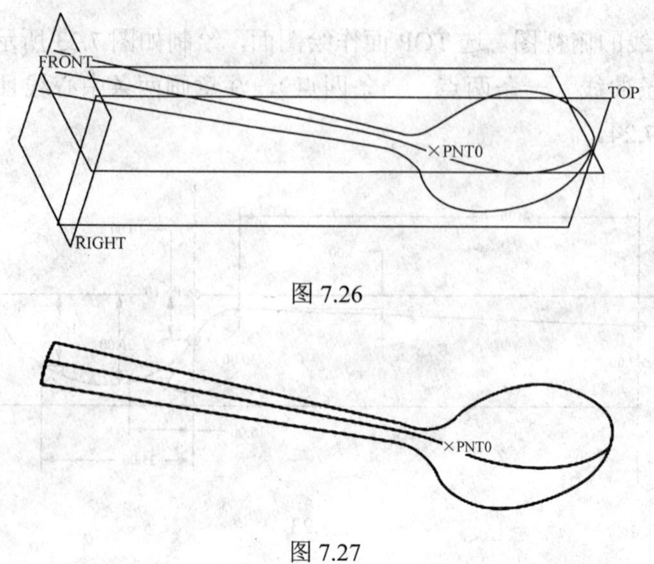

图 7.26

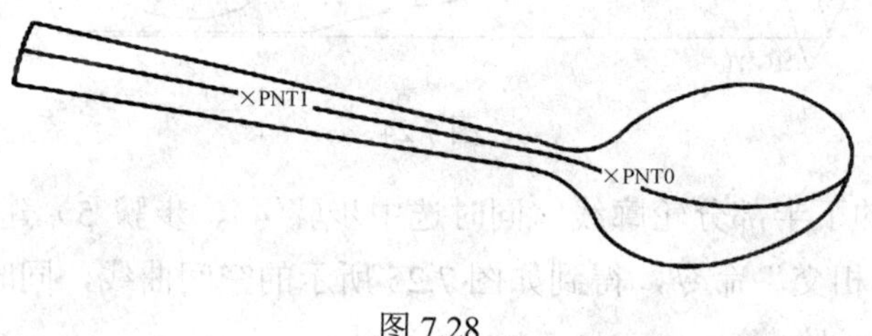

图 7.27

9）建立第二条骨架曲线。

① 建立辅助点：单击基准点工具按钮，打开基准点对话框，选择中间曲线的右上方曲线段，修改比例为 0.5，如图 7.28 所示。

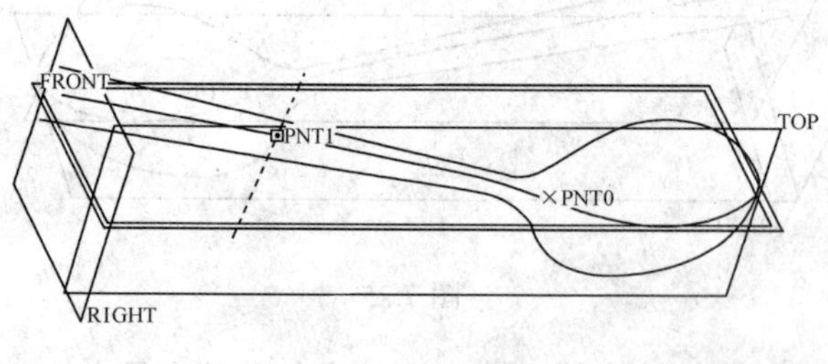

图 7.28

② 建立辅助轴：单击基准轴工具按钮，选 FRONT 面的法向及穿过 PNT1 点作参照，建立基准轴，见图 7.29。

图 7.29

③ 建立辅助平面：单击基准平面工具按钮，再选 A_1 轴及 RIGHT 面作参照，输入旋转偏距为-18° 度，见图 7.30。

④ 建立另外两个辅助点：用刚建立的平面分别与前后两条曲线相交的方式建立两个基准点特征，结果见图 7.31。

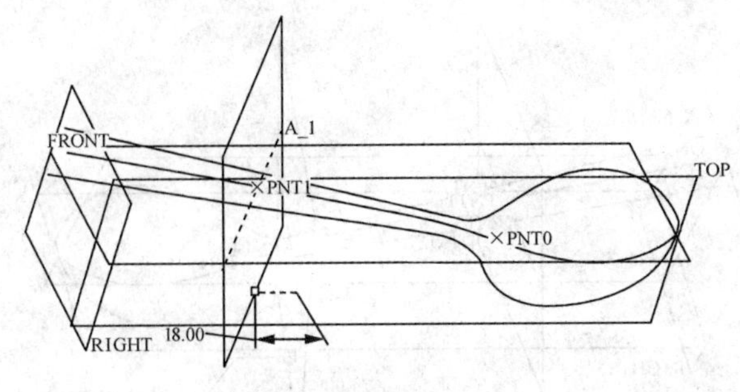

图 7.30

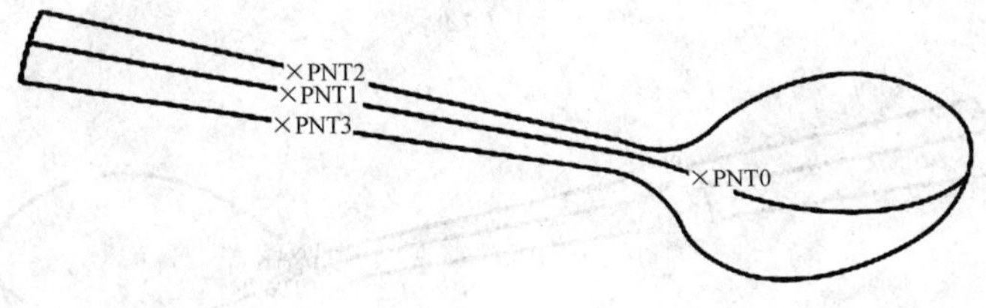

图 7.31

⑤ 建立第二条骨架曲线：单击插入基准曲线工具按钮，选择“经过点”→“完成”→“选择三条曲线的基准点”→“完成”→“确定”项，结果见图 7.32。

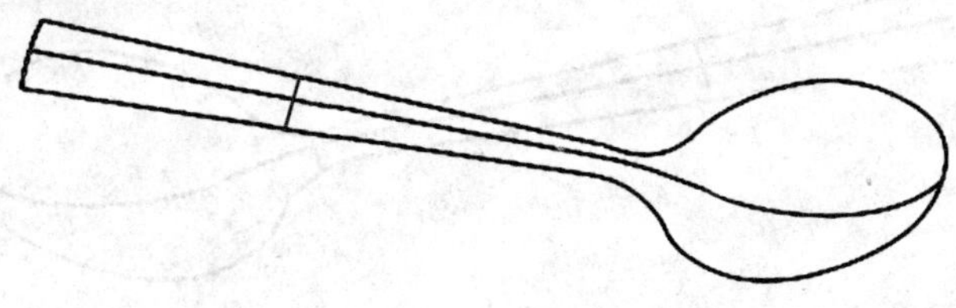

图 7.32

10）建立第三条骨架曲线。

① 建立辅助点：单击基准点工具按钮打开基准点对话框，选择中间曲线的中间曲线段，修改比例为 0.5，如图 7.33 所示。

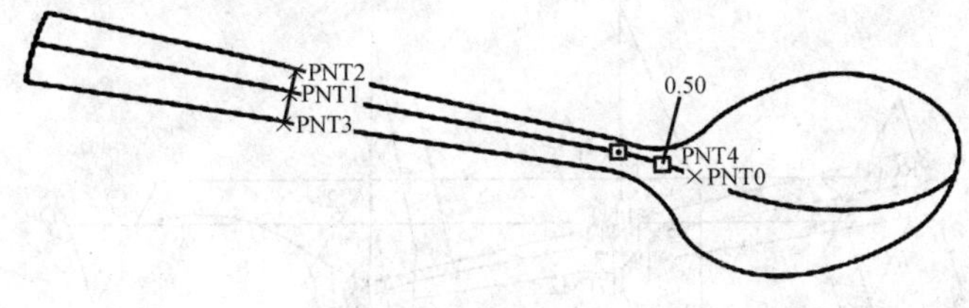

图 7.33

② 建立辅助轴：与上面步骤相同，结果见图 7.34。

③ 建立辅助平面：与上面步骤相同，不过输入旋转偏距为 24° 度，见图 7.34。

④ 建立另外两个辅助点：与上面步骤相同，结果见图 7.35。

⑤ 建立第三条骨架曲线：结果见图 7.36。

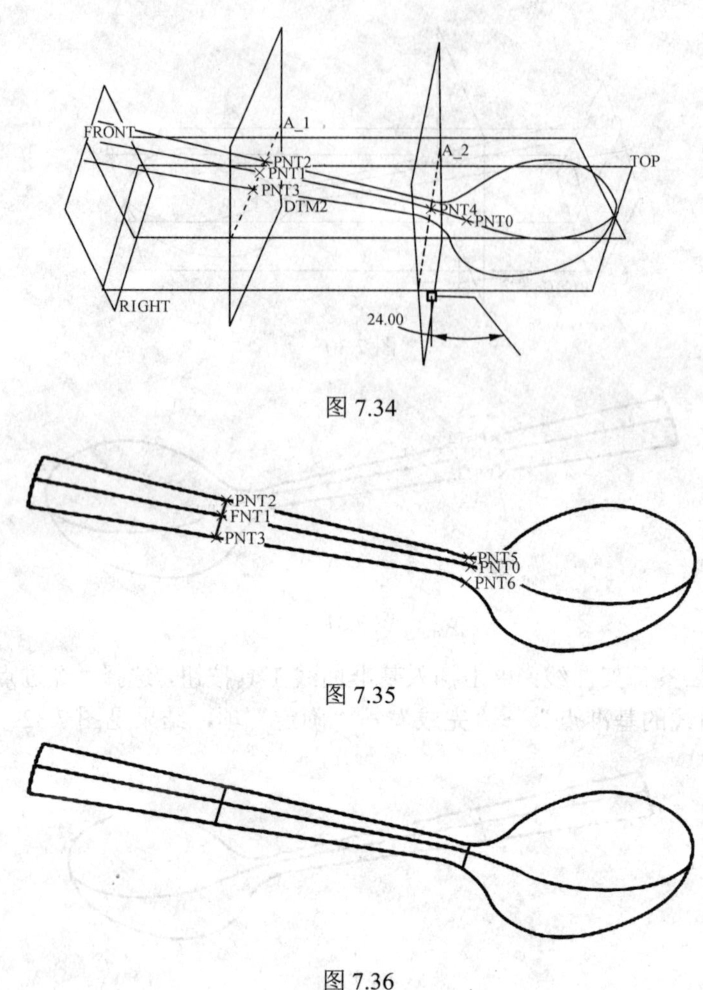

图 7.34

图 7.35

图 7.36

11）建立第四条骨架曲线。

① 建立辅助平面：以点 PNT0（穿过）、RIGHT 面（平行）作参照建立基准面 DTM4，见图 7.37。

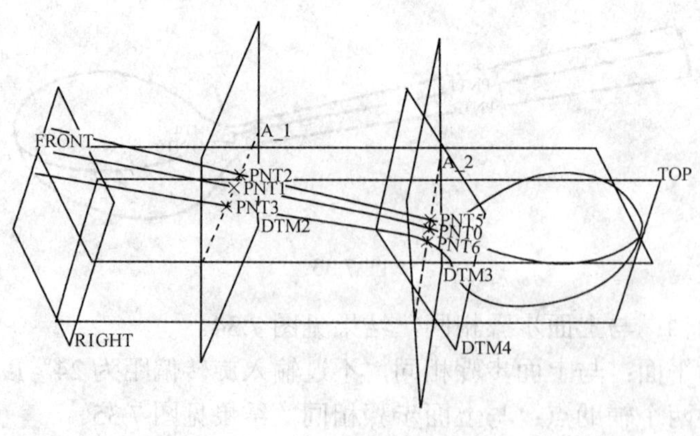

图 7.37

② 建立另外两个辅助点：与上面步骤相同，结果见图 7.38。

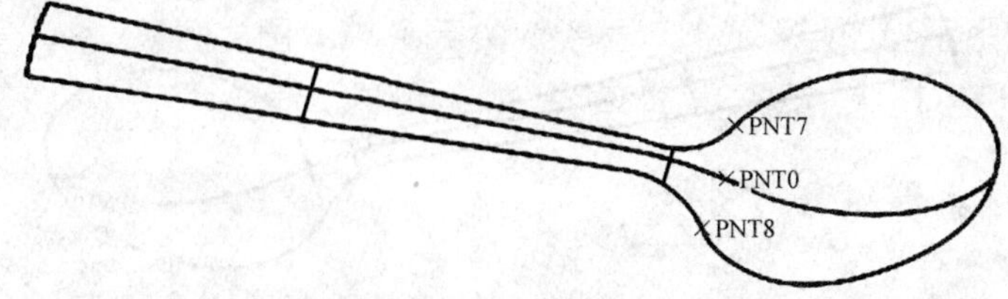

图 7.38

③ 建立第四条骨架曲线：结果见图 7.39。

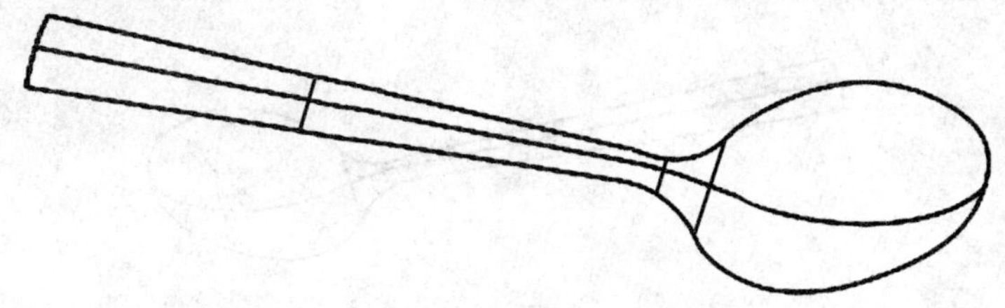

图 7.39

12）建立第五条骨架曲线。

① 建立辅助点：选择中间曲线的右下曲线段，修改比例为 0.5，如图 7.40 所示。

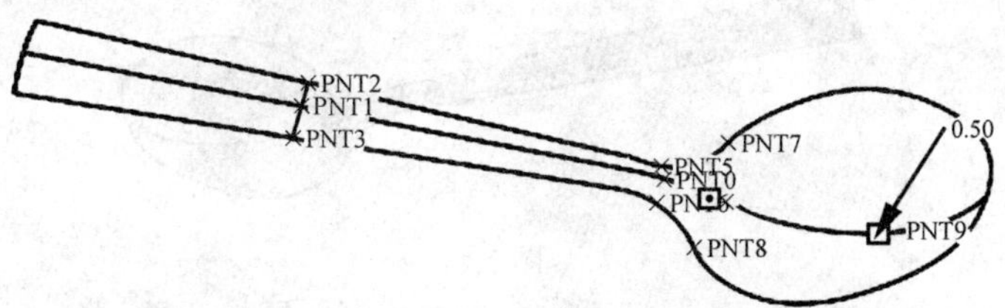

图 7.40

② 建立辅助平面 DTM5：如图 7.41 所示。

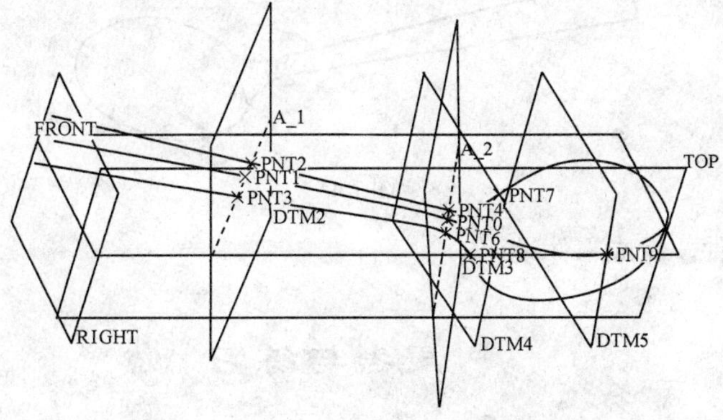

图 7.41

③ 建立另外两个辅助点：与上面步骤相同，结果见图 7.42。

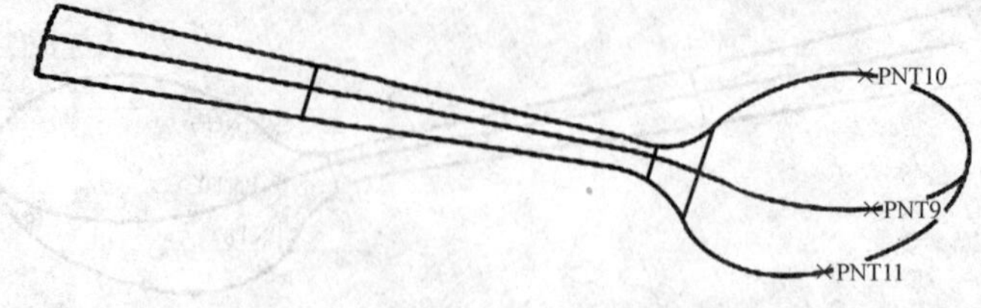

图 7.42

④ 建立第五条骨架曲线：结果见图 7.43。

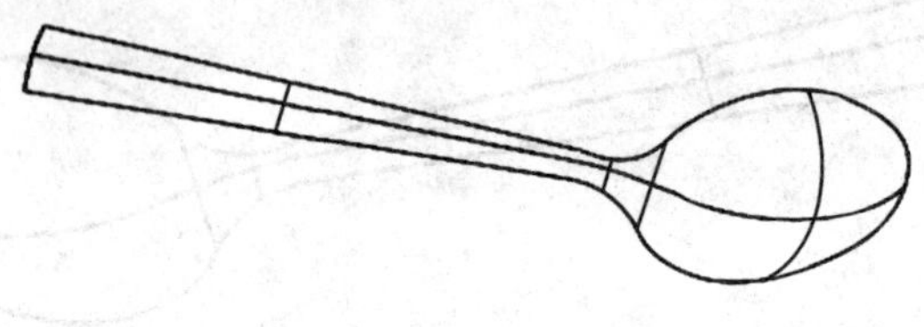

图 7.43

13）使用边界混合工具（后面将详细介绍）建立汤匙曲面。选五条曲线作第一方向的边界，选另外三条曲线作第二方向边界，结果见图 7.44。

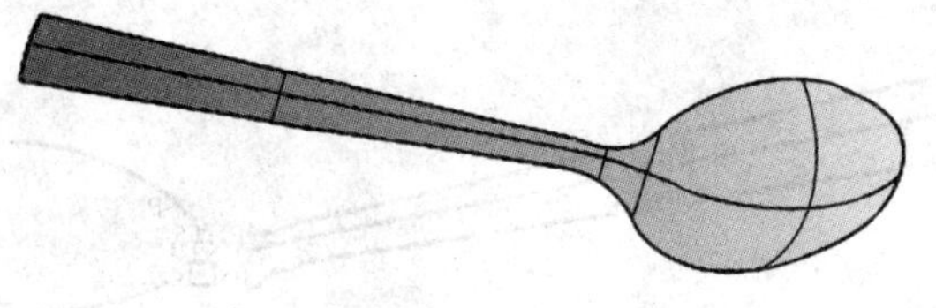

图 7.44

14）用曲面长出薄壳实体。

选中曲面，再选择编辑、加厚工具，输入厚度 0.8，得到如图 7.45 所示的结果。设计完成。

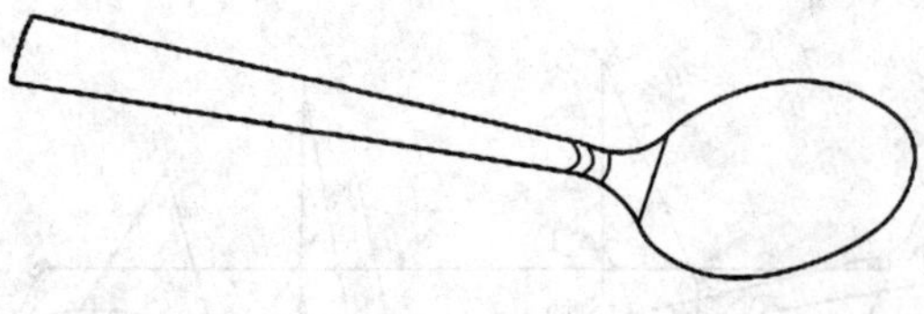

图 7.45

15）保存文件，完成零件设计。

思考与练习

设计如图 7.46~图 7.48 所示的零件。

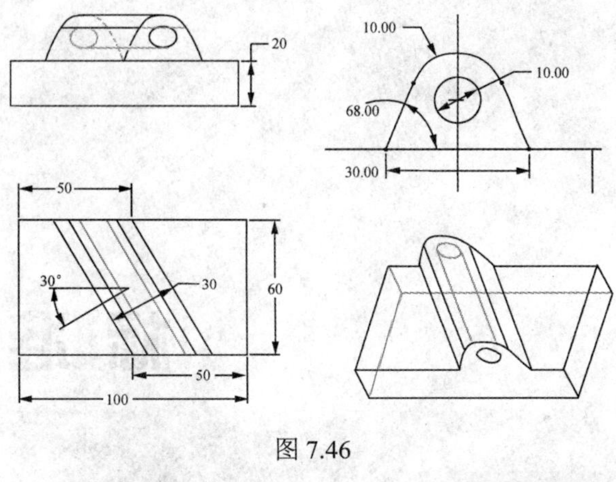

图 7.46

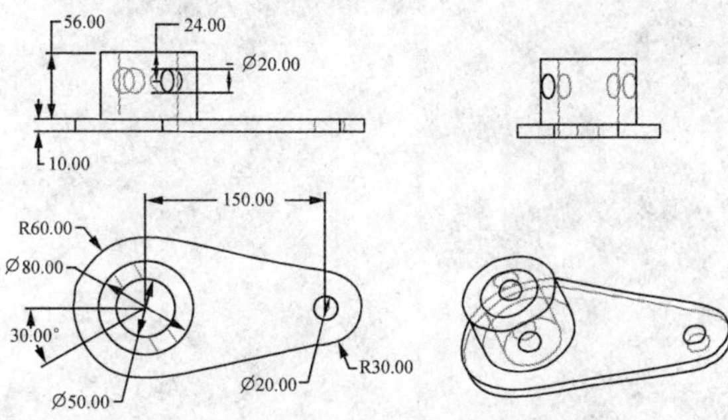

图 7.47

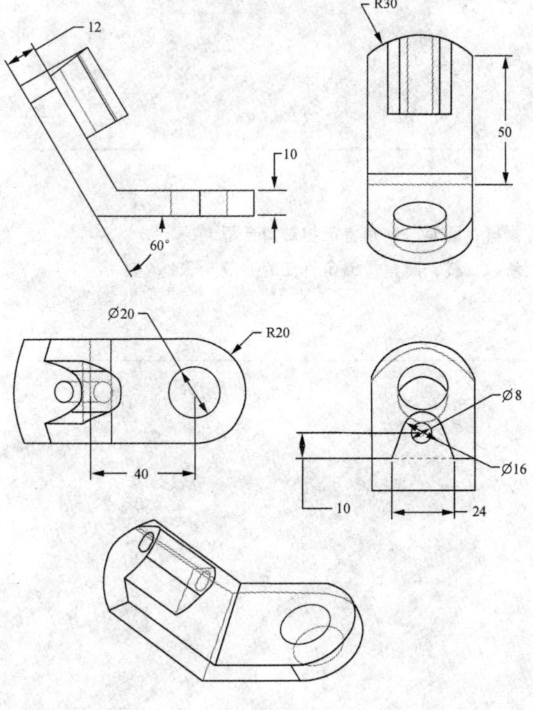

图 7.48

项目 8

标准特征

学习目标

- 熟悉孔、壳、筋、拔模、圆角、倒角特征控制对话框。
- 掌握建立孔、壳、筋、拔模、圆角、倒角特征的一般步骤。

在零件设计过程中，往往需要进行圆角、打孔、抽壳、拔模等操作，在定义这些特征的形状时不需要再进行剖面的设计，而是通过选择合适的参照、输入相应的参数就能完成特征的设计，都是标准化了的设计特征。

本章要介绍的标准特征包括孔（Hole）、抽壳（Shell）、筋（Rib）、拔模（Draft）、圆角（Round）、倒角（Chamfer）等。

在下拉菜单中有标准特征命令，如图 8.1 所示。

在主窗口的右侧也有相应的工具按钮，如图 8.2 所示。

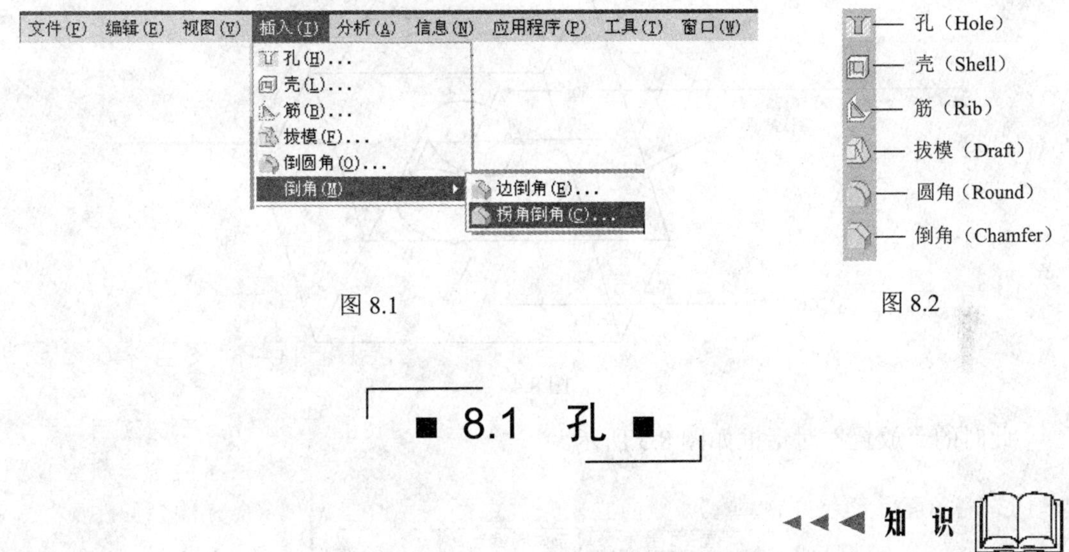

图 8.1

图 8.2

8.1 孔

知 识

单击工具按钮后，主窗口下侧就出现孔特征控制对话框，如图 8.3 所示。

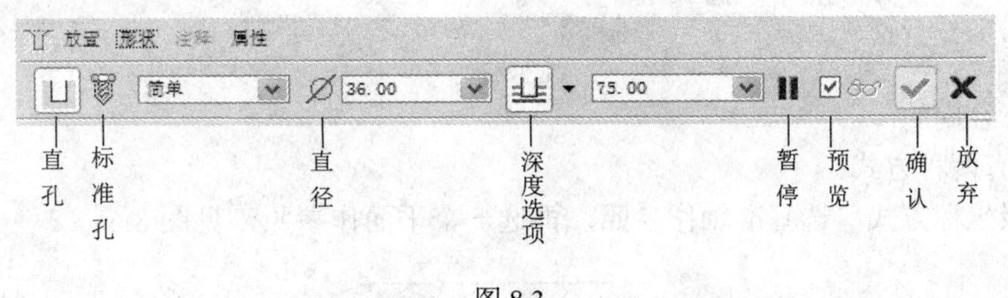

图 8.3

孔分为直孔与标准孔。直孔又分为简单直孔（Simple）和草绘孔（Sketched）。

标准孔包括 ISO、UNC、UNF 三种标准，既可以选择标准，又可以选择型号。

要建立一个孔特征，首先要确定孔的类型，随后就要确定它的位置及孔的形状与大小。因此，孔的放置（Placement）及孔形（Shape）是决定孔特征的两个重要因素，下面将分别加以介绍。

8.1.1 孔的放置

在孔特征控制对话框中单击“放置”（Placement）按钮，出现“放置”对话框，要求选择孔的放置参照，选择了主参照后，右边出现放置类型选项，分别是：线性（Linear）、径向（Radial）、直径（Diameter）、同轴（Coaxial）等。

选择了放置类型，就要选择下一级定位参照以确定孔的位置，下面以简单直孔为例说明放置类型孔特征的建立。

（1）线性的

以孔轴距两参照（直线或平面）的距离来确定位置，与基准轴垂直于参照面的方式相类似，如图 8.4 所示。

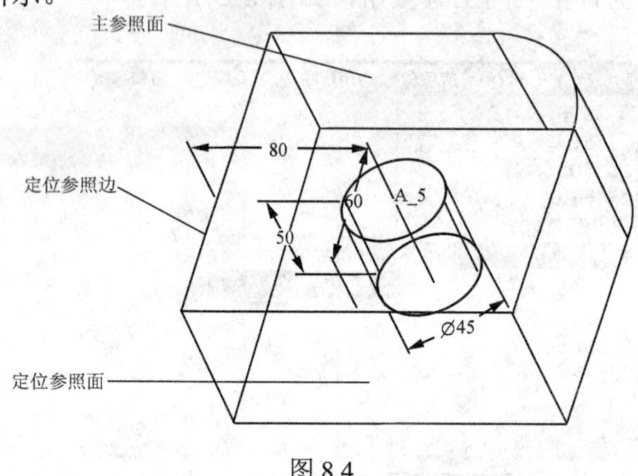

图 8.4

此时的“放置”对话框如图 8.5 所示。

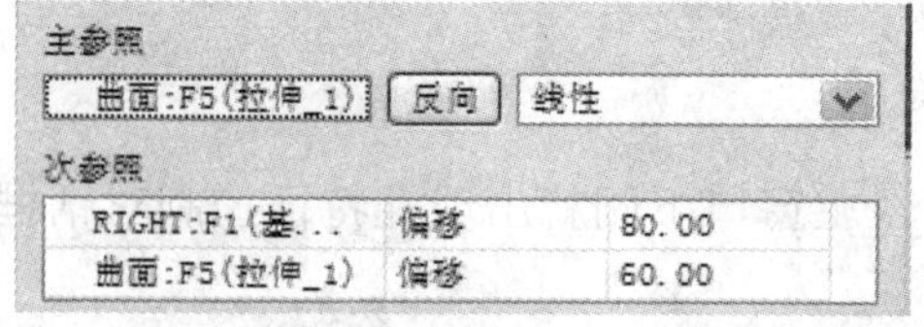

图 8.5

（2）径向的

径向有两种方式。

1）极坐标方式，选基准轴作参照，再选一个平面作参照，见图 8.6。

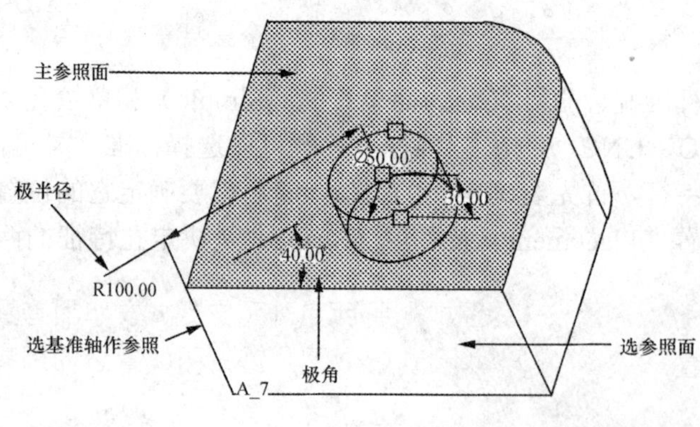

图 8.6

此时的“放置”对话框如图 8.7 所示。

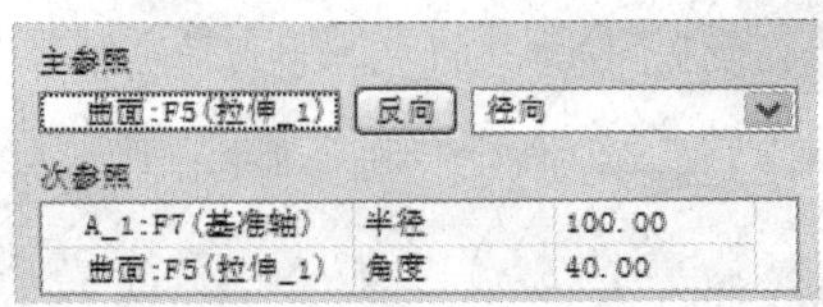

图 8.7

2）主参照是柱面，方向沿柱面径向，也是使用两个参照来定位，一个是距离，一个是角度，如图 8.8 所示。其“放置”对话框如图 8.9 所示。

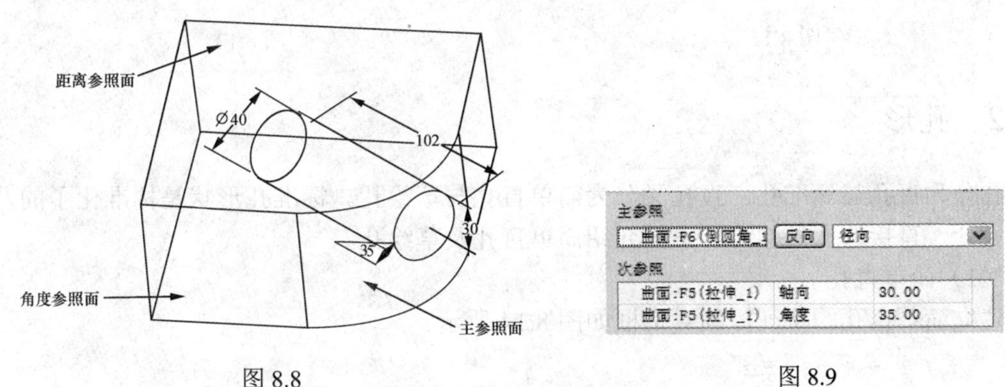

图 8.8

图 8.9

（3）直径的

直径的（Diameter）与径向的（Radial）的极坐标方式相类似，也需要一个基准轴和一个平面作参照，不过不是用极半径，而是用极直径来确定孔轴到极轴的距离。另外，直径放置方式不能在柱面上建立孔特征。

（4）同轴的

同轴方式的主参照是基准轴，孔轴与该轴重合，放置参照只要一个面即可，如图 8.10 所示。其放置对话框如图 8.11 所示。

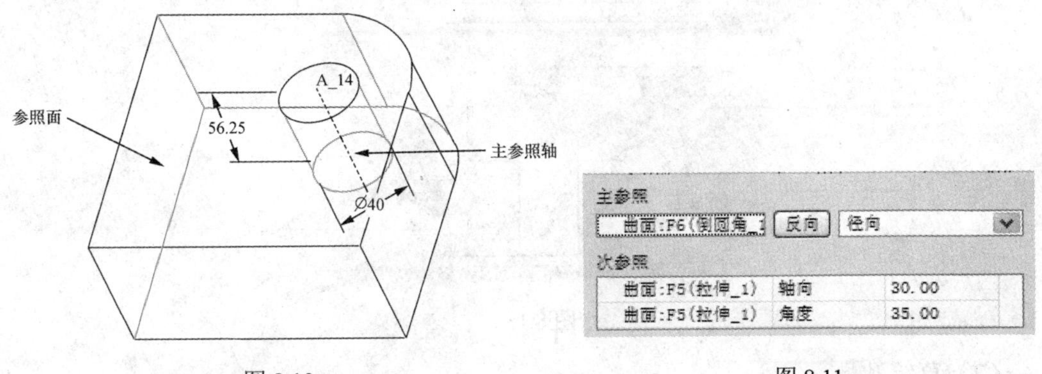

图 8.10

图 8.11

（5）以一个基准点作参照

一个点就完成定位，无须其他参照，如图 8.12 所示。其“放置”对话框如图 8.13

所示。这种方式同样可以在曲面上建立孔同轴。

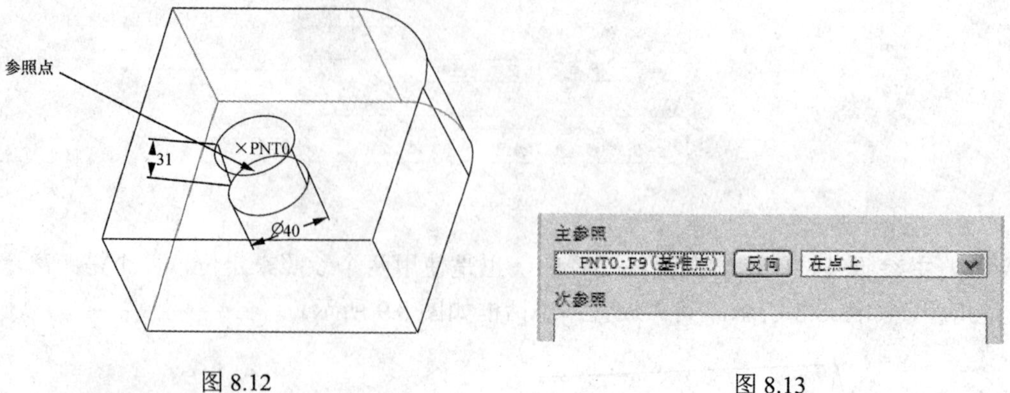

图 8.12　　图 8.13

8.1.2　孔形

孔分为直孔与标准孔，直孔又分为简单直孔与草绘孔。标准孔形状是标准化了的，无需设计，直接选型号即可。下面介绍简单直孔及草绘孔。

（1）简单直孔

建立简单直孔的特征控制对话框如图 8.14 所示。

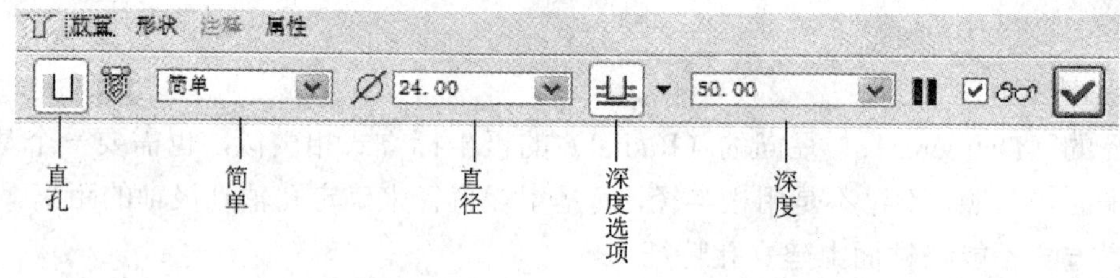

图 8.14

孔的深度选项与拉伸的情况一样，有六种类型，可参照前面章节的相关内容。

在特征控制对话框中单击“形状（孔形）”按钮，得到孔形对话框，如图 8.15 所示。

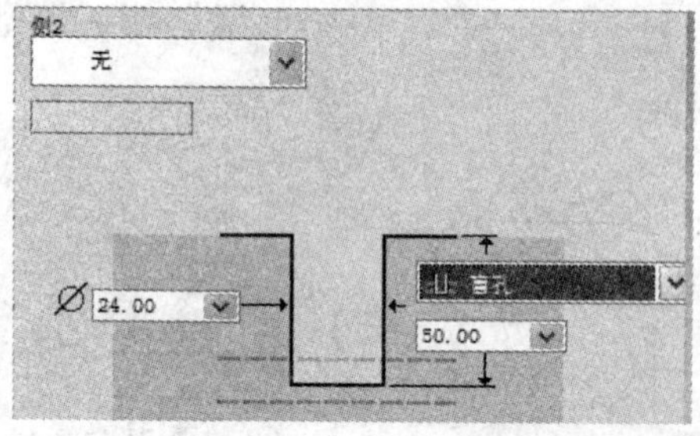

图 8.15

（2）草绘孔

草绘孔就是孔的形状通过绘制来确定。选择草绘孔选项，会出现草绘孔对话框，如图 8.16 所示。

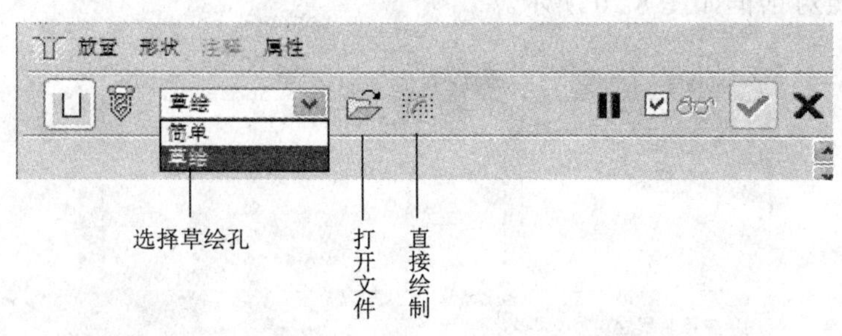

图 8.16

可以打开已有的文件确定孔的形状，也可以直接进入剖面设计中的截面绘制，在草绘孔形状时，其绘制步骤及注意事项同旋转特征剖面设计一样，需要中心线和中心线一侧的封闭几何图形，画如图 8.17 所示的剖面，得到如图 8.18 所示的孔。

需要注意的是，草绘孔不能在柱面上建立。

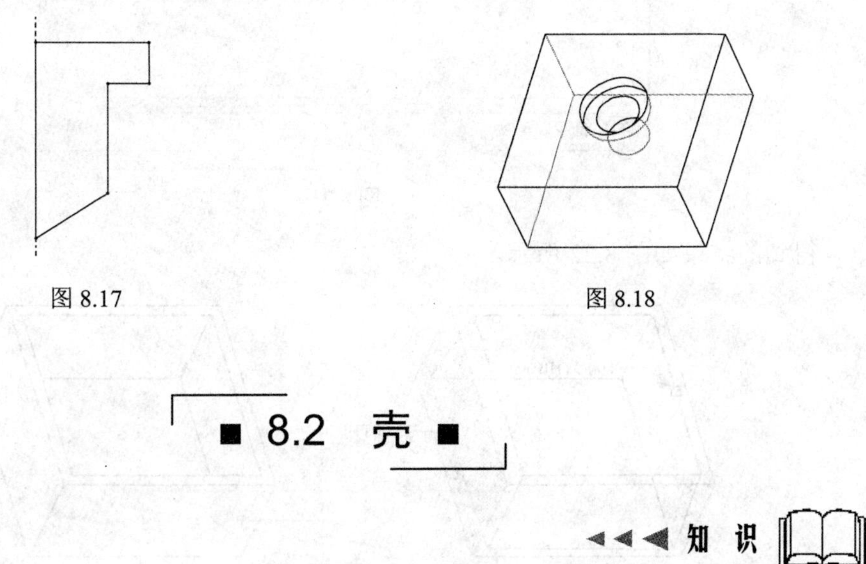

图 8.17　　图 8.18

■ 8.2　壳 ■

◀◀◀ 知　识

单击工具按钮后，主窗口下侧就出现抽壳特征控制对话框。

选好参照面，输入壳厚度，得到特征建立的结果，如图 8.19 所示。

图 8.19

此时的参照对话框如图 8.20 所示。

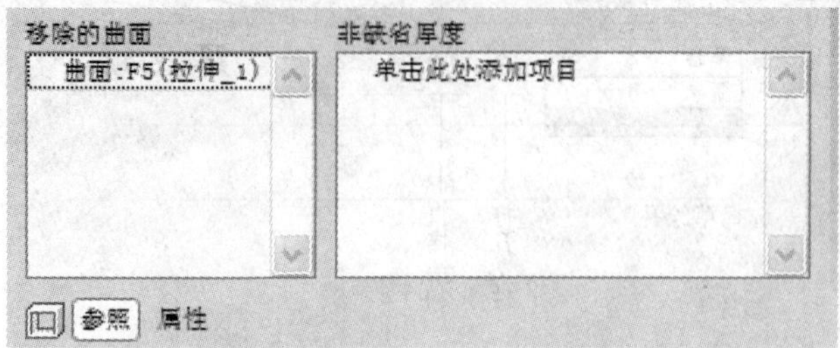

图 8.20

如果在参照对话框的右侧选择某个面，可以输入不同的厚度，如图 8.21 所示。

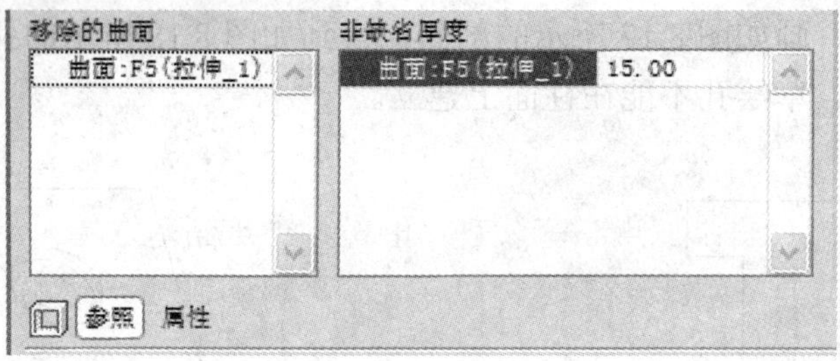

图 8.21

得到的结果如图 8.22 所示。

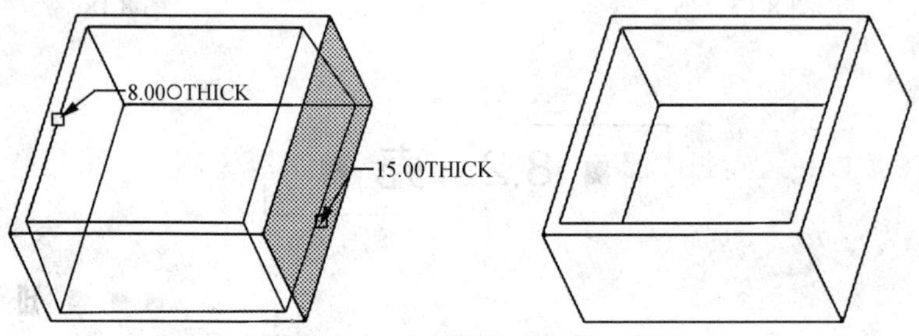

图 8.22

可以按 Ctrl 键同时选择多个参照面，如图 8.23 所示。

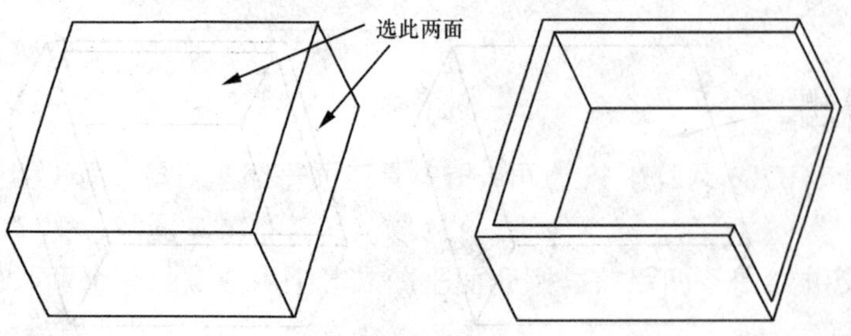

图 8.23

还可以单击特征控制对话框中的方向按钮改变壳的方向，如图 8.24 所示。

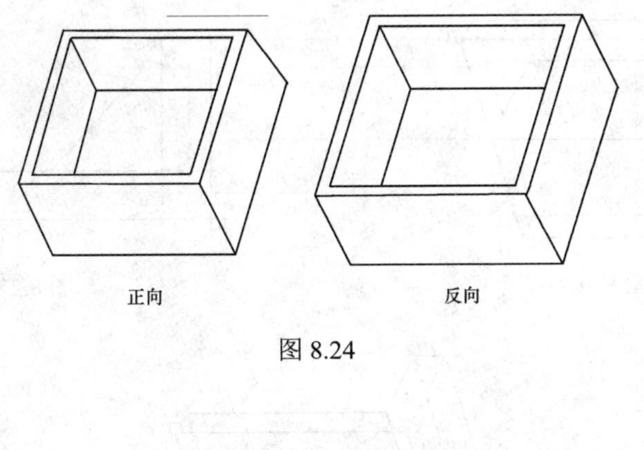

图 8.24

■ 8.3 筋 ■

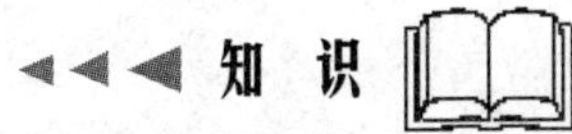

筋又称加强筋，在零件设计时是用来加强强度的，特征建立步骤如下。

1）单击工具按钮后，主窗口下侧就出现筋特征控制对话框，如图 8.25 所示。

图 8.25

2）在特征控制对话框单击“参照”→“定义”项，得到草绘对话框。

3）在草绘对话框中选 FRONT 面作绘图面，如图 8.26 所示，接受系统默认的视角，按草绘得到参照对话框。

4）接受系统默认的参照，单击“关闭”按钮，关闭参照对话框。

5）绘制如图 8.27 所示的剖面（两条直线），注意剖面不需要封闭，但要求端点与实体边线对齐。

6）输入厚度 10，调节方向，结果见图 8.28。

7）方向调节有三种结果，如图 8.29 所示。

8）筋特征的建立也可以在柱面进行，如图 8.30 所示。

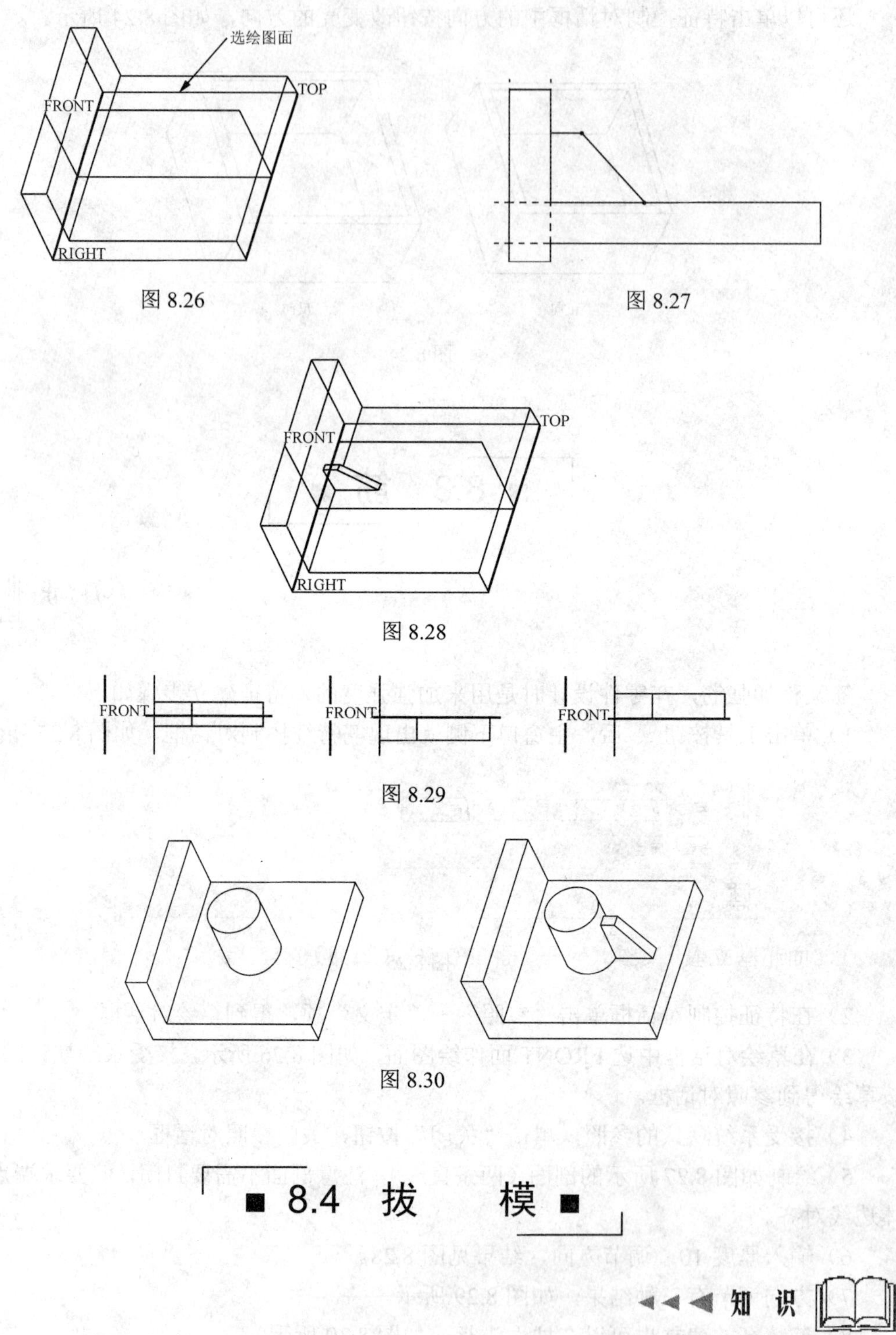

图 8.26

图 8.27

图 8.28

图 8.29

图 8.30

■ 8.4 拔 模 ■

◀◀◀ 知 识

当零件是要通过注塑或铸造方式制造时，在零件设计时就要进行拔模处理，以方便零件顺利出模。

拔模特征有三个重要的元素：拔模面、中性参照、拔模角度。拔模面是需要作拔模处理的面，中性参照是拔模前后边界保持不变的平面或曲线，如图 8.31 所示，选实体的右面作拔模面，分别选实体顶面和 TOP 平面作中性平面得到的不同结果。

如果改变拔模方向或材料的增减方向，结果又有不同，如图 8.32 所示。

下面将进一步介绍拔模特征建立的步骤。

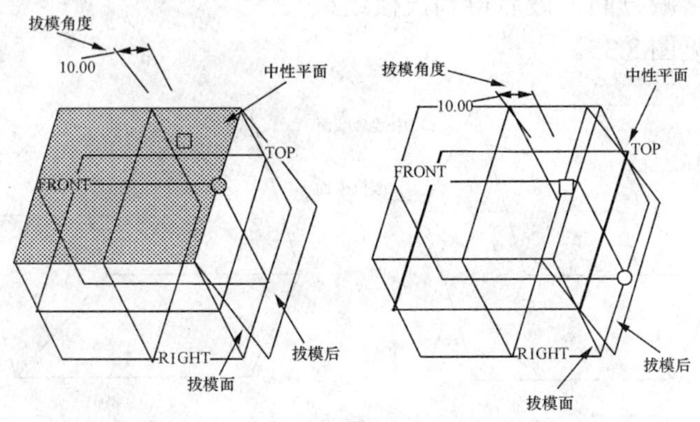

图 8.31

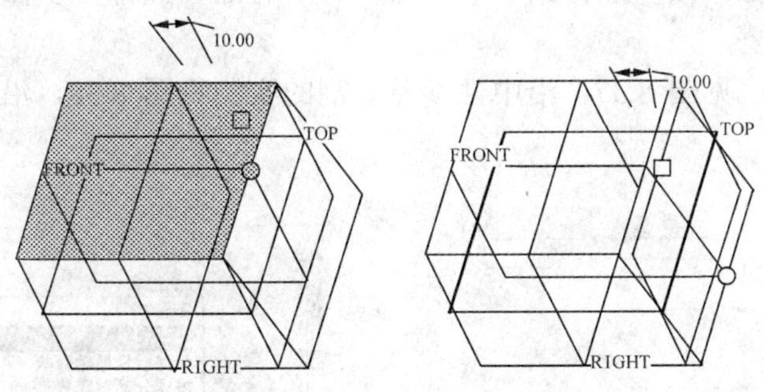

图 8.32

1） 单击工具按钮后，主窗口下侧就出现拔模特征控制对话框，如图 8.33 所示。

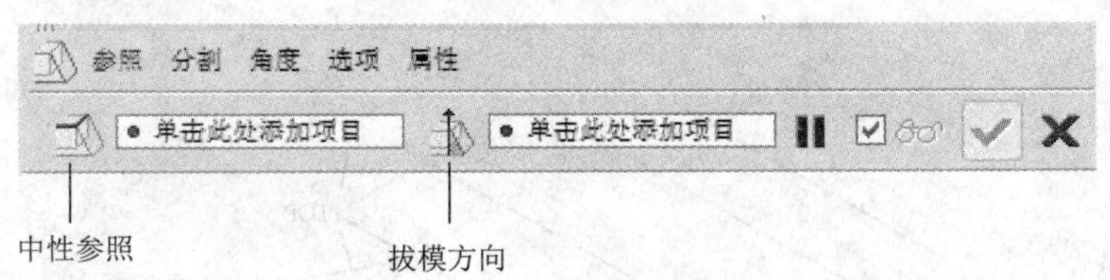

图 8.33

2）选拔模面：一出现拔模特征控制对话框，系统就进入拔模面选取状态，用鼠标点选欲拔模的面即可，多选要按住 Ctrl 键。

3）选择中性参照：首先要用鼠标单击中性参照选择区（见图 8.34），激活中性参照的选择，再选择中性参照（面或曲线）。

图 8.34

4）输入拔模角度：在对话框中输入拔模角度，或直接在模型上修改，还可以调整拔模方向及材料增减方向，最后得到拔模结果。

全过程可参见图 8.35。

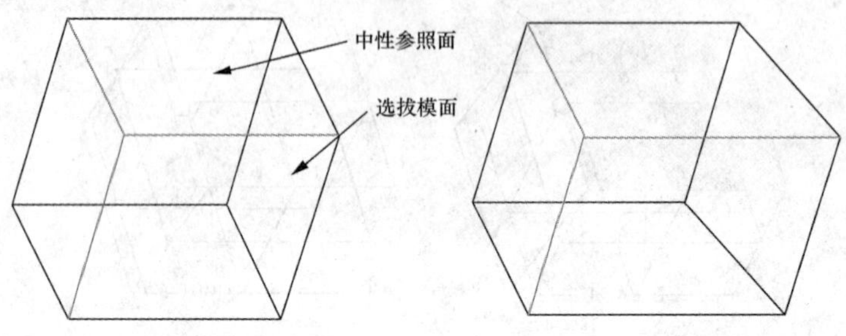

图 8.35

5）参照对话框：按参照得到一个对话框，所有的参照都可以在参照对话框看到，如图 8.36 所示。

6）分割选项：见图 8.37，沿中性参照分割的实例见图 8.38，沿对象分割的实例见图 8.39。

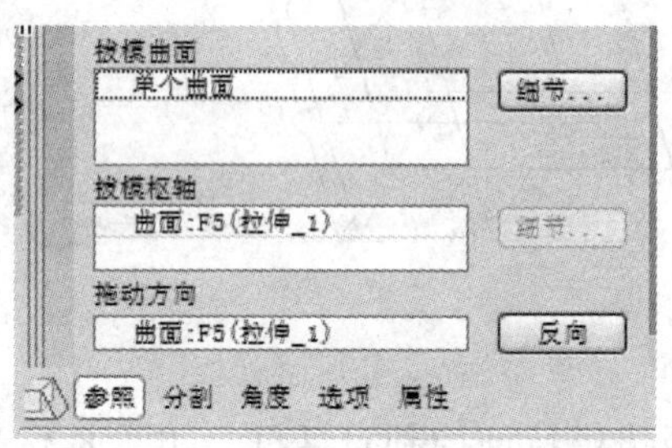

图 8.36

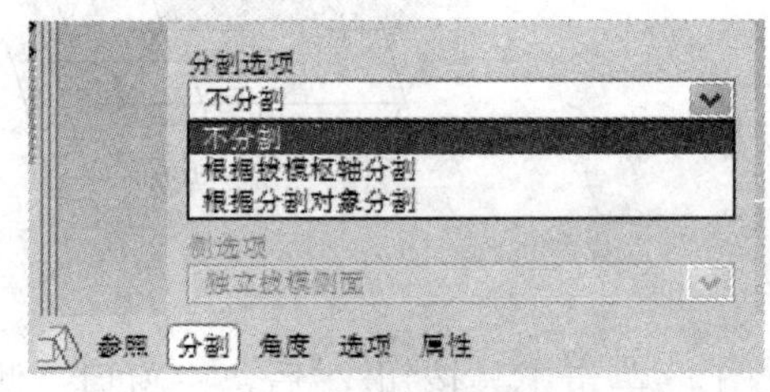

图 8.37

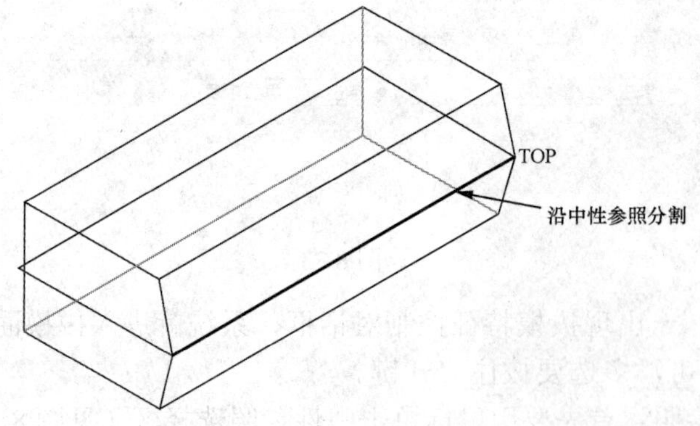

图 8.38

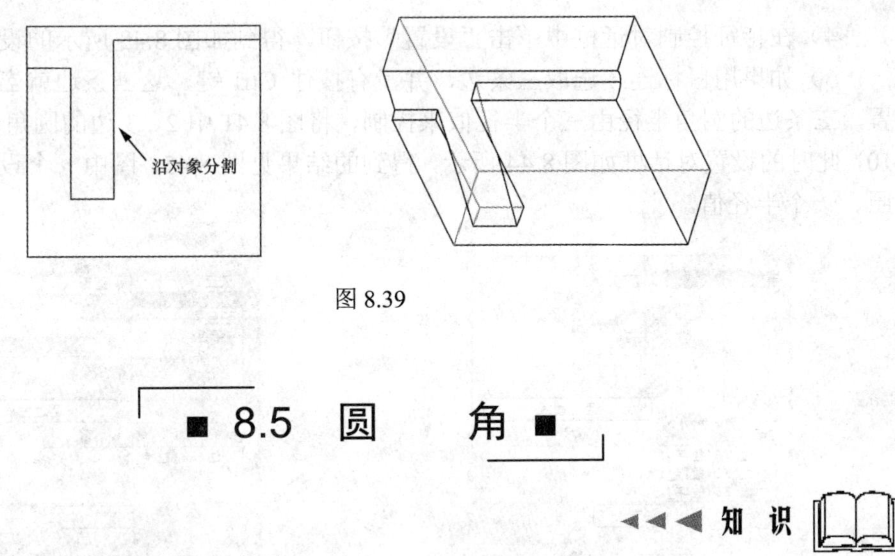

图 8.39

8.5　圆　　角

知　识

圆角特征是零件设计中最常用的特征之一，下面通过实例详细介绍圆角特征建立的步骤。

8.5.1　等值圆角

1）单击工具按钮后，主窗口下侧就出现圆角特征控制对话框，如图 8.40 所示。

图 8.40

2）选择如图 8.41 所示的三条边来建立圆角特征，注意按住 Ctrl 键连续选取，这样三条边就当作一个圆角设置，三条边的圆角半径由一个半径值来控制。

3）在特征控制对话框中输入圆角半径 8，也可以在模型上用鼠标双击半径值直接修改，结果见图 8.42。

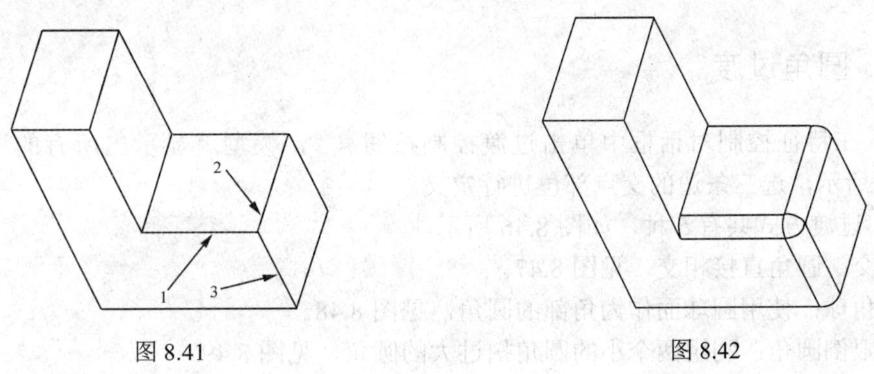

图 8.41　　图 8.42

4）在特征控制对话框中单击“设置”按钮，得到如图 8.43 所示的设置对话框。

5）如果用鼠标连续选取三条边，并没有按住 Ctrl 键，这三条边就当作三个圆角设置，三条边的圆角半径由三个半径值来控制，将图 8.41 中 2、3 边的圆角半径修改为 6、10，此时的设置对话框如图 8.44 所示，得到的结果见图 8.45，图中一个设置对应一个参照、一个半径值。

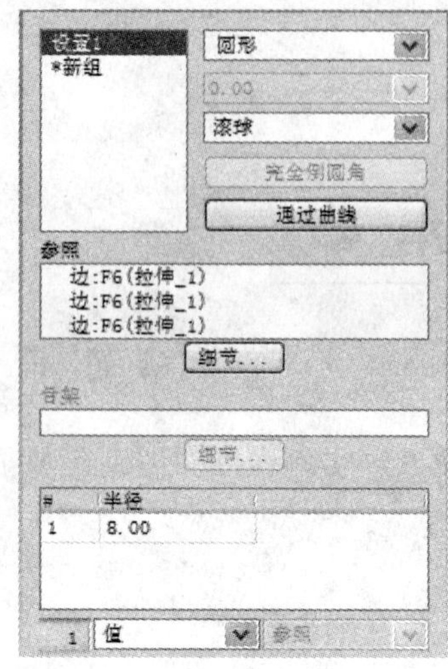

图 8.43

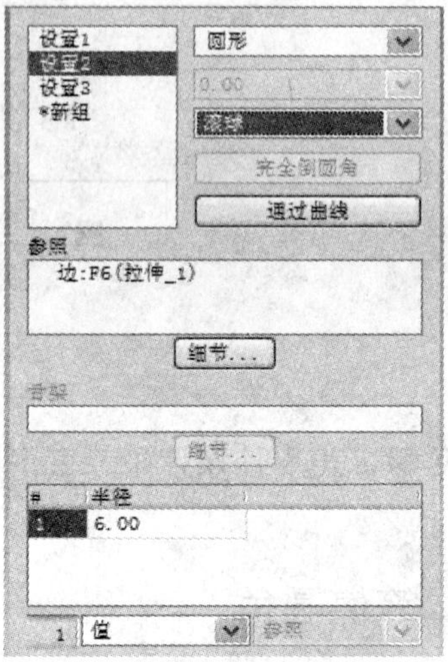

图 8.44

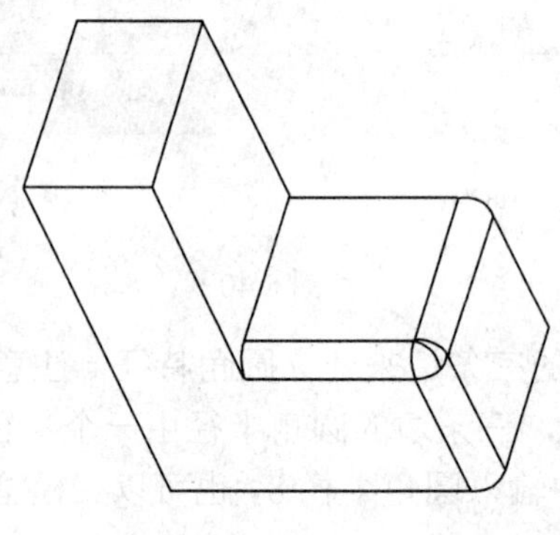

图 8.45

8.5.2 圆角过渡

1）在特征控制对话框中单击过渡控制按钮，模型就显示出所有的过渡，如图 8.45 所示，选三条边的交点部位进行定义。

2）过渡方式共有 5 种，如图 8.46 所示。

相交：圆角直接相交，见图 8.47。

拐角球：使用圆球面作为角部的圆角，见图 8.48。

仅限倒圆角：利用两个小的圆角扫过大的圆角，见图 8.49。

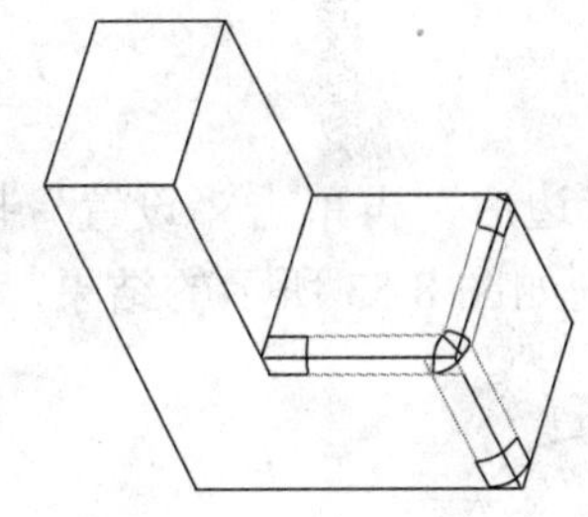

图 8.45

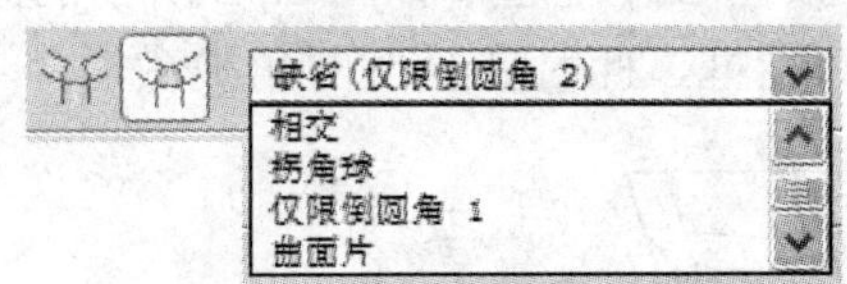

图 8.46

曲面片：利用圆角相交的边来铺成一个面作为角部的圆角，见图 8.50。

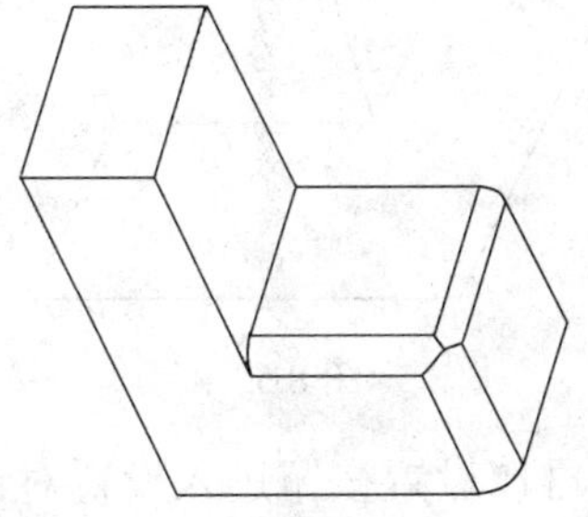
图 8.47

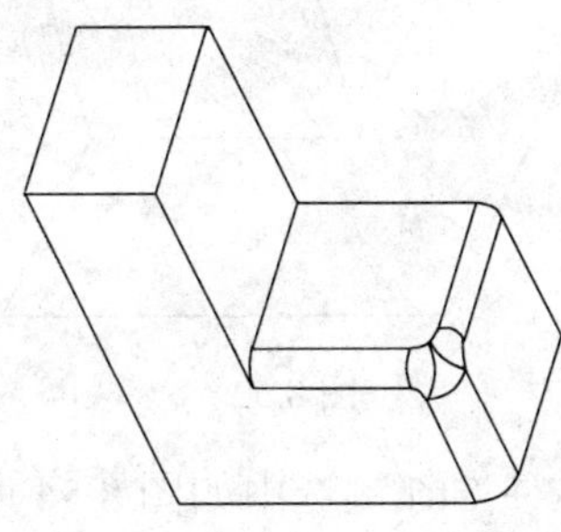
图 8.48

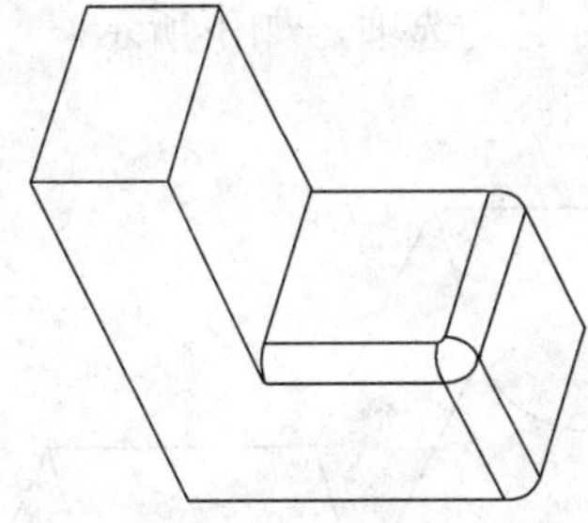
图 8.49

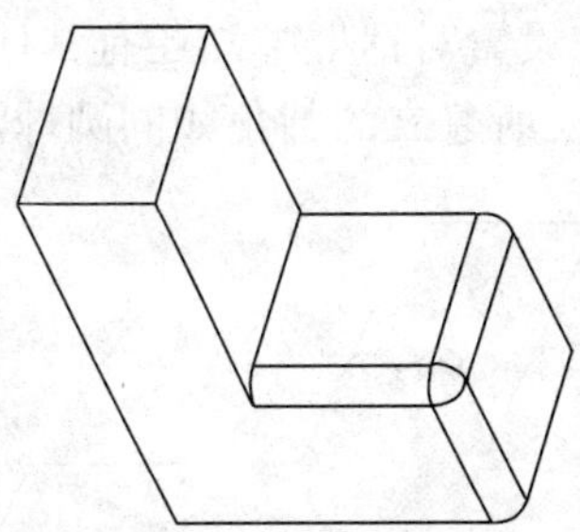
图 8.50

在曲面片选项中，还可以在指定面上加入圆角，使角部的三边曲面变成四边曲面，见图 8.51，注意与图 8.50 比较。

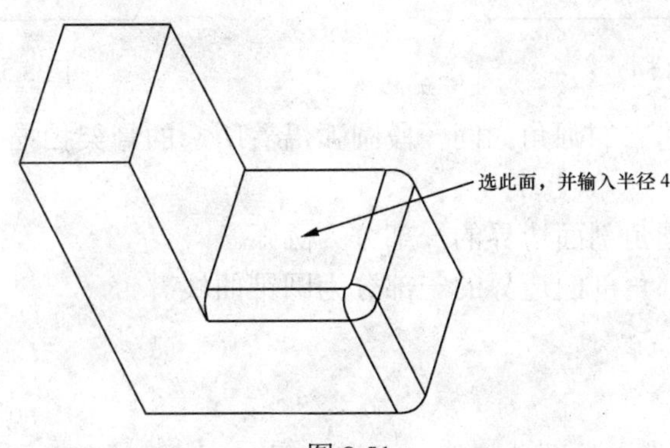

图 8.51

8.5.3 完全圆角

1）按住 Ctrl 键选中如图 8.52 所示的两条相邻的平行边后，再单击“设置”按钮进入设置对话框，此时完全倒圆角被激活，单击它，就得到如图 8.53 所示的结果。

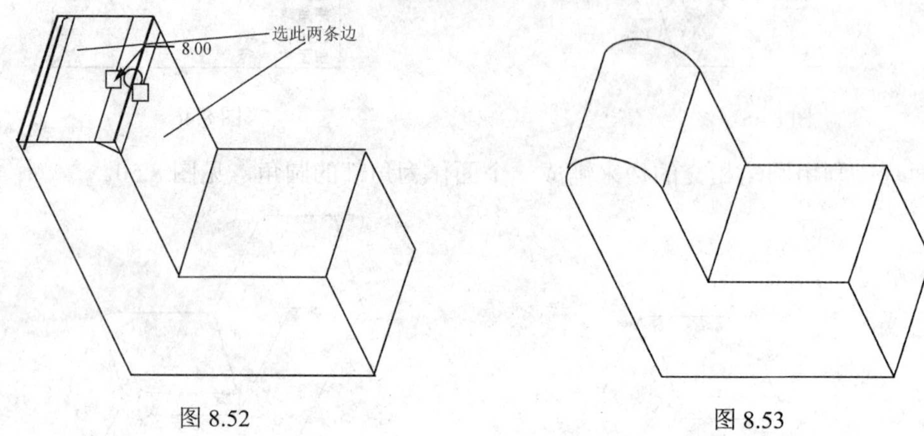

图 8.52　　图 8.53

2）按住 Ctrl 键选中如图 8.54 所示的平行面后，再按设置按钮进入设置对话框，此时完全倒圆角也被激活，单击它之后，再选择圆角替代的面，见图 8.54，就得到如图 8.55 所示的结果。

3）在设置对话框中，还有其他的有关圆角特征的定义选项，如下所示。

滚球：所建立的圆角如同圆球滚过两个面间的效果。

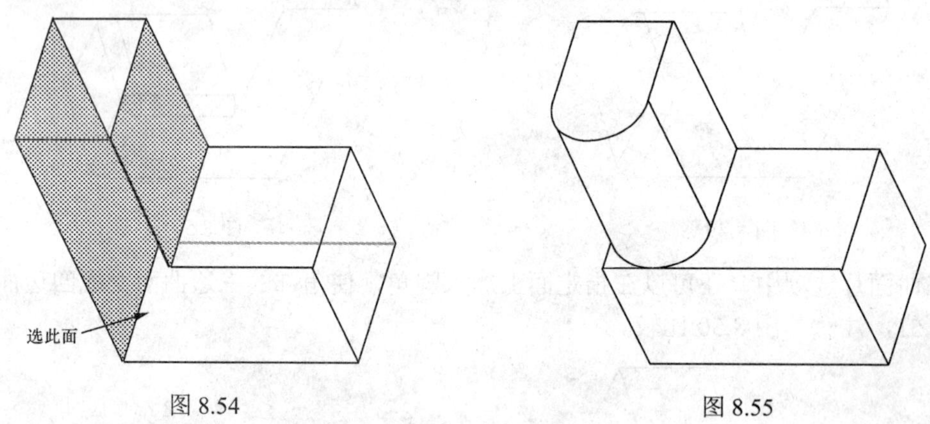

图 8.54　　图 8.55

垂直于骨架：所建立的圆角如同一段圆弧沿着所选的骨架扫描而得到的。

定义圆角的剖面。

圆形：所建立的圆角剖面边界的一部分为圆弧。

圆锥：所建立的圆角剖面边界的一部分为圆锥曲线。

8.5.4 变值圆角

1）建立一个半径为 8 的圆角特征，预览结果如图 8.56 所示。

2）在完成特征建立之前，单击“设置”项进入设置对话框，在半径值对话框内，单击鼠标右键，出现如图 8.58 所示的“添加半径”按钮，单击“添加半径”按钮，就会加入一个半径值，得到如图 8.59 所示的结果。

3）将第一个半径改为 12，预览结果如图 8.57 所示。

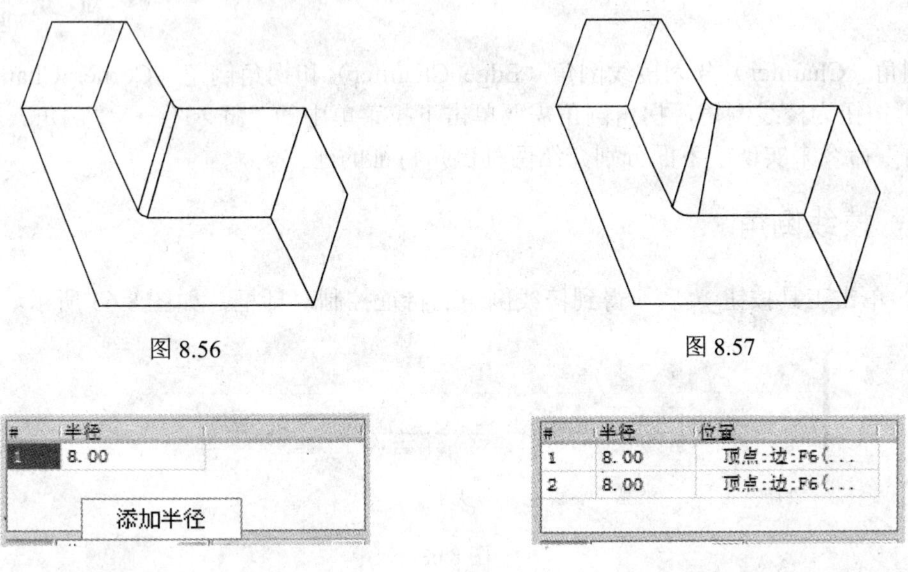

图 8.56　　图 8.57

图 8.58　　图 8.59

4）继续添加一个半径，得到如图 8.60 所示的结果，在两个端点之间加了一个半径控制点，点的位置用比例的方式控制。

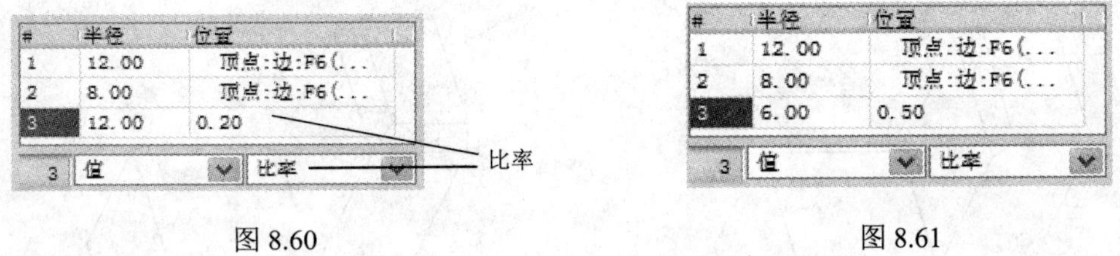

图 8.60　　图 8.61

5）将第三点的位置及半径修改成如图 8.61 所示的结果，最后的结果见图 8.62。

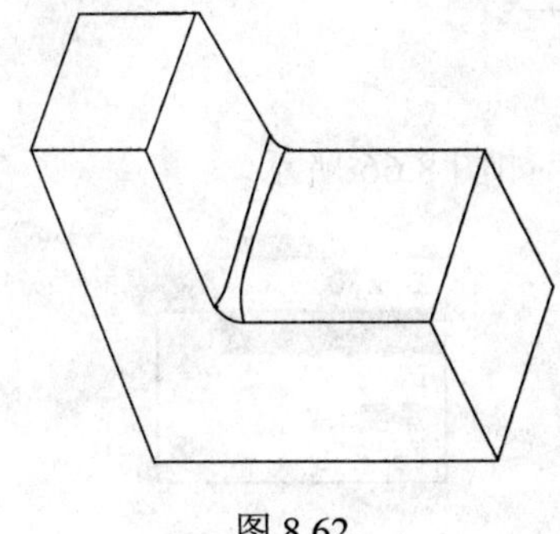

图 8.62

■ 8.6 倒 角 ■

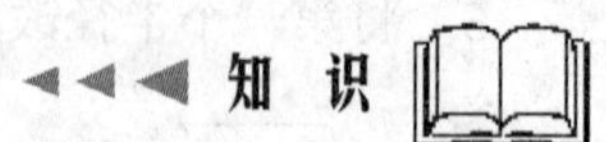

倒角（Chamfer）分为棱线倒角（Edge Chamfer）和拐角倒角（Corner Chamfer）。工具按钮为棱线倒角，拐角倒角需要单击下拉菜单中的“插入”→“倒角”→“拐角倒角”命令来实现。下面分别介绍两种倒角特征的建立。

8.6.1 棱线倒角

1）单击工具按钮后，得到棱线倒角的特征控制对话框，如图 8.63 所示。

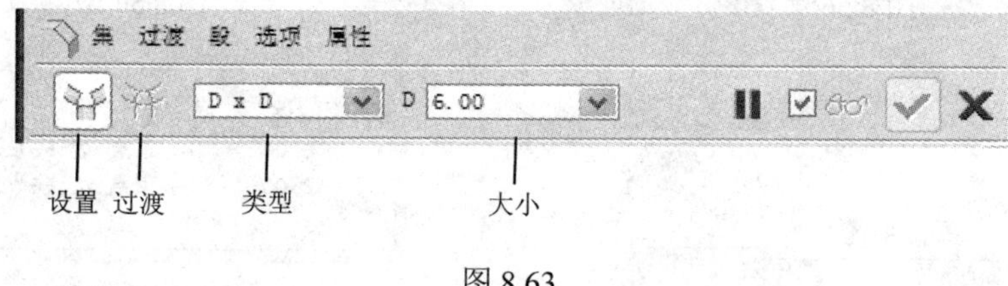

图 8.63

2）选要倒角的边，输入 D 的值为 8，预览得到的结果见图 8.64。

3）以同样的方式完成另一条棱线的倒角，结果见图 8.65。

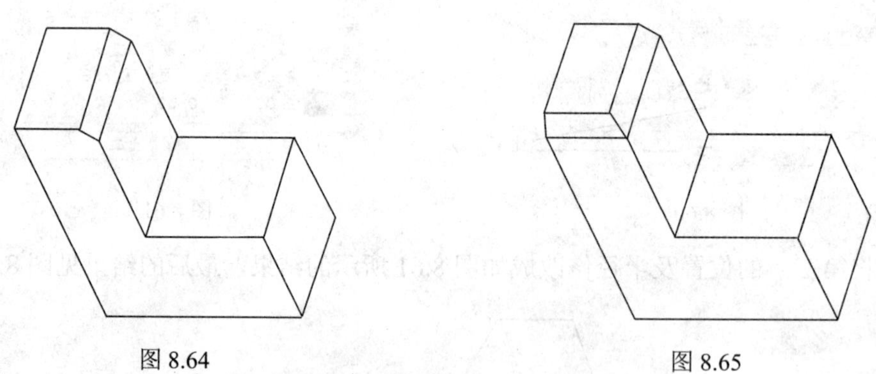

图 8.64　　图 8.65

4）倒角的类型分为四种，如图 8.66 所示。

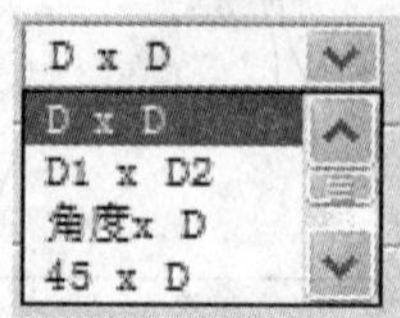

图 8.66

D×D 效果见图 8.67，D1×D2 效果见图 8.68，角度×D 效果见图 8.69，45×D 效果见图 8.70。

5）单击“集”命令得到如图 8.71 所示的对话框，可以对设置的内容进行修改。

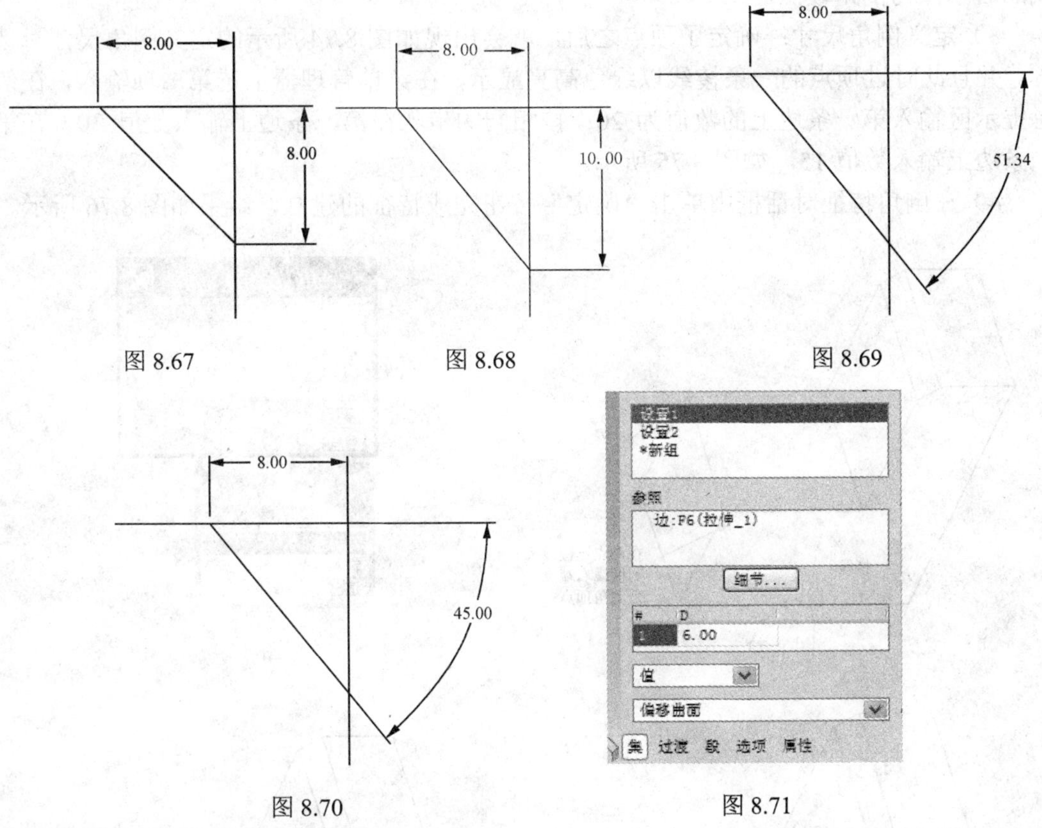

图 8.67　图 8.68　图 8.69

图 8.70　图 8.71

8.6.2　拐角倒角

1）单击下拉菜单中的“插入”→“倒角”→“拐角倒角”命令，得到如图 8.72 所示的特征对话框及选取对话框。

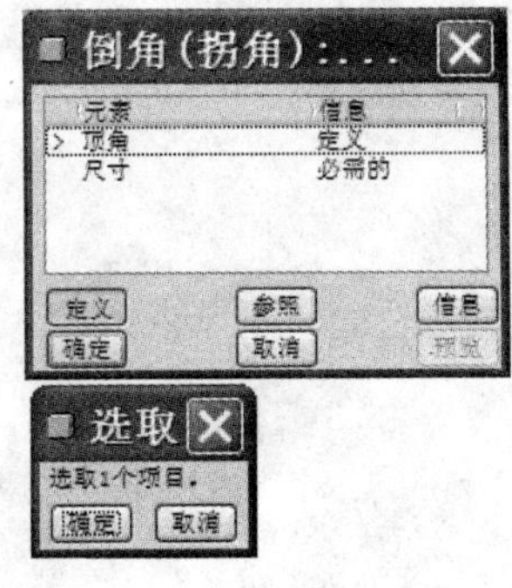

图 8.72

2）选择顶点：此时选择过滤器中只有一个选项，就是“边”。所以无法直接选取顶点，顶点是利用棱边间接确定的，按照就近的原则，用鼠标点选棱线的位置就决定了顶点的位置，如图 8.73 所示。图中选择了在靠近棱线右端点的位置单击鼠标，则定义了棱线的右端点为倒角顶点。

3）定义倒角尺寸：确定了顶点之后，就会出现如图 8.74 所示的定义倒角尺寸对话框。并且此时过顶点的一条棱线以绿色高亮显示，在菜单管理器上选第二项输入，在信息提示区输入第一条边上的数值为 20；按相同的步骤在第二条边上输入数值 30，在第二条边上输入数值 15，如图 8.75 所示。

4）在倒角特征对话框中单击“确定”按钮完成特征的建立，结果如图 8.76 所示。

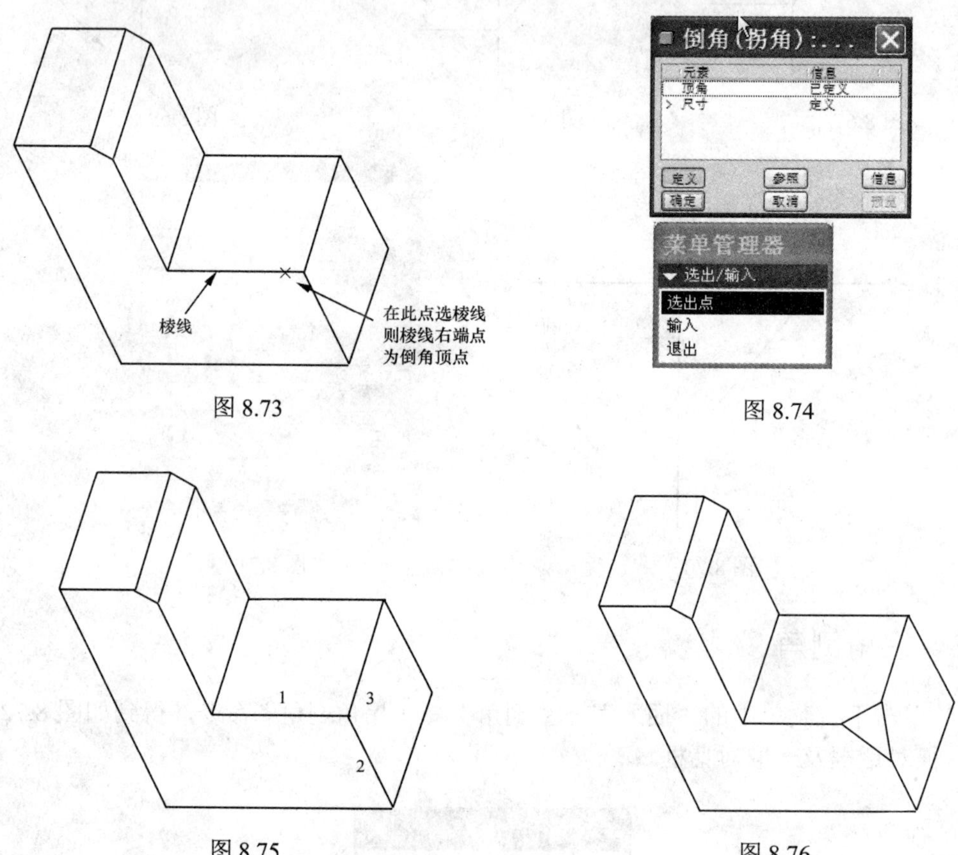

图 8.73

图 8.74

图 8.75

图 8.76

项目 9

建立标准特征综合训练

学习目标

- 能熟练建立孔、壳、筋、拔模、圆角、倒角特征。
- 能综合运用标准特征设计零件。

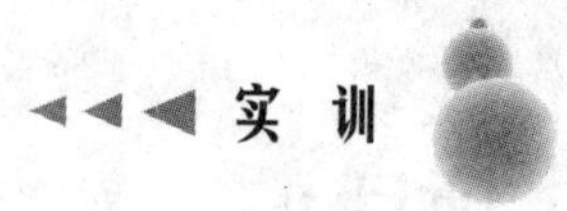

实例 1 设计如图 9.1 所示的零件。

1）建立第一个扫描曲面。画如图 9.2 所示的扫描轨迹，再画如图 9.3 所示的剖面，扫描结果见图 9.4。

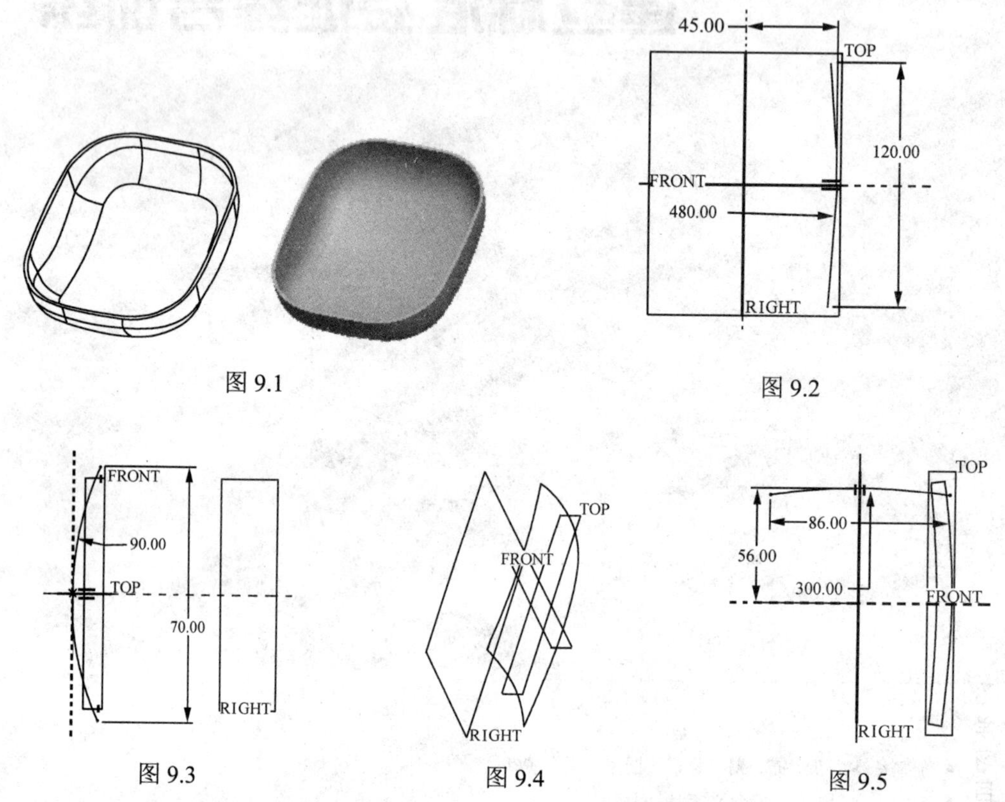

图 9.1

图 9.2

图 9.3

图 9.4

图 9.5

2）建立第二个扫描曲面。画如图 9.5 所示的扫描轨迹，再画如图 9.6 所示的剖面，扫描结果见图 9.7。

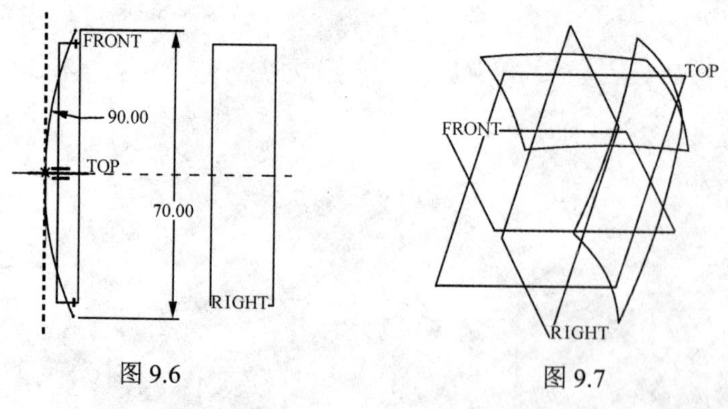

图 9.6

图 9.7

3）镜像两个曲面。镜像两个曲面的结果见图 9.8。

4）建立第五个扫描曲面。画如图 9.9 所示的扫描轨迹，再画如图 9.10 所示的剖面，扫描结果见图 9.11。

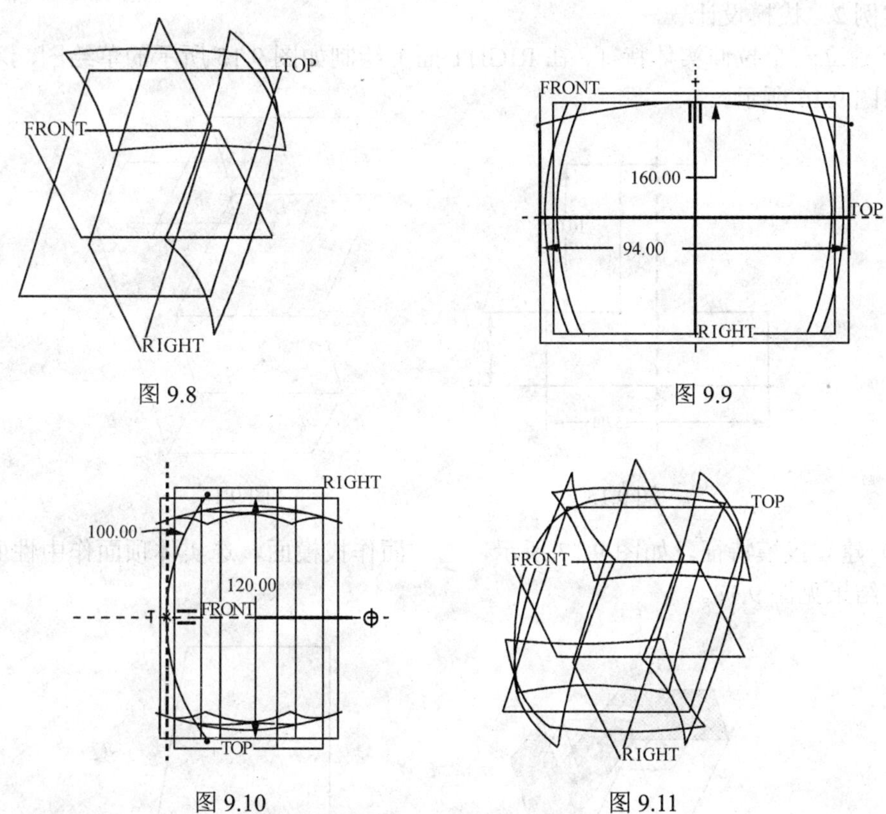

图 9.8　　图 9.9

图 9.10　　图 9.11

5）合并所有曲面。合并所有曲面的结果见图 9.12。

6）切割曲面。用拉伸工具切割曲面，保留 TOP 面以上的部分，结果见图 9.13。

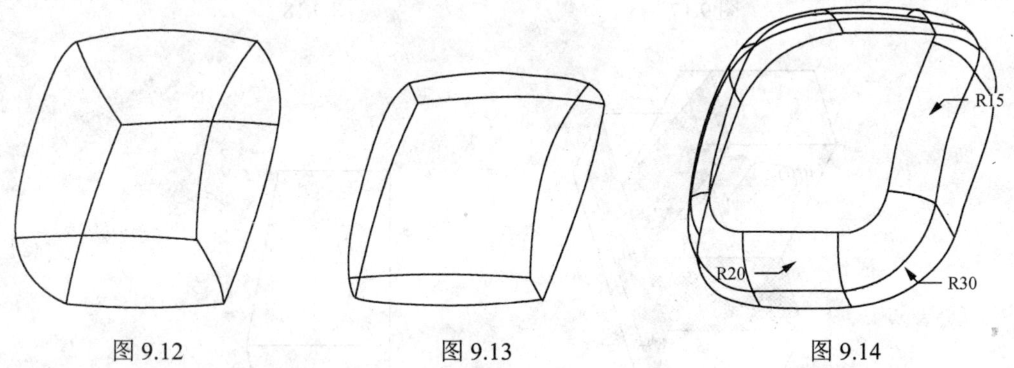

图 9.12　　图 9.13　　图 9.14

7）建立圆角特征。选择左右两条边作为第一设置，半径为 15；选上下两条边作为第二设置，半径为 20；选角部四条边作为第三设置，半径为 30。

选择“过渡控制”按钮，将四个过渡角改为仅限倒圆角方式，结果见图 9.14。

8）建立薄壁实体特征。选中曲面，再选择菜单中“编辑”→“加厚”命令，输入厚度 1.7，最后结果见图 9.1。

9）保存文件，设计完成。

实例 2 拔模设计一。

1）建立一个拉伸实体特征。在 RIGHT 面上绘制如图 9.15 所示的草绘图，深度为 6，结果如图 9.16 所示。

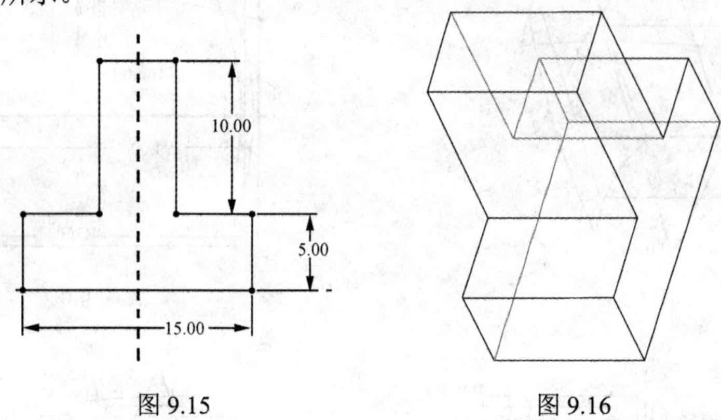

图 9.15　　图 9.16

2）建立拔模特征。如图 9.17 所示，选右面作拔模面，选实体顶面作中性面及拔模方向，结果见图 9.18。

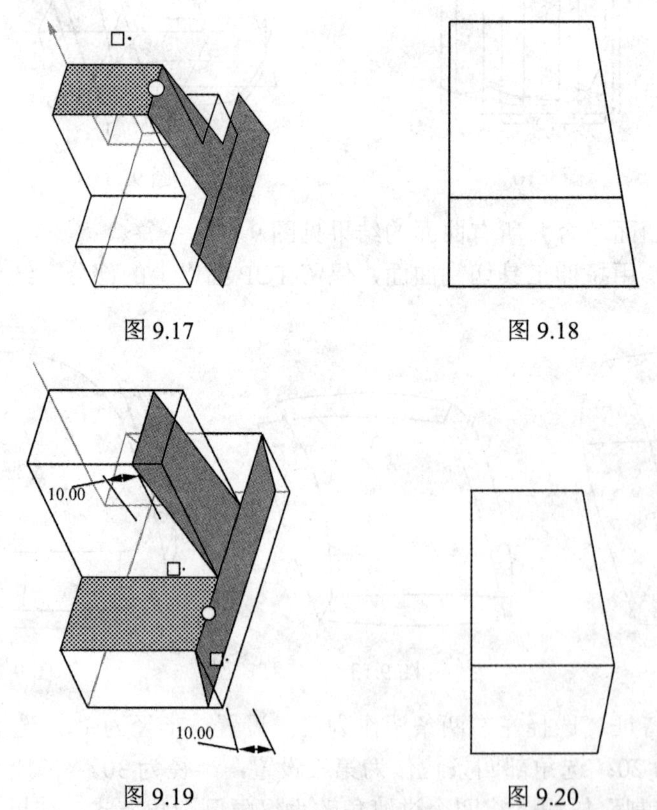

图 9.17　　图 9.18

图 9.19　　图 9.20

3）重新定义拔模特征。选如图 9.19 所示的中性面，在“分割”选项中选择“根据拔模枢轴分割”项，输入两个方向的拔模角度 10，调整拔模方向，得到如图 9.20 所示的结果。

4）重新定义拔模特征。如图 9.21 所示选择实体顶面作中性面，在“分割”选项中选择“根据分割对象分割”项，在实体的右表面绘制如图 9.22 所示的对象，输入两个方向的拔模角度 6，调整拔模方向，得到如图 9.23 所示的结果。

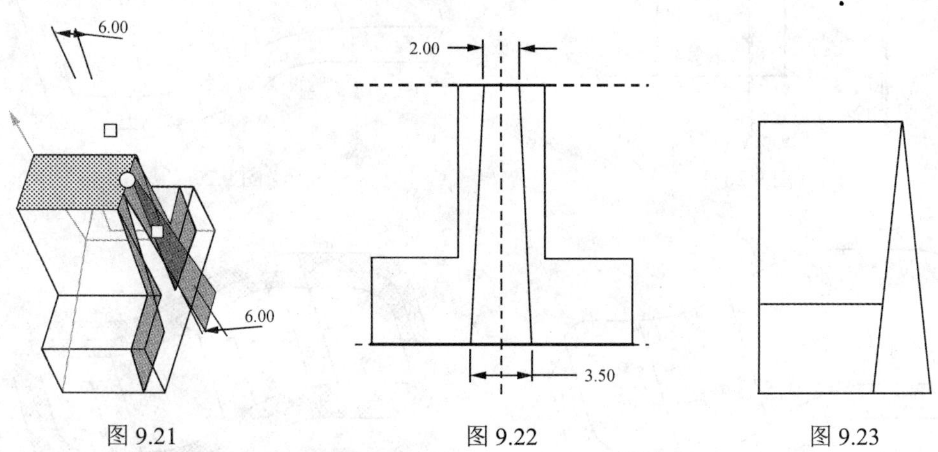

图 9.21　　图 9.22　　图 9.23

5）保存文件。

实例 3　拔模设计二。

1）建立曲线特征。以 FRONT 面作绘图面，尺寸如图 9.24 所示，结果见图 9.25。

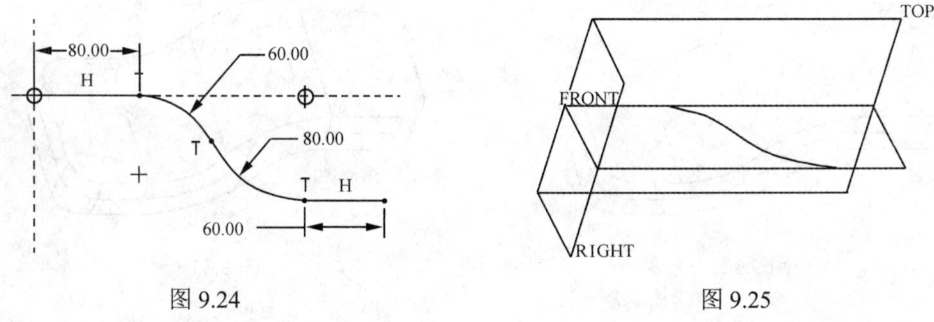

图 9.24　　图 9.25

2）建立扫描实体特征。以刚建立的曲线特征作扫描轨迹，绘制如图 9.26 所示的扫描剖面，扫描结果见图 9.27。

3）建立 R24 的圆角特征。建立 R24 的圆角特征，结果见图 9.28。

4）建立投影曲线特征。将最先建立的曲线沿垂直于 FRONT 面的方向投影到实体周围的 8 个曲面上，见图 9.29，结果见图 9.30。

（5）建立拔模特征。选择如图 9.29 所示的实体周围曲面作为拔模面，选投影曲线作为中性枢轴，选 TOP 面作拔模方向参照，在“分割”选项中选择“根据拔模枢轴分割”项，输入两个方向的拔模角度 10，调整拔模方向，得到如图 9.31、图 9.32 所示的结果。

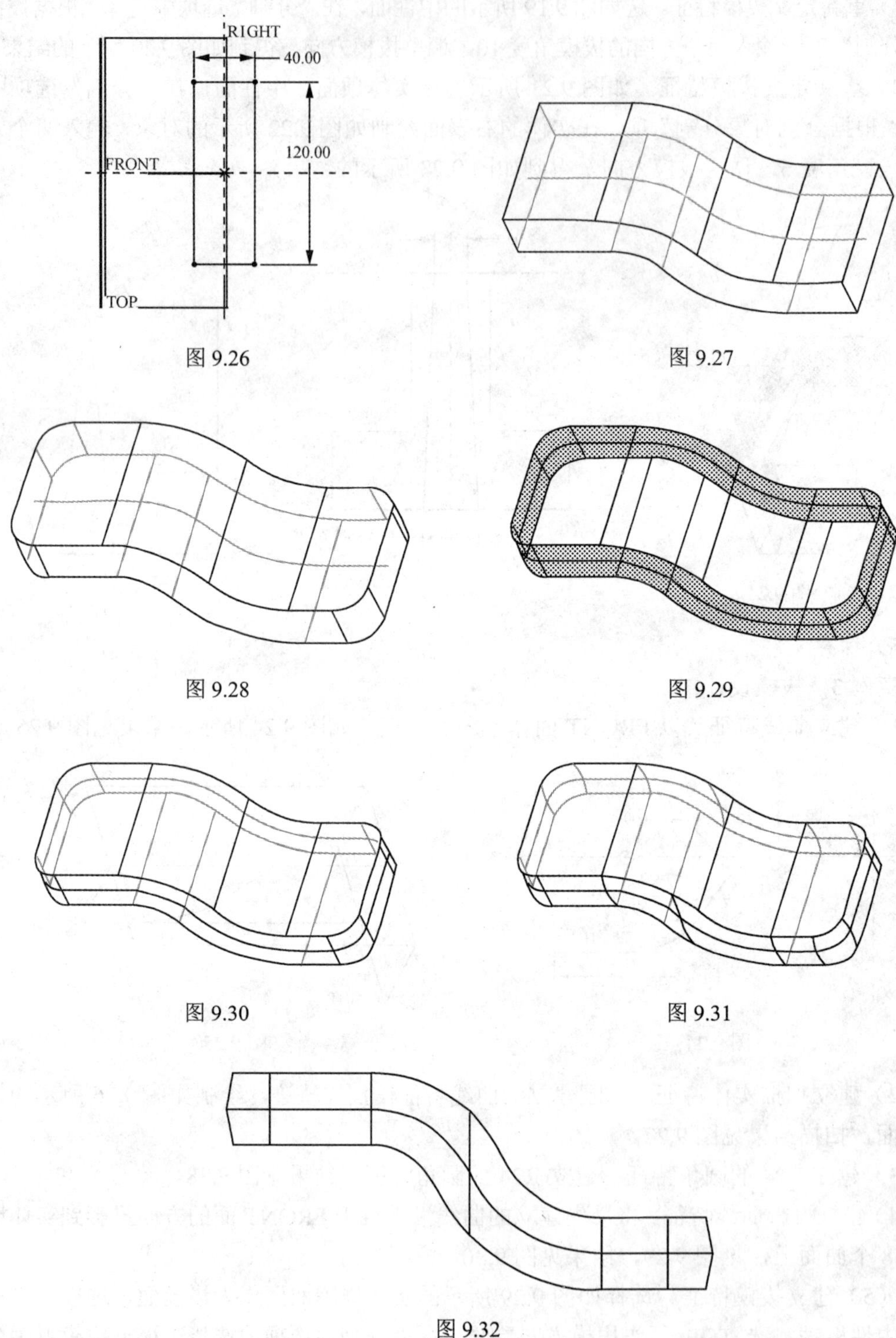

图 9.26

图 9.27

图 9.28

图 9.29

图 9.30

图 9.31

图 9.32

6）保存文件，结束设计。

思考与练习

设计如图 9.33~图 9.39 所示的零件。

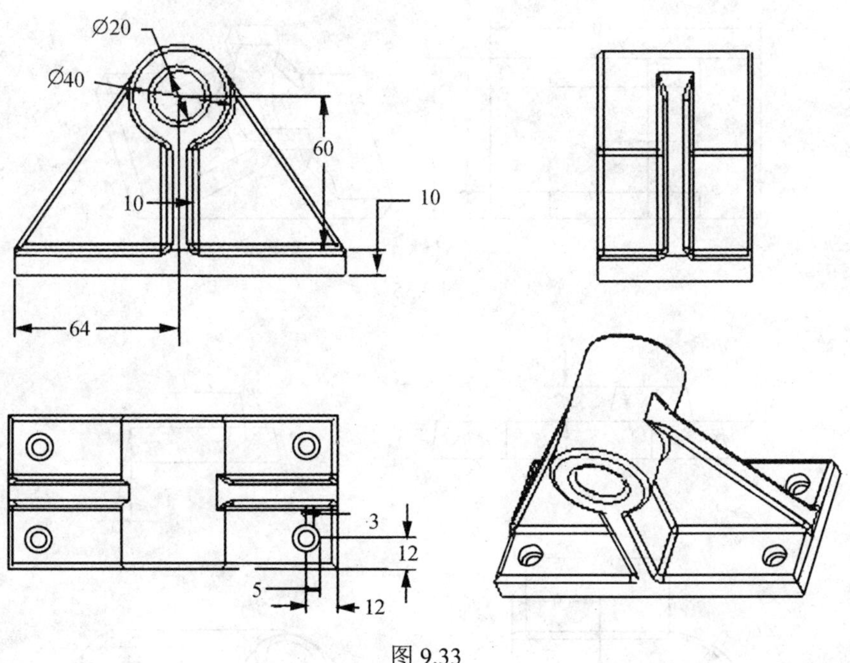

图 9.33

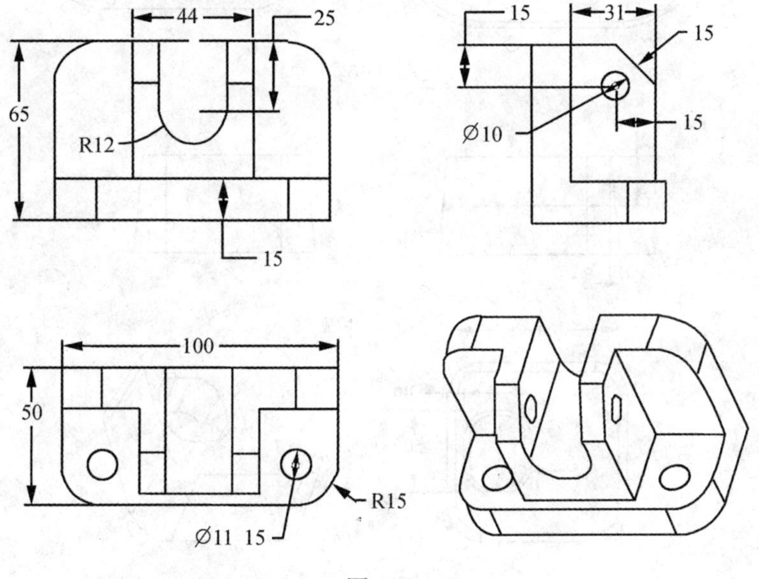

图 9.34

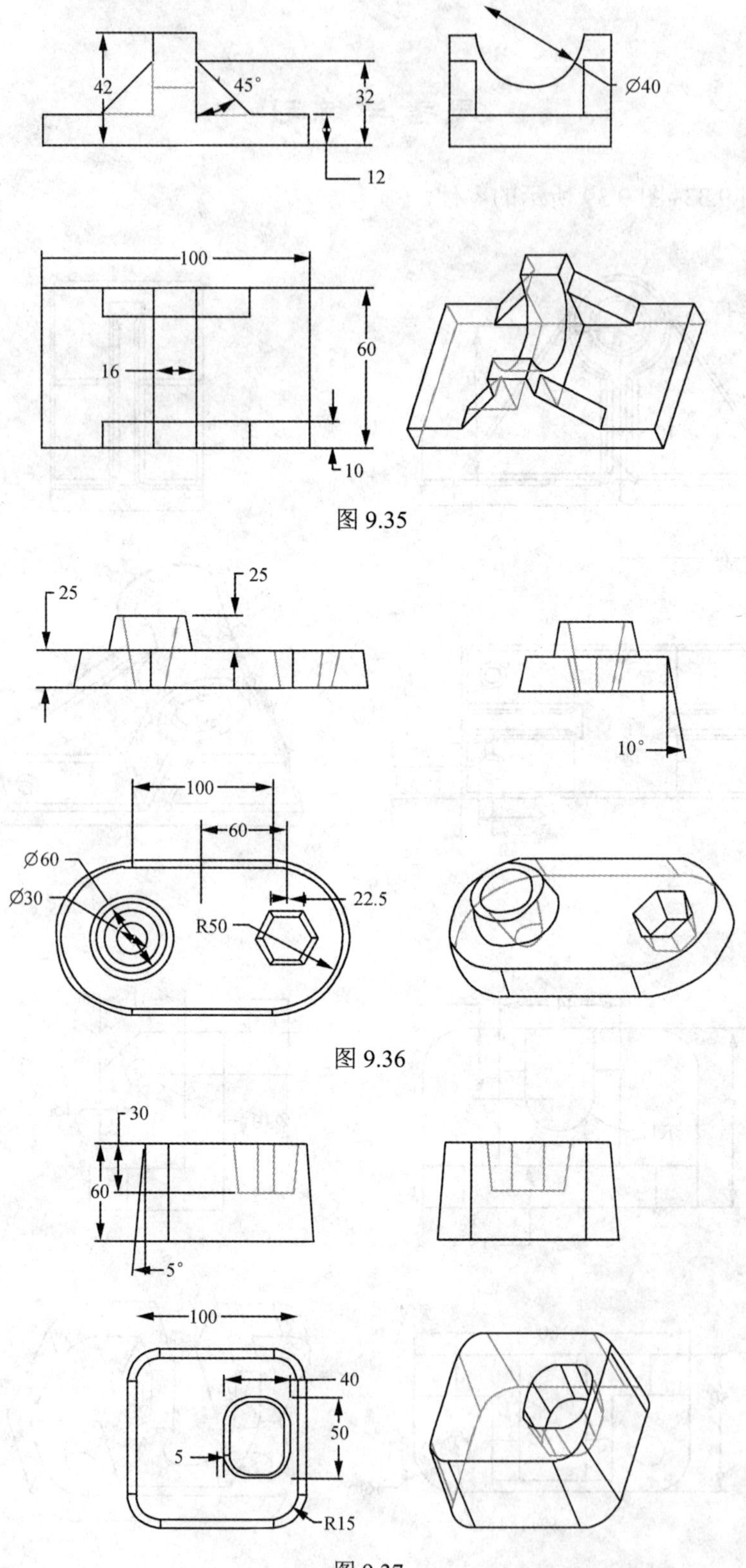

图 9.35

图 9.36

图 9.37

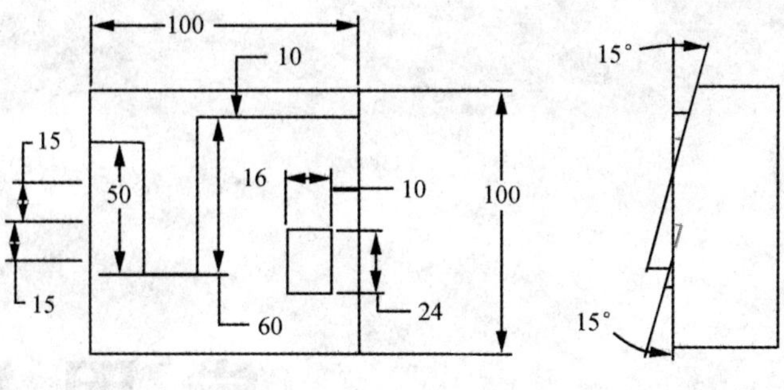

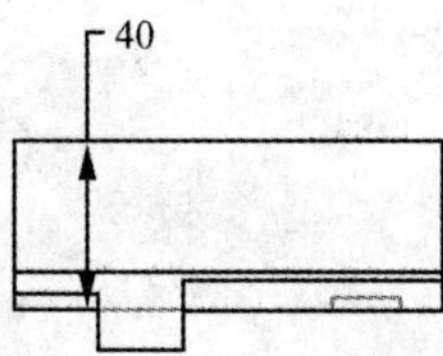

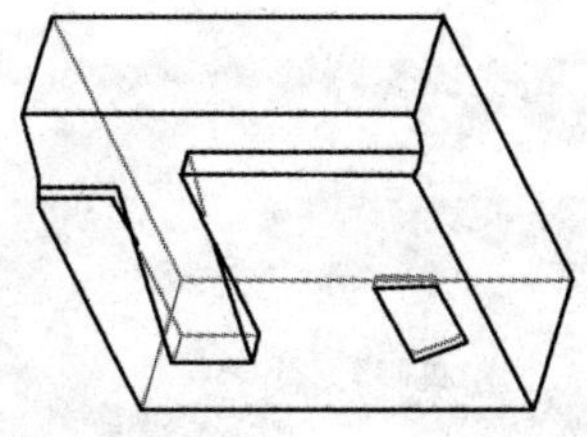

图 9.38

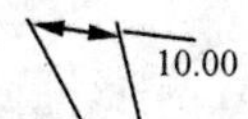

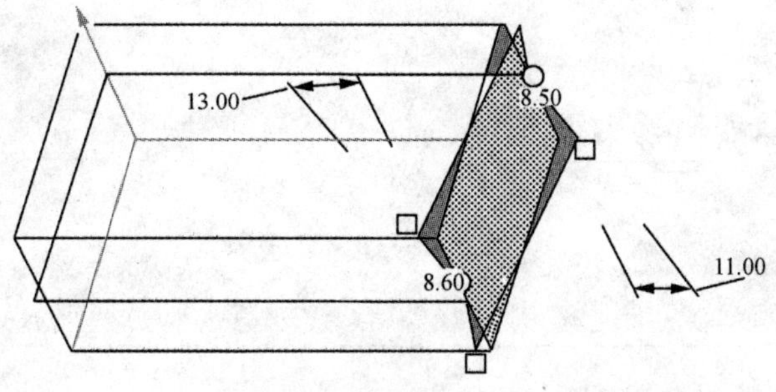

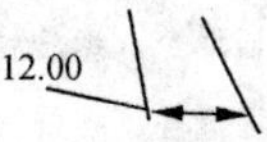

#	角度1	角度2	参照	位置
1	10.00	11.00	点:边:F5...	0.50
2	13.00	12.00	点:边:F5...	0.60

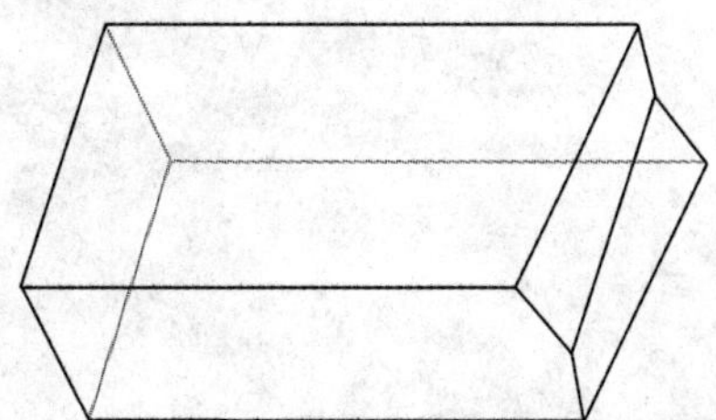

图 9.39

项目 10

常用特征

学习目标

- 熟悉建立变截面扫描、混合、扫描混合、螺旋扫描、三维扫描、边界混合特征的过程。
- 掌握建立变截面扫描、混合、扫描混合、螺旋扫描、三维扫描、边界混合特征的方法。

这里介绍几个常用特征，包括混合、扫描混合、螺旋扫描、边界混合及变截面扫描，如图 10.1 所示。

边界混合只能生成曲面，其他特征均可以生成七类特征，如图 10.2 所示。

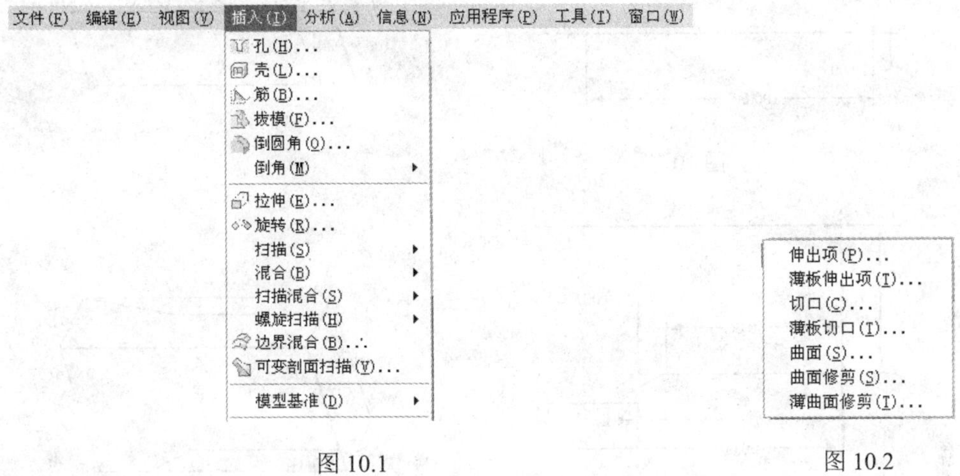

图 10.1　　　　图 10.2

■ 10.1　变截面扫描 ■

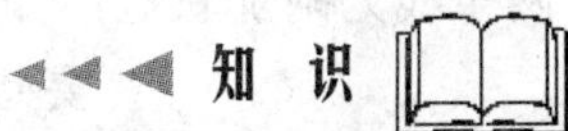

变截面扫描与项目 4 中的扫描用的是同一个工具按钮，所不同的是变截面扫描不只有一条轨迹，而是有多条轨迹，扫描剖面大小是由多条轨迹来控制的，因此称为变截面扫描。下面举例说明变截面扫描特征建立的步骤。

（1）建立新文件

输入新文件名 Var_Sec_Sweep_ex1，使用公制单位模板。

（2）建立基准曲线特征

1）单击按钮，进入草绘对话框。

2）在草绘对话框中，选 FRONT 面作绘图面，接受系统默认的方位参考（RIGHT 面作右参考），单击“草绘”按钮进入绘图界面。

3）绘制如图 10.3 所示的草绘图（包括一条直线和一条折线），单击按钮结束绘图，生成了曲线特征，结果如图 10.4 所示。

（3）建立另外一条曲线特征

单击按钮，选 TOP 面作绘图面，绘制如图 10.5 所示的草绘图，最后特征完成的结果见图 10.6。

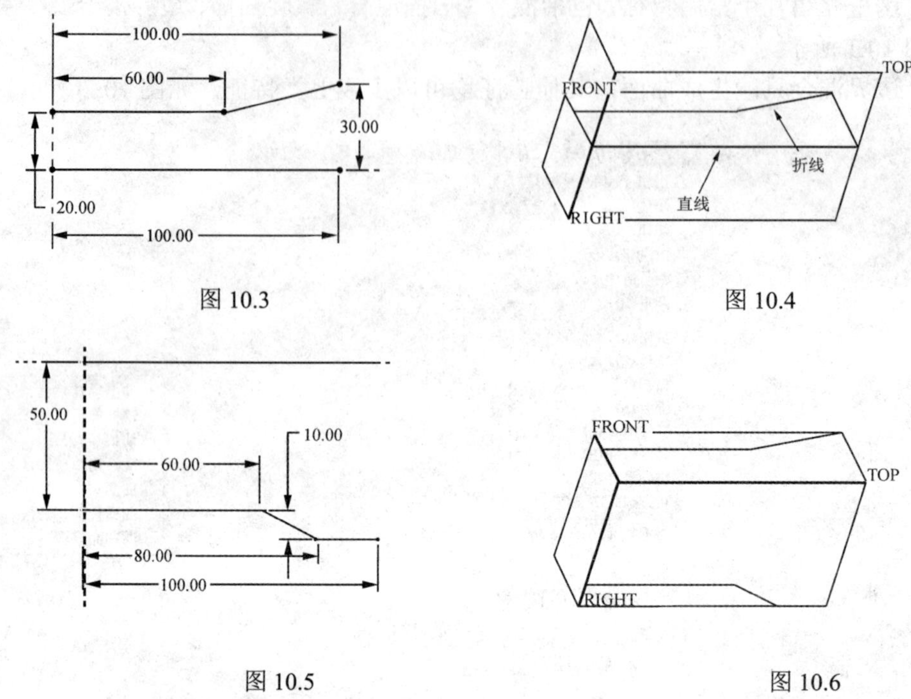

图 10.3　　图 10.4

图 10.5　　图 10.6

（4）建立变截面扫描特征

1）单击按钮进入扫描特征控制对话框，选直线作原点轨迹，按住 Ctrl 键选另外两条线为附加轨迹，如图 10.7 所示。

要想改变起始点的位置，只需将鼠标移到默认起始点箭头上，单击鼠标左键，此时方向会变，起始点也移到初始轨迹的另一端；还可以将鼠标移到起始点白色方框内，按住鼠标左键并拖动鼠标，就可以移动起始点。

2）单击按钮进入绘图截面，绘制如图 10.8 所示的矩形剖面，注意剖面要与三条轨迹的起点对齐。

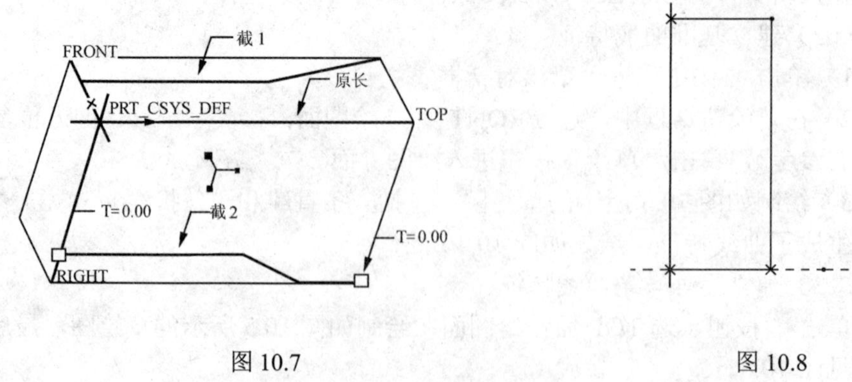

图 10.7　　图 10.8

3）特征完成后的结果见图 10.9。

（5）变截面扫描的参考对话框

单击特征控制对话框中的“参照”项得到参考对话框，如图 10.10 所示。在轨迹对话框中可以看到，在原点的选项中“N”是勾选了的，而剖面控制栏中默认选项是垂直于轨迹，表明在建立扫描特征时，扫描截面是垂直于初始轨迹的，这里也可以选其他附加轨迹作截面控制的参考。在“水平/垂直”控制栏中的默认选项是“自动”项，表明在进行扫描截面绘制时，绘图的方位是由系统自动确定的，可以在“水平/垂直”控制栏中选 X 轨迹，系统默认的 X 轨迹是链 1，也可以在轨迹对话框中指定 X 轨迹，即在要指定的轨迹“X”项中打勾，这样在绘制扫描截面时，绘图的 X 轴方向是由初始轨迹的起始点指向 X 轨迹的。

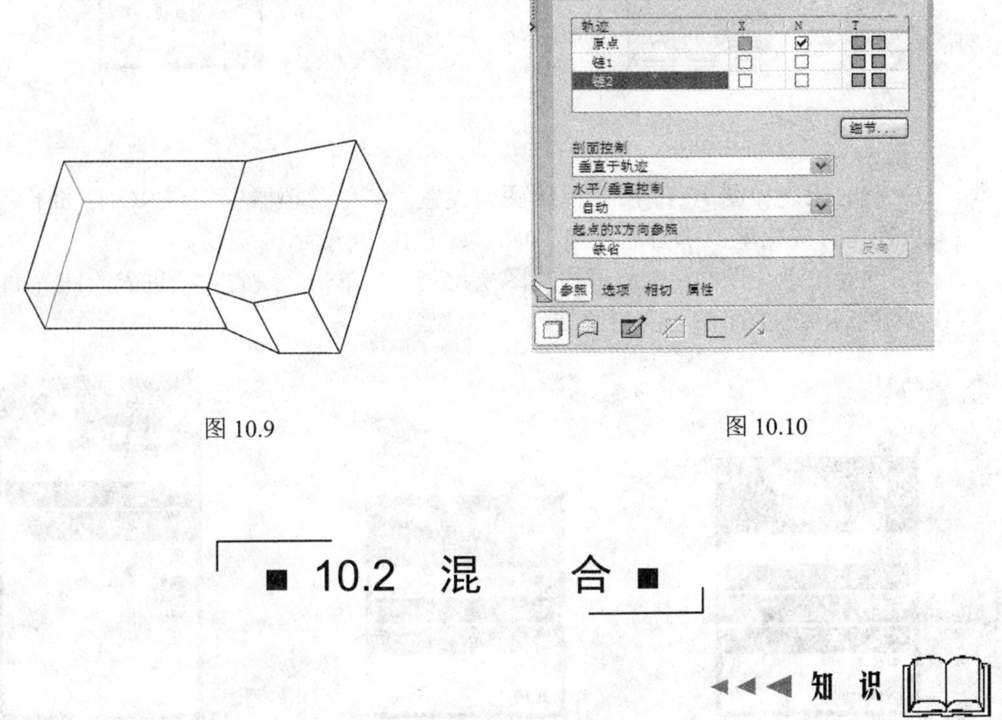

图 10.9　　图 10.10

■ 10.2 混　合 ■

◄◄◄ 知 识

10.2.1 建立混合特征的一般步骤

（1）建立一个新文件

输入新文件名 Blend_ex1，使用公制单位模板。

（2）建立混合特征

1）选择下拉菜单中的“插入”→“混合”→“伸出项”命令，在主窗口右上方出现如图 10.11 所示的“菜单管理器”，选择“完成”项，接受默认的“平行”→“规则截面”→“草绘截面”命令，进入下一步。

2）此时在主窗口的右上方出现如图 10.12 所示特征定义对话框及属性选项，在“属性”选项中默认选项为“直的”，单击“完成”项。

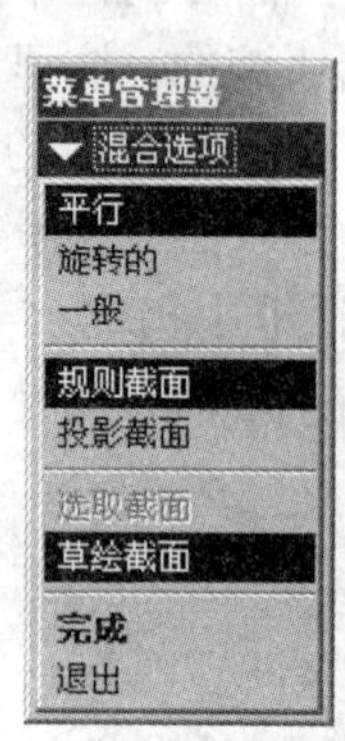

图 10.11

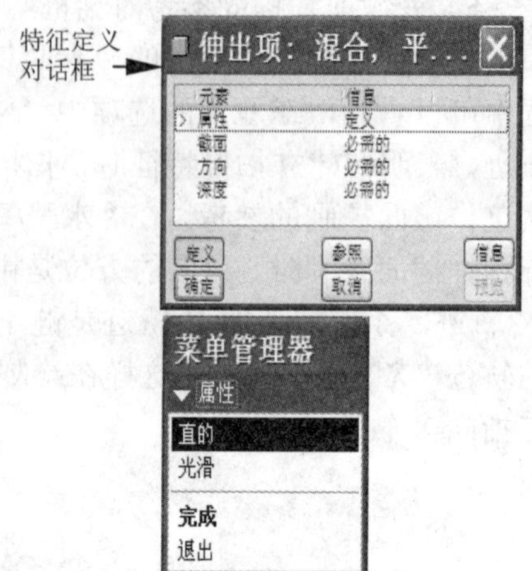

图 10.12

3）此时出现如图 10.13 所示的绘图面设置“菜单管理器”，选 FRONT 面作绘图面，并确认视角方向朝里，单击“正向”项，如图 10.14 所示。

4）此时出现如图 10.15 所示的绘图视角菜单，单击“缺省”项进入绘图界面，系统默认 TOP、RIGHT 面作绘图参照。

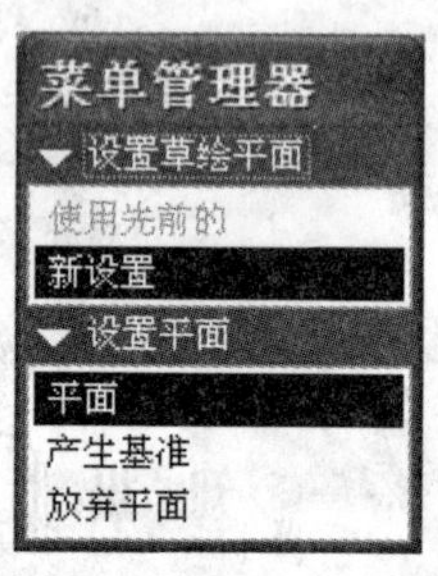

图 10.13

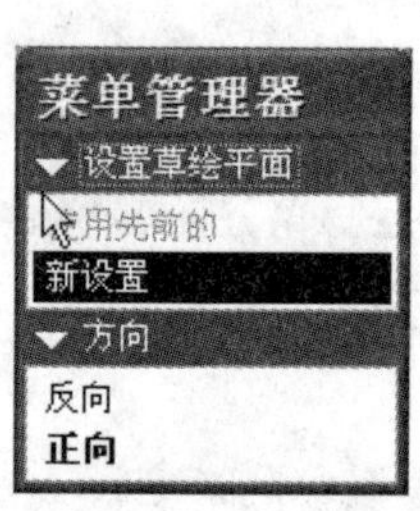

图 10.14

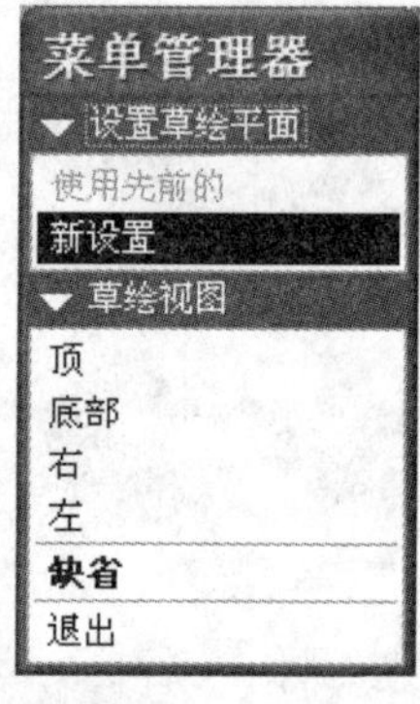

图 10.15

5）绘制如图 10.16 所示的剖面。

6）选择下拉菜单中的“草绘”→“特征工具”→“切换剖面”命令，或者单击鼠标右键出现即时菜单，在菜单中选“切换剖面”命令，这样就进入到第二个剖面的绘制，刚刚绘制的剖面变暗，绘制如图 10.17 所示的第二个剖面，注意两个剖面的起始点和方向要保持一致，两个剖面图形的线条数目相等。

如果第二个剖面的起始点位置不是理想的点，那么选中要作为起始点的点并单击鼠标右键，在出现的即时菜单中选起始点命令，或者选择下拉菜单中的“草绘”→“特征工具”→“ 起始点”命令，这样就改变了起始点的位置。

如果方向不是理想的，可以选中起始点，重复上面的操作即可。

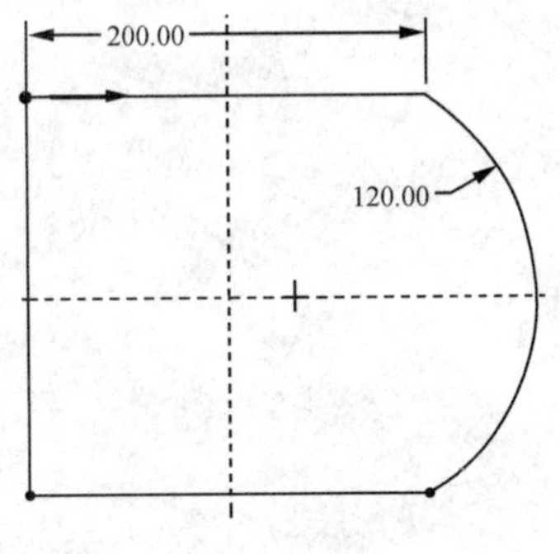

图 10.16

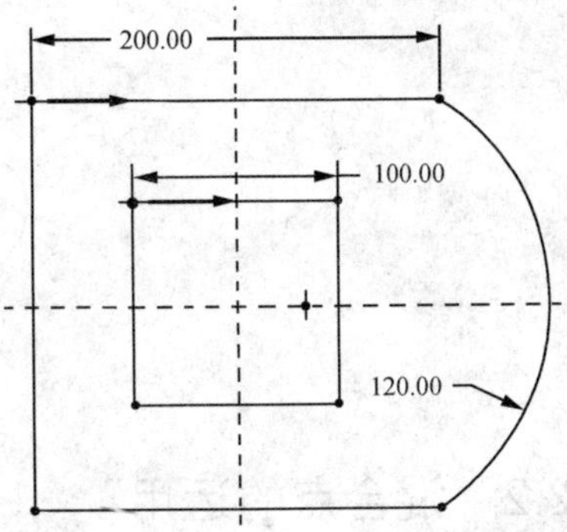

图 10.17

7）再选切换剖面命令进入第三个剖面的绘制，绘制如图 10.18 所示的第三个剖面，注意要画两条中心线，将圆打断成四段，同时起始点位置及方向也要与前面两个剖面保持一致。

8）单击✔按钮，结束绘图。

9）输入第二个截面至第一个截面的距离为 200，回车。

10）输入第三个截面至第二个截面的距离为 200，回车。

11）单击特征对话框中的“预览”按钮，得到如图 10.19 所示的结果。

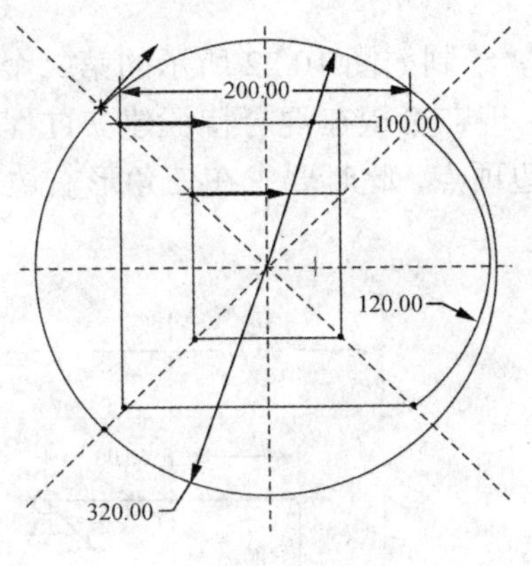

图 10.18

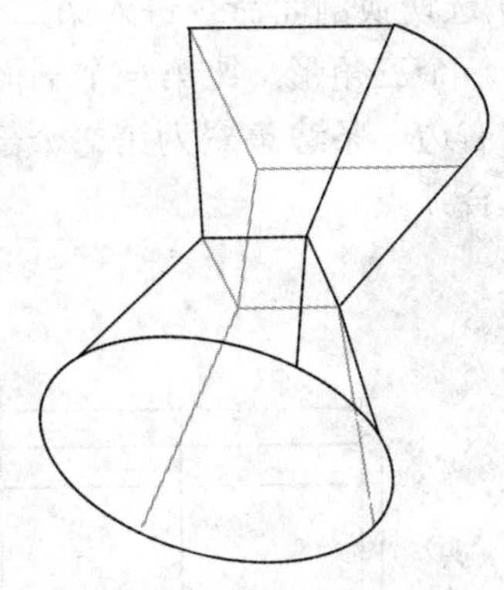

图 10.19

（3）改变混合特征的属性

如果在特征定义对话框中选中“属性”项，再单击“定义”按钮，得到如图 10.12 所示的特征属性对话框，将特征属性改为“光滑的”，单击“完成”按钮，在特征定义对话框中单击“确定”按钮，得到如图 10.20 所示的结果。

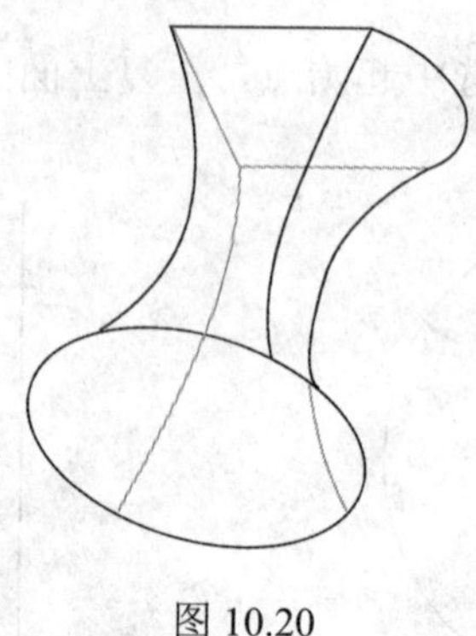

图 10.20

10.2.2 混合点的运用

（1）建立一个新文件

输入新文件名 Blend_ex2，使用公制单位模板。

（2）建立混合特征

1）选择下拉菜单中的“插入”→“混合”→“曲面”命令，单击“完成”按钮进入下一步。

2）在属性选项中选“直的”和“开放终点”项，单击“完成”按钮。

3）选择 TOP 面作绘图面。

4）单击“正向”按钮，确认视角方向向下。

5）单击“缺省”项进入绘图界面。

6）绘制如图 10.21 所示的截面。

7）选切换剖面命令进入第二个剖面的绘制，绘制如图 10.22 所示的第二个剖面，此剖面是一个三角形，比第一个剖面少了一条边，现在希望在混合特征建立过程中，第一个剖面右边一条边集聚为第二个剖面三角形右边顶点，此时要求在三角形右边顶点添加一个混合顶点。

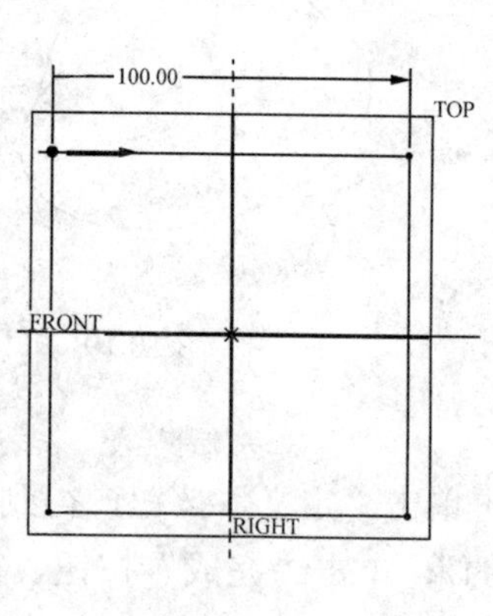

图 10.21

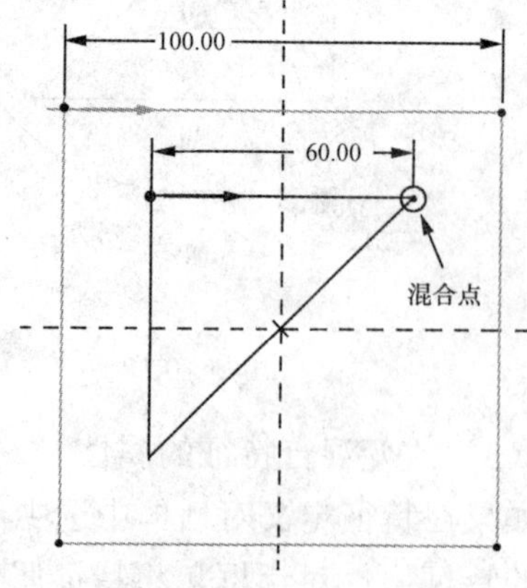

图 10.22

添加混合顶点有两种方法：一是选中三角形右边顶点，再单击鼠标右键，得到即时菜单，选择菜单中的“混合顶点”项即可；二是选中三角形右边顶点后，再选择下拉菜单中的“草绘”→“特征工具”→“混合顶点”命令。

8）再选切换剖面命令进入第三个剖面的绘制，绘制如图 10.23 所示的一个点作为第三个剖面。

9）输入各剖面之间的深度为 100，单击特征对话框中的“预览”按钮，得到如图 10.24 所示的结果。

10）如果在特征定义对话框中选中方向，再按定义得到图 10.14 所示的方向对话框，单击“反向”项，单击“正向”确认，在特征定义对话框中单击“确定”按钮，得到如图 10.25 所示的结果。

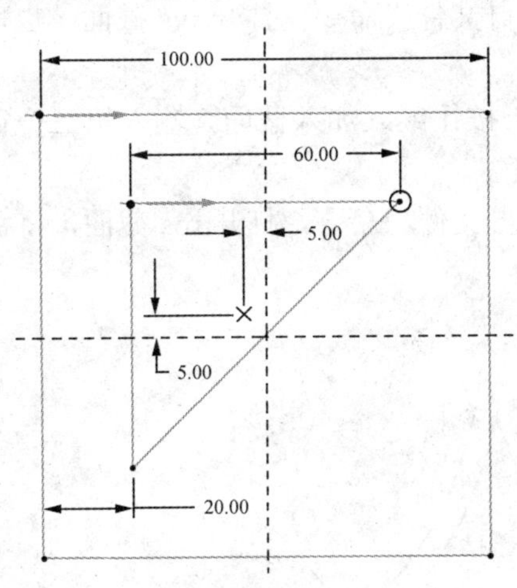

图 10.23

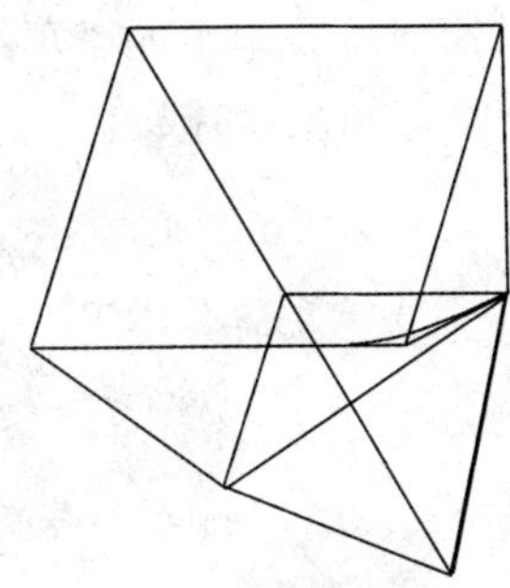

图 10.24

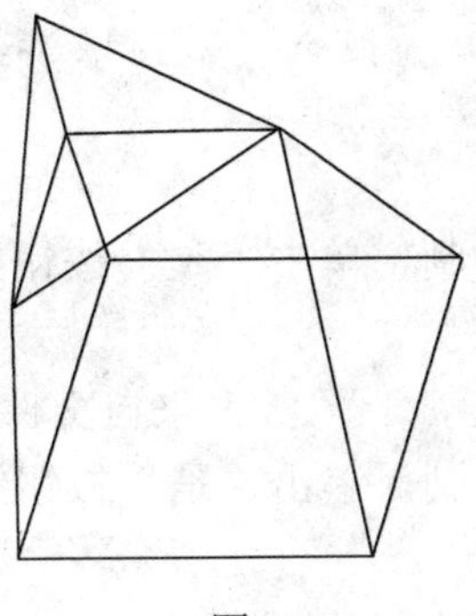

图 10.25

10.2.3　旋转混合

（1）建立一个新文件

输入新文件名 Blend_ex3，使用公制单位模板。

（2）建立混合特征

1）选择下拉菜单中的“插入”→“混合”→“伸出项”命令，在主窗口右上方出现菜单管理器，选择“旋转”项，接受默认的“规则截面”→“草绘截面”项，选择“完成”按钮进入下一步。

2）选择“光滑”→“开放”→“完成”项，完成属性设置。

3）选 FRONT 面作绘图面，接受默认的视角方向，单击“缺省”项进入绘图界面。

4）绘制如图 10.26 所示的截面，注意要加入一个坐标系，尺寸标注以坐标系为参考。

5）选择下拉菜单中的“文件”→“保存副本”命令，把截面保存起来，输入文件名 rbs。

6）单击✔按钮结束截面绘制，输入第二个截面绕 y 轴旋转的角度 30。

7）选择下拉菜单中的“草绘”→“数据来自文件”命令，打开 rbs 截面，也可以在“草绘器调色板”中插入。

8）单击✔按钮结束截面绘制，单击“是”按钮继续加入截面，输入第三个截面绕 y 轴旋转的角度 60。

9）选择下拉菜单中的“草绘”→“数据来自文件”命令，打开 rbs 截面，将截面修改为如图 10.27 所示的截面。

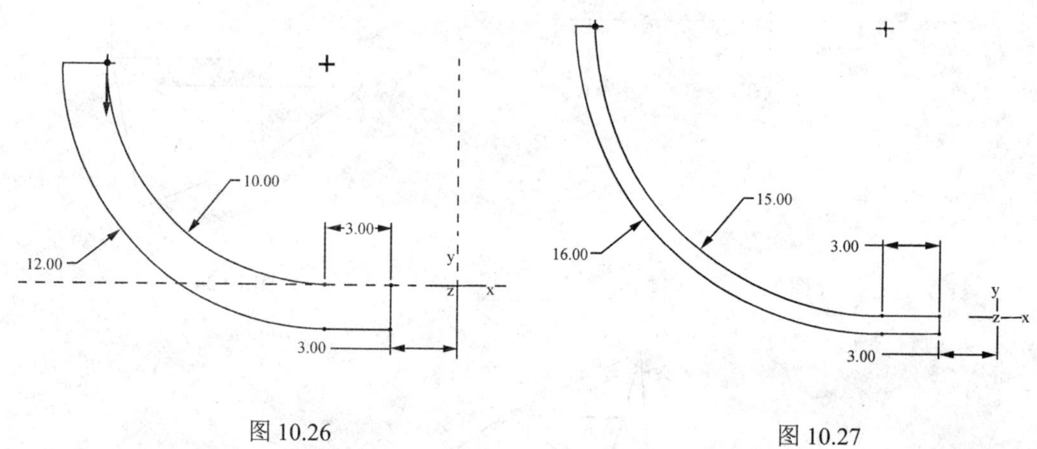

图 10.26　　图 10.27

10）单击✔按钮结束截面绘制，单击“是”按钮继续加入截面，输入第四个截面绕 y 轴旋转的角度 60。

11）选择下拉菜单中的“草绘”→“数据来自文件”命令，打开 rbs 截面。

12）单击✔按钮结束截面绘制，单击“是”按钮继续加入截面，输入第五个截面绕 y 轴旋转的角度 30。

13）选择下拉菜单中的“草绘”→“数据来自文件”命令，打开 rbs 截面。

14）单击✔按钮结束截面绘制，单击“否”按钮不再加入新的截面。

15）在特征定义对话框中单击“预览”按钮，得到如图 10.28 所示的结果。

16）将特征属性重新定义为“直的”，预览得到如图 10.29 所示的结果。

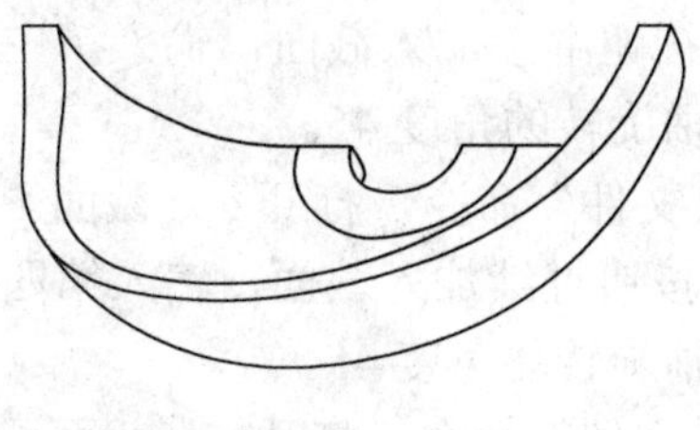

图 10.28

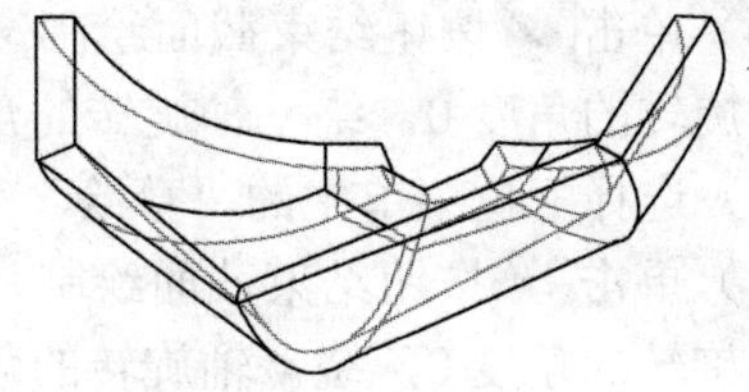

图 10.29

17）再将特征属性重新定义为“光滑”→“闭合”，单击“确定”按钮得到如图 10.30 所示的结果。

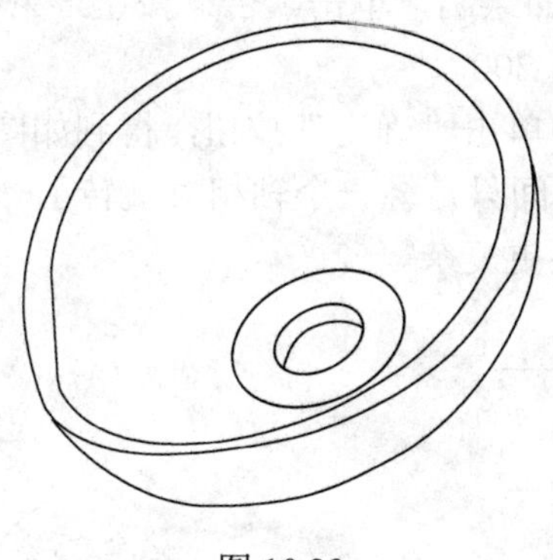

图 10.30

10.2.4 一般混合

（1）建立一个新文件

输入新文件名 Blend_ex4，使用公制单位模板。

（2）建立混合特征

1）选择下拉菜单中的“插入”→“混合”→“伸出项”命令，在主窗口右上方出现菜单管理器，选择“一般”项，接受默认的“规则截面”→“草绘截面”项，单击“完成”按钮进入下一步。

2）在属性选项中选择“光滑”项，单击“完成”按钮。

3）选择 TOP 项面作绘图面。

4）单击“正向”项确认特征建立的方向向上。

5）单击“缺省”项进入绘图界面

6）绘制如图 10.31 所示的截面，注意要加入一个坐标系，尺寸标注以坐标系为参考。

7）选择下拉菜单中的“文件”→“保存副本”命令，把截面保存起来，输入文件名 gbs。

8）单击✔按钮结束截面绘制，输入第二个截面绕 x 轴旋转的角度 0，绕 y 轴旋转的角度 0，绕 z 轴旋转的角度 45。

9）选择下拉菜单中的“草绘”→“数据来自文件”命令，打开 gbs 截面。

10）单击按钮结束截面绘制，单击“是”按钮继续加入截面，输入第三个截面绕 x 轴旋转的角度 0，绕 y 轴旋转的角度 0，绕 z 轴旋转的角度 45。

11）选择下拉菜单中的“草绘”→“数据来自文件”命令，打开 gbs 截面。

12）单击按钮结束截面绘制，单击“是”按钮继续加入截面，输入第四个截面绕 x 轴旋转的角度 0，绕 y 轴旋转的角度 0，绕 z 轴旋转的角度 45。

13）选择下拉菜单中的“草绘”→“数据来自文件”命令，打开 gbs 截面。

14）单击按钮结束截面绘制，单击“是”按钮继续加入截面，输入第五个截面绕 x 轴旋转的角度 0，绕 y 轴旋转的角度 0，绕 z 轴旋转的角度 45。

15）选择下拉菜单中的“草绘”→“数据来自文件”命令，打开 gbs 截面。

16）单击按钮结束截面绘制，单击“否”按钮结束截面的加入。

17）输入截面之间的距离 200。

18）在特征定义对话框中单击“确定”按钮，得到如图 10.32 所示的结果。

在这里的例子中，截面之间只是绕一个轴相对旋转了一个角度，截面之间可以同时绕三个轴旋转，得到的图形要更复杂。

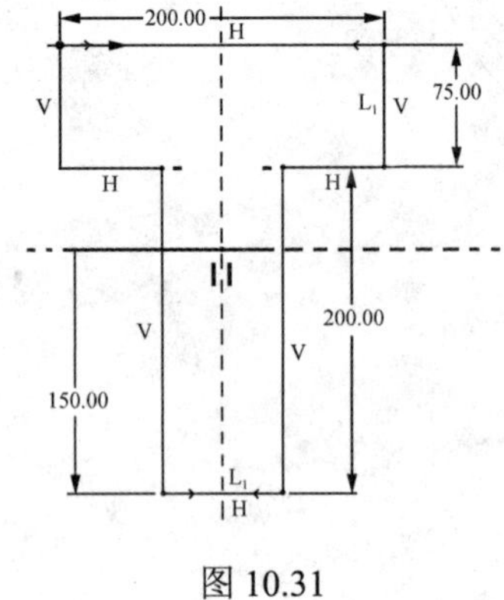

图 10.31

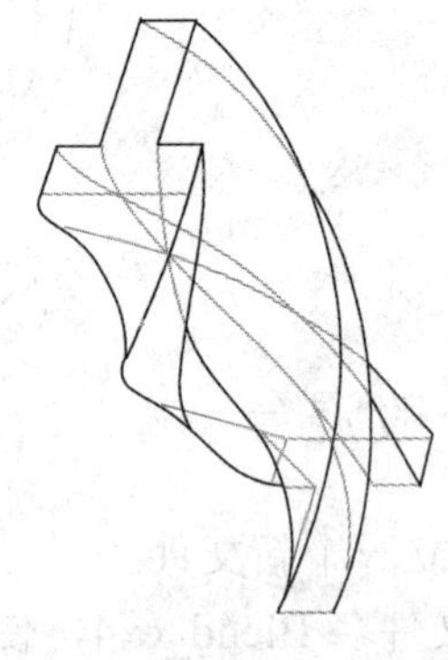
图 10.32

■ 10.3 扫描混合 ■

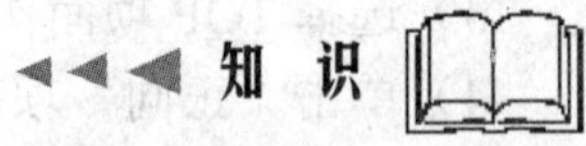

扫描特征的截面是不变的，而混合特征又不能沿轨迹建立特征，扫描混合（Swept Blend）能结合两者的优点，能更方便地进行造型设计，下面通过实例说明扫描混合建立的过程。

10.3.1 扫描混合建立的一般步骤

（1）建立一个新文件

输入新文件名 Swept_Blend_ex1，使用公制单位模板。

（2）建立一个扫描混合特征

1）选择下拉主菜单中的“插入”→“扫描混合”命令，得到如图 10.33 所示的扫描混合特征控制对话框。

图 10.33

2）单击按钮进入草绘对话框。

3）在草绘对话框中，选 TOP 面作绘图面，接受系统默认的方位参考（RIGHT 面作右参考），绘制如图 10.34 所示的草绘图，单击按钮结束绘图。

4）继续扫描混合特征操作，在控制对话框中单击“参照”项，得到如图 10.35 所示的参照选项，可以对剖面控制等进行设置。

5）单击剖面得到如图 10.36 所示的剖面选项。

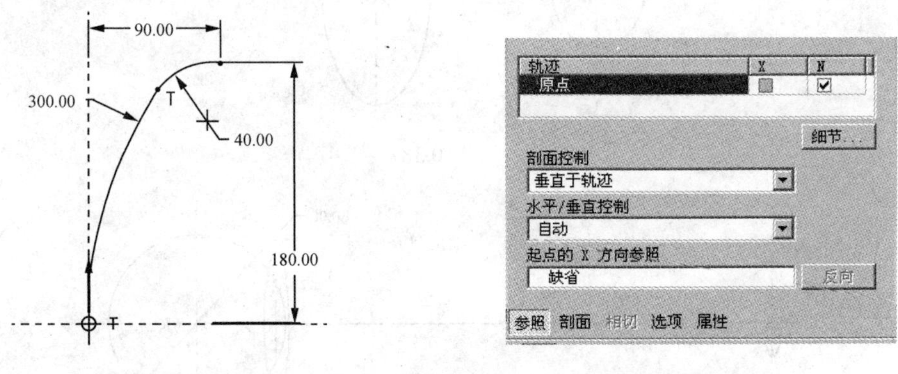

图 10.34　　图 10.35

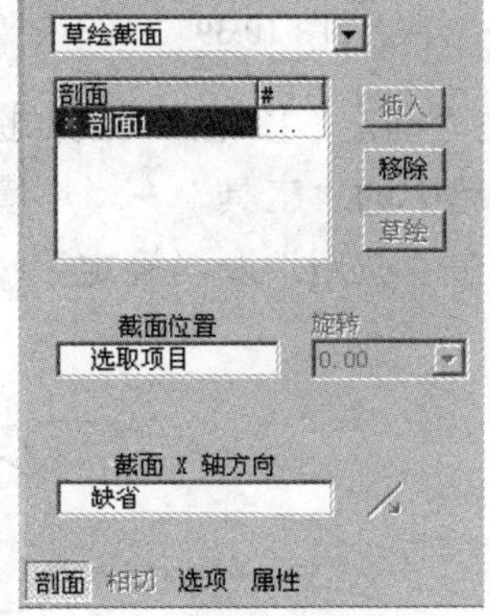

图 10.36

6）选择扫描轨迹起始点作为截面控制的第一个点，输入 z 轴旋转角度 0，单击“草绘”按钮并绘制如图 10.37 所示的剖面。

7）单击“插入”按钮，选择轨迹的中间点为混合扫描的截面控制点，输入 z 轴旋转角度 0，单击“草绘”按钮并绘制如图 10.38 所示的剖面。

8）选择扫描轨迹的另一个端点作截面控制点并绘制如图 10.39 所示的剖面。

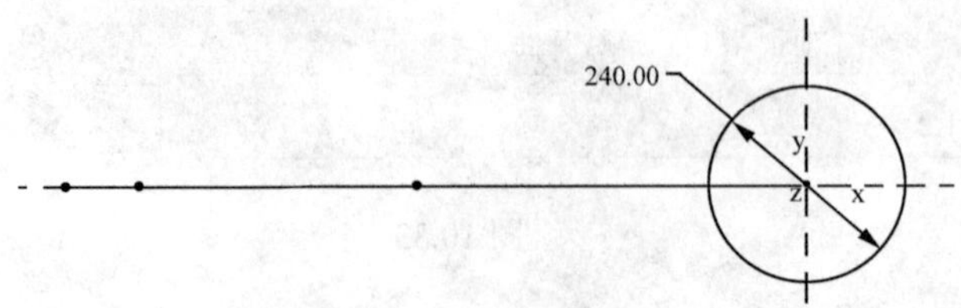

图 10.37

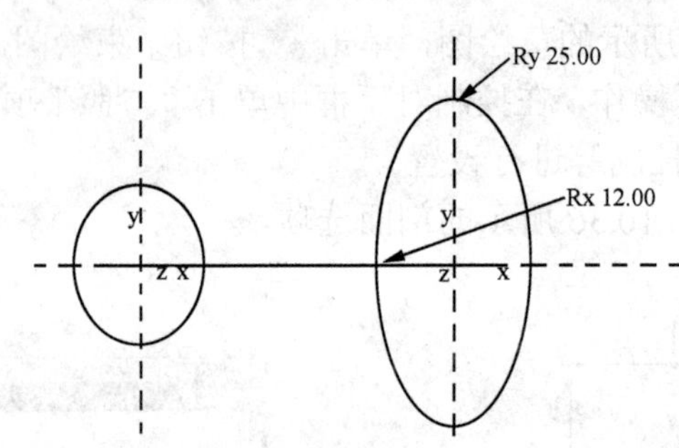

图 10.38

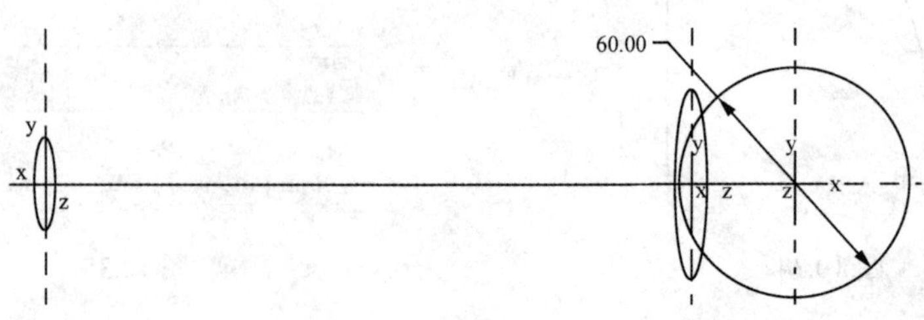

图 10.39

9）在特征定义对话框中单击“确定”按钮，得到如图 10.40 所示的结果，注意其结果是等轴视图结果（选择下拉菜单中的“工具”→“环境”→“标准方向”命令，在选择框中选择“等轴测”项，再单击“应用”及“确定”按钮）。

10）保存文件。

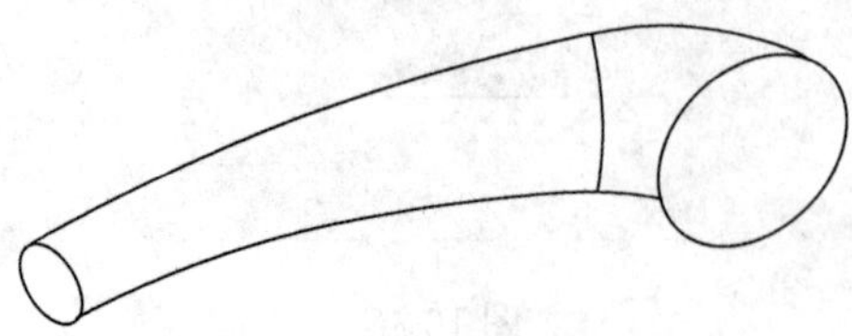

图 10.40

10.3.2 建立扫描混合实例

（1）建立一个新文件

输入新文件名 Swept_Blend_ex2，使用公制单位模板。

（2）建立一个拉伸实体特征

以 TOP 面作绘图面，绘制如图 10.41 所示的剖面，输入拉伸深度 15，得到拉伸实体的结果如图 10.42 所示。

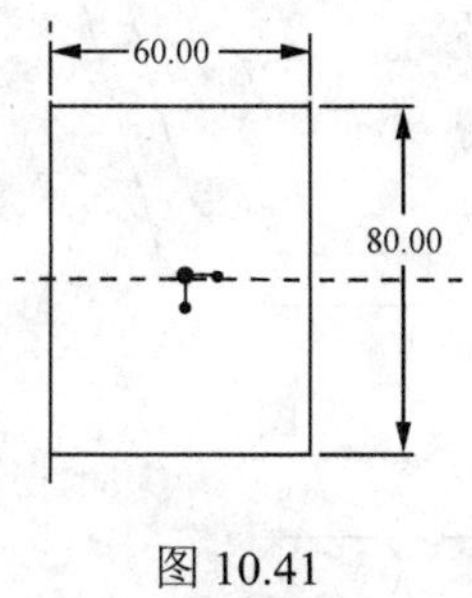

图 10.41

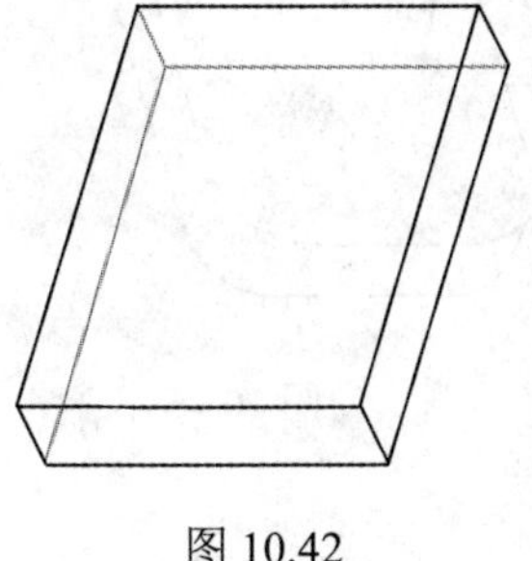
图 10.42

（3）建立圆角特征

选择四条竖边做圆角，半径为 15，结果如图 10.43 所示。

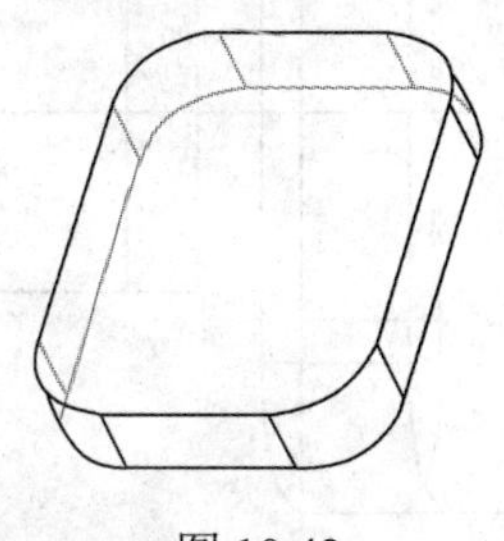
图 10.43

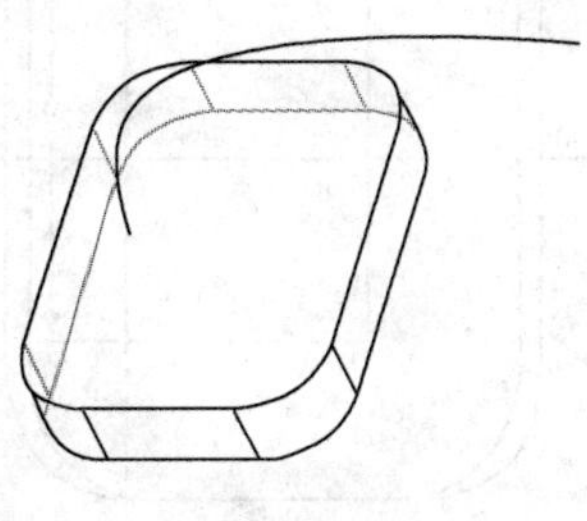
图 10.44

（4）建立一个曲线特征

在 FRONT 面上绘制如图 10.44 所示的曲线，结果如图 10.45 所示。

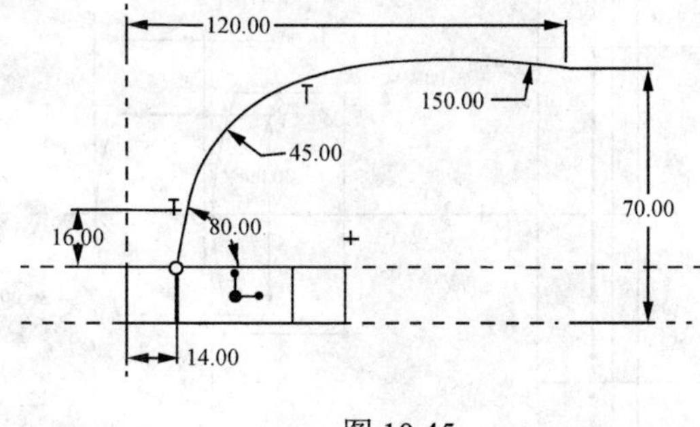

图 10.45

（5）建立一个扫描混合特征

选择下拉主菜单中的“插入”→“扫描混合”命令；选择上一步建立的曲线作扫描

轨迹，如果起始点不在理想的位置，可以单击起始点箭头来改变，见图 10.46；选择如图 10.47 所示的中间点及两端点来绘制扫描控制剖面，分别见图 10.48、图 10.49、图 10.50。结束绘图后，特征完成后结果如图 10.51 所示。

（6）建立全圆角及 R3 的圆角特征并保存文件

结果见图 10.52。

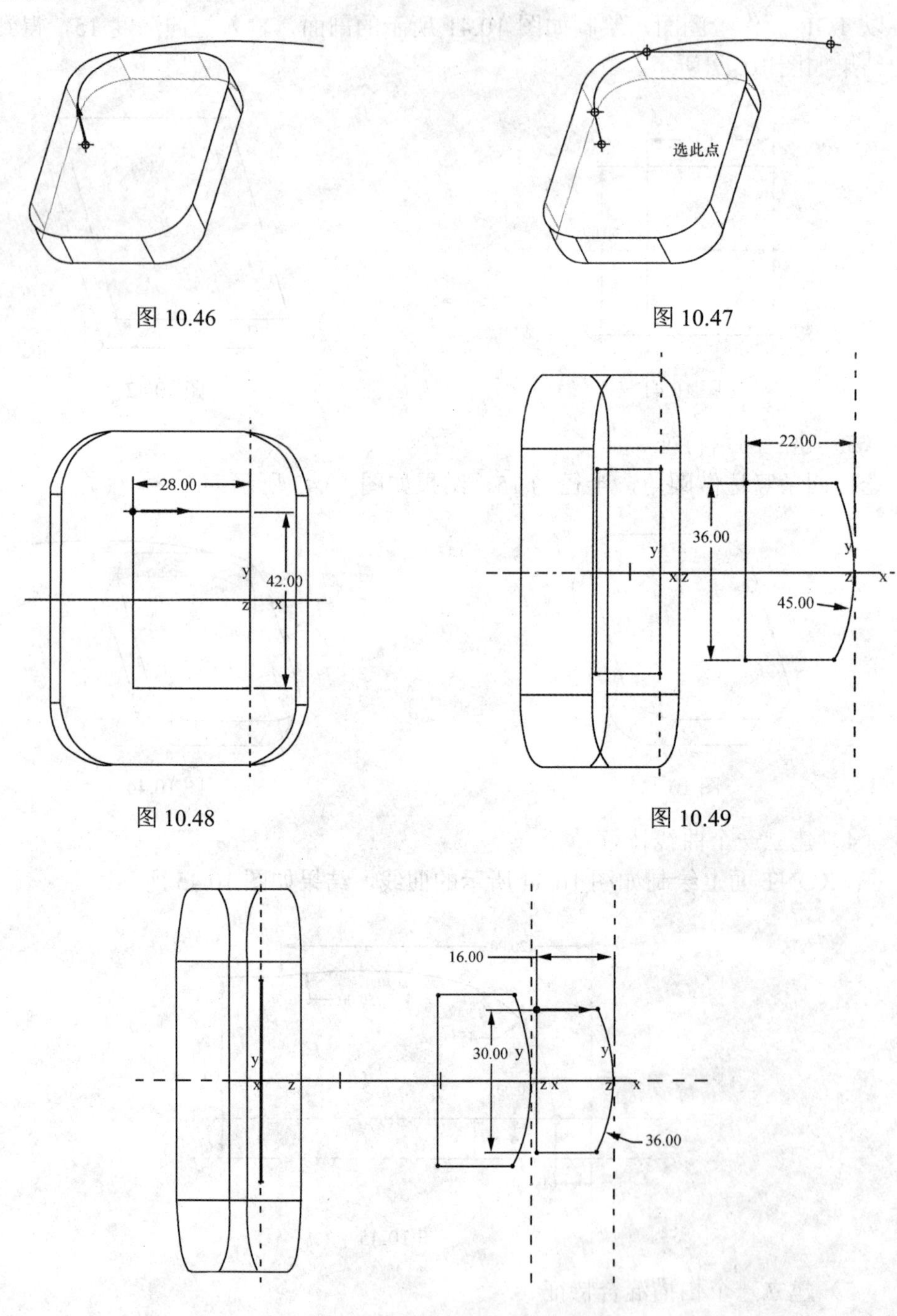

图 10.46

图 10.47

图 10.48

图 10.49

图 10.50

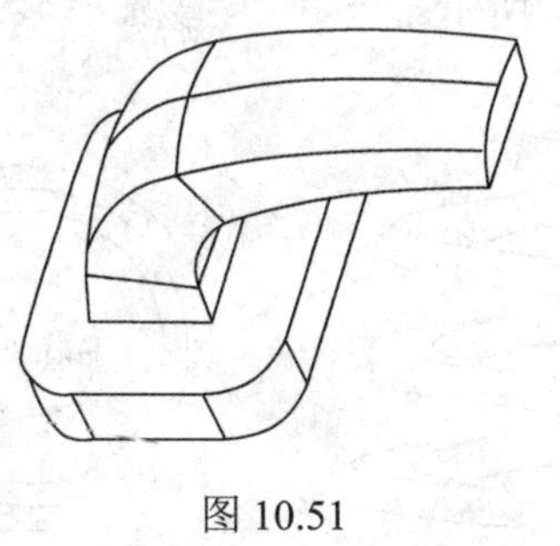

图 10.51

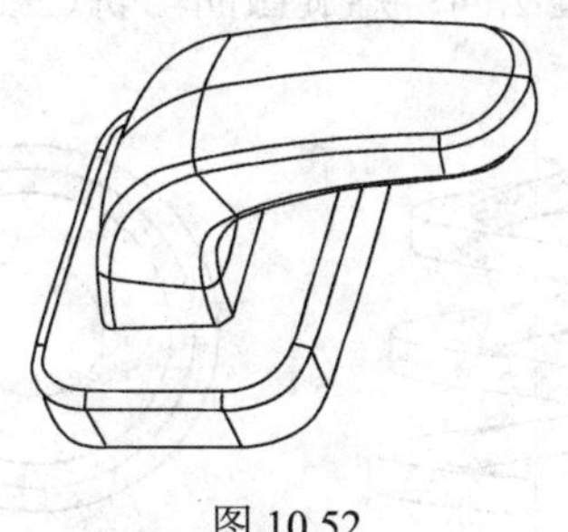

图 10.52

10.4 螺 旋 扫 描

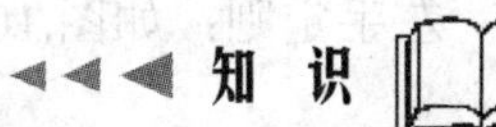

螺旋扫描是截面沿着一旋转面上的轨迹扫描而产生的螺旋特征，扫描的轨迹线是通过旋转面的外形线及螺距来定义的，特征建立时旋转面和轨迹线并没有显示出来。

10.4.1 螺旋扫描特征的属性

螺旋扫描特征的属性有三个方面：螺距是常数还是变数、截面在扫描过程中的方位是穿过轴还是轨迹法向、轨迹是左手定则还是右手定则，如图 10.53 所示。

图 10.53

1. 螺距

常螺距：螺旋间的节距为常数，如图 10.54 所示。

变螺距：螺旋间的节距为变数，如图 10.55 所示。

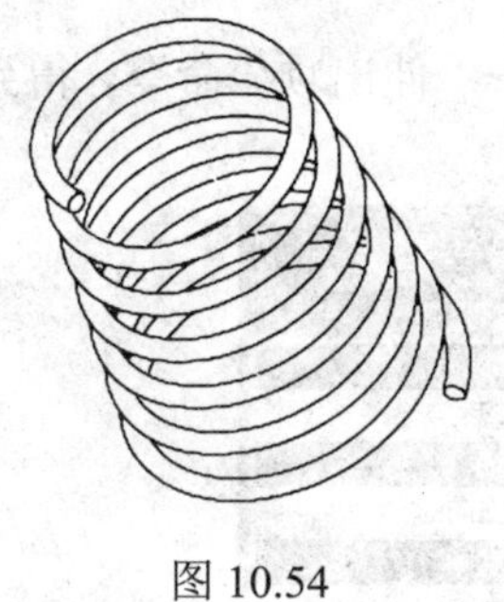

图 10.54

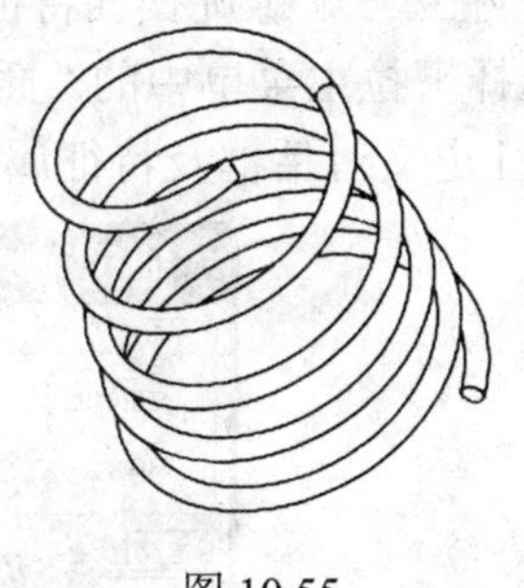

图 10.55

2. 截面方位

通过轴：螺旋截面所在平面通过旋转轴，如图 10.56 所示。

轨迹法向：螺旋截面与轨迹线垂直，如图 10.57 所示。

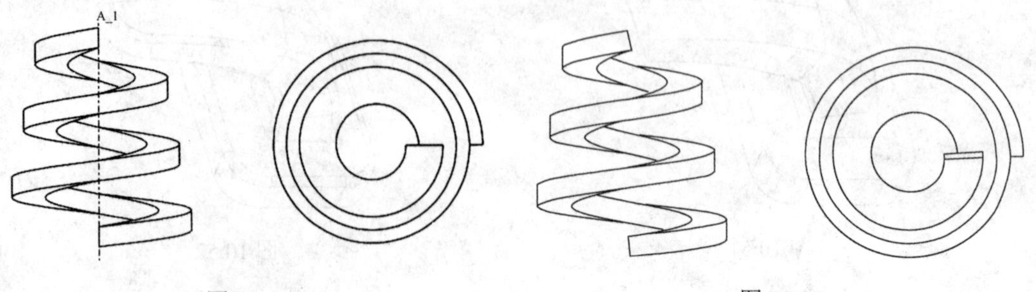

图 10.56　　　　图 10.57

3. 螺旋方向

右手定则：如图 10.58 所示。
左手定则：如图 10.59 所示。

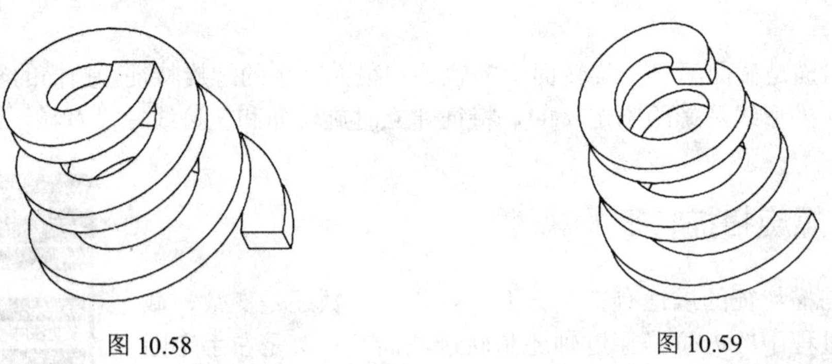

图 10.58　　　　图 10.59

10.4.2 建立螺旋扫描特征的步骤

（1）建立一个新文件

输入新文件名 Helical _ Sweep _ex1，使用公制单位模板。

（2）建立一个螺旋扫描特征

1）选择下拉主菜单中的“插入”→“螺旋扫描”→“伸出项”命令，得到如图 10.60 所示的特征定义对话框及特征属性菜单。

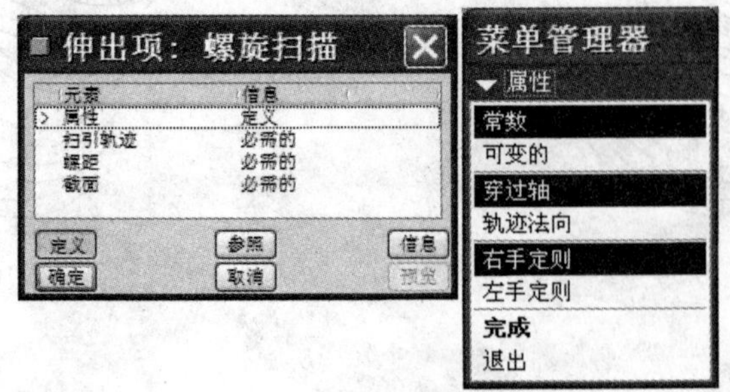

图 10.60

2）在特征属性菜单中选择“常数”、“穿过轴”、“右手定则”项，单击“完成”项，完成属性选项。

3）选 FRONT 面作绘图面，选择“正向”项接受视图方向朝里，选择“缺省”项接受视角方位。

4）绘制一条中心线和扫描轮廓，如图 10.61 所示。这里要注意以下几点：必须有一条中心线作旋转轴、扫描轮廓必须是开口的、扫描轮廓上的各点的切线不可与中心线正交、扫描轮廓的起点就是扫描时的起点。

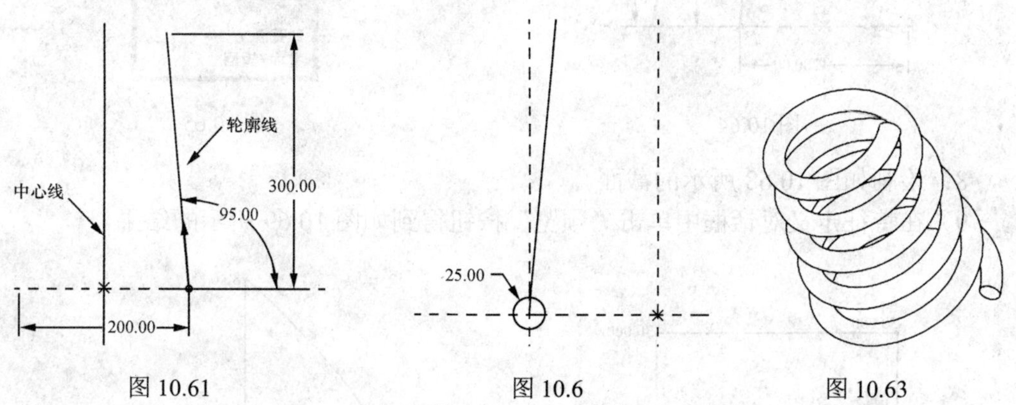

图 10.61　　图 10.6　　图 10.63

5）结束绘图，输入节距 60。

6）绘制如图 10.62 所示的螺旋剖面，完成后得到如图 10.63 所示的结果。

10.4.3 可变的螺旋扫描特征

（1）建立一个新文件

输入新文件名 Helical _ Sweep _ex2，使用公制单位模板。

（2）建立一个螺旋扫描特征

1）选择下拉主菜单中的“插入”→ “螺旋扫描”→“伸出项”命令得到特征定义对话框及特征属性菜单。

2）在特征属性菜单中选择“可变的”、“穿过轴”、“右手定则”项，选择“完成”项完成属性选项。

3）选 FRONT 面作绘图面，选择“正向”项接受视图方向朝里，选择“缺省”项接受视角方位。

4）绘制一条中心线和扫描轮廓，如图 10.64 所示，注意在轮廓线上画一个点。

5）输入轨迹起点的螺距和终点的螺距为 30，此时出现如图 10.65 所示的菜单，同时在左上角出现 PITCH_GRAPH 的小窗口，显示如图 10.66 所示的螺距图形。

6）选择图 10.64 扫描轮廓中间的点，增加为螺距的控制点，并输入螺距值 80，螺距图形变为如图 10.67 所示的形式。

7）在菜单中单击“完成”项，完成螺距的设置。

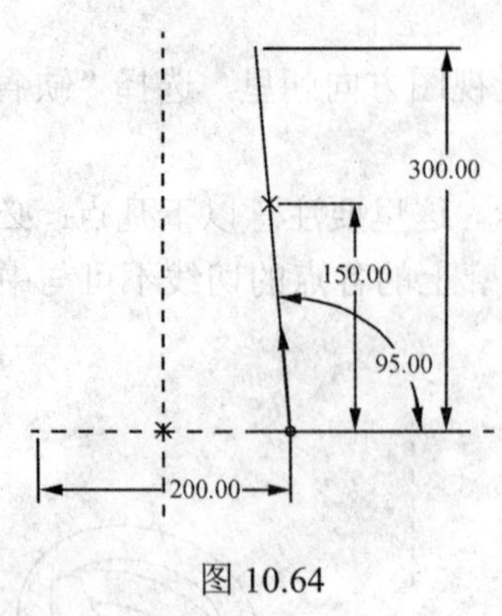

图 10.64

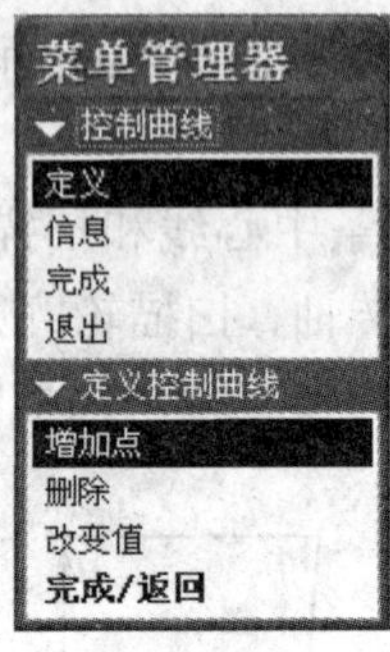

图 10.65

8）绘制如图 10.68 所示的截面。

9）在特征定义对话框中单击“预览”按钮得到如图 10.69 所示的结果。

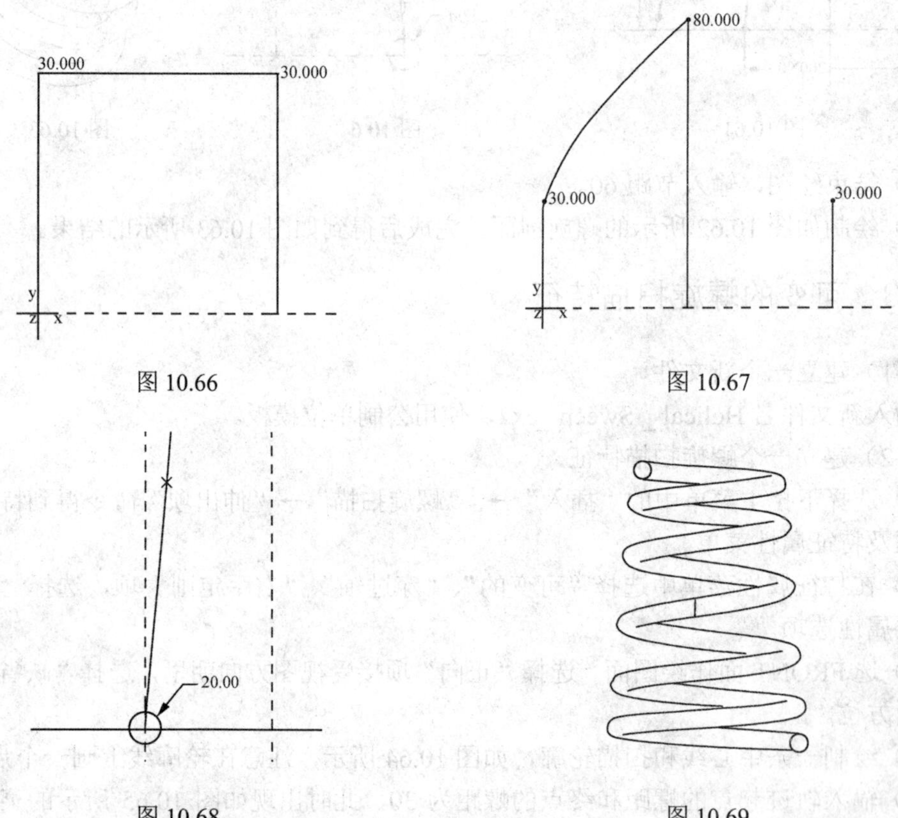

图 10.66

图 10.67

图 10.68

图 10.69

（3）重新定义特征

1）在特征定义对话框中选中“扫描轨迹”项，再单击“定义”按钮，在出现的菜单中单击完成接受默认的“修改”选项。

2）选择“草绘”项进行修改。

3）在扫描轮廓上再画两个点，如图 10.70 所示。

4）结束绘图以后，再在特征定义对话框中选择“螺距”项，再单击“定义”按钮，把扫描轮廓上刚画的两个点添加为螺距控制点，并输入控制点处的螺距分别为 30、70，螺距图形变为如图 10.71 所示的形式。

5）在菜单中选择“完成”项完成螺距的设置。

6）在特征定义对话框中单击“确定”按钮，得到如图 10.72 所示的结果。

7）保存文件。

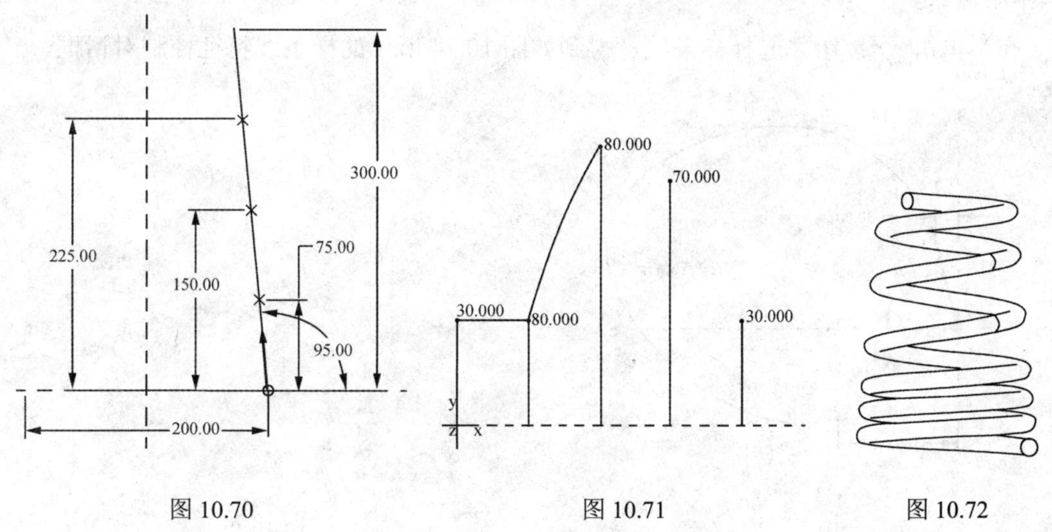

图 10.70　　图 10.71　　图 10.72

■ 10.5 三 维 扫 描 ■

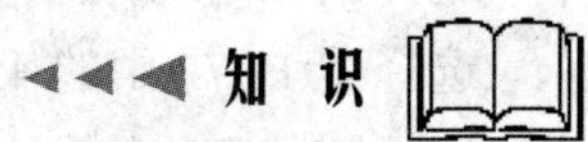

三维扫描（3D Sweep）不是一个标准特征，它是从扫描特征变化而来的，是在建立扫描特征时，建立一条三维样条线（3D Spline）作为扫描轨迹。

三维样条线曲线可以通过修改二维样条线（2D Spline）控制点的 Z 坐标获得，其步骤如下。

1）绘制 2D Spline 曲线，并且加入一个坐标系，标注好尺寸。

2）修改 2D Spline 曲线上的点的三个坐标，从而获得 3D Spline 曲线。

下面通过实例说明如何建立 3D　Sweep 特征。

（1）建立一个新文件

输入新文件名 3D Sweep_ex1，使用公制单位模板。

（2）建立一个螺旋扫描特征

1）选择下拉主菜单中的“插入”→“扫描”→“突出项”命令，得到特征定义对话框及扫描轨迹菜单。

2）在扫描轨迹菜单中选择“草绘轨迹”项。

3）选 TOP 面作绘图面，选择“正向”项接受视图方向朝下，选择“缺省”项接受默认的视角方位。

4）画如图 10.73 所示的剖面，包括一条直线及一条五点样条线，注意用按钮画一个坐标系。

5）单击按钮并选择样条线，得到如图 10.74 所示的样条线特征控制对话框。

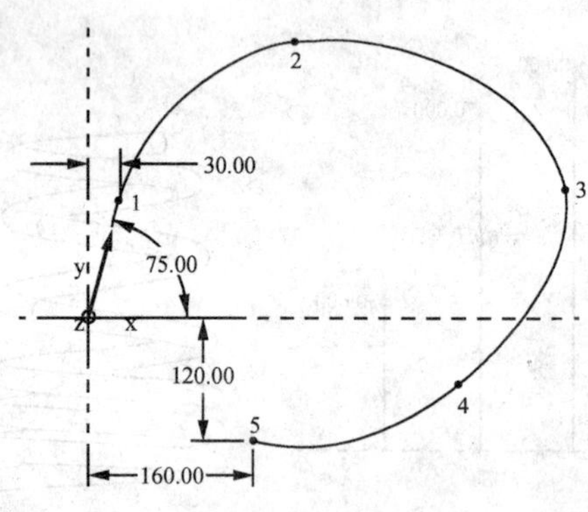

图 10.73

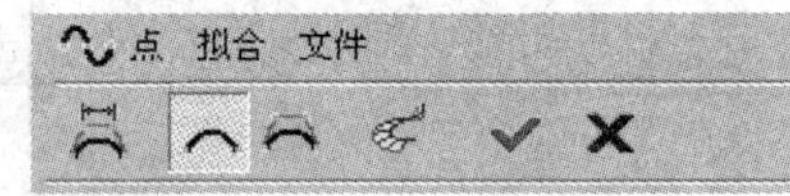

图 10.74

6）单击“点”命令，修改样条线上各控制点的坐标：

选择图 10.73 中的 1 点，坐标值保持不变，如图 10.75 所示。

选择图 10.73 中的 2 点，修改坐标值，结果如图 10.76 所示。

选择图 10.73 中的 3 点，修改坐标值，结果如图 10.77 所示。

选择图 10.73 中的 4 点，修改坐标值，结果如图 10.78 所示。

选择图 10.73 中的 5 点，修改坐标值，结果如图 10.79 所示。

7）在图 10.74 中单击“文件”项得到如图 10.80 所示的菜单，选择画好的坐标系，可以对样条线的控制点进行保存、修改、打开等操作。

8）单击按钮，输入文件名 pline，单击“确认”按钮。

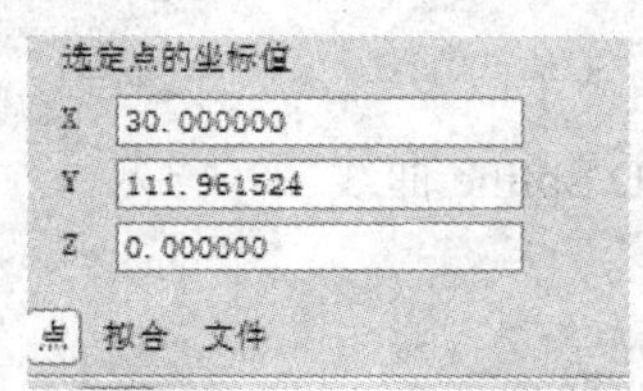

图 10.75

选定点的坐标值
X 200.000000
Y 260.000000
Z -120.000000
点 拟合 文件

图 10.76

选定点的坐标值
X 460.000000
Y 120.000000
Z -80.000000
点 拟合 文件

图 10.77

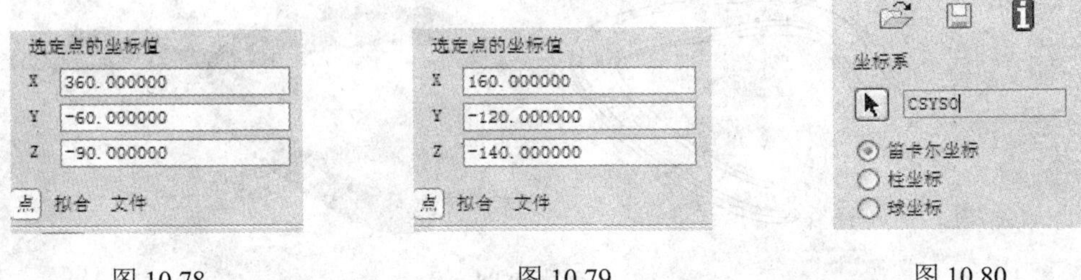

图 10.78　　图 10.79　　图 10.80

9）在 Windows 系统中打开记事本，将文件类型改为“所有文件”，在 Pro/ENGINEER 工作目录下打开刚保存的文件 pline，结果如图 10.81 所示。

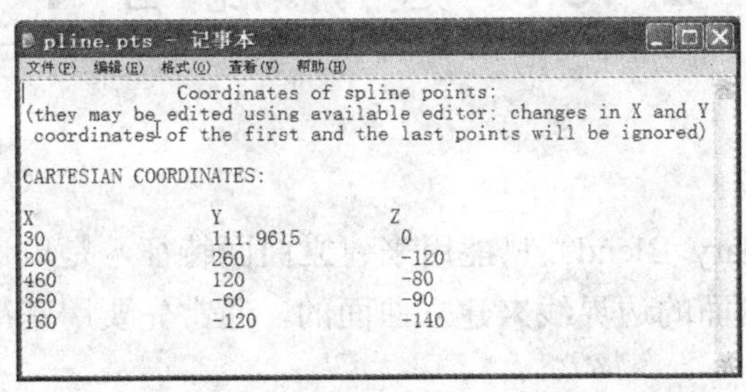

pline.pts - 记事本

文件(F)　编辑(E)　格式(O)　查看(V)　帮助(H)

```
          Coordinates of spline points:
(they may be edited using available editor: changes in X and Y
 coordinates of the first and the last points will be ignored)

CARTESIAN COORDINATES:

X                    Y                   Z
30                   111.9615            0
200                  260                 -120
460                  120                 -80
360                  -60                 -90
160                  -120                -140
```

图 10.81

10）在如图 10.81 所示的文件中，可以直接修改点的坐标值，然后保存文件。

11）再在图 10.80 中单击按钮，打开刚保存的文件，系统按新保存的文件来确定样条线控制点的坐标，得到的是一条 3D 曲线，如图 10.82 所示。

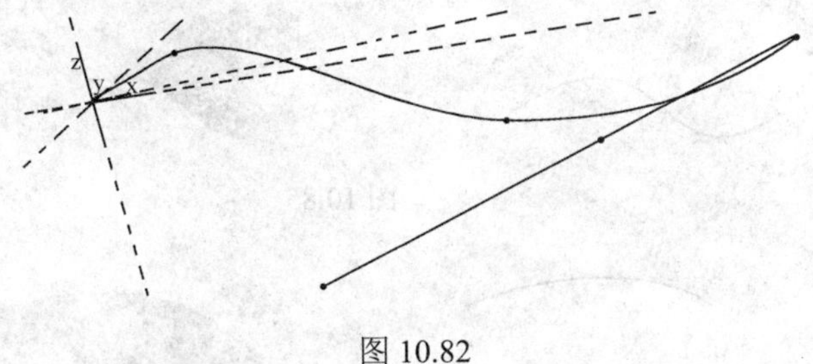

图 10.82

12）结束轨迹的绘制，进入扫描截面的绘制，绘制如图 10.83 所示的截面。

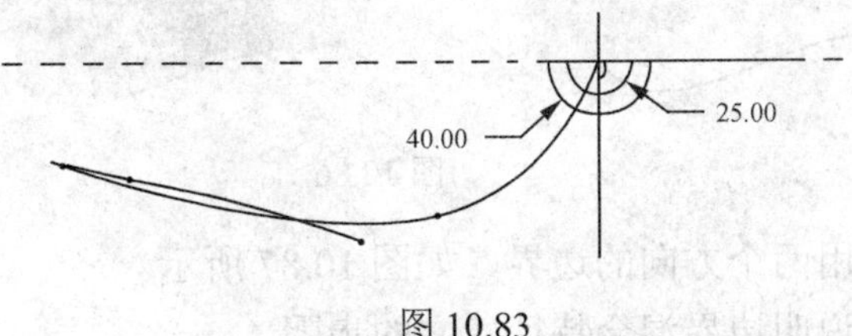

图 10.83

13）结束截面的绘制，在特征定义对话框中单击“确定”按钮，得到如图 10.84 所示的结果。

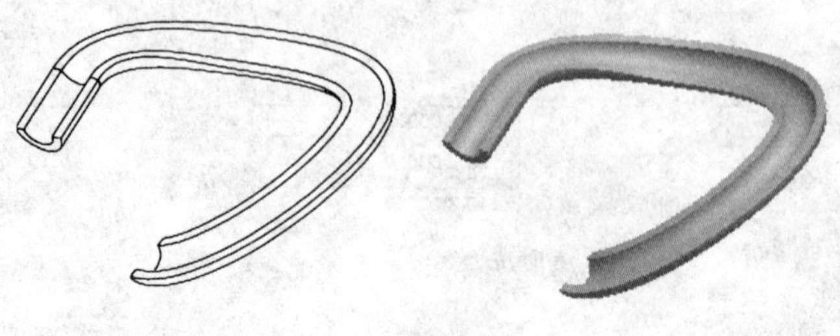

图 10.84

■ 10.6 边界混合 ■

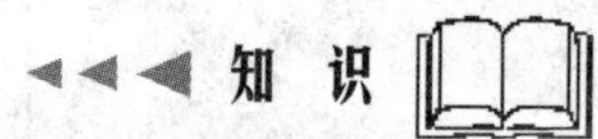

边界混合（Boundary Blend）只能用来建立曲面特征，是以选取曲线（包括实体边线、曲面边界）作为曲面的边界线来建立曲面的，通常先要用基准曲线特征建立曲面边界线。

边界混合可以用一个方向的两条边界，如图 10.85 所示；也可以用两条以上的边界，如图 10.86 所示。

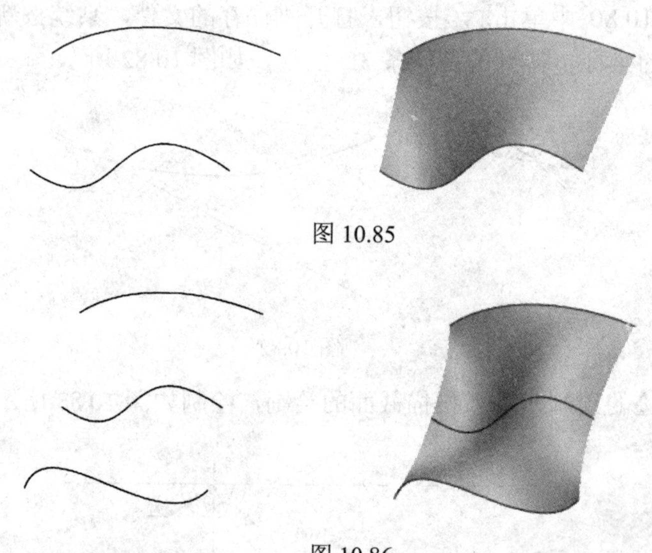

图 10.85

图 10.86

边界混合还可以用两个方向的边界，如图 10.87 所示。

下面通过实例来说明边界混合特征建立的步骤。

（1）建立一个新文件

输入新文件名 bndry_ex1，使用公制单位模板。

（2）建立七条曲线特征

1）单击特征工具按钮，在 RIGHT 面上绘制如图 10.88 的样条曲线，完成的曲线如图 10.89 所示。

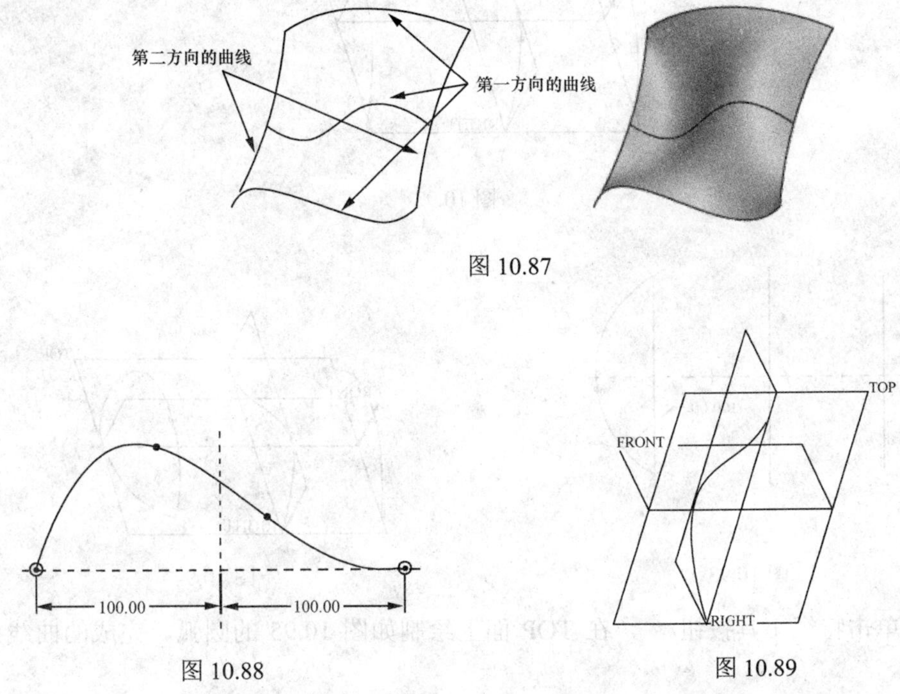

图 10.87

图 10.88

图 10.89

2）单击特征工具按钮，再单击按钮，建立一个沿 RIGHT 面正方向偏移 100 的临时基准面作绘图面，绘制如图 10.90 的圆弧，完成的曲线如图 10.91 所示。

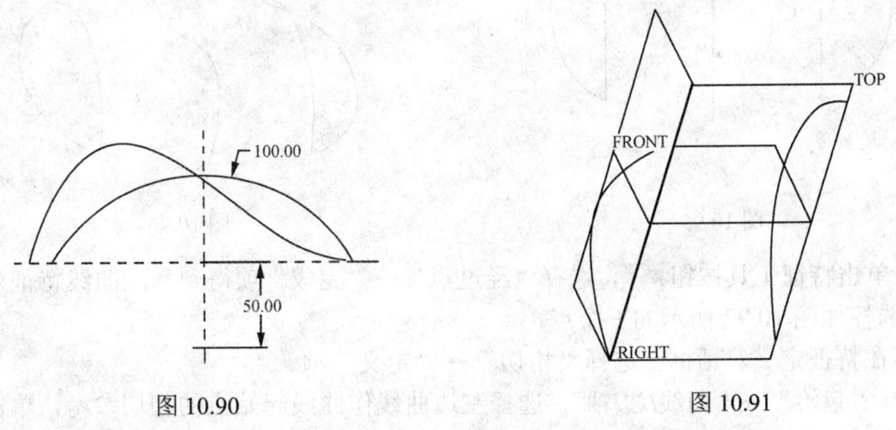

图 10.90

图 10.91

3）选中刚建立的曲线，再单击镜像工具按钮，得到特征镜像控制对话框，选择 RIGHT 面作镜像面，完成特征镜像，得到如图 10.92 所示的结果。

4）单击特征工具按钮，在 TOP 面上绘制如图 10.93 所示的圆弧，完成的曲线如图 10.94 所示。

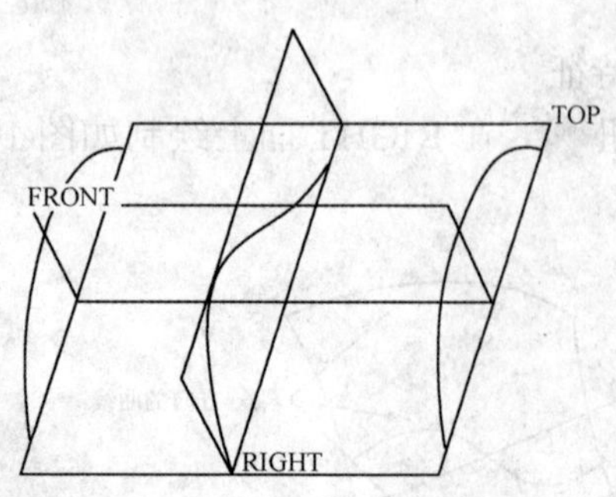

图 10.92

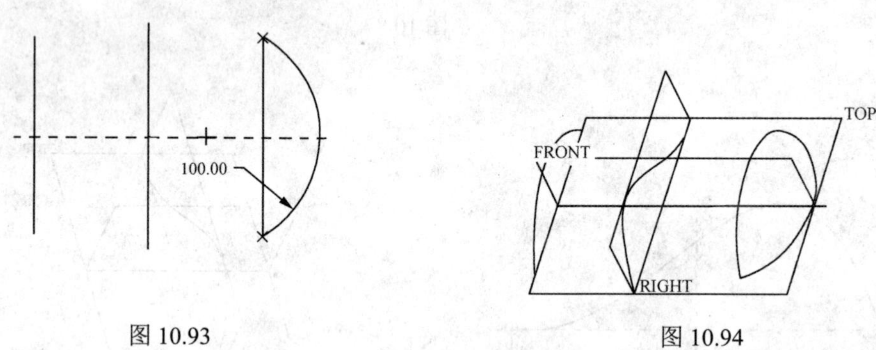

图 10.93　　　　图 10.94

5） 单击特征工具按钮，在 TOP 面上绘制如图 10.95 的圆弧，完成的曲线如图 10.96 所示。

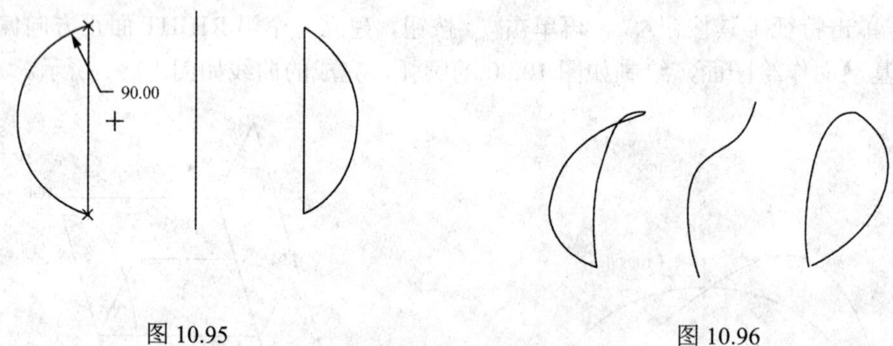

图 10.95　　　　图 10.96

6）单击特征工具按钮，选择“经过点”→“完成”项得到基准曲线特征定义对话框，选择如图 10.97 所示的三个点。

7）在特征定义对话框中选择“相切”→“定义”项。

选择“起始”→“曲线/边/轴”，选择左边曲线作曲线起始点的相切参考，单击“正向”项确认如图 10.97 所示的相切方向。

选择“终止”→“曲线/边/轴”，选择右边曲线作曲线终点的相切参考，单击“正向”项，确认如图 10.98 所示的相切方向。

8）与上面步骤类似建立最后一条曲线，选择如图 10.99 所示的三个点及合适的相切参考和相切方向，最后得到如图 10.100 所示的结果。

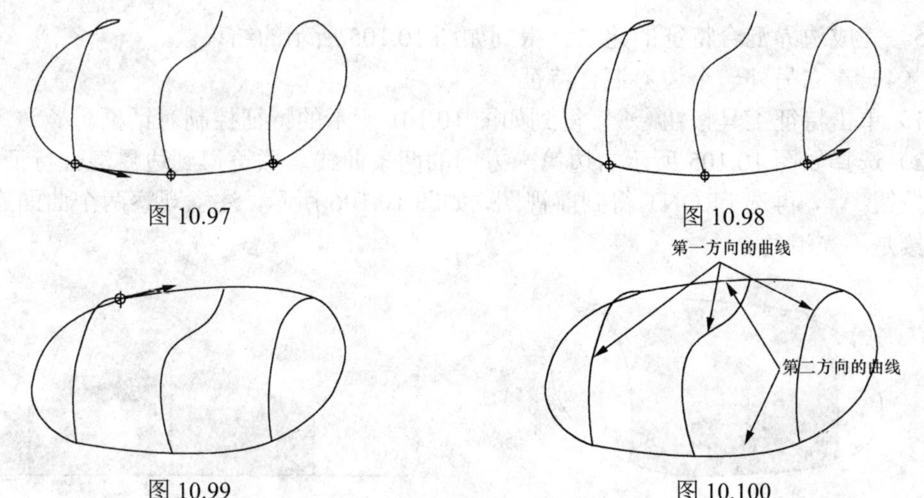

图 10.97

图 10.98

图 10.99

图 10.100

（3）建立一个边界混合特征

1）选择下拉主菜单中心“插入”→“边界混合”命令，或者单击特征工具按钮，得到如图 10.101 所示的特征控制对话框，

图 10.101

2）选择如图 10.100 所示的第一方向的三条曲线，注意在选择的过程中按住 Ctrl 键才能实现连续选择。

3）单击如图 10.102 所示的按钮，激活选择第二方向曲线的按钮，再选择如图 10.100 所示的第二方向的两条曲线。

图 10.102

4）在如图 10.101 所示的特征控制对话框的左上方单击曲线，分别可以看到如图 10.103、图 10.104 所示的两个方向的曲线参考。

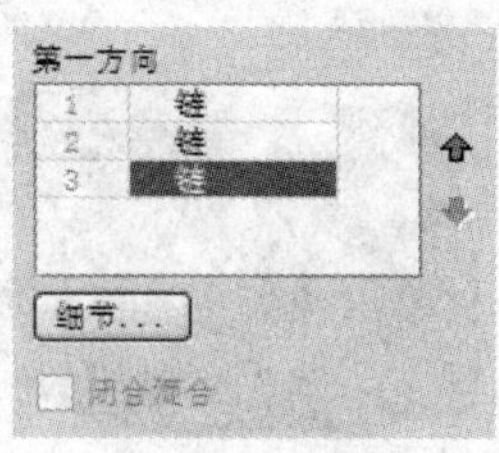

图 10.103

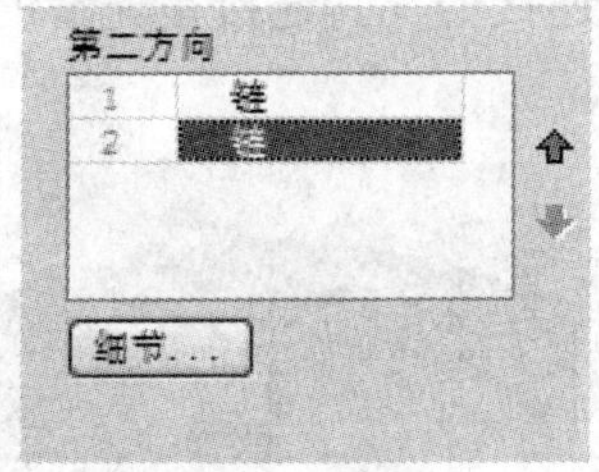

图 10.104

5）完成边界混合特征的建立，得到如图 10.105 所示的结果。

（4）建立另外一个边界混合特征

1）单击特征工具按钮，得到如图 10.101 所示的特征控制对话框。

2）选择如图 10.105 所示右边第一方向的两条曲线，预览得到边界混合特征，单击工具按钮，再选 FRONT 得到前视图，如图 10.106 所示，注意观察两个曲面连接处，其连接是不光滑的。

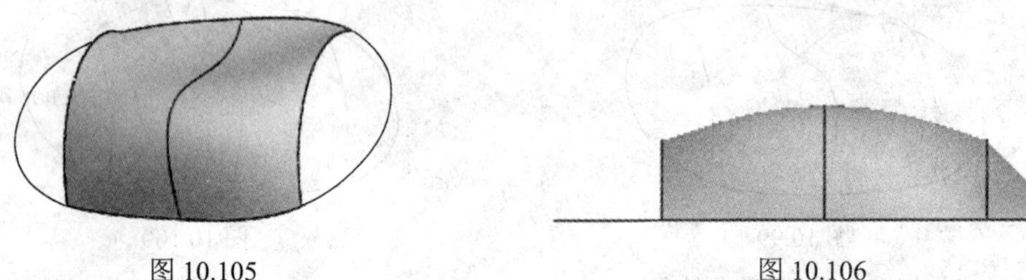

图 10.105　　图 10.106

3）重新定义特征，在特征控制对话框中选择约束，得到如图 10.107 所示的对话框。

4）在对话框中选择与第一个曲面连接的边界曲线，并在类型栏中选择“切线”项，得到如图 10.108 的结果。

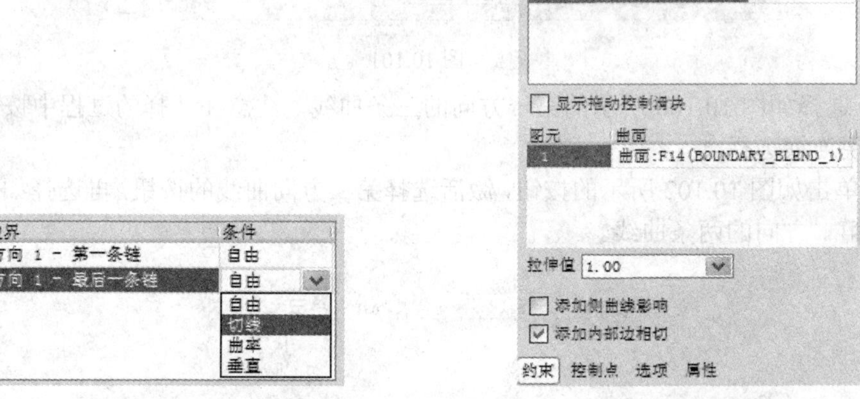

图 10.107　　图 10.108

5）选择第一个曲面作为新建曲面在所选边界处的相切参考。

6）完成边界混合特征的建立，得到如图 10.109 及图 10.110 所示的结果，注意观察两个曲面连接处，其连接是光滑的。

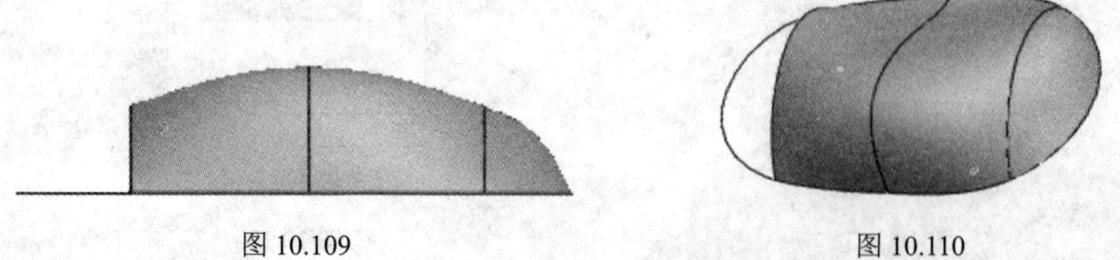

图 10.109　　图 10.110

7）按上面相同的步骤建立第三个曲面，结果如图 10.111 及图 10.112 所示。

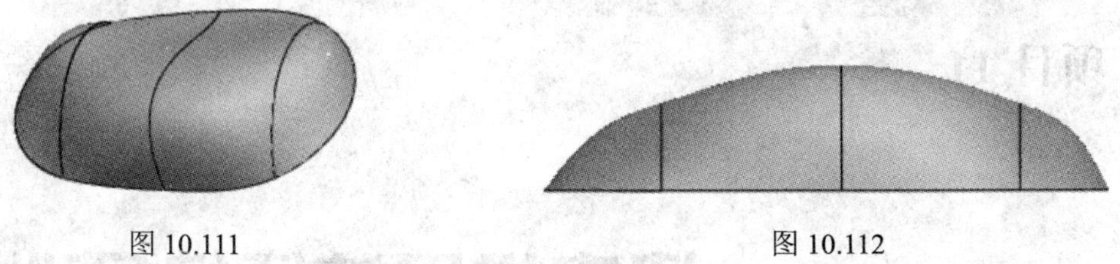

图 10.111　　图 10.112

（5）将三个曲面合并为一个曲面

1）按住 Ctrl 键连续选中第一个曲面及第二个曲面，再单击合并工具按钮，得到如图 10.113 所示的对话框及图 10.114 所示的图形。

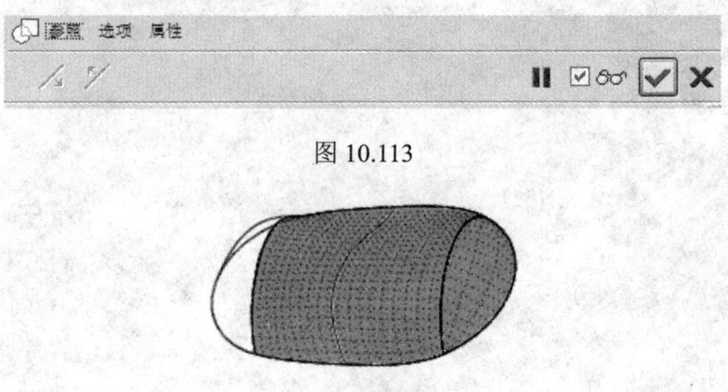

图 10.113

图 10.114

2）在如图 10.113 所示的对话框中，单击按钮完成合并特征，把第一个曲面与第二个曲面合并为一个曲面。

3）按上面相同的步骤把第三个面也合并在一起。

（6）建立薄壁实体特征

1）选中最后合并的曲面后，选择主菜单中的“编辑”→“加厚”命令，得到如图 10.115 所示的对话框。

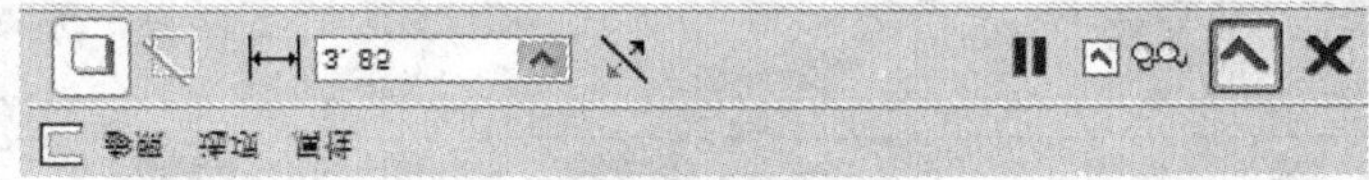

图 10.115

2）在对话框中输入厚度为 5，把方向调整为向两边加材料，最后得到如图 10.116 的结果，结束练习。

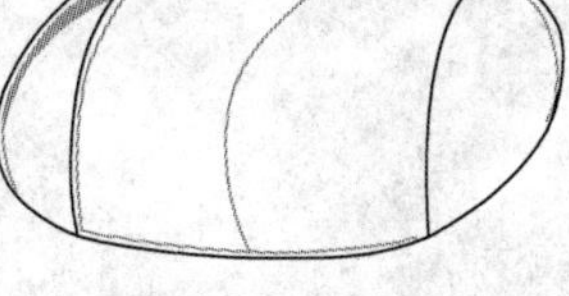

图 10.116

项目 11

建立常用特征综合训练

学习目标

- 能熟练建立变截面扫描、混合、扫描混合、螺旋扫描、三维扫描、边界混合特征。
- 能综合运用变截面扫描、混合、扫描混合、螺旋扫描、三维扫描、边界混合特征设计零件。

实训

实例 1 设计如图 11.4 所示的零件。

（1）建立一个圆柱体特征

在 FRONT 面上绘制如图 11.1 所示的剖面，拉伸深度为 200，结果见 图 11.2。

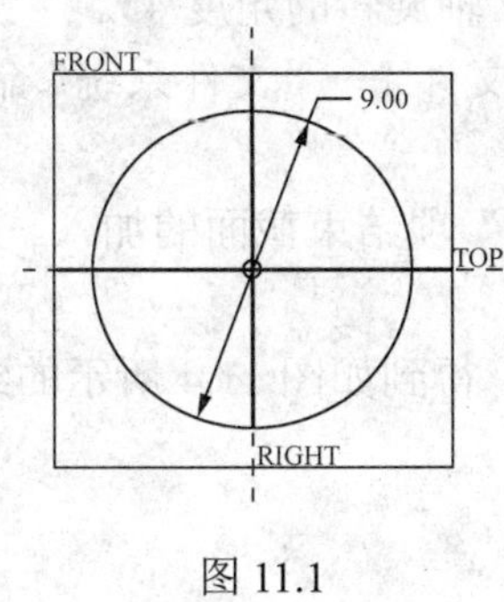

图 11.1

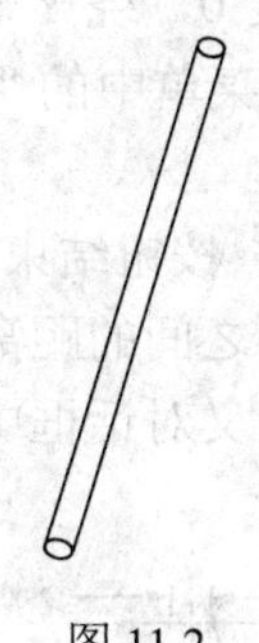

图 11.2

（2）建立一个一般混合特征

1）选择下拉菜单中的“插入”→“混合”→“伸出项”命令，在菜单管理器中选择“一般”项，接受默认的“规则截面”→“草绘截面”项，单击“完成”项进入下一步。

2）在属性选项中选“光滑”项，单击“完成”项。

3）选择“产生基准”→“偏距”项，选择圆柱体前端面，输入偏距-50，单击“完成”项。

4）单击“反向”→“正向”项，确认特征建立的方向向后。

5）单击“缺省”项， 进入绘图界面。

6）绘制如图 11.3 所示的截面，注意要加入一个坐标系，尺寸标注以坐标系为参考。

7）选择下拉菜单中的“文件”→“保存副本”命令，把截面保存起来，输入文件名 gbs1。

8）单击 ✔ 按钮结束截面绘制，输入第二个截面绕 X 轴旋转的角度 0，绕 Y 轴旋转的角度 0，绕 Z 轴旋转的角度 45。

9）选择下拉菜单中的“草绘”→“数据来自文件”→“文件系统”命令，打开 gbs1 截面。

10）单击 ✔ 按钮结束截面绘制，选择“是”项继续加入截面，输入第三个截面绕 X 轴旋转的角度 0，绕 Y 轴旋转的角度 0，绕 Z 轴旋转的角度 45。

11）选择下拉菜单中的“草绘”→“数据来自文件”→“文件系统”命令，打开 gbs1 截面。

12）单击 ✔ 按钮结束截面绘制，选择“是”项继续加入截面，输入第四个截面绕 X 轴旋转的角度 0，绕 Y 轴旋转的角度 0，绕 Z 轴旋转的角度 45。

13）选择下拉菜单中的“草绘”→“数据来自文件”→“文件系统”命令，打开 gbs1 截面。

14）单击 ✔ 按钮结束截面绘制，选择“是”项继续加入截面，输入第五个截面绕 X 轴旋转的角度 0，绕 Y 轴旋转的角度 0，绕 Z 轴旋转的角度 45。

15）选择下拉菜单中的“草绘”→“数据来自文件”→“文件系统”命令，打开 gbs1 截面。

16）单击 ✔ 按钮结束截面绘制，选择“是”项继续加入截面，输入第六个截面绕 X 轴旋转的角度 0，绕 Y 轴旋转的角度 0，绕 z 轴旋转的角度 45。

17）选择下拉菜单中的“草绘”→“数据来自文件”→“文件系统”命令，打开 gbs1 截面。

18）单击 ✔ 按钮结束截面绘制，选择“否”项结束截面的加入。

19）输入截面之间的距离 30。

20）在特征定义对话框中单击“确定”按钮，得到如图 11.4 所示的结果。

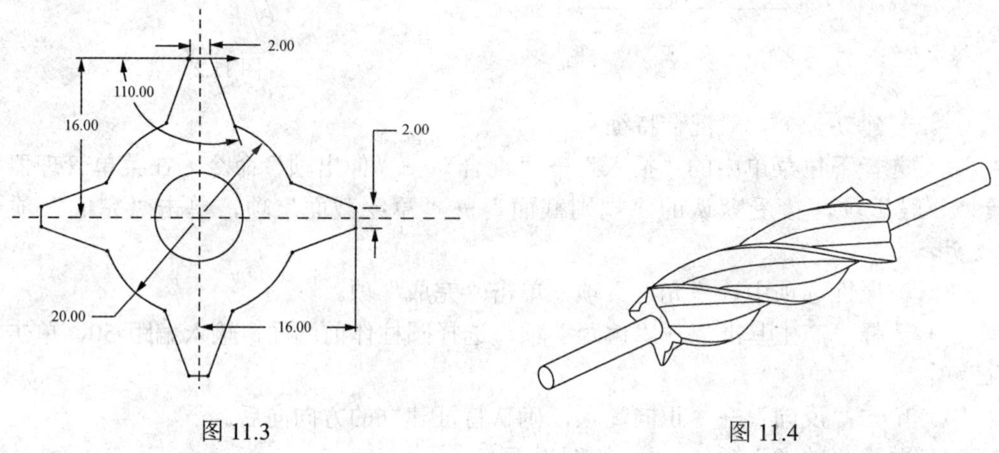

图 11.3　　图 11.4

实例 2　设计如图 11.11 所示的零件。

（1）建立两条曲线特征

在 TOP 面上绘制曲线，剖面见图 11.5，结果见图 11.6。

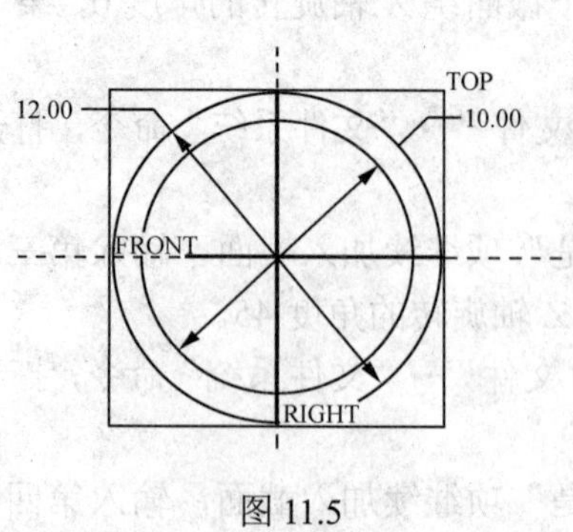

图 11.5

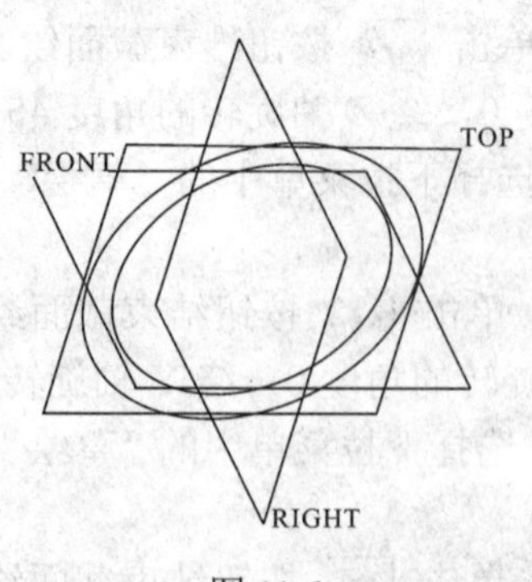

图 11.6

（2）建立一个变截面扫描特征

1）选择可变剖面扫描工具打开特征控制对话框。

2）指定直径为 12 的曲线为原点轨迹，指定另一曲线为 X-轨迹。

3）单击 按钮进入绘制剖面界面，绘制如图 11.7 所示的一条直线。

4）选择主菜单中的“工具”→“关系”命令，得到如图 11.8 所示的“关系”对话框，剖面也变为如图 11.9 所示的结果。

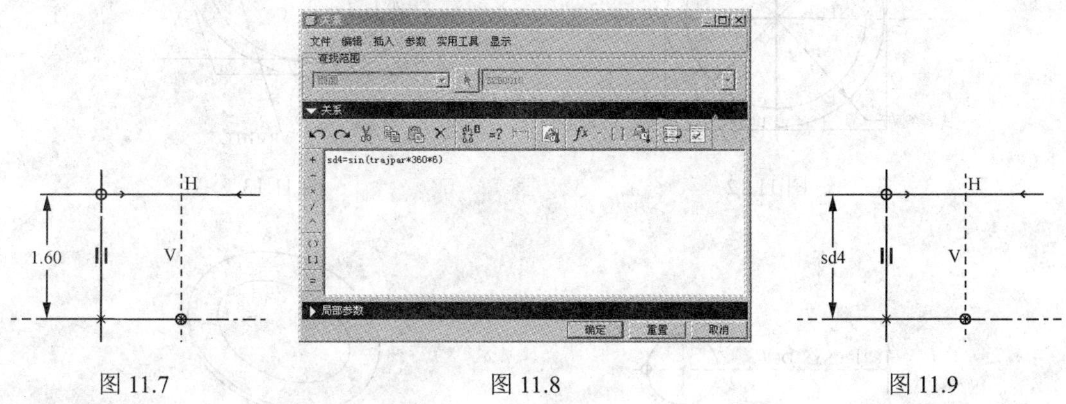

图 11.7　　图 11.8　　图 11.9

5）在关系对话框中输入关系式：sd4=sin(trajpar*360*6)，单击“确定”按钮完成关系式设置。

6）完成剖面绘制。扫描结果见图 11.10。

（3）建立薄壳实体特征 45

选中刚建立的曲面特征，选择主菜单中的“编辑”→“加厚”命令，输入厚度 0.25，向两边加厚，结果见图 11.11。

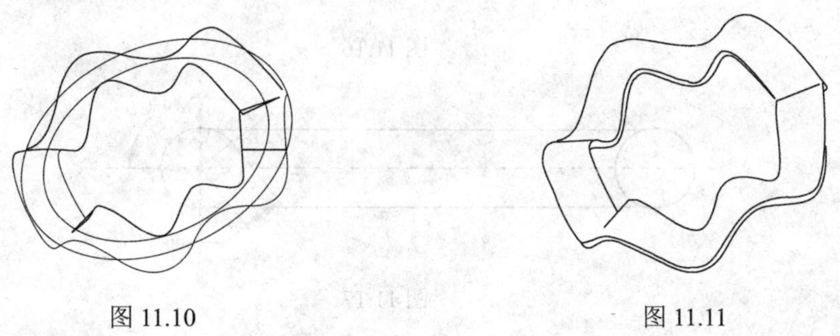

图 11.10　　图 11.11

实例 3　设计如图 11.21 所示的零件。

（1）建立两条曲线特征

在 TOP 面上绘制曲线，剖面见图 11.12，结果见图 11.13。

（2）建立一实体扫描特征

以直径为 20 的曲线为扫描轨迹，画如图 11.14 所示的剖面，扫描结果见图 11.15。

（3）建立一可变剖面扫描曲面特征

指定直径为 20 的曲线为原点轨迹，指定直径为 23.5 曲线为 X-轨迹。画如图 11.16

所示的一直线，加入关系式：sd4=trajpar×360×8。Sd4 是角度尺寸，见图 11.17，完成草绘图。扫描结果见图 11.18。

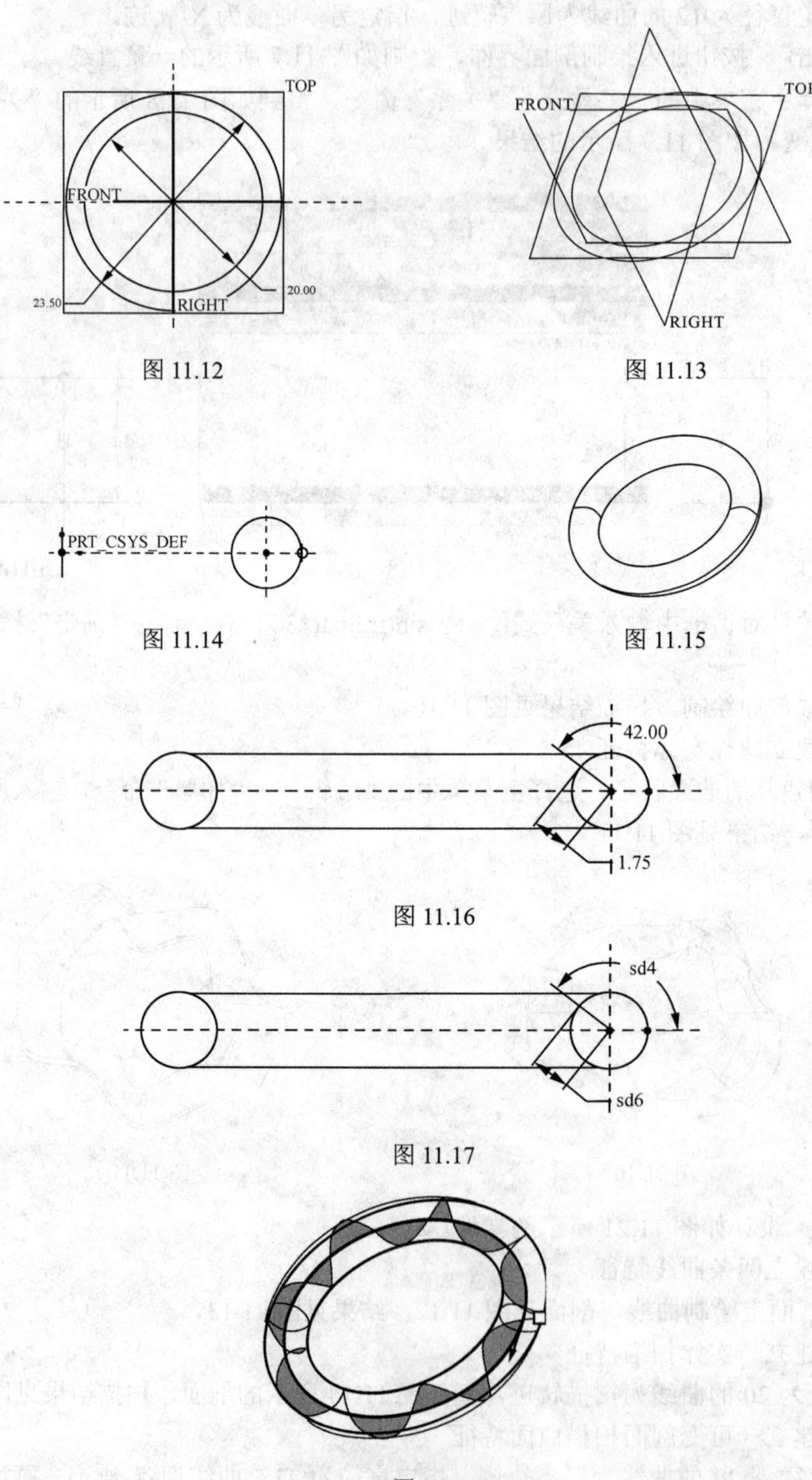

图 11.12

图 11.13

图 11.14

图 11.15

图 11.16

图 11.17

图 11.18

（4）建立一扫描实体切口特征

以曲面的边界作扫描轨迹，绘制如图 11.19 所示的剖面，扫描结果见图 11.20。

（5）隐藏曲线及曲面

得到如图 11.21 所示的结果，设计完成。

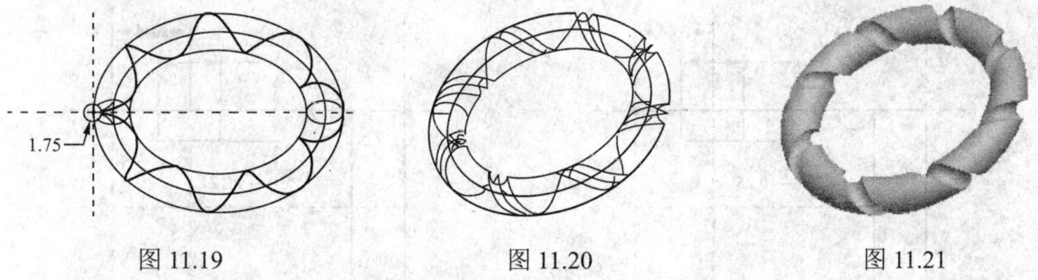

图 11.19　　图 11.20　　图 11.21

实例 4　设计如图 11.27 所示的零件。

（1）建立一个旋转实体特征

在 FRONT 面上绘制如图 11.22 所示的剖面，旋转结果见图 11.23。

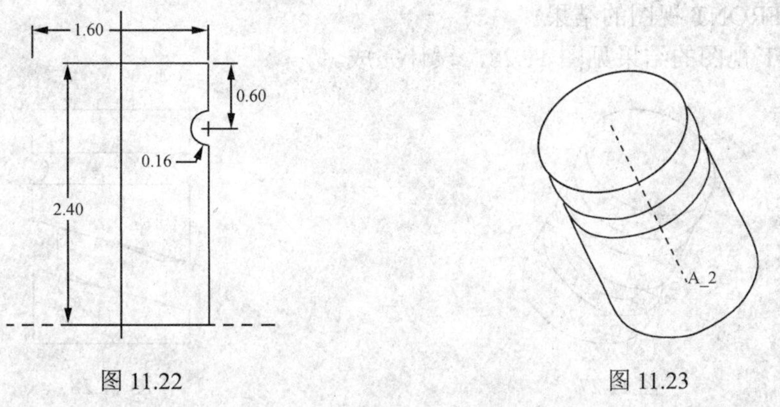

图 11.22　　图 11.23

（2）建立一个基准图形特征

选择主菜单中的“插入”→“模型基准”→“图形”命令，输入图形名 gr，进入图形绘制界面，绘制如图 11.24 所示的图形。

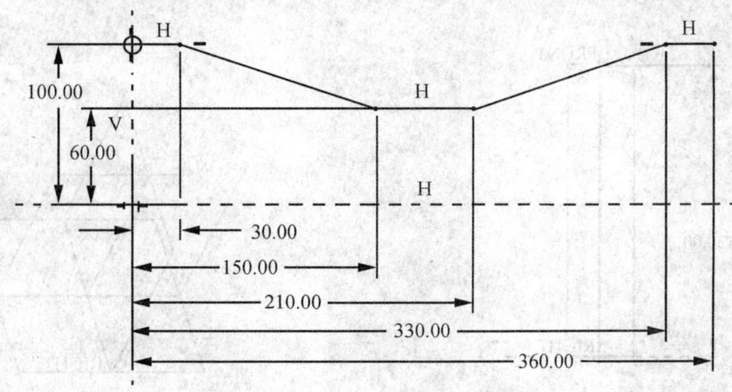

图 11.24

（3）建立一个可变截面扫描特征

指定顶部圆周为原点轨迹，指定底部圆周为X-轨迹。

绘制如图 11.25 所示的剖面，加入关系式：sd11=evalgraph("gr",trajpar*360)/100，参见图 11.26。

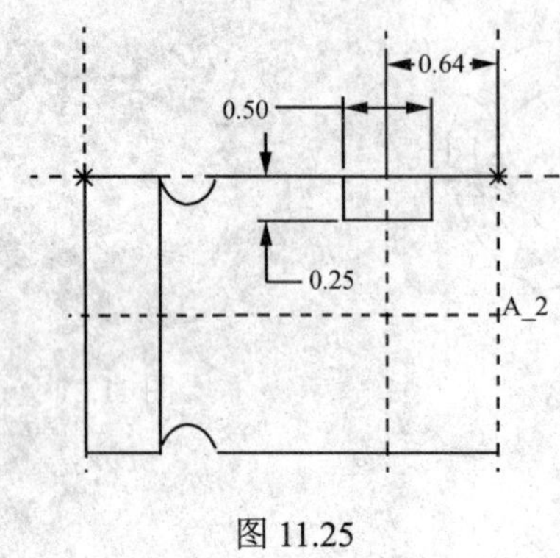

图 11.25

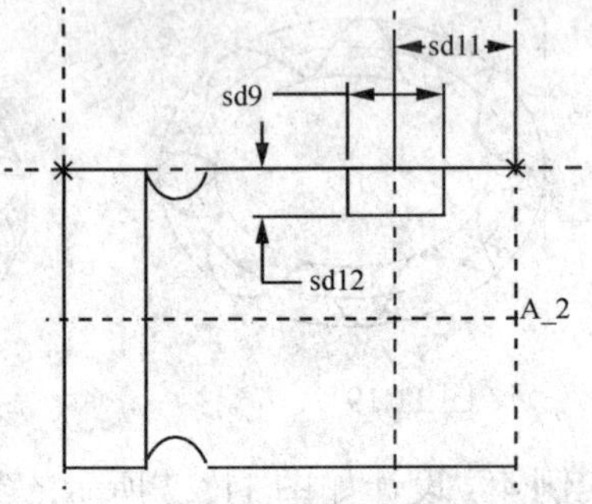

图 11.26

完成草绘图。扫描结果见图 11.27。

（4）FRONT 视图的结果

FRONT 视图的结果见图 11.28，设计完成。

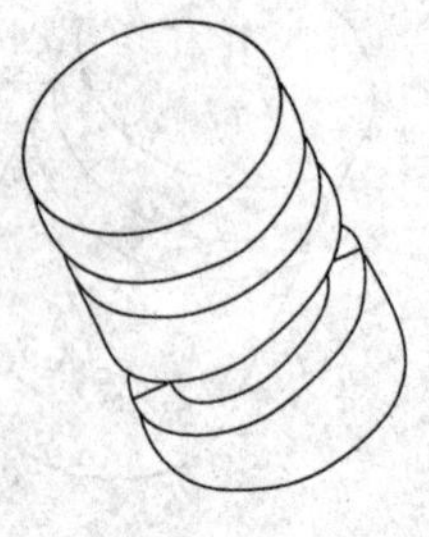

图 11.27

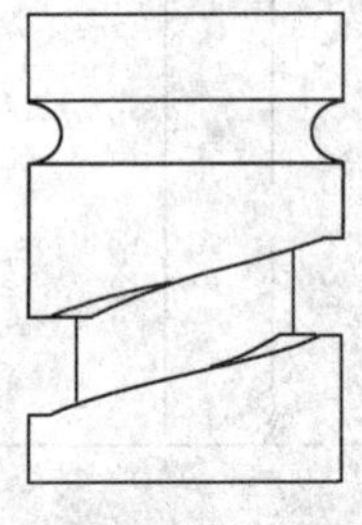

图 11.28

实例 5 设计如图 11.44 所示的零件。

（1）建立第一条曲线特征

在 FRONT 面绘制一直线，见图 11.29、图 11.30。

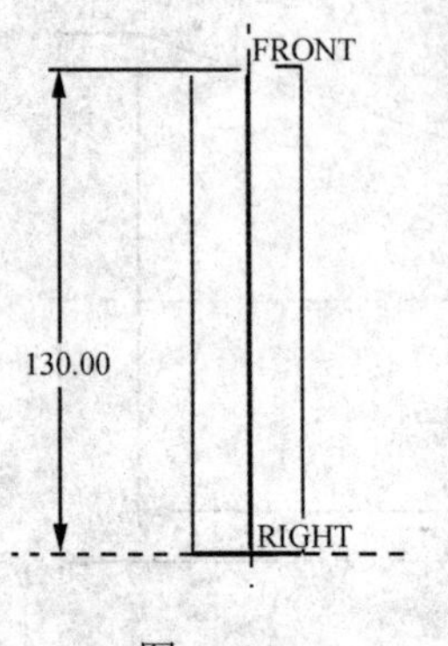

图 11.29

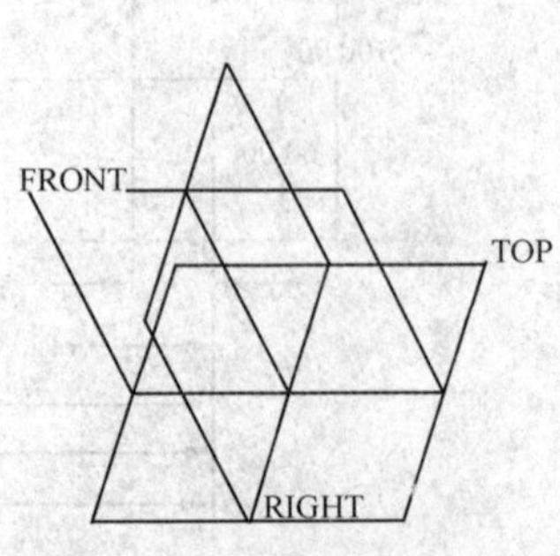

图 11.30

（2）建立第二条曲线特征

继续在 FRONT 面绘制一曲线，见图 11.31 和图 11.32。

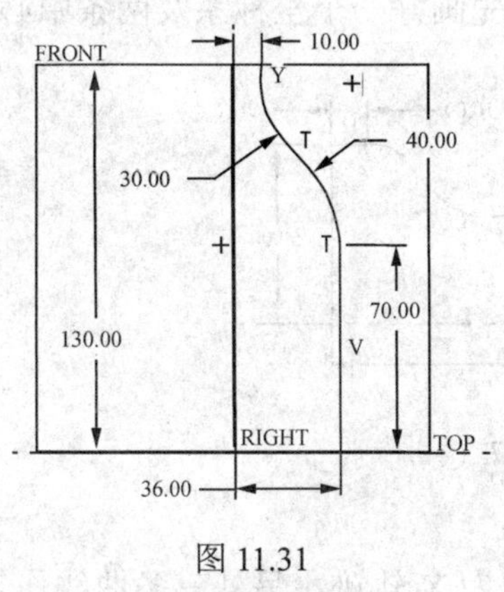

图 11.31

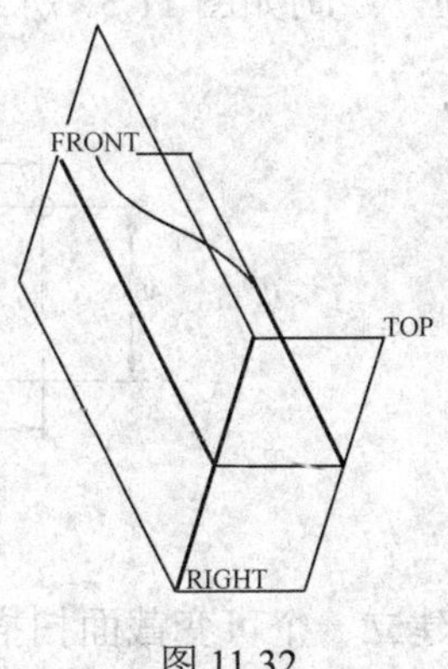

图 11.32

（3）建立第三条曲线特征

以 RIGHT 面作镜像面，镜像刚建立的曲线特征，结果见图 11.33。

（4）建立第四条曲线特征

在 RIGHT 面绘制一曲线，见图 11.34 和图 11.35。

（5）建立第五条曲线特征

以 FRONT 面作镜像面，镜像刚建立的曲线特征，结果见图 11.36。

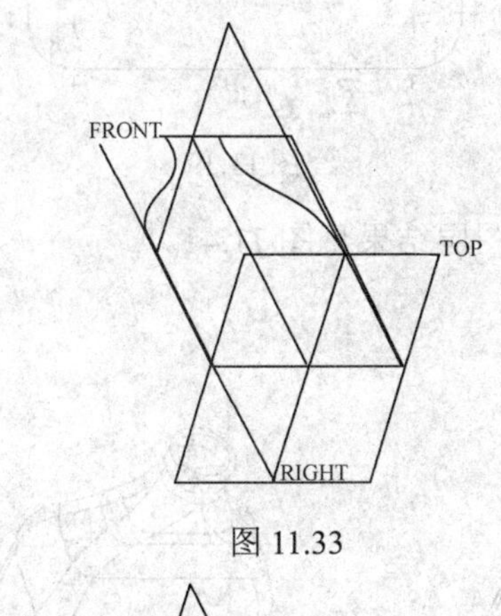

图 11.33

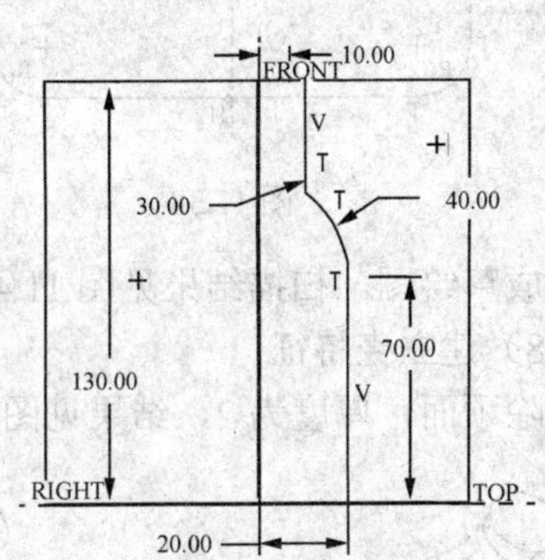

图 11.34

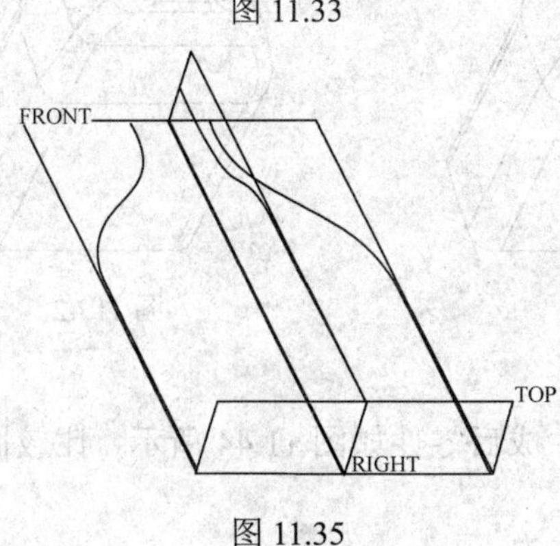

图 11.35

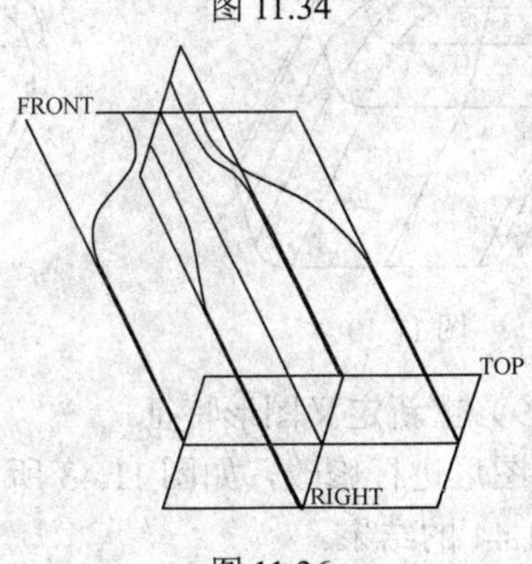

图 11.36

（6）建立一个基准图形特征

选择主菜单中的“插入”→“模型基准”→“图形”命令，输入图形名 r，进入图形绘制界面，绘制如图 11.37 所示的图形，注意先画好一个坐标系及两条中心线。

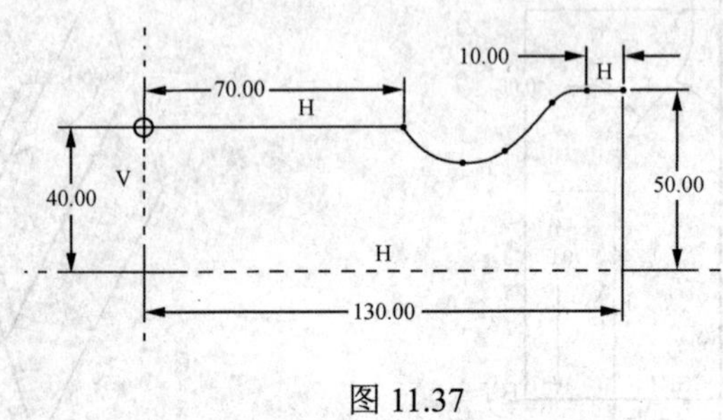

图 11.37

（7）建立一个可变截面扫描特征

指定第一条直线为原点轨迹，指定右边曲线为 X-轨迹，另外三条曲线作辅助轨迹。

绘制如图 11.38 所示的剖面，加入关系式：sd11=evalgraph("r",trajpar*130)/5，参见图 11.39。

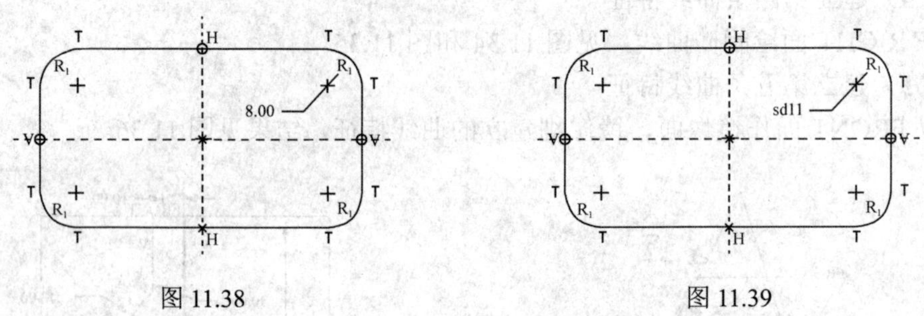

图 11.38　　图 11.39

完成草绘图。扫描结果见图 11.40，关闭曲线图层结果见图 11.41。

（8）建立壳特征

去除顶面，厚度为 2，结果见图 11.42。

图 11.40　　图 11.41　　图 11.42

（9）重新定义图形特征

将图形进行修改，如图 11.43 所示，重新生成后零件如图 11.44 所示，比较图 11.43 和图 11.44 的结果。

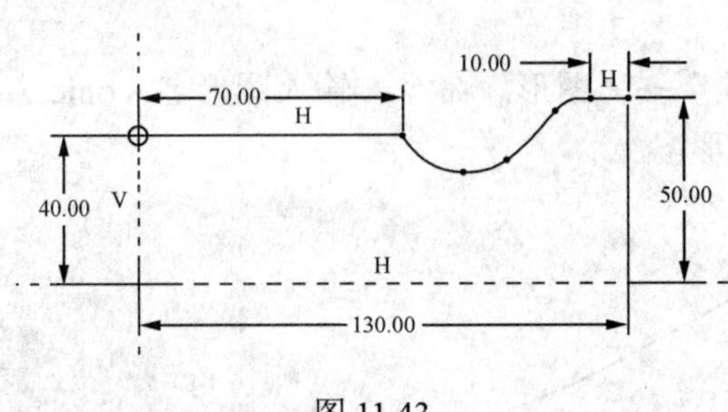

图 11.43

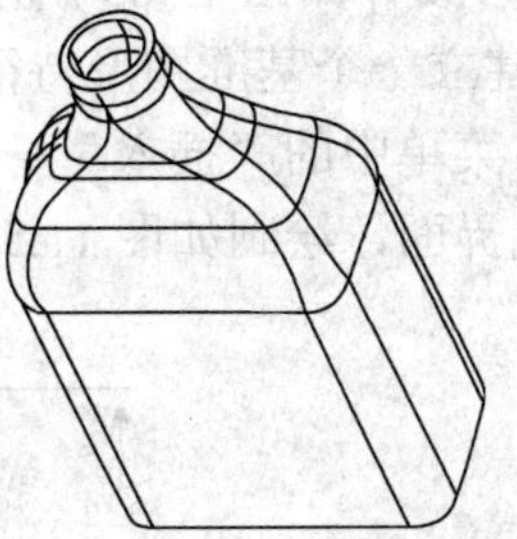

图 11.44

保存文件，设计完成

实例 6　设计如图 11.45 所示的零件。

（1）建立一个扫描混合特征

1）选择下拉主菜单“插入”→“扫描混合”命令。

2）在 FRONT 面上绘制如图 11.46 所示的轨迹。

3）分别以轨迹的两个端点及直线与圆弧的交点作草绘剖面控制点，分别插入并草绘剖面，第一个剖面见图 11.47，第二个剖面见图 11.48，第三个剖面在局部坐标系上绘制一个点，Z 轴的旋转角均为 0，结果如图 11.49 所示。改变第三个剖面的相切条件为平滑，结果见图 11.45。

4）保存文件，设计完成。

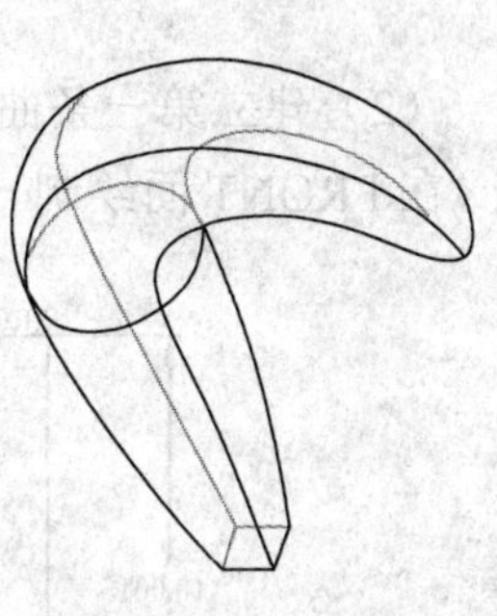

图 11.45

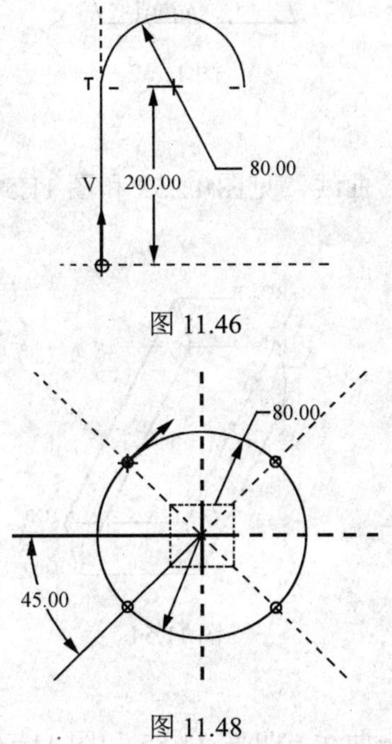

图 11.46

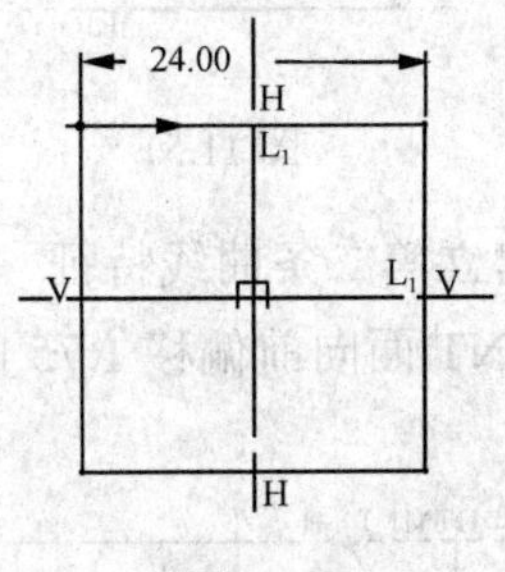

图 11.47

图 11.48

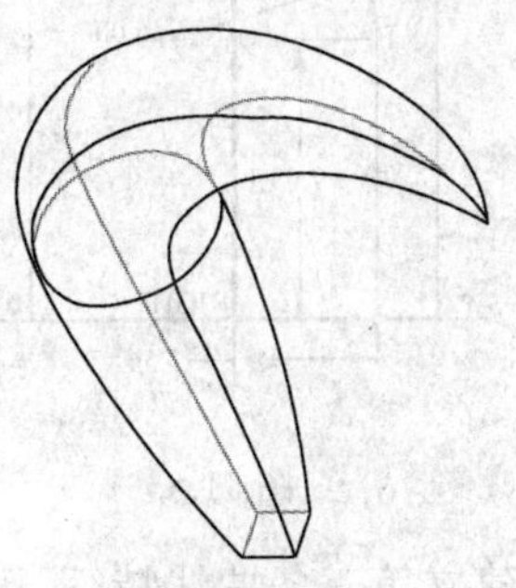

图 11.49

实例 7 设计如图 11.85 所示的零件。

（1）建立一个基准图形特征

选择主菜单中的“插入”→“模型基准”→“图形”命令，输入图形名 conic，进入图形绘制界面，绘制如图 11.50 所示的图形。

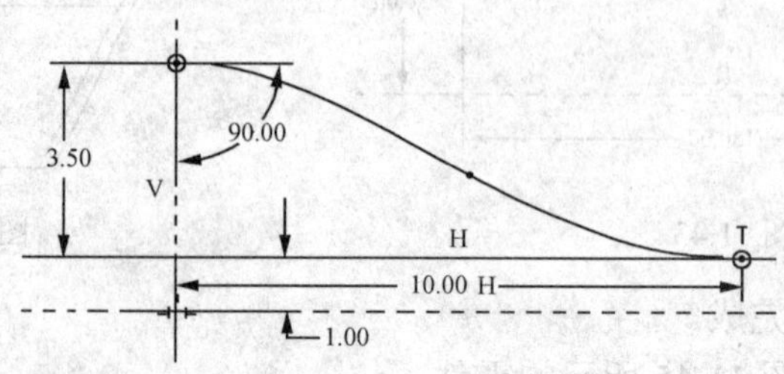

图 11.50

（2）建立第一条曲线特征

在 FRONT 面绘制一直线，见图 11.51 和图 11.52。

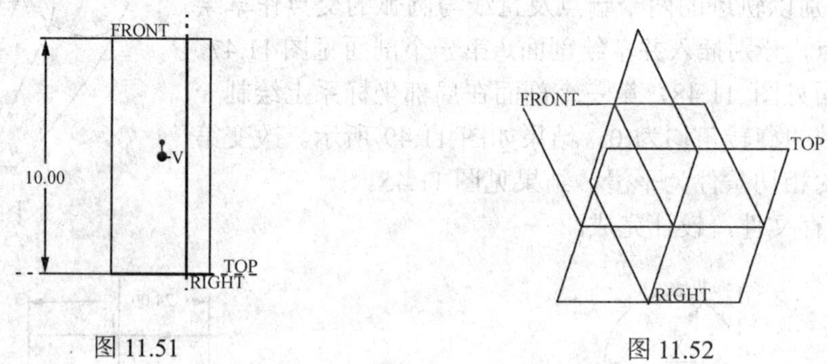

图 11.51 图 11.52

（3）建立第二条曲线特征

在 FRONT 面向前偏移 1.75 的基准面上绘制一曲线，见图 11.53 和图 11.54。

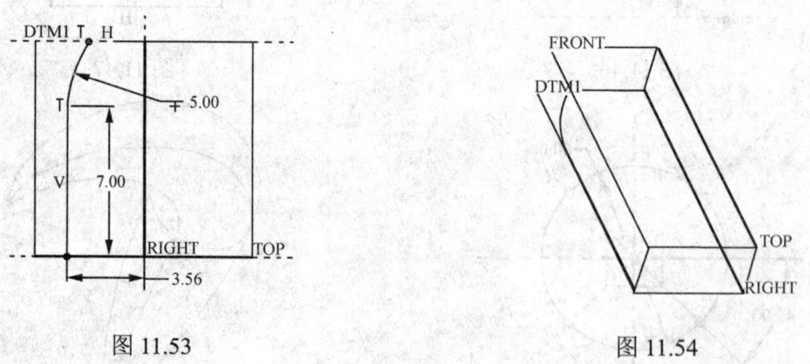

图 11.53 图 11.54

（4）建立第三条曲线特征

在 FRONT 面向前偏移 1.63 的基准面上绘制一曲线，见图 11.55 和图 11.56。

（5）建立一个可变截面扫描特征

指定第一条直线为原点轨迹，指定右边曲线为 X-轨迹，另外一条曲线作辅助轨迹。绘制如图 11.57 所示的剖面，完成草绘图。扫描结果见图 11.58。

（6）以 FRONT 面为镜像面镜像刚建立的曲面特征

结果见图 11.59。

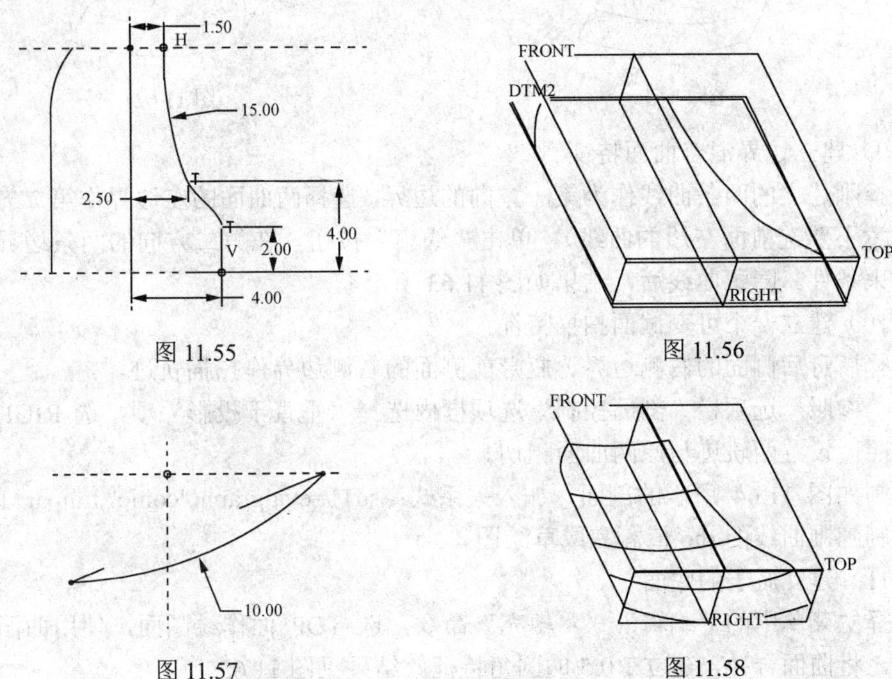

图 11.55　　图 11.56

图 11.57　　图 11.58

（7）建立经过两点的曲线特征

选两曲面左上两点，在特征对话框中选择“相切”项来进行定义，选择如图 11.60、图 11.61 所示的相切边及相切方向。

（8）用相同的方式建立下面的曲线

结果见图 11.62。

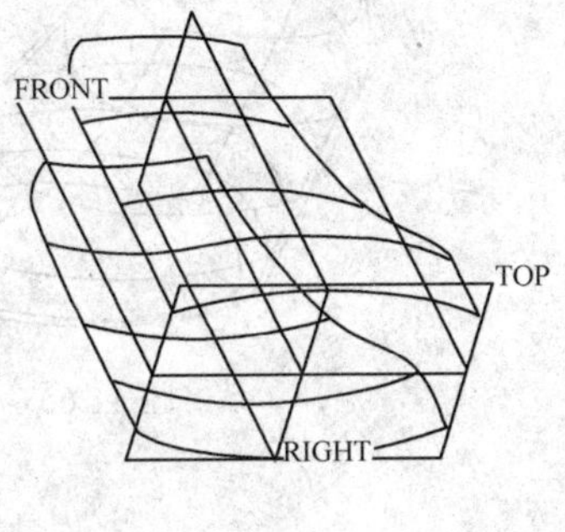

图 11.59

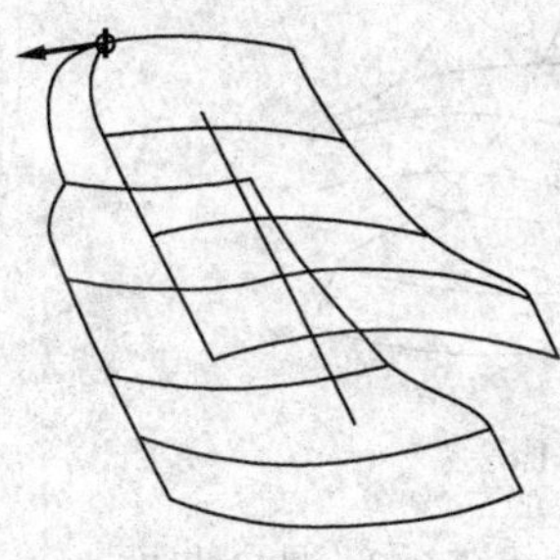

图 11.60

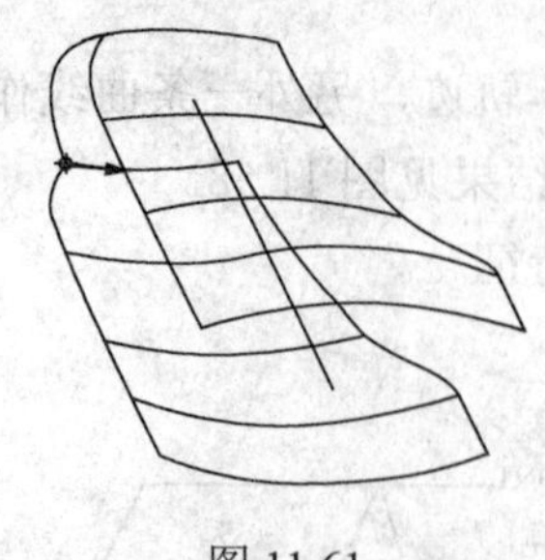
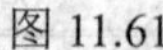
图 11.61

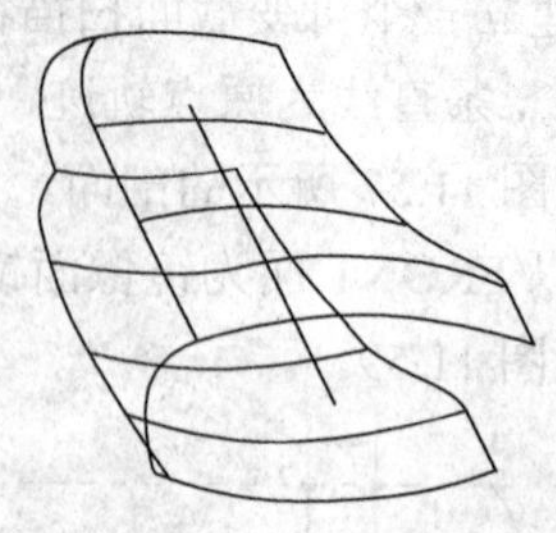
图 11.62

（9）建立边界混合曲面特征

选择刚建立的两条曲线作为第一方向的边界，选择两曲面的左边界作第二方向的边界（注意不要选前面左边的曲线）。单击“约束”按钮，在第二方向的两条边界上加上切线约束条件。隐藏曲线后，结果如图 11.63 所示。

（10）建立一个可变截面扫描特征

选择瓶身后侧面的右侧边界、瓶身前侧面的右侧边界作扫描轨迹。

在“参照”选项栏“剖面控制”选项框内选择“垂直于投影”项，选 RIGHT 面作方向参照，设置两轨迹与原两曲面相切。

绘制如图 11.64 所示的剖面，加入关系式：sd11=evalgraph("conic",trajpar*10)/10，用来控制圆锥曲线的 rho 值。完成草绘图。

（11）建立瓶子的底面

选择主菜单中的“编辑”→“填充”命令，选 TOP 面作绘图面，使用曲面底部的四条边，将曲面合并，建立 R0.5 的圆角特征。结果见图 11.65。

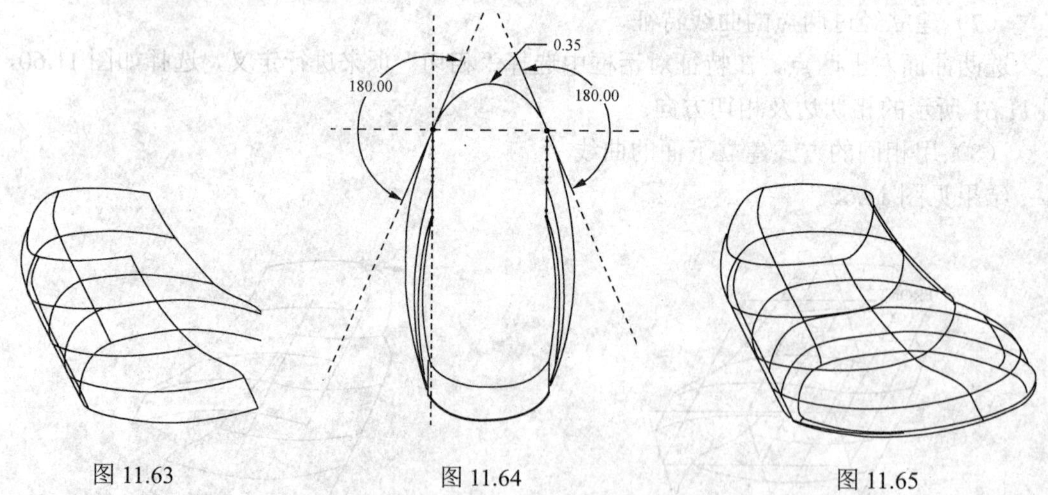

图 11.63　　图 11.64　　图 11.65

（12）建立颈部混合曲面

用使用边及边偏移工具绘制两截面，见图 11.66。输入两截面之间的深度 0.375，结果如图 11.67 所示。

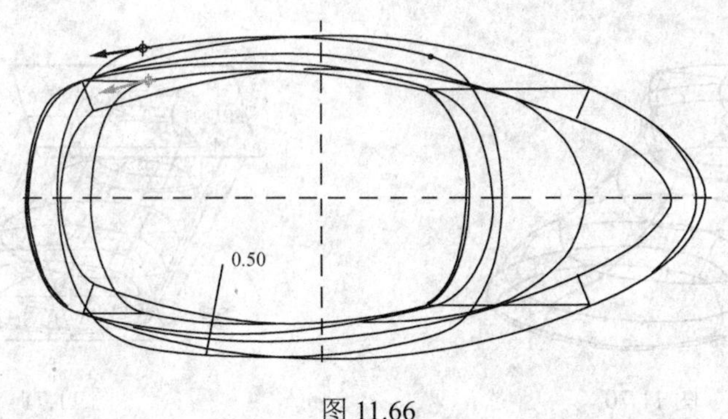

图 11.66

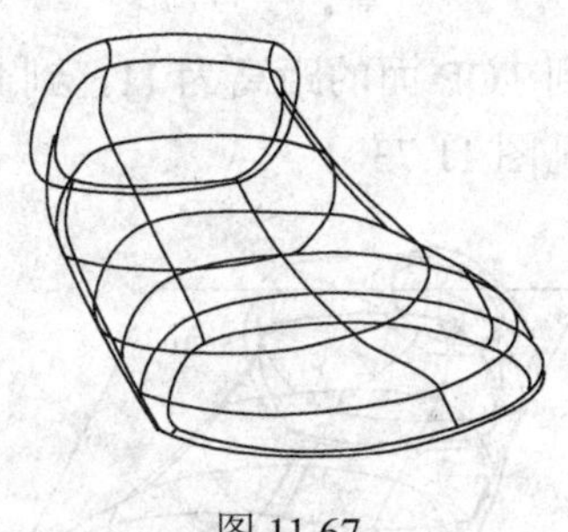

图 11.67

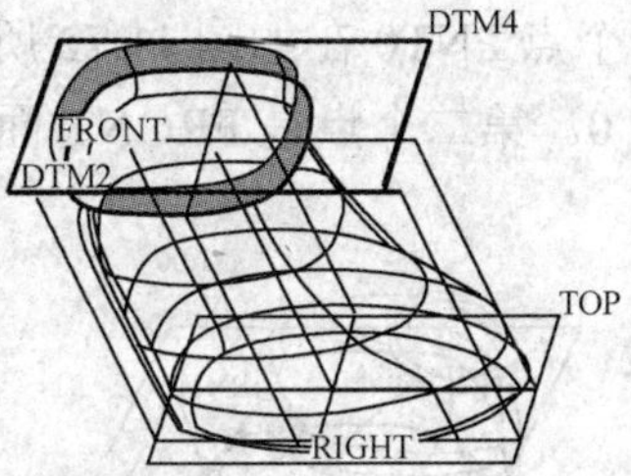

图 11.68

（13）延伸曲面

选中混合曲面的上边界，选择主菜单中的“编辑”→“延伸”命令，延伸至 TOP 面偏移 11.5 的基准面，见图 11.68。

（14）建立上部混合曲面

用使用边工具绘制第一截面，第二个截面见图 11.69。输入两截面之间的深度 1，结果如图 11.70 所示。

（15）再延伸曲面

选中混合曲面的上边界，选择主菜单中的“编辑”→“延伸”命令，延伸至 TOP 面偏移 13 的基准面，见图 11.71。

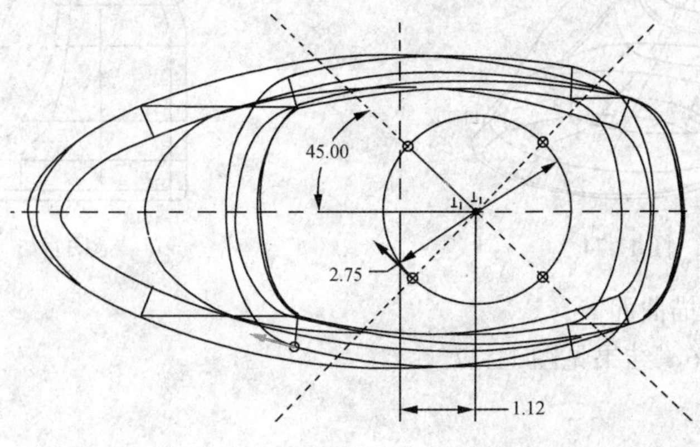

图 11.69

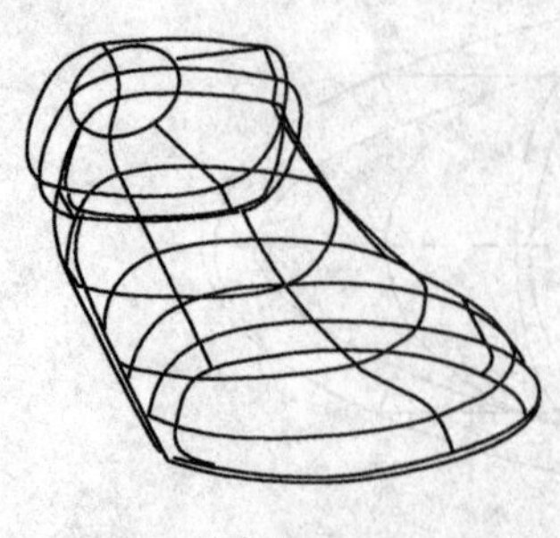

图 11.70

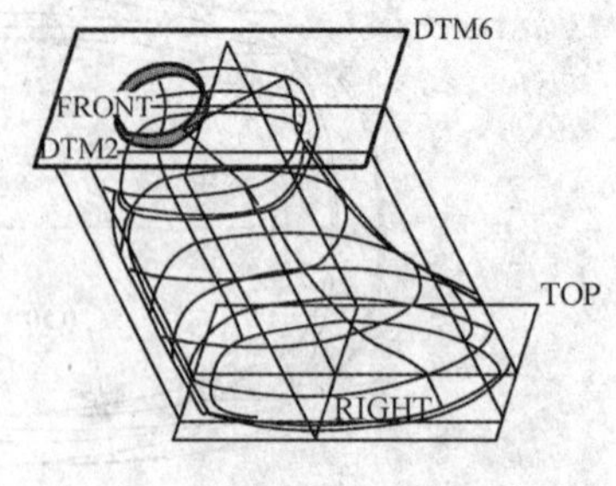

图 11.71

（16）建立两个参考点特征

第一个点 PNT0 在如图 11.72 所示的曲面上，到 TOP 面的距离为 11，到 FRONT 面的距离为 0。第二个点是 FRONT 面与边的交点，见图 11.73。

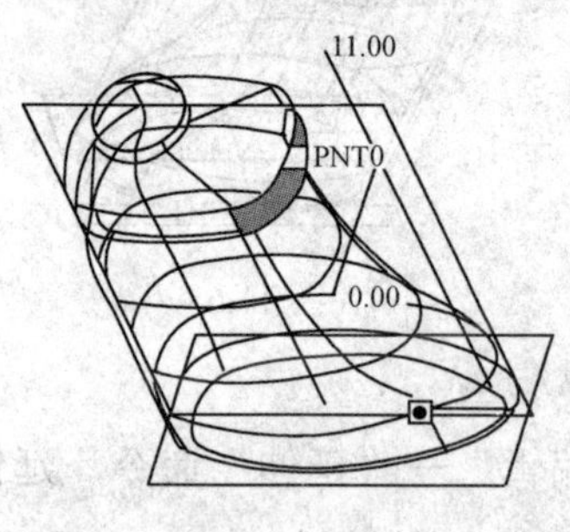

图 11.72

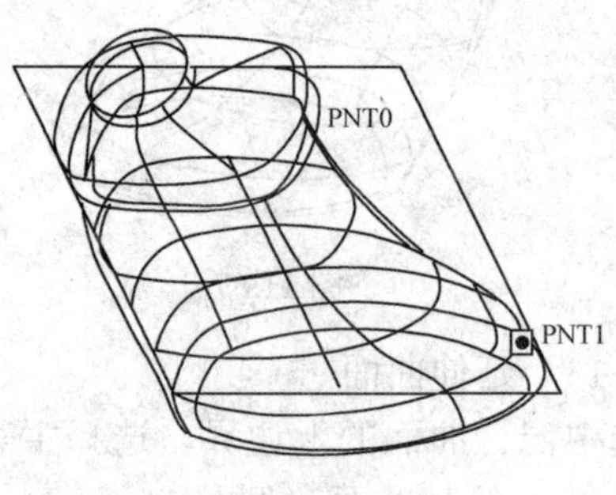

图 11.73

（17）建立把手的外形线

用“通过点”命令建立曲线特征，在 PNT0 点与曲面垂直，在 PNT1 点与下部曲面相切，见图 11.74 和图 11.75。

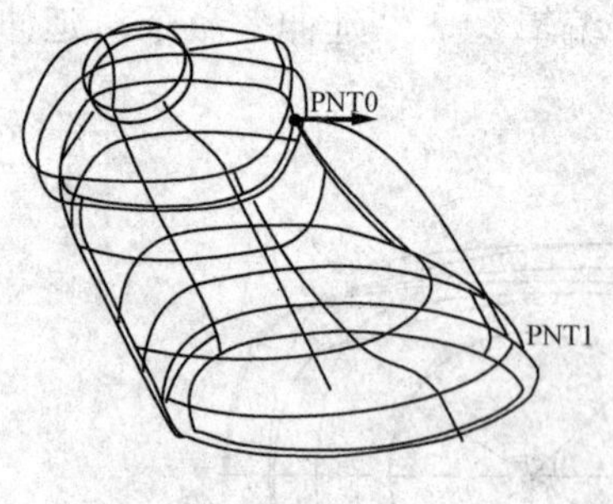

图 11.74

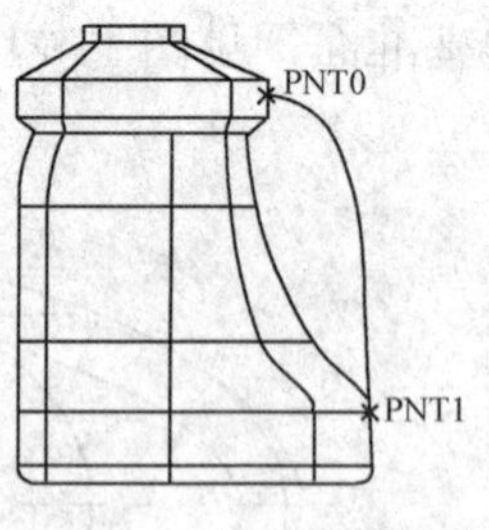

图 11.75

（18）建立扫描曲面

剖面见图 11.76，结果见图 11.77。

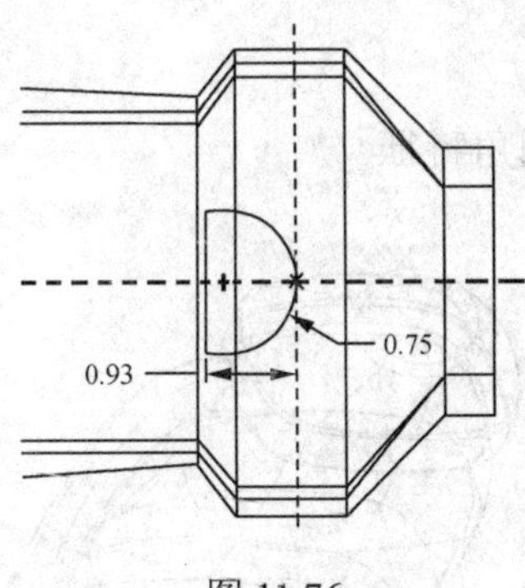

图 11.76

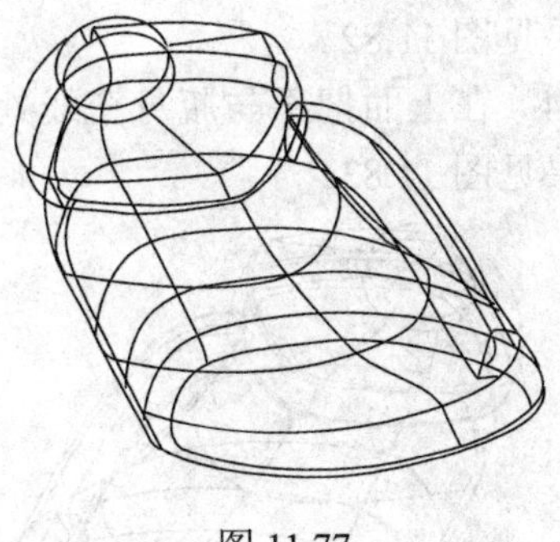
图 11.77

（19）延伸曲面至 RIGHT 面

结果见图 11.78。

（20）合并所有曲面

结果见图 11.79。

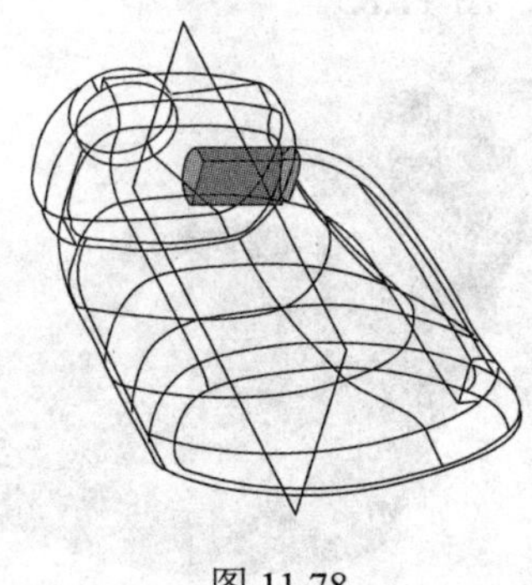
图 11.78

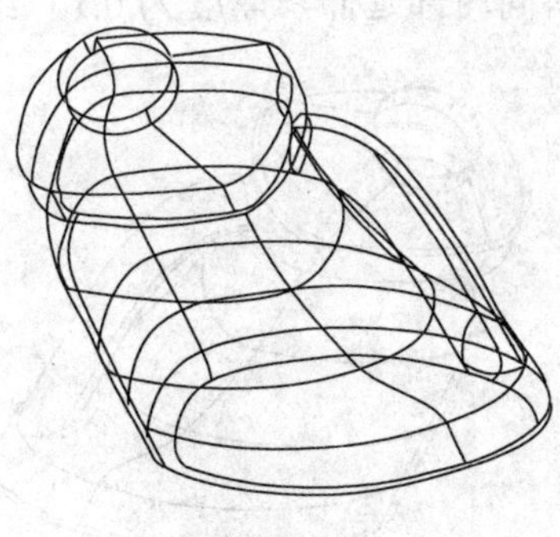
图 11.79

（21）在把手的内边界线建立 R0.3 的圆角特征

结果见图 11.80。

（22）在下面把手与瓶身交线处建立 R0.2 的圆角特征

结果见图 11.81。

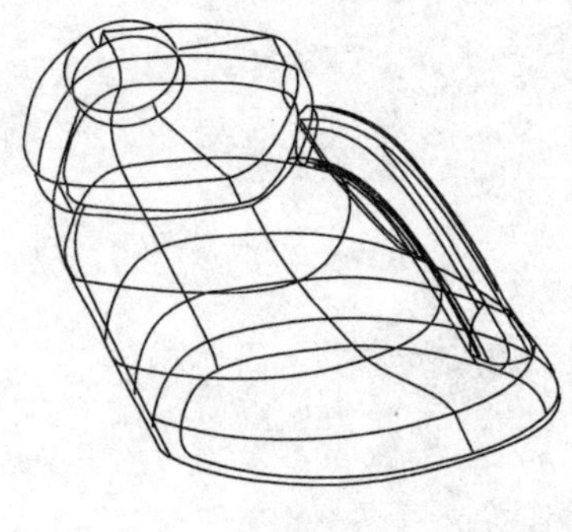
图 11.80

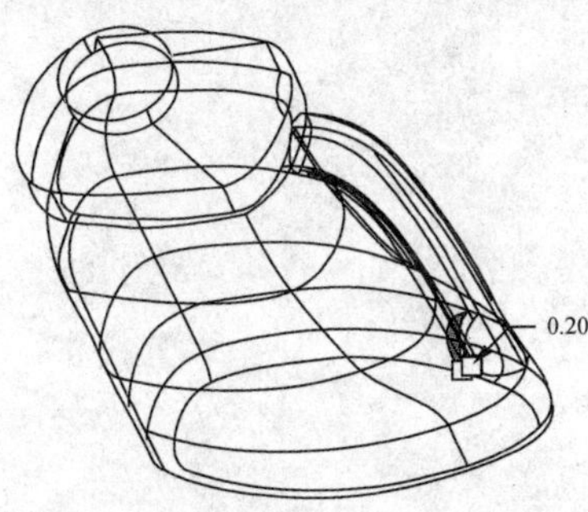

图 11.81

（23）在瓶颈部边界线处建立 R0.2 的圆角特征

结果见图 11.82。

（24）在上面把手与瓶身交线处建立 R0.2 的圆角特征

结果见图 11.83。

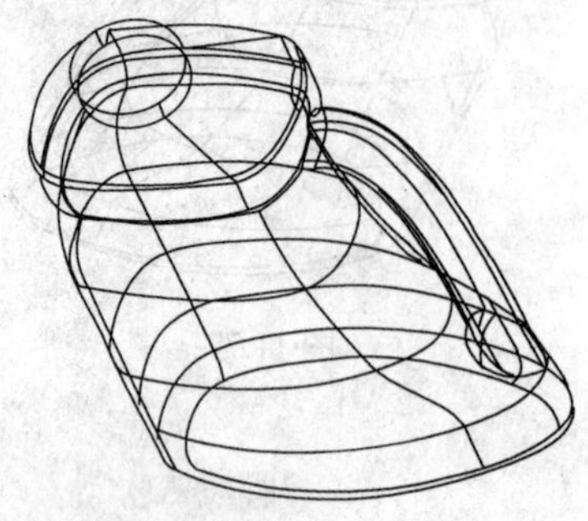

图 11.82

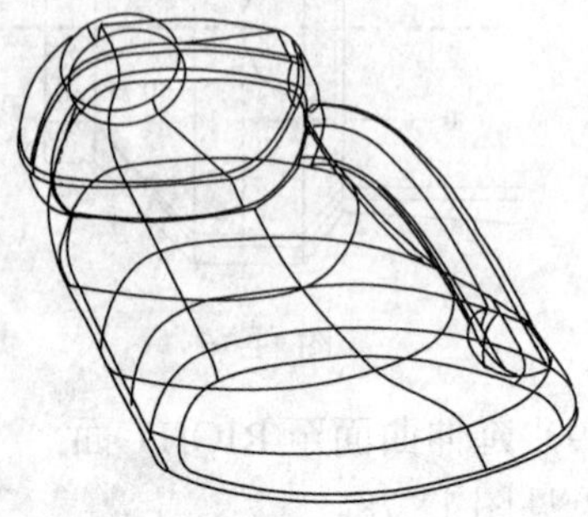

图 11.83

（25）建立薄壳特征

材料向内部延伸，厚度为 0.1，结果见图 11.84、图 11.85。

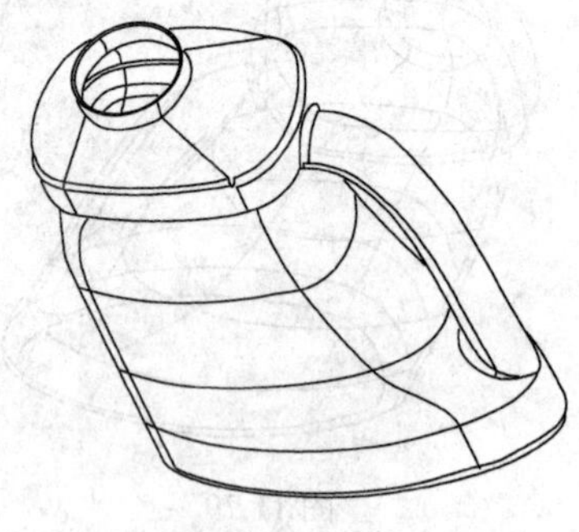

图 11.84

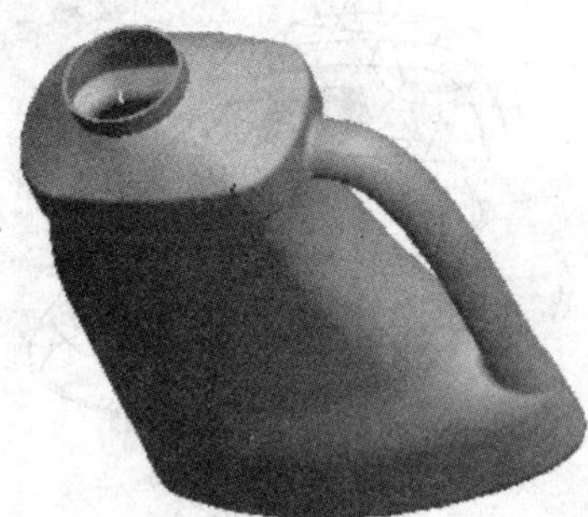

图 11.85

保存文件，设计完成。

项目 12

特征的编辑

学习目标

- 了解添加工具按钮的方法。
- 掌握曲线的复制与粘贴、移动与旋转（选择性粘贴）、偏移、镜像、裁剪、投影、包络等操作。
- 掌握曲面的复制与粘贴、移动与旋转（选择性粘贴）、偏移、镜像、合并、裁剪、延伸等操作、。
- 掌握特征的复制、移动与旋转（选择性粘贴）、镜像、阵列等操作。

在零件设计过程中，可以对已有的特征进行操作以产生新的特征，也可以对已有的特征进行编辑。

本章要介绍的内容主要有特征的基本操作（包括特征的复制、镜像、偏距和移动）、曲线与曲面的合并与裁剪、曲面与实体的操作（包括薄壁实体与曲面变实体）、填充曲面、特征的阵列等操作。

在下拉菜单“编辑”项中有特征操作命令，如图 12.1 所示。

在主窗口的顶部及右侧有部分相应的工具按钮，如图 12.2 所示。

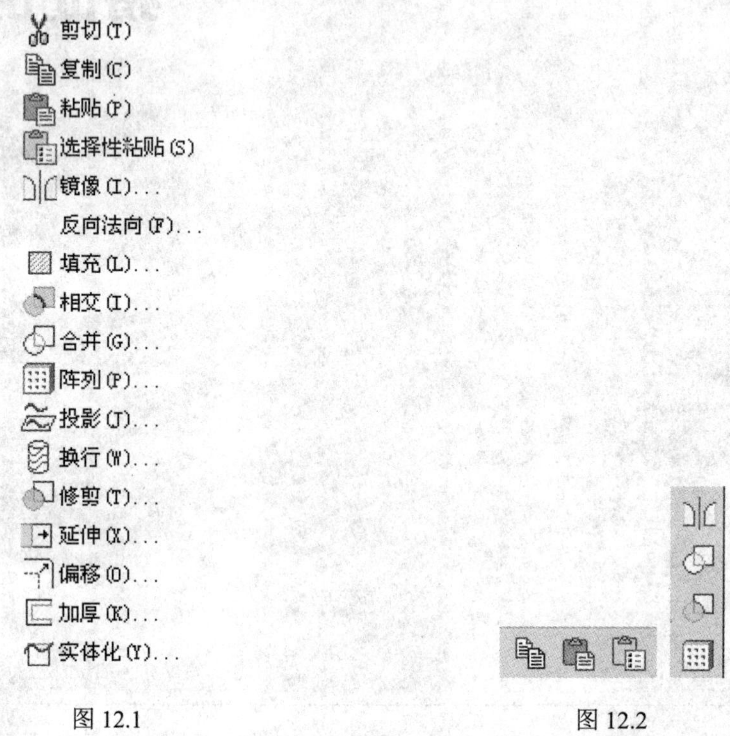

图 12.1　　图 12.2

如果需要更多的工具按钮，可以按一定的步骤添加工具按钮，下面首先介绍添加工具按钮的步骤。

12.1　添加工具按钮

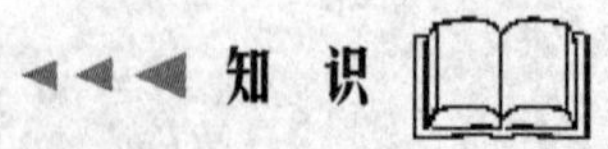

Pro/ENGINEER 可以在操作界面中增加工具按钮，下面就以将特征编辑添加到工具栏中为例说明如何添加工具按钮。

1）建立一个新文件，选择主菜单中的“工具”→“定制屏幕”命令，打开“定制”对话框，如图 12.3 所示。

2）选择“命令”项下左边“目录”栏中的“编辑”项，则在右边“命令”栏中出现“编辑”工具中所有的工具按钮，如图 12.3 所示。

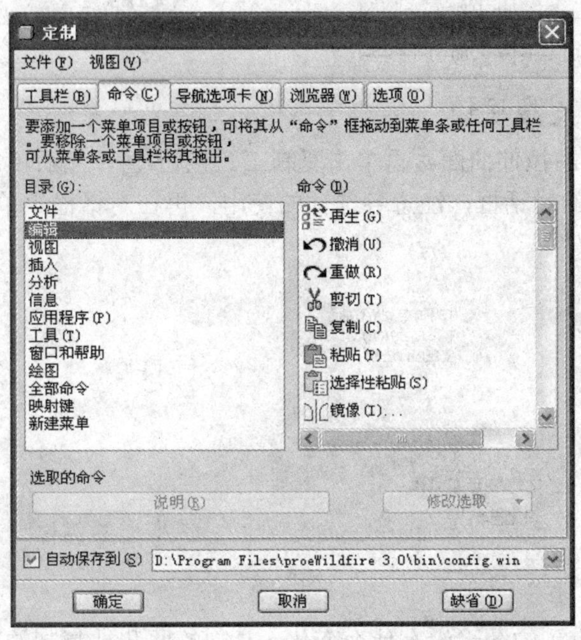

图 12.3

3）可以用鼠标按住图 12.3 中的工具按钮，然后再拖动鼠标，在合适的位置松开鼠标，就可以将图 12.3 中的工具按钮添加到工具栏中来，注意松开鼠标的位置一定要合适，否则就添加不上。

4）再在“定制”对话框中单击“确定”按钮完成保存。

其他工具按钮的添加也可以参照以上步骤进行。

■ 12.2　复制与粘贴 ■

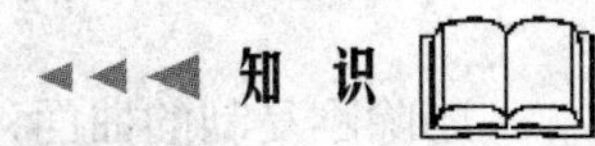

这里介绍曲面和曲线的复制和粘贴，下面通过实例来说明这些操作。

12.2.1　曲面的复制与粘贴

1）建立新文件：输入新文件名 chapter12_ex1，使用公制单位模板。

2）建立第一个拉伸曲面特征：选 TOP 面作绘图面，绘制如图 12.4 所示的剖面，输入两边对称深度 150，单击 ✔ 按钮完成特征的建立，得到如图 12.5 所示的结果。

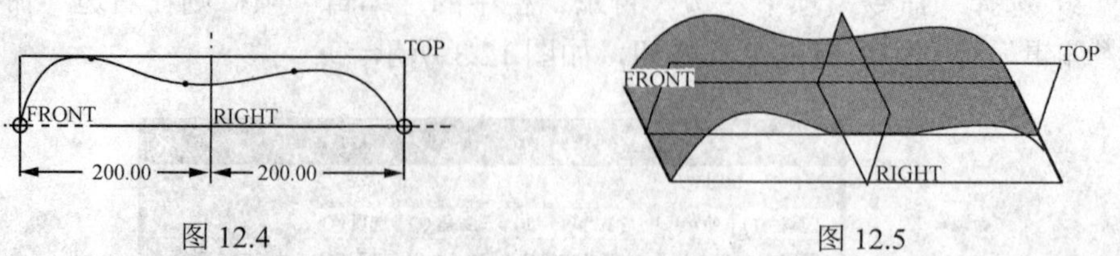

图 12.4　　图 12.5

3）选中刚建立的拉伸曲面，再单击复制工具按钮，然后单击粘贴工具按钮，得到如图 12.6 所示的对话框，注意各选项的使用，再在对话框中单击按钮完成曲面的复制。

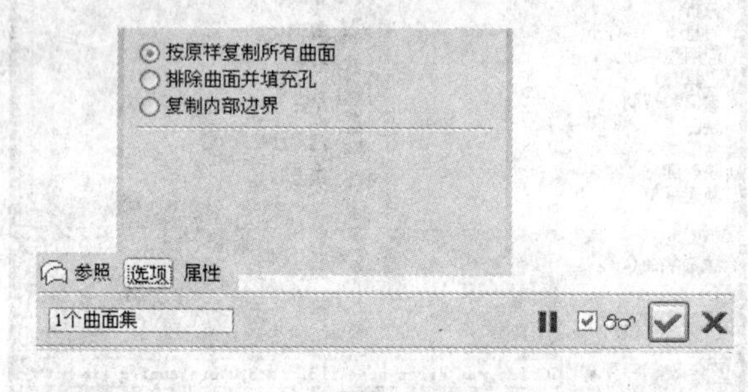

图 12.6

此时在主窗口看到的图形没有什么变化，复制的面和被复制的面是重叠的，在特征树中可以看到新的复制曲面，如图 12.7 所示。

曲面的复制可以复制原有的曲面，也可以把实体的表面复制成曲面。选中的曲面以透明红色显示，如图 12.5 所示；如果选中的是曲面特征，粘贴后进入拉伸特征控制对话框，如图 12.7 所示。

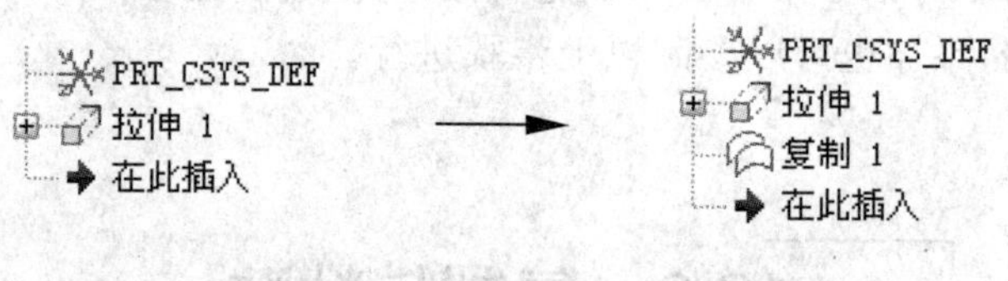

图 12.7

12.2.2　曲线的复制与粘贴

删除刚复制的曲面，选中拉伸曲面上边，见图 12.8，再单击复制工具按钮，然后单击粘贴工具按钮，图形变化成图 12.9，同时得到如图 12.10 所示的对话框，注意各选项的使用，再在对话框中单击按钮完成曲线的复制。

曲线类型包括精确和逼近。“精确”项是将原有曲线完全复制下来，“逼近”项是以一条曲率连续的样条线来逼近数条连接在一起且相切的曲线，在主窗口也看不到图形有什么变化，复制的曲线和被复制的曲线是重叠的，在特征树中可以看到新的复制曲线。

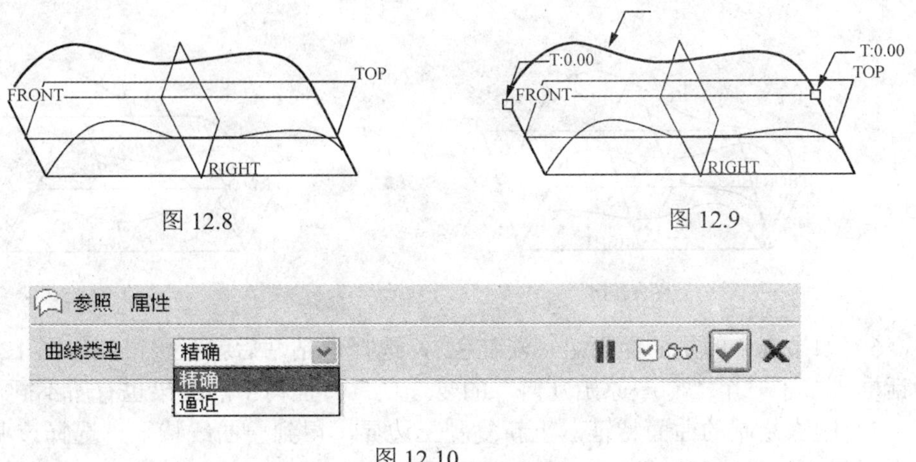

图 12.8

图 12.9

图 12.10

12.3 移动与旋转（选择性粘贴）

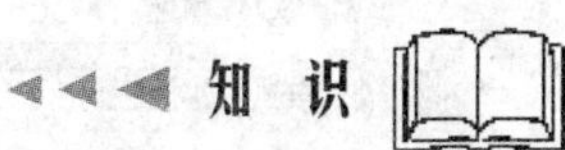

1）删除上面复制的曲线，选择刚拉伸的曲面特征，再单击“复制”工具按钮，然后图 12.11 单击“选择性粘贴”工具按钮，得到如图 12.11 所示的“选择性粘贴”对话框，选择“对副本应用移动/旋转变换”复选项，单击“确定”按钮得到如图 12.12 所示的对话框。

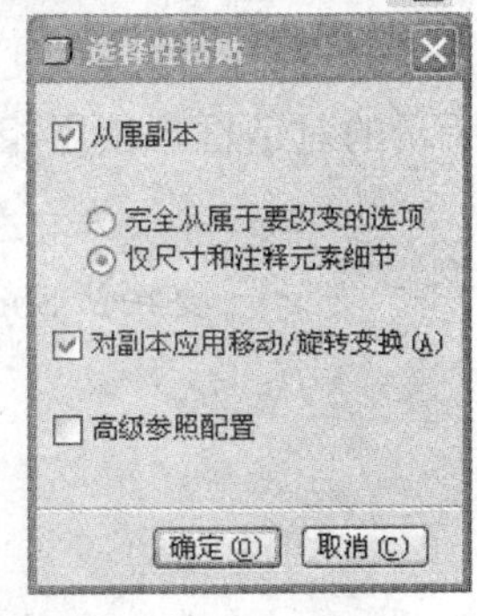

图 12.11

2）选择 RIGHT 面作移动方向参考，输入移动距离 70。

3）单击按钮，完成曲面的移动，结果如图 12.13 所示。

4）在如图 12.12 所示的对话框中选择旋转变换，并选择曲面左边边界作旋转参照，输入旋转角度 30，得到如图 12.14 所示的结果。

5）如果有移动变换又有旋转变换，就可以得到如图 12.15 所示的结果。

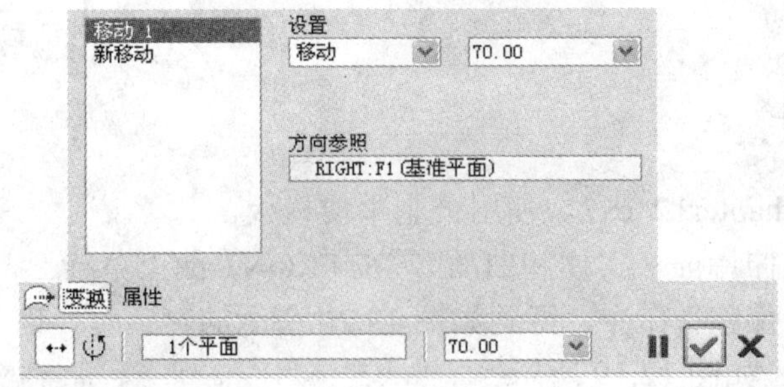

图 12.12

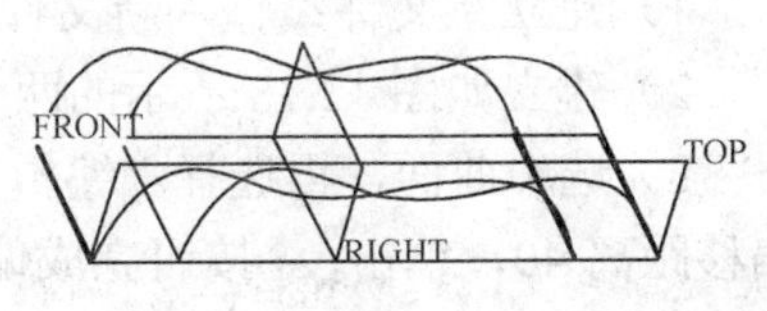

图 12.13

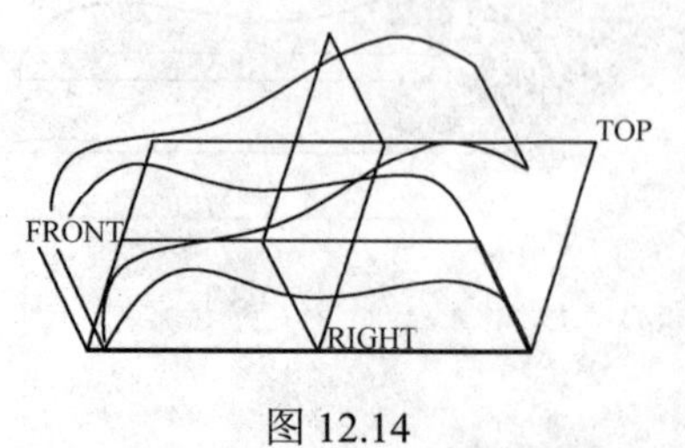

图 12.14

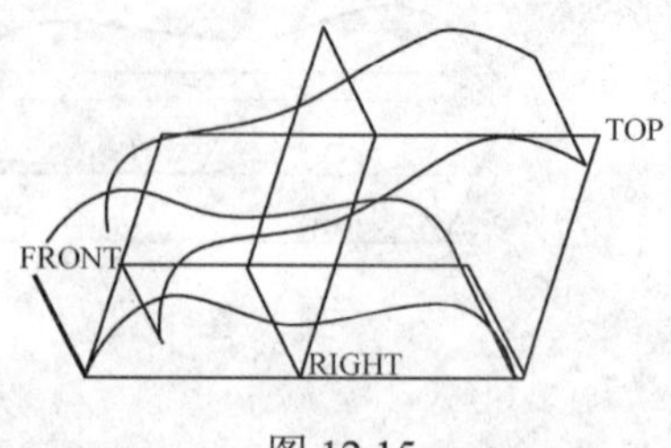

图 12.15

6）如果选中的是曲面面组（淡红色），选择性粘贴后就直接得到如图 12.16 所示的对话框，多了一个“隐藏原始几何”的复选项，特征树中的结果也有所不同。

7）删除复制的曲面特征，重新复制上边界，得到一曲线特征，选择该曲线特征，单击“复制”、“选择性粘贴”项后得到如图 12.17 所示的“选择性粘贴”对话框。

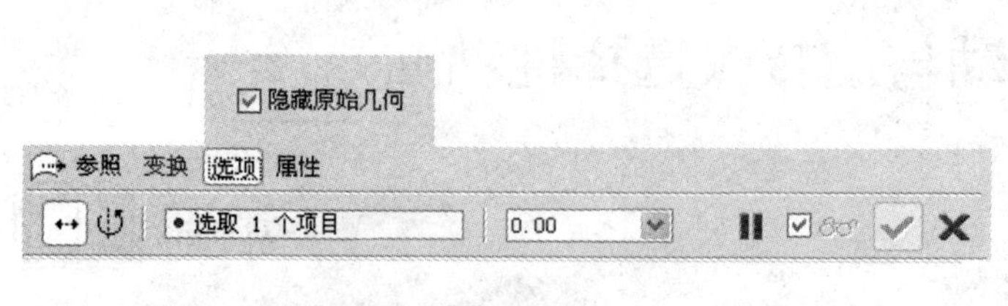

图 12.16

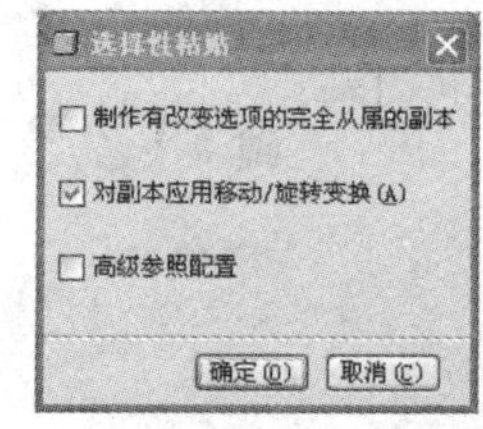

图 12.17

8）选择“对副本应用移动/旋转变换”复选项，单击“确定”按钮，得到如图 12.12 所示的对话框，使用相同的方法实现曲线的移动和旋转。

只有选择曲线特征才能使用选择性粘贴；在复制多条线段组成的曲线时，要按住 Shift 键来实现整体选择。

■ 12.4 偏　　移 ■

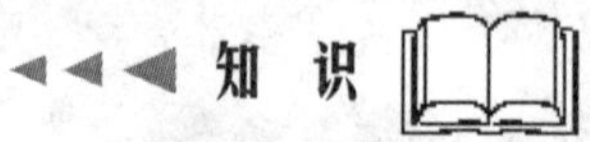

12.4.1 曲面与实体表面的偏移

1）建立新文件：输入新文件名 chapter12_ex2，使用公制单位模板。

2）建立如图 12.18 所示的两个拉伸特征（实体和曲面），在 FRONT 面上草绘。

3）选中曲面，再选择“编辑”、“偏移”命令，得到如图 12.20 所示的对话框，输入偏移距离 40，单击 ✔ 按钮完成偏移，如图 12.19 所示。

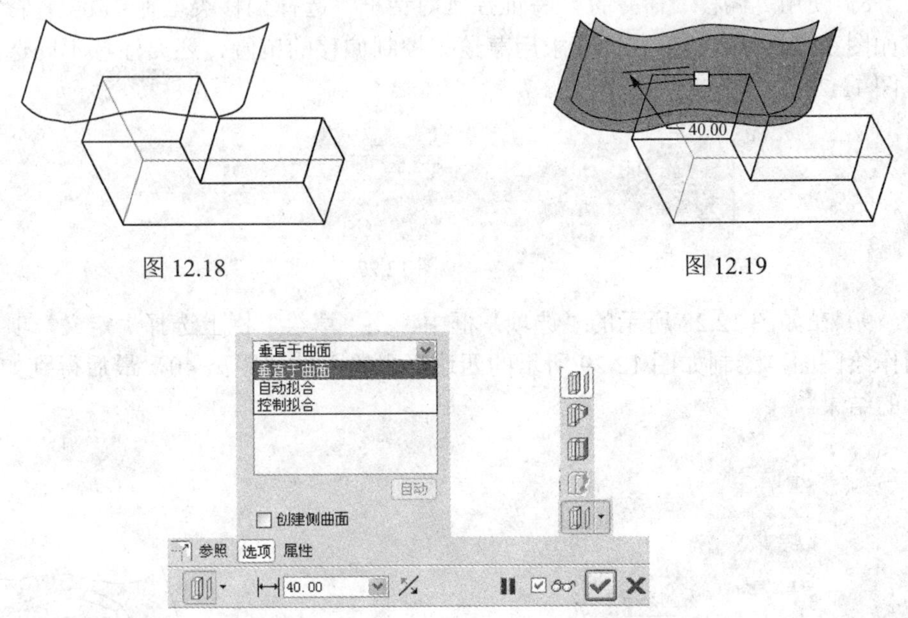

图 12.18　　图 12.19

图 12.20

4）选中实体右侧面偏移 30 可以得到如图 12.21 所示的结果。

5）删除所有的偏移面，选中实体上顶面，如图 12.22 所示，使用偏移命令打开特征控制对话框，单击偏移类型按钮（此偏移类型只能在偏移实体表面时才被激活），再选曲面就得到如图 12.23 所示的替代结果。

6）选择实体右边两个表面，见图 12.24，使用偏移命令打开特征控制对话框，单击偏移类型按钮，输入偏移距离 60，结果见图 12.25，注意对话框中的不同选项："垂直于曲面"、"整个区域"，也可以用"草绘区域"选项控制偏移的范围。

7）删除其他特征，只保留两个拉伸特征，选中曲面，见图 12.26。

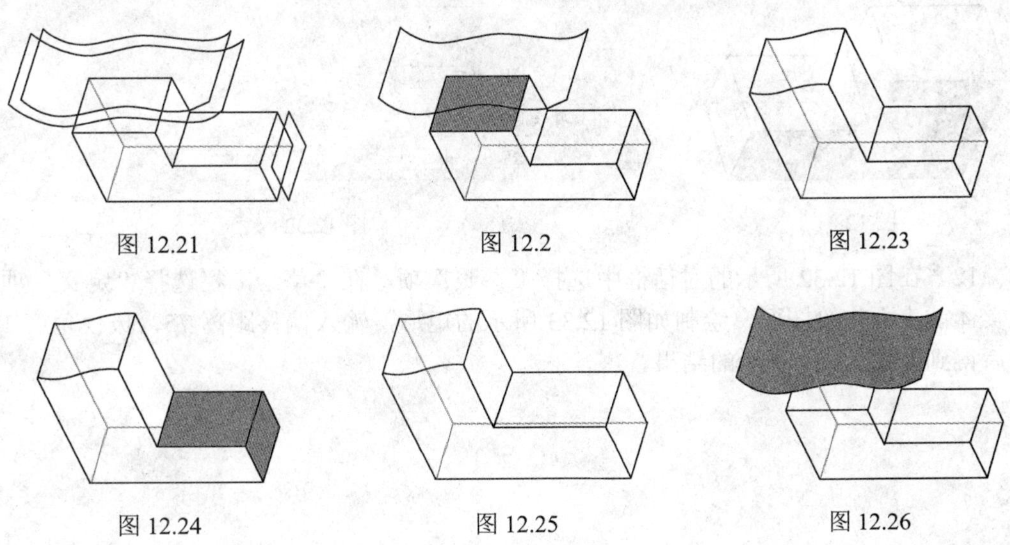

图 12.21　　图 12.2　　图 12.23

图 12.24　　图 12.25　　图 12.26

8）使用“偏移”命令打开特征控制对话框，选择偏移类型按钮，特制对话框变成如图 12.27 所示的形式，要求用草绘来控制偏移的范围，还要注意不同选项的使用，见图 12.28。

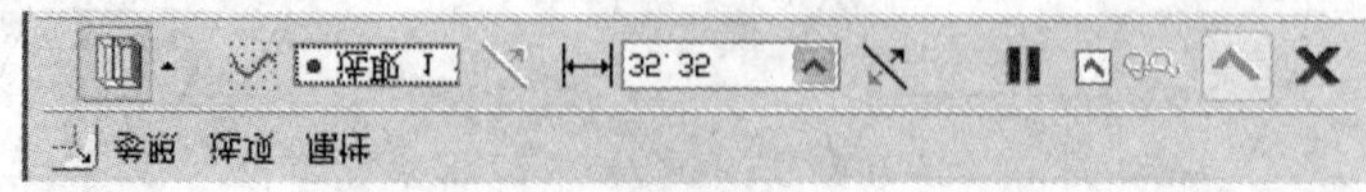

图 12.27

9）在如图 12.28 所示的“选项”框中，在“草绘”栏上选择“定义”项，以实体顶面作绘图面，绘制如图 12.29 所示的四边形，输入偏移距离 40，最后得到如图 12.30 所示的结果。

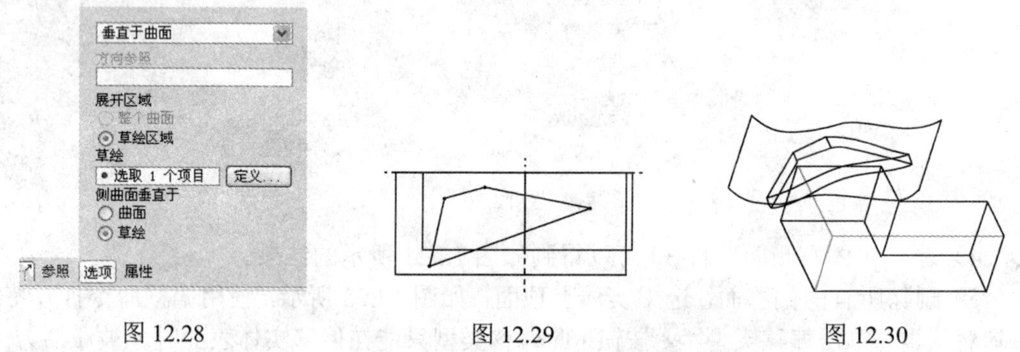

图 12.28　　图 12.29　　图 12.30

10）删除其他特征，只保留拉伸实体特征，选中实体前表面，见图 12.31。

11）使用“偏移”命令打开特征控制对话框，单击偏移类型按钮，特制对话框变成如图 12.32 所示的形式，要求用草绘来控制偏移的范围，还要注意不同选项的使用。

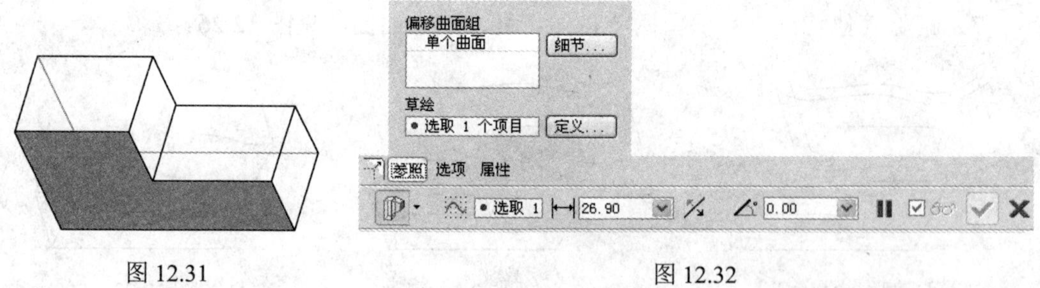

图 12.31　　图 12.32

12）在图 12.32 所示的对话框中选择“参照”项，在“草绘”栏选择“定义”项，以实体前表面作绘图面，绘制如图 12.33 所示的矩形，输入偏移距离 75，拔模角度 10，最后得到如图 12.34 所示的结果。

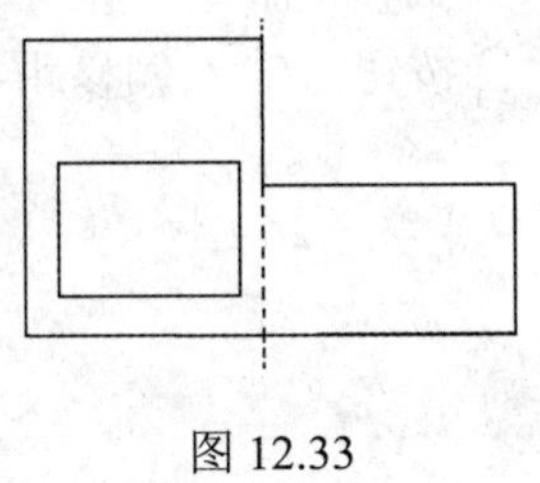

图 12.33

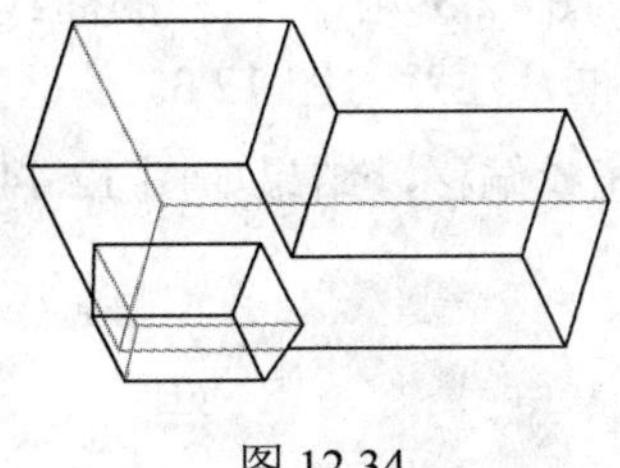

图 12.34

12.4.2 曲线的偏移

1）建立新文件：输入新文件名 chapter12_ex3，使用公制单位模板。

2）建立如图 12.35 所示的一个拉伸曲面特征，在 FRONT 面上草绘。

3）选中曲面的前边界，如图 12.36 所示，再选择“编辑”、“偏移”命令，得到如图 12.37 所示的对话框，输入偏移距离 40，单击✔按钮完成偏移，如图 12.38 和图 12.39 所示。

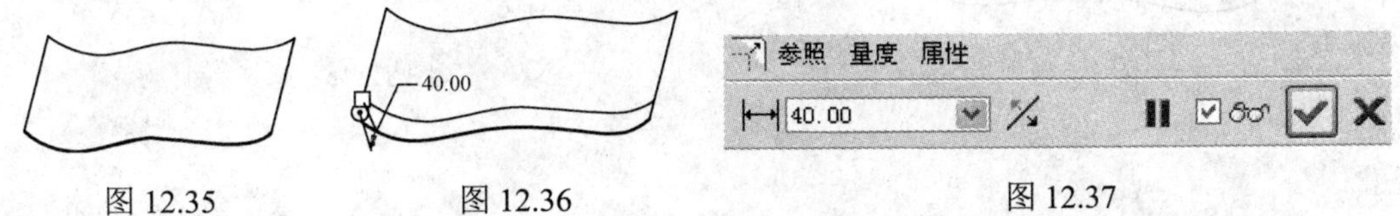

图 12.35　　图 12.36　　图 12.37

4）改变偏移方向得到如图 12.40 所示的结果，单击图 12.37 对话框中的“量度”项，得到如图 12.42 所示控制栏，单击右键可以添加或删除新的距离控制点，将位置 0.5 改为 1，并输入距离 75，如图 12.41 所示。

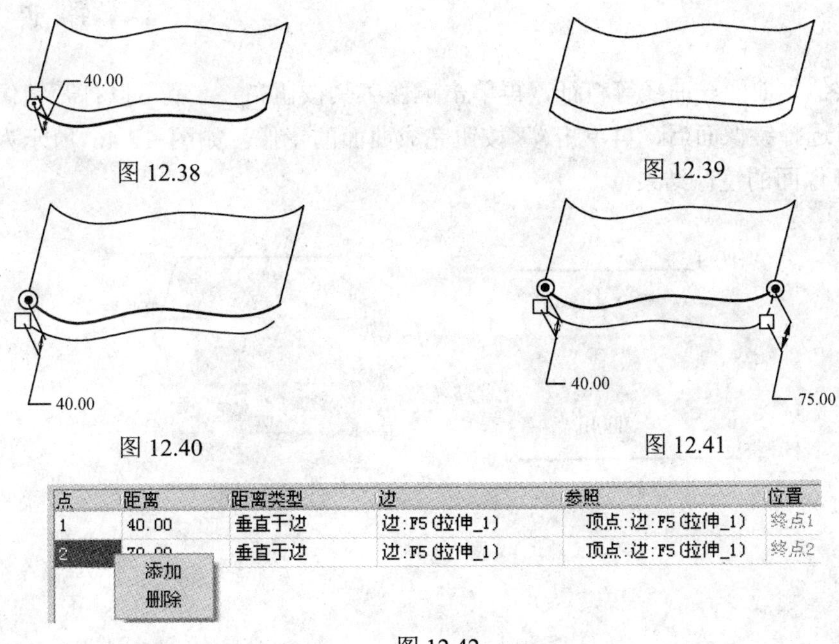

图 12.38　　图 12.39

图 12.40　　图 12.41

图 12.42

5）选中图 12.39 中刚偏移的曲线，再选择“编辑”→“偏移”命令，得到如图 12.43 所示的对话框，注意与图 12.37 的区别，单击偏移类型按钮，输入偏移距离 54，单击按钮完成偏移，结果如图 12.44 和图 12.45 所示。

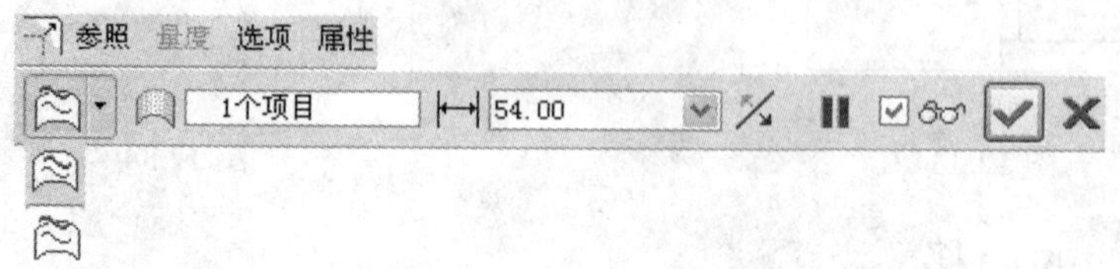

图 12.43

单击偏移类型按钮，曲线也可以像图 12.38、图 12.40 和图 12.41 那样在曲面上偏移。

图 12.44 图 12.45

12.5 特征的镜像

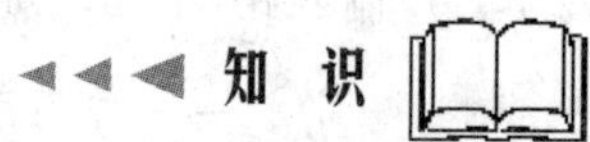

选中实体、曲面、曲线等特征，再单击镜像工具按钮，就可以打开镜像特征控制对话框，选择镜像面后，再单击按钮完成曲面的镜像。如图 12.46 所示为曲面以 TOP 面作镜像面的镜像结果。

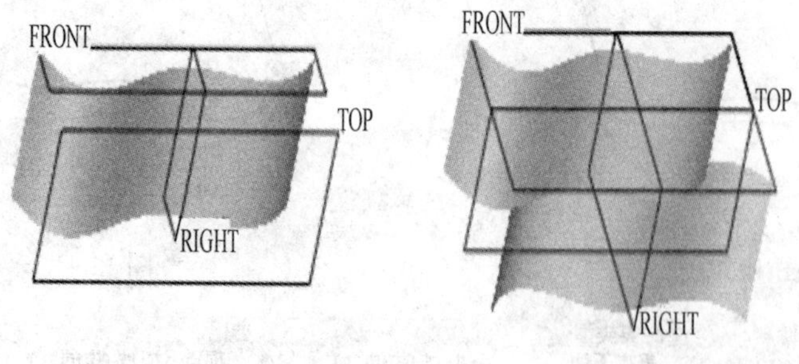

图 12.46

12.6　曲面的合并

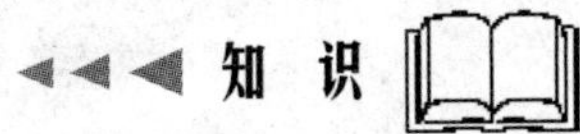

1）建立新文件：输入新文件名 chapter12_ex4，使用公制单位模板。

2）建立第一个拉伸曲面特征：选 TOP 面作绘图面，绘制直径为 100 的圆形剖面，输入深度 150，单击按钮完成特征的建立，得到如图 12.47 所示的结果。

3）建立第二个拉伸曲面特征：选 FRONT 面作绘图面，绘制如图 12.48 所示的图 12.49 剖面，输入两边对称的深度 150，单击按钮完成特征的建立，得到如图 12.49 所示的结果。

4）按住 Ctrl 键连续选择刚建立的两个曲面，此时合并工具才被激活，再单击合并工具按钮，得到如图 12.50 所示的对话框。

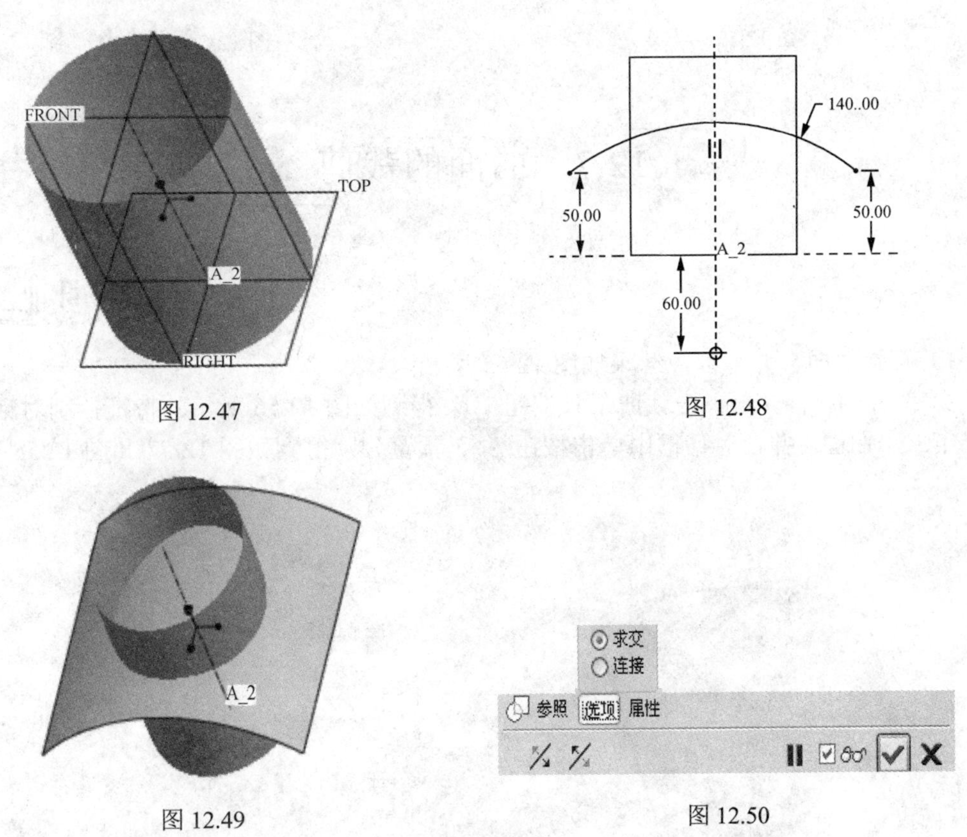

图 12.47

图 12.48

图 12.49

图 12.50

5）单击两个保留方向按钮，预览得到的结果见图 12.51～图 12.54，保存文件。

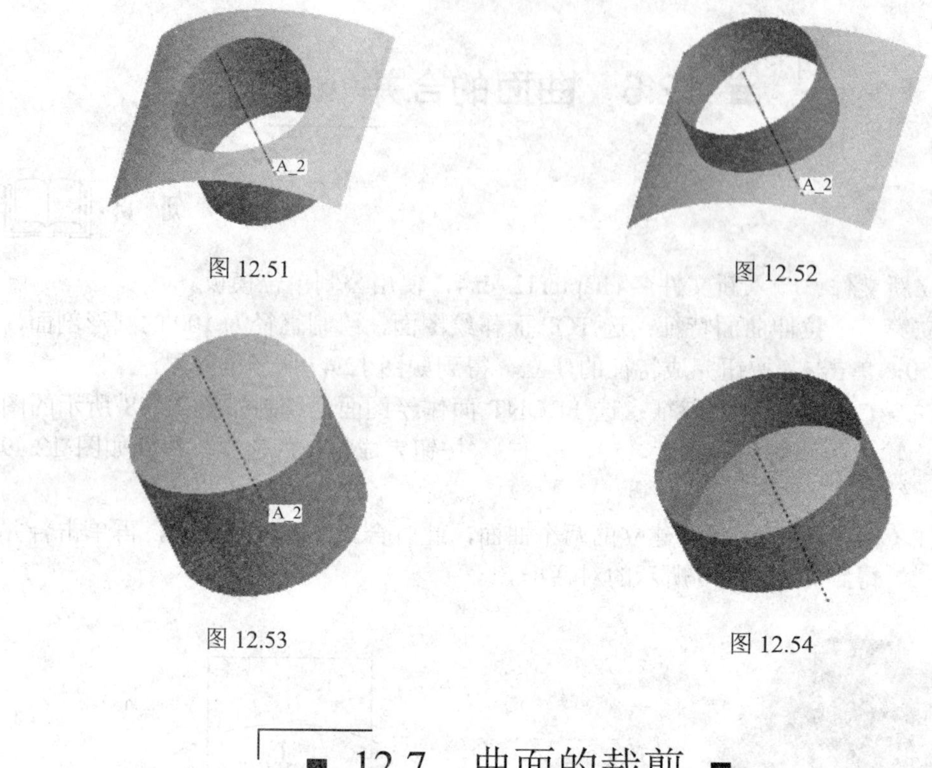

图 12.51　　图 12.52

图 12.53　　图 12.54

12.7　曲面的裁剪

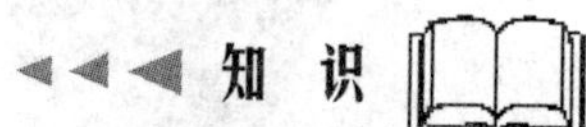

知　识

1）删除曲面合并特征，结果如图 12.55 所示。

2）选择圆柱面，再单击裁剪工具按钮，得到如图 12.56 所示的特征控制对话框。选择第二个曲面，并在对话框中单击按钮，预览分别得到如图 12.57 和图 12.58 所示的结果。

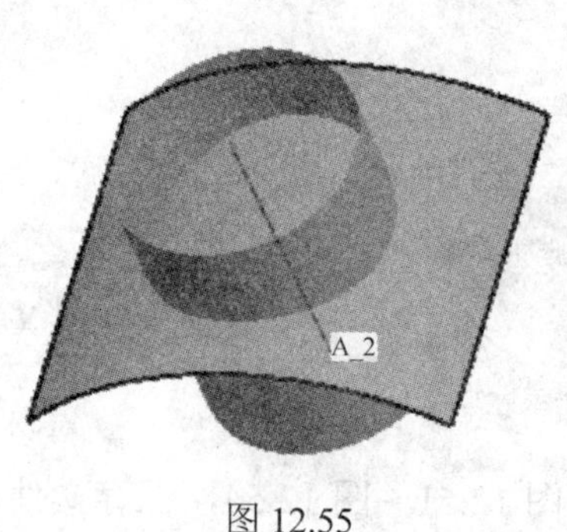

图 12.55

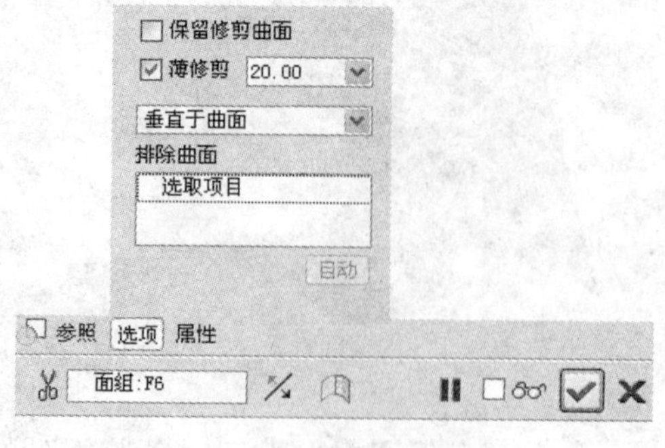

图 12.56

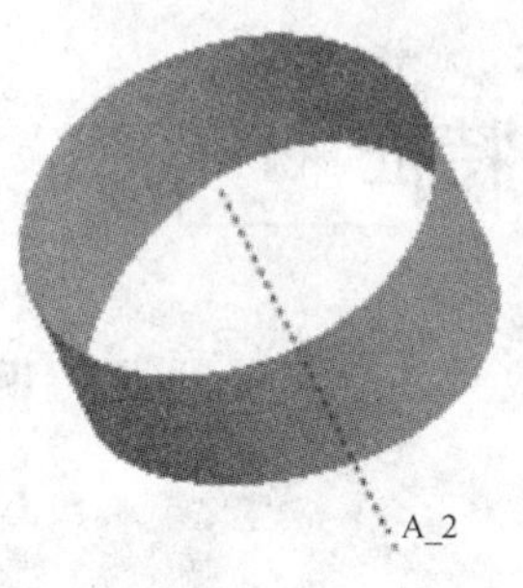

图 12.57

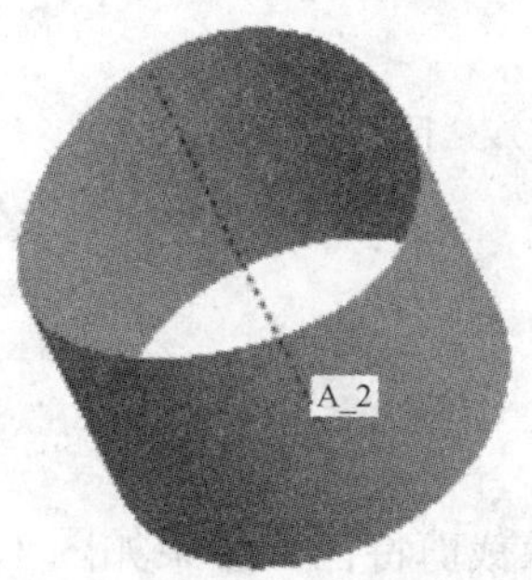

图 12.58

在曲面裁剪时，可以在选项中选择“保留裁剪曲面”，如图 12.59 所示；也可以选择“薄修剪”项，如图 12.60 所示。

3）保留圆柱面特征，删除其他特征，结果如图 12.61 所示。

4）选择圆柱面，再单击裁剪工具按钮 ，得到特征控制对话框，选择 FRONT 面作为裁剪面，并在对话框中单击按钮 ，得到如图 12.62 所示的结果。

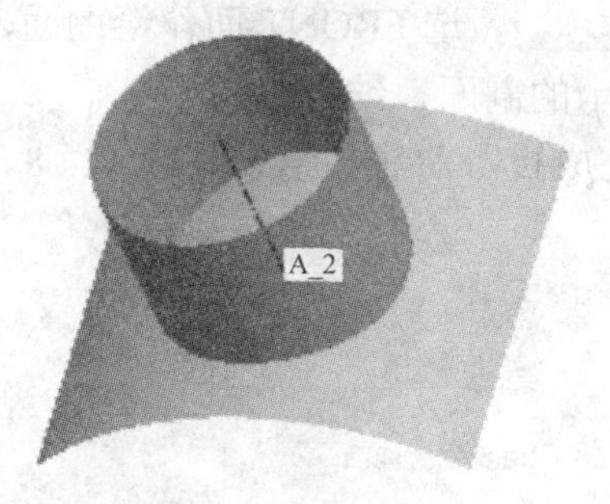

图 12.59

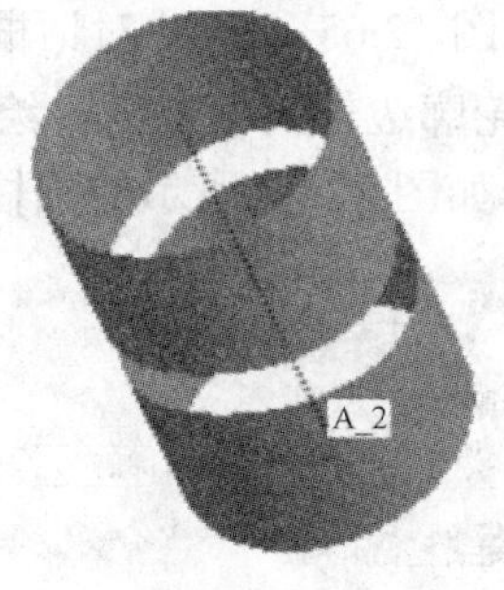

图 12.60

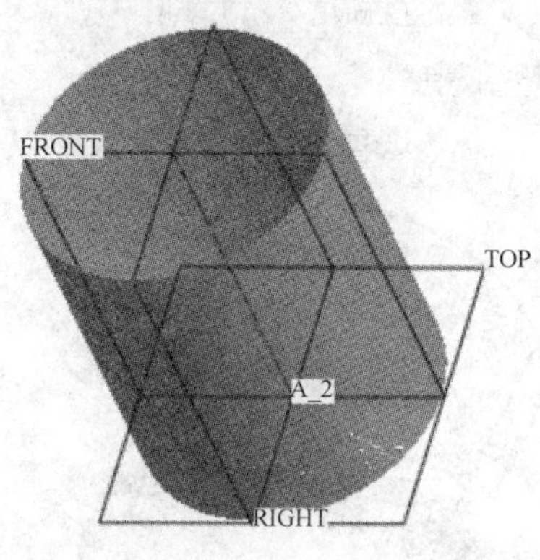

图 12.61

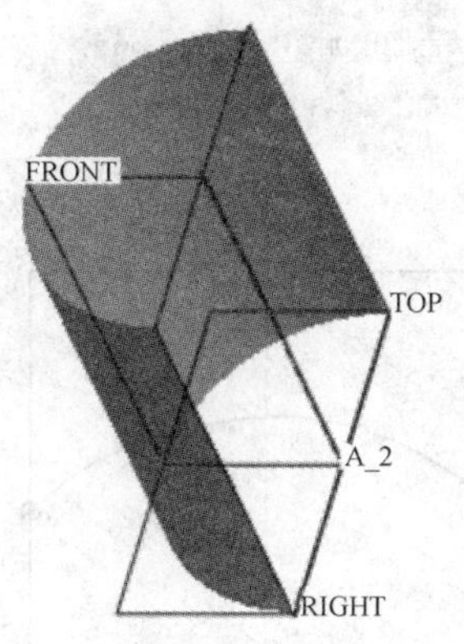

图 12.62

曲线也可以用面、线、点来修剪。

■ 12.8　建立投影曲线特征 ■

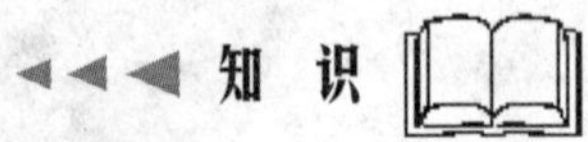

1）删除裁剪特征，结果如图 12.61 所示。

2）选择主菜单中的“编辑”→“投影”命令，得到如图 12.63 所示的对话框。

图 12.63

3）在如图 12.63 所示的对话框中单击“参照”项得到如图 12.64 所示的参考选项对话框，在最上方选项栏中选择“投影草绘”项得到如图 12.65 所示参考选项对话框。

4）在如图 12.65 所示的对话框中单击按钮[定义...]，选 FRONT 面作绘图面，选择圆柱面的两轮廓边作尺寸参考，绘制如图 12.66 所示的剖面，结束绘图。

5）选择如图 12.67 所示的圆柱面作投影面，完成投影曲线的结果见图 12.68。

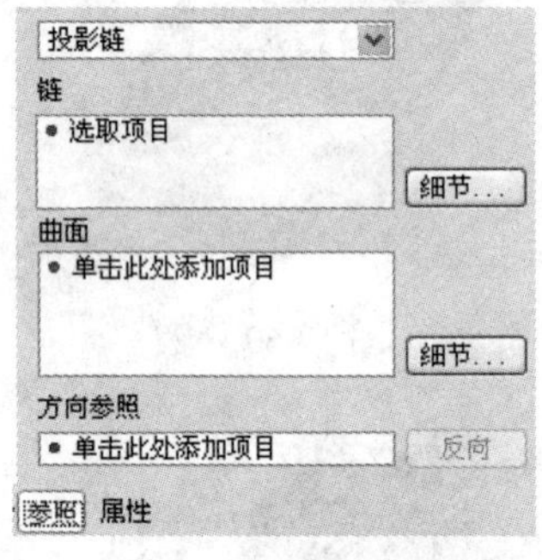

图 12.64

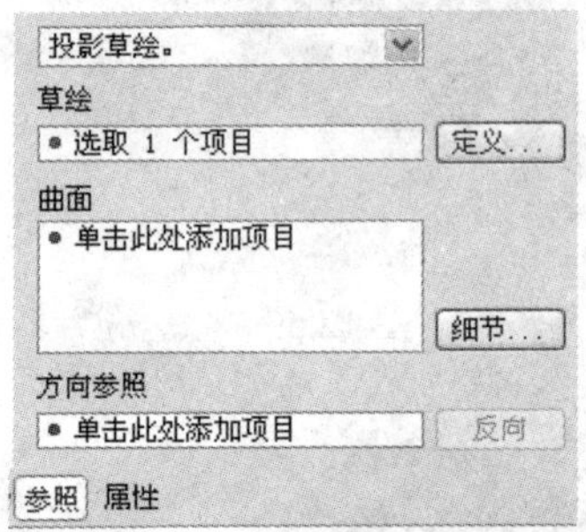

图 12.65

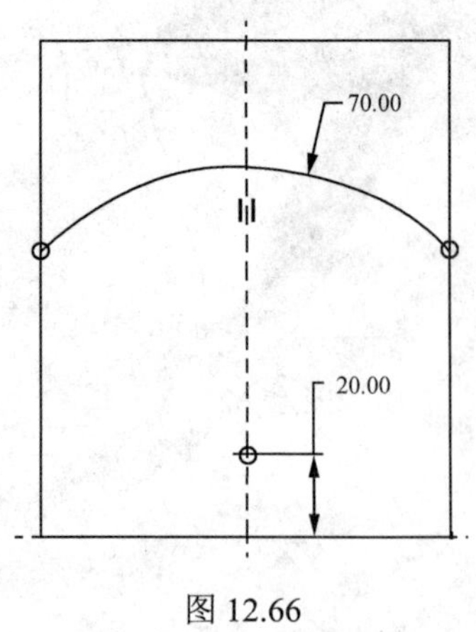

图 12.66

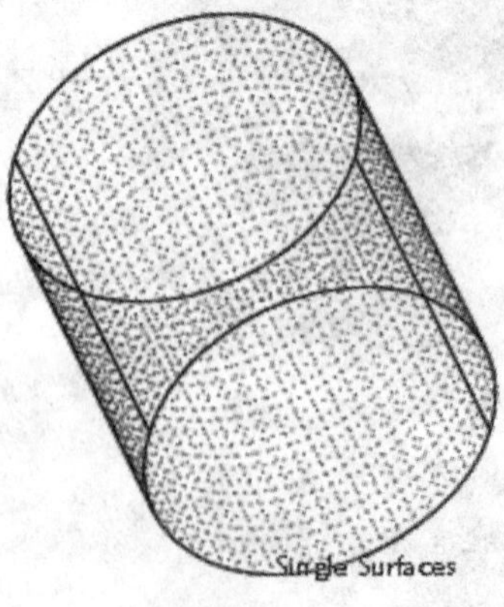

图 12.67

6）选择圆柱面，再单击裁剪工具按钮 ，得到特征控制对话框，选择刚建立的投影曲线来裁剪曲面，预览分别得到如图 12.69、图 12.70 所示的结果。

7）保存文件。

最后需要说明的是，也可以用拉伸切除等方法进行曲面的裁剪。

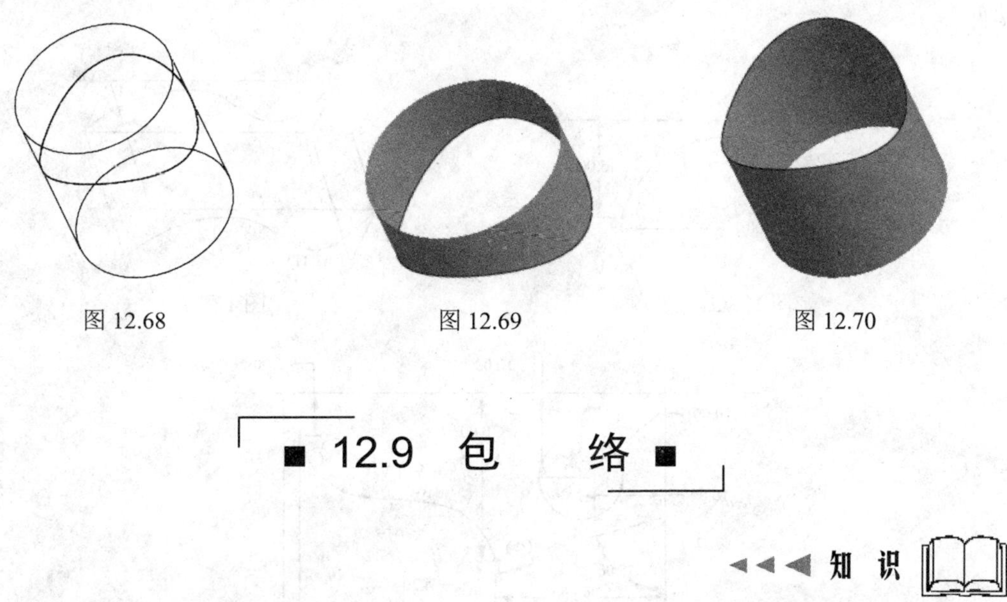

图 12.68　　图 12.69　　图 12.70

■ 12.9 包　络 ■

知 识

1）建立新文件：输入新文件名：chapter12_ex5，使用公制单位模板。

2）建立如图 12.71 所示的一个两边拉伸实体特征，在 TOP 面上草绘直径为 100 的圆，深度为 300。

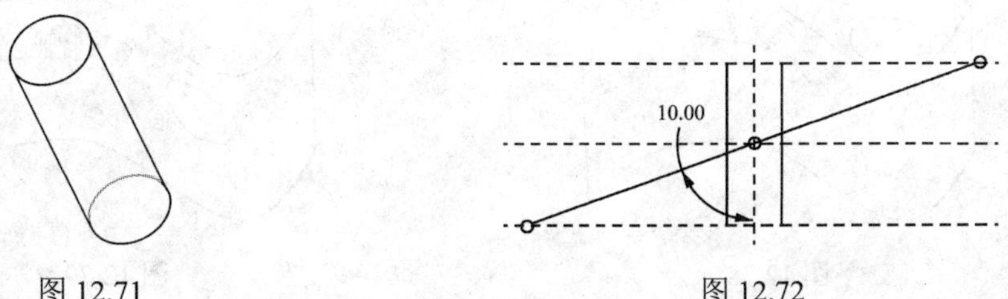

图 12.71　　图 12.72

3）在 FRONT 面上绘制如图 12.72 所示的一条直线，注意先在中心画一个点，结果见图 12.73。

4）选中刚建立的曲线，再选择“编辑”、“包络”命令，完成的结果见图 12.74。

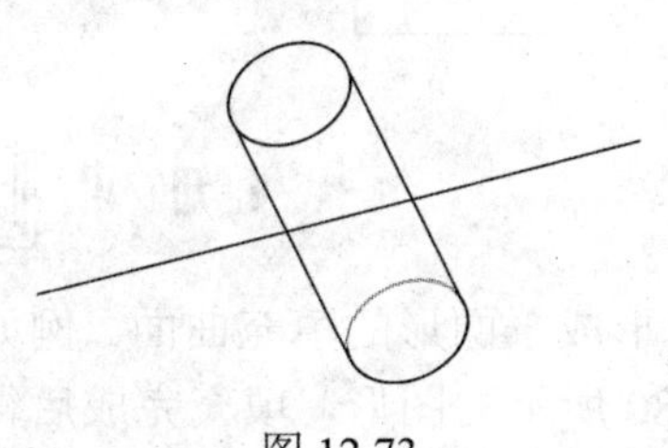

图 12.73

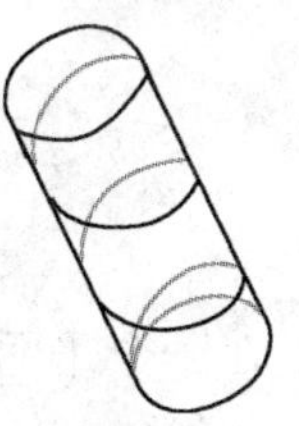

图 12.74

5）删除拉伸实体特征，建立一个拉伸曲面特征，在 FRONT 面上绘制如图 12.75 所示的样条线，输入深度 30，结果见图 12.76。

6）以 TOP 面作绘图面绘制如图 12.77 所示的图形，结果见图 12.78。

7）选择“编辑”、“包络”命令，选中刚建立的草绘，完成的结果见图 12.79，保存文件。

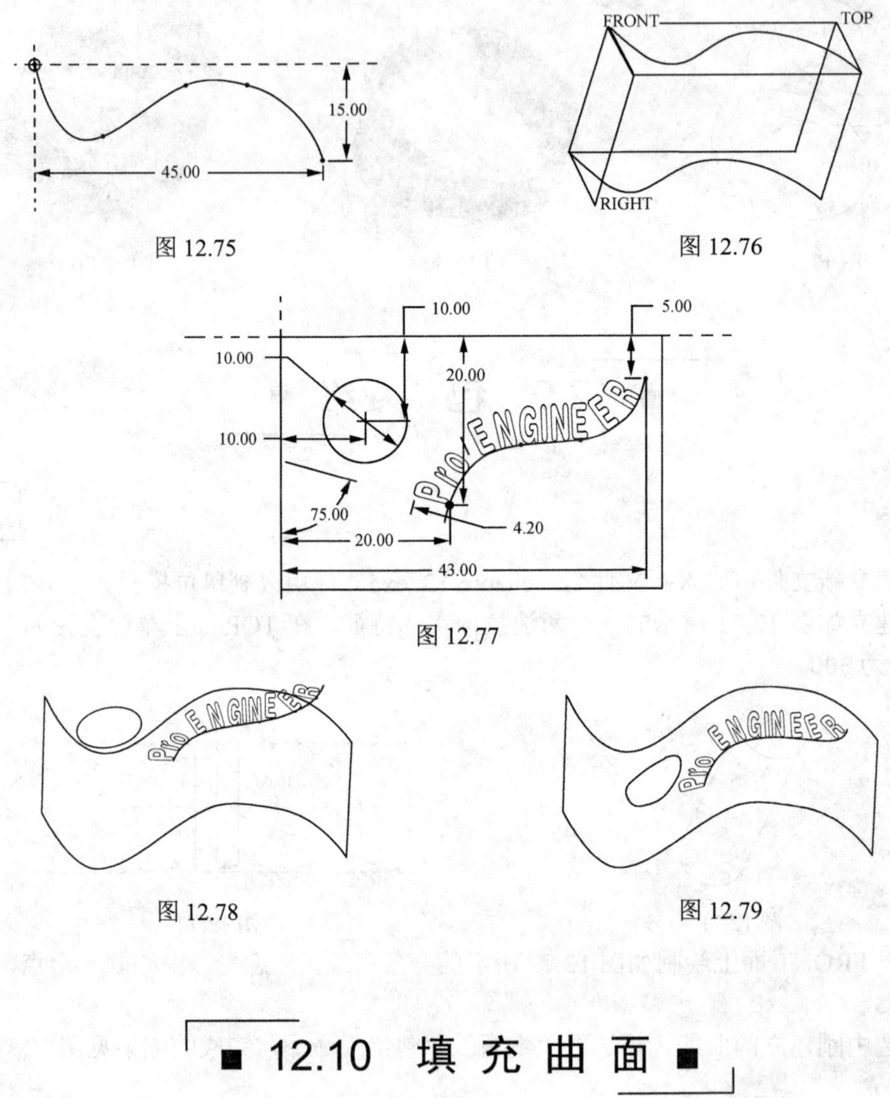

图 12.75

图 12.76

图 12.77

图 12.78

图 12.79

■ 12.10 填充曲面 ■

◀◀◀ 知识

填充曲面就是在一个平面上绘制曲面边界，从而形成平面形的填充曲面。例如先选择“编辑”、“填充”命令，在 TOP 面上绘制如图 12.80 所示的图形，填充完成后得到如图 12.81 所示的曲面。

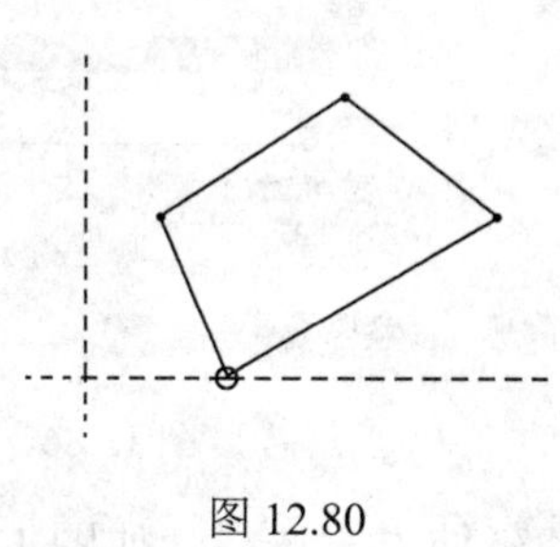

图 12.80

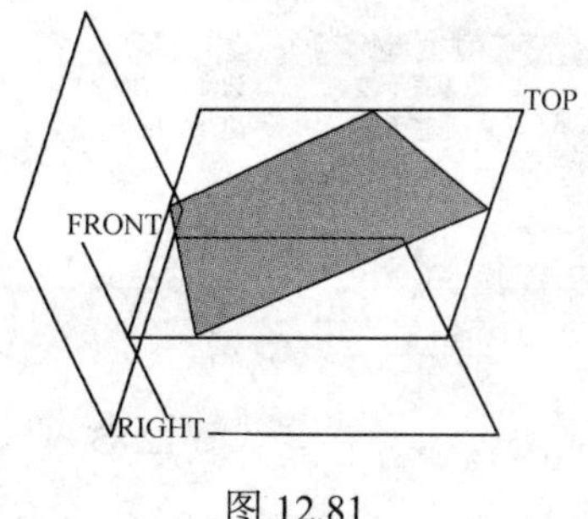

图 12.81

12.11 曲面的延伸

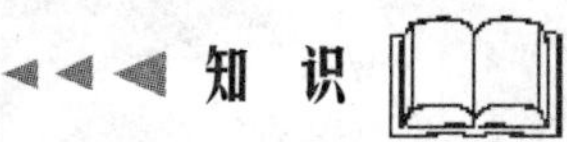

1）建立新文件：输入新文件名 chapter12_ex6，使用公制单位模板。

2）建立如图 12.82 所示的一个拉伸曲面特征，在 FRONT 面上绘制如图 12.83 所示的圆弧，深度为 100。

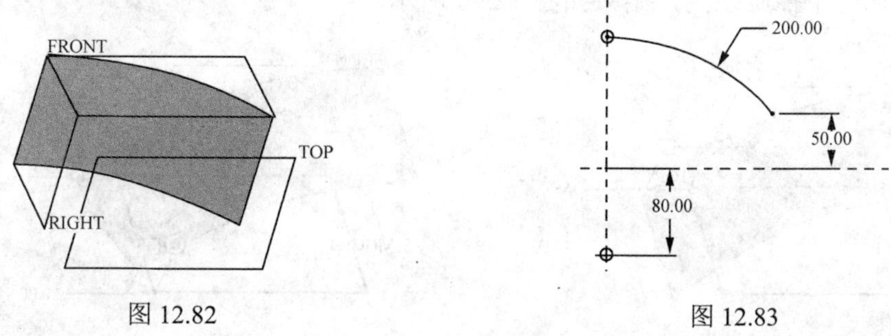

图 12.82　　图 12.83

3）选中刚建立曲面的右边边界，再选“编辑”、“延伸”命令，就会出现如图 12.84 所示的延伸特征控制对话框。对话框中有两种延伸方式：沿原曲面延伸、将曲面延伸到参照平面。

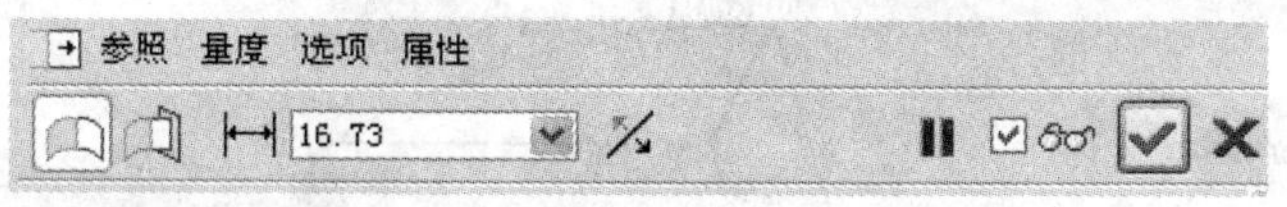

图 12.84

选择沿原曲面延伸方式时，“量度”和“选项”对话框如图 12.85 和图 12.86 所示。

4）单击如图 12.84 所示的对话框中的“量度”按钮，得到如图 12.85 所示控制栏，单击右键可以添加或删除新的距离控制点，将位置 0.5 改为 1，并输入距离，在对话框的右下方还可以选择测量参照。

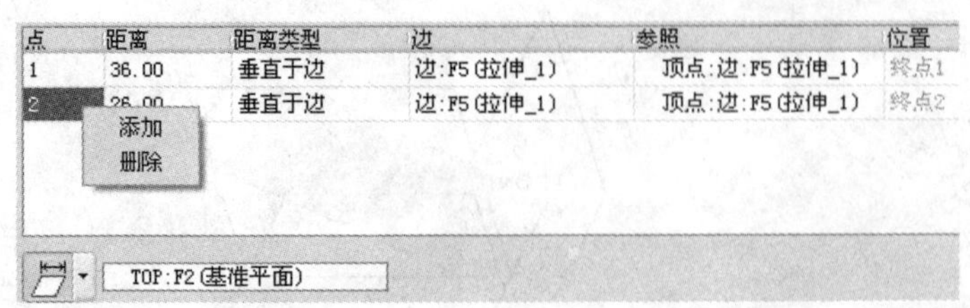

图 12.85

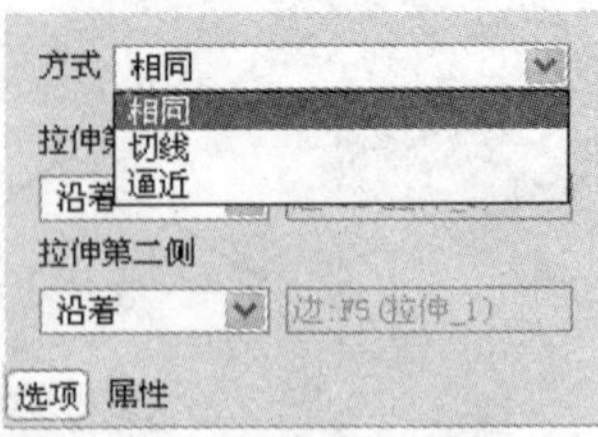

图 12.86

在如图 12.86 所示的“选项”对话框中还有不同的延伸方式选择，如图 12.87 和图 12.88 所示，显示了“相同”与“切线”选项的区别。

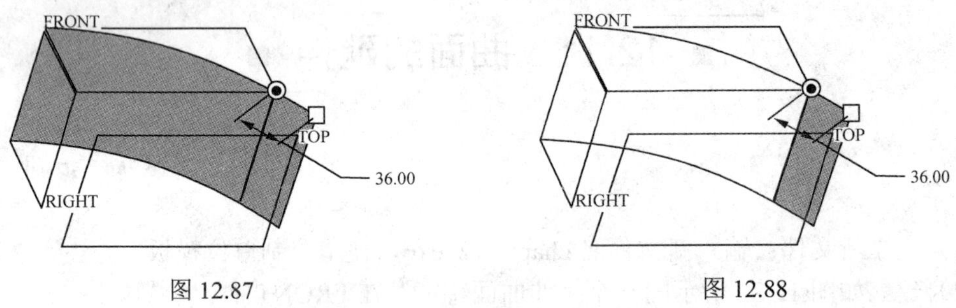

图 12.87　　图 12.88

5）将图 12.85 中的测量参照改成，就得到如图 12.89 所示的结果。

6）添加一个控制距离，结果如图 12.90 所示。

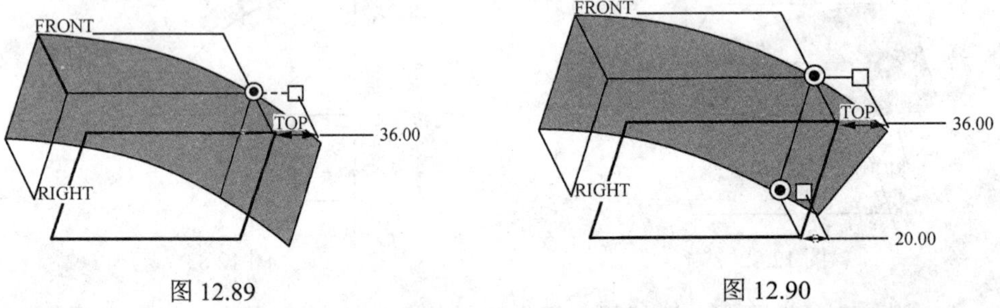

图 12.89　　图 12.90

7）在图 12.84 的对话框中将曲面延伸方式改为，曲面延伸到 TOP 面的结果如图 12.91 所示。

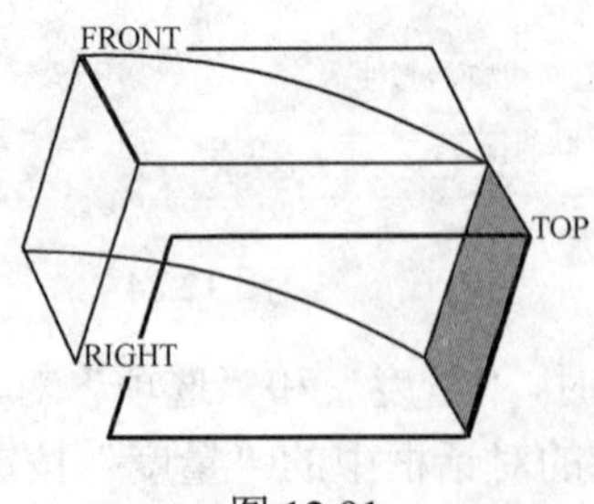

图 12.91

12.11　曲面与实体的操作

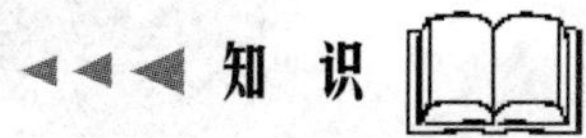

利用已有的曲面可以产生薄壁实体特征，让封闭的曲面实体化可以产生实体特征，下面分别介绍这些操作特征。

12.12.1　建立薄壁实体特征

1）打开文件 chapter12_ex2，结果如图 12.92 所示。

2）选中曲面，再选择主菜单中的“编辑”→“加厚”命令，得到如图 12.93 所示的对话框。

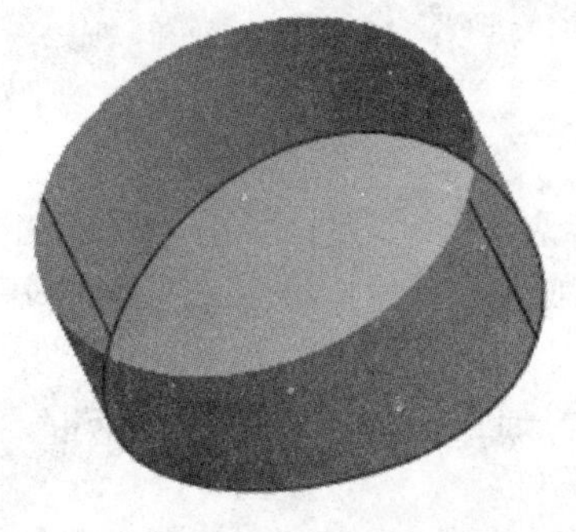

图 12.92

图 12.93

3）输入厚度 10，单击按钮调整材料增加的方向，预览得到如图 12.94、图 12.95、图 12.96 所示的结果。

4）最后完成的结果见图 12.97。

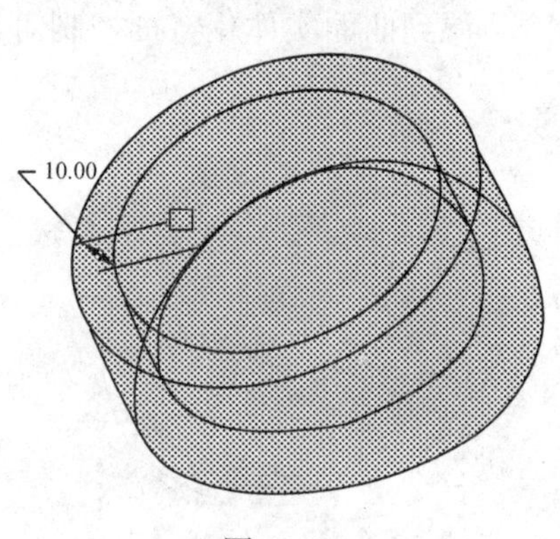

图 12.94

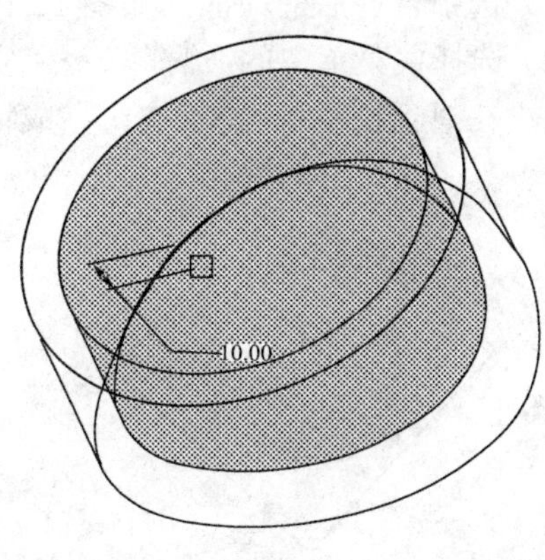

图 12.95

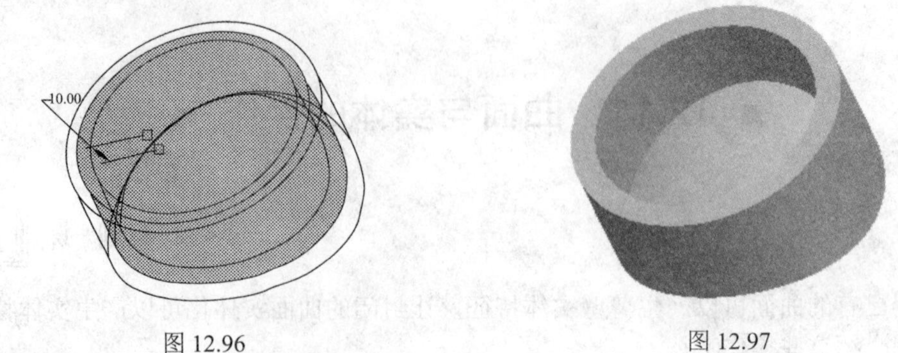

图 12.96　　图 12.97

12.12.2　封闭曲面实体化

1）删除薄壁实体特征，结果见图 12.92。

2）选择主菜单中的“编辑”→“填充”命令，得到如图 12.98 所示的对话框。

图 12.98

3）在对话框中单击“参照”→“定义”项，出现“草绘”对话框。

4）单击基准面工具按钮，选择曲面上端圆弧边线，建立通过该曲线的基准面。

5）单击“确定”按钮完成绘图面的建立。

6）选择 FRONT 面作底部参考面，单击“草绘”项，出现“参照”对话框。

7）选择圆弧作为绘图尺寸参考。

8）单击使用边工具按钮，选取整个圆作为要绘制的剖面，如图 12.99 所示。

9）结束绘图，完成填充曲面特征的建立，结果在原曲面的顶端建立了一个新的曲面特征，如图 12.100 所示。

10）同时选中两个曲面，再使用合并工具将两个面合并。

11）选中合并后的曲面，如图 12.101 所示。

12）选择主菜单中的“编辑”→“实体化”命令，得到曲面实体化特征控制对话框。

13）在对话框中单击按钮完成特征的建立，结果如图 12.102 所示。

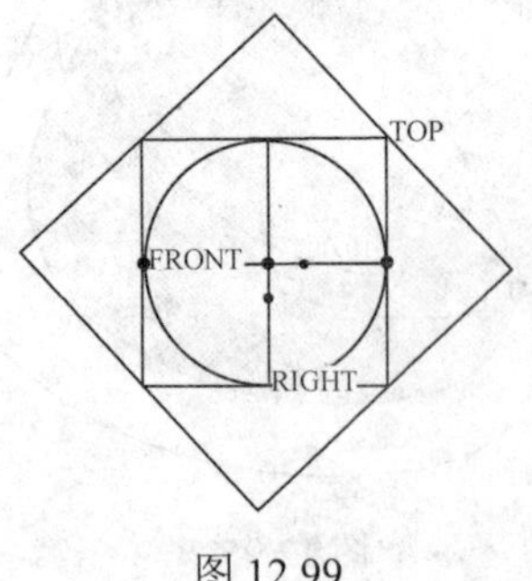

图 12.99

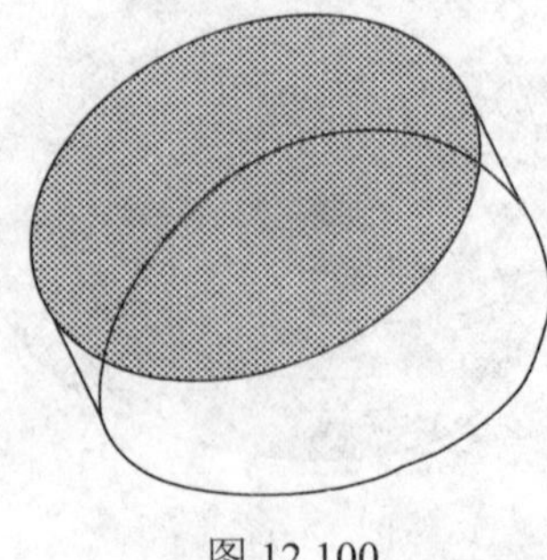

图 12.100

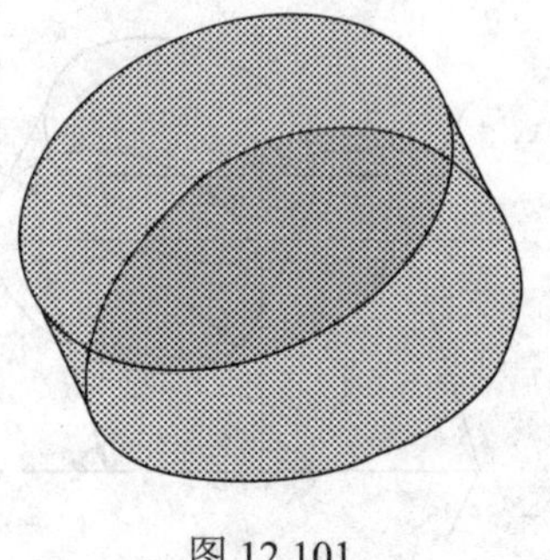

图 12.101

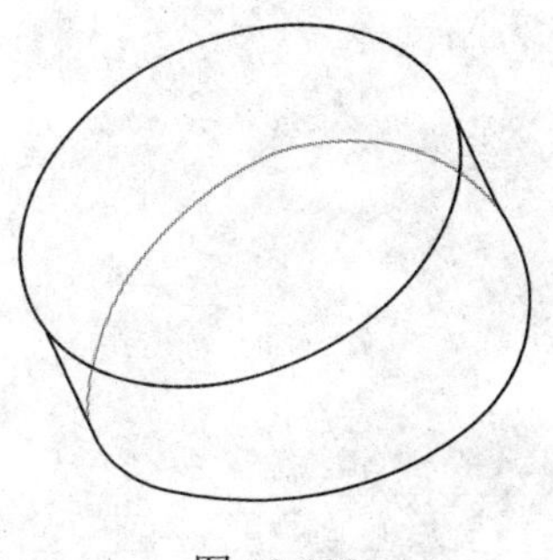

图 12.102

■ 12.12 特征的阵列 ■

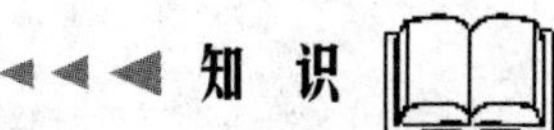

12.13.1 方形阵列

1）建立新文件：输入新文件名 chapter7_ex7，使用公制单位模板。

2）建立第一个拉伸实体特征：选 TOP 面作绘图面，绘制 250×300 的剖面，输入深度 50，单击✔按钮完成特征的建立，得到如图 12.103 所示的结果。

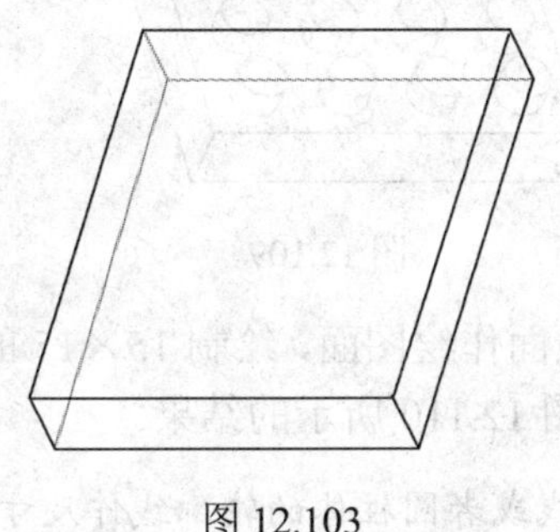

图 12.103

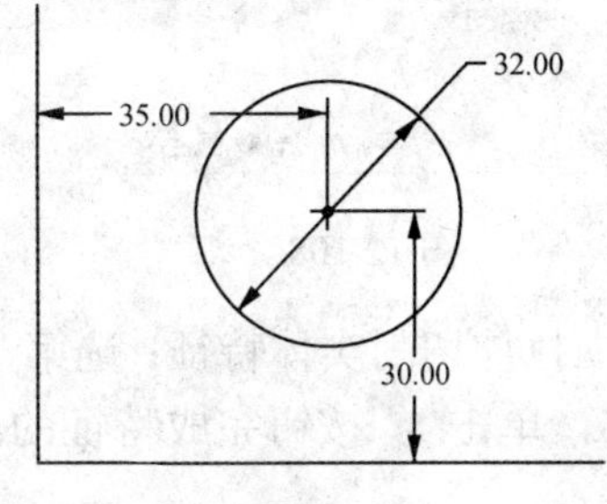

图 12.104

3）建立第二个拉伸实体特征：选实体的顶面作绘图面，绘制如图 12.104 所示的剖面，输入深度 20，单击✔按钮完成特征的建立，得到如图 12.105 所示的结果。

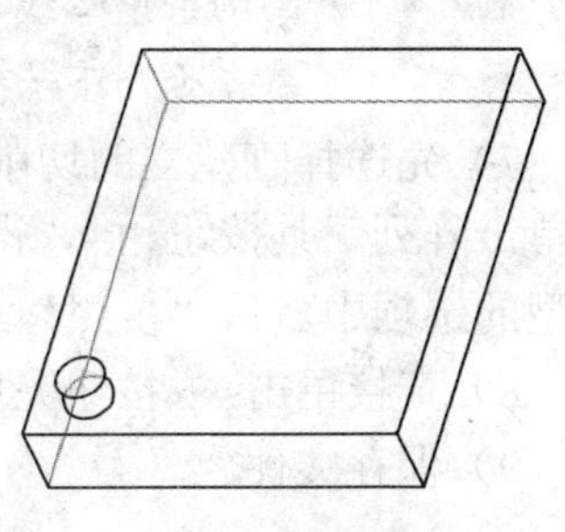

图 12.105

4）先选择刚建立的圆柱体特征，再选择主菜单中的“编辑”→“阵列”命令，或单击编辑工具按钮，得到如图 12.106 所示的对话框，此时圆柱体特征的所有尺寸都会显示出来，如图 12.107 所示。

5）在图 12.107 中选择尺寸 30，输入尺寸增量 50，按回车键，输入第一尺寸方向的阵列总数（包括原来的特征）6。

图 12.106

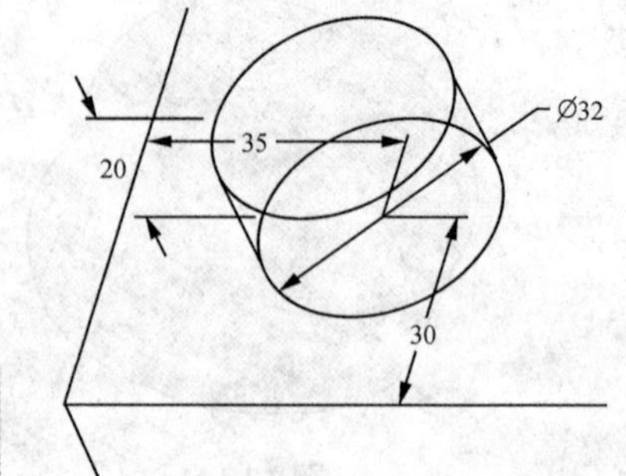

图 12.107

再激活图 12.106 中右边第二个尺寸选项，在图 12.107 中选择尺寸 35，输入尺寸增量 60，按回车键，输入这个方向的阵列总数 4。

单击图 12.106 中的“尺寸”项可以看到两个尺寸方向的参考及尺寸增量，如图 12.108 所示，完成的阵列结果见图 12.109。

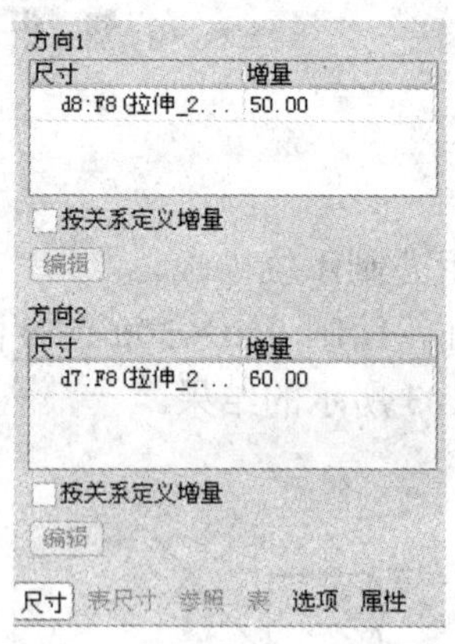

图 12.108

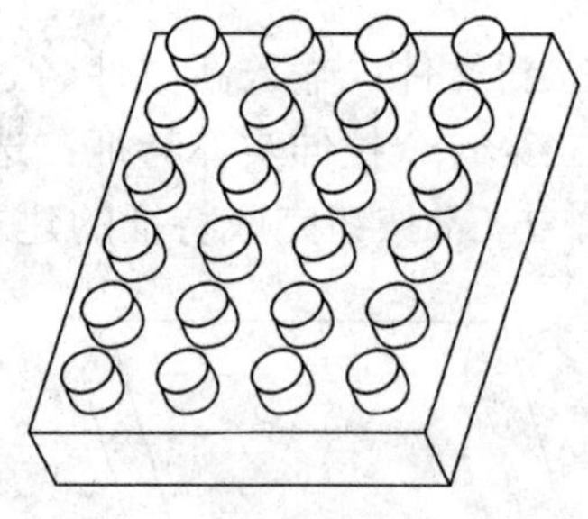

图 12.109

6）建立拉伸切削实体特征：选第一个圆柱体的顶面作绘图面，绘制 15×15 的剖面，输入深度 5，单击按钮完成特征的建立，得到如图 12.110 所示的结果。

在绘制剖面时，要选择圆柱体的轴线或者圆柱体的轮廓线作尺寸参考，画两条中心线与圆柱体的轴线对齐，也就是正方形的定位只与圆柱体发生关系，否则下一步的特征阵列就无法实现。

7）先选择刚建立的切削实体特征，再选择主菜单中的“编辑”→“阵列”命令，或单击阵列工具按钮，得到类似于图 12.106 所示的对话框，所不同的是在左边阵列类型的选项中默认“参照”选项，如图 12.111 所示。

8）直接单击按钮完成特征的建立，得到如图 12.112 所示的结果。

9）保存文件。

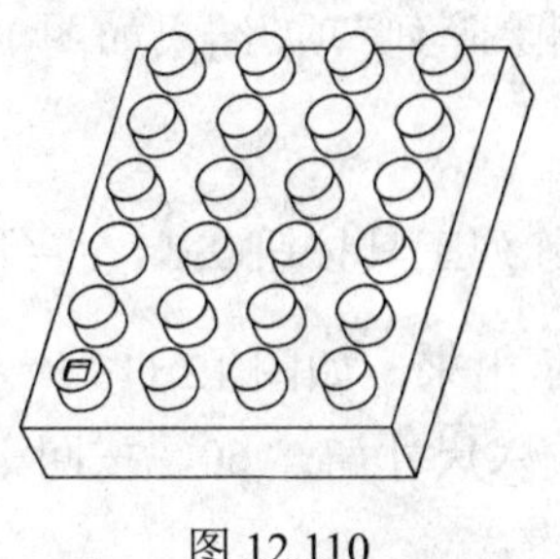
图 12.110

图 12.111

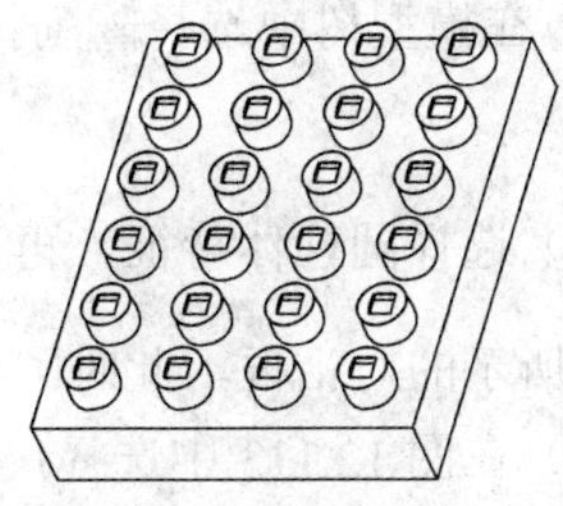
图 12.112

10）删除最后的阵列特征，再在模型树中选择第一个阵列，单击鼠标右键，选“删除阵列”项，结果如图 12.105 所示。

11）在模型树中选择圆柱体特征，单击鼠标右键，选择“编辑”项将尺寸进行修改，如图 12.113 所示，单击按钮重新生成模型，结果如图 12.114 所示。

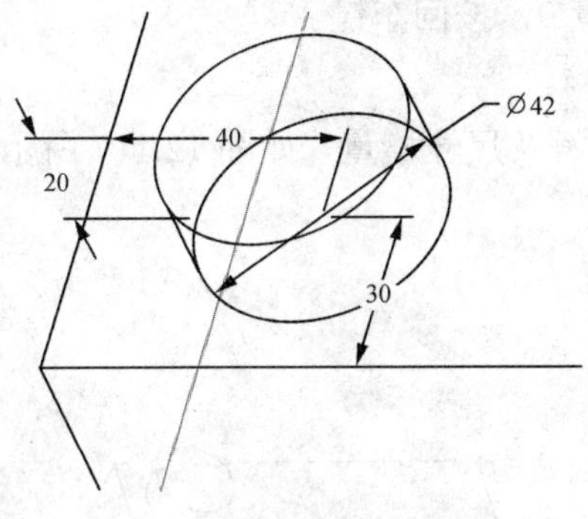

图 12.113

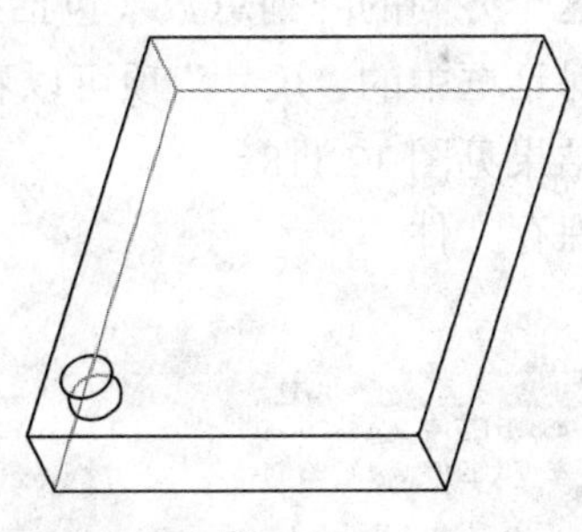
图 12.114

12）先选择刚修改好的圆柱体特征，再选择“阵列”工具，得到如图 12.107 所示的对话框，此时圆柱体特征的所有尺寸都会显示出来，如图 12.113 所示。

13）在图 12.113 中选择尺寸 30，输入尺寸增量 60，按回车键。

按住 Ctrl 键再选择尺寸 42，输入尺寸增量-6，按回车键。

继续按住 Ctrl 键再选择尺寸 20，输入尺寸增量 10，按回车键。

输入这个方向的阵列总数（包括原来的特征）5。

单击对话框中的“尺寸”项可以看到所有的参考及尺寸增量，如图 12.115 所示，完成的阵列结果见图 12.116。

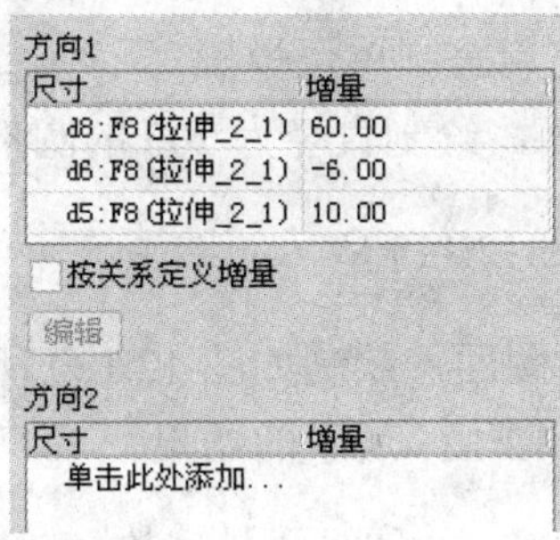

图 12.115

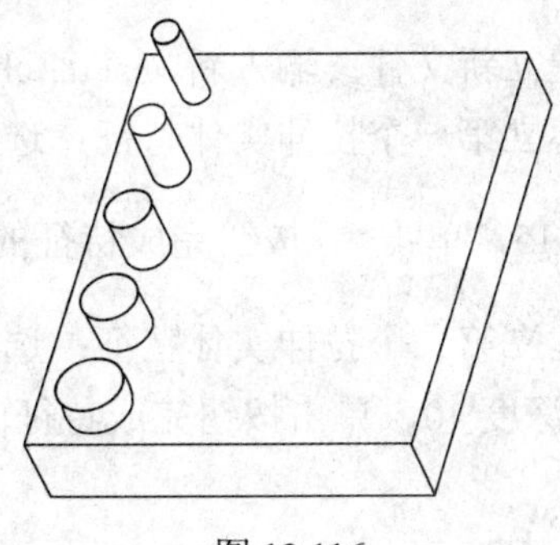
图 12.116

14）在模型树中选择阵列特征，单击鼠标右键，选择“删除阵列”项，结果如图 12.114 所示。

15）选择圆柱体特征，再选择“阵列”命令，或单击阵列工具按钮，得到如图 12.106 所示的对话框，此时圆柱体特征的所有尺寸都会显示出来，如图 12.113 所示。

16）在图 12.113 中选择尺寸 30 作为第一方向尺寸，输入尺寸增量 60，按回车键。

按住 Ctrl 键再选择尺寸 42，输入尺寸增量-8，按回车键。

输入这个方向的阵列总数（包括原来的特征）3。

再激活如图 12.106 所示对话框中右边第二个尺寸选项，在图 12.113 中选择尺寸 40 作为第二方向尺寸，输入尺寸增量 56，按回车键。

按住 Ctrl 键再选择尺寸 30，输入尺寸增量 40，按回车键。

继续按住 Ctrl 键再选择尺寸 42，输入尺寸增量 9，按回车键。

输入这个方向的阵列总数（包括原来的特征）4。

单击对话框中的“尺寸”项可以看到所有的参考及尺寸增量，如图 12.117 所示，完成的阵列结果见图 12.118。

17）保存文件。

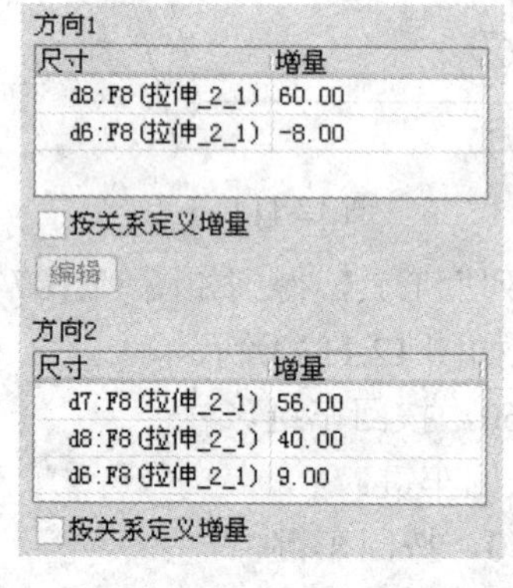

图 12.117

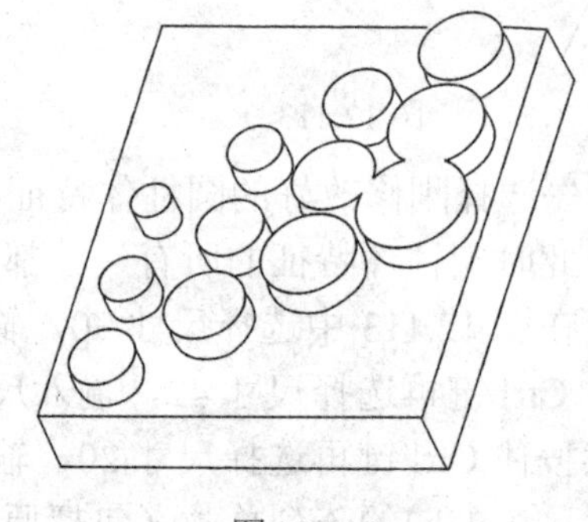

图 12.118

12.13.2 圆形阵列

1）建立新文件：输入新文件名 chapter12_ex8，使用公制单位模板。

2）建立第一个拉伸实体特征：选 TOP 面作绘图面，绘制直径为 200 的圆形剖面，输入深度 15，单击按钮完成特征的建立，得到如图 12.119 所示的结果。

3）建立第二个拉伸实体特征：选实体的顶面作绘图面，绘制如图 12.120 所示的剖面，输入深度 40，单击按钮完成特征的建立，得到图 12.121 所示的结果。

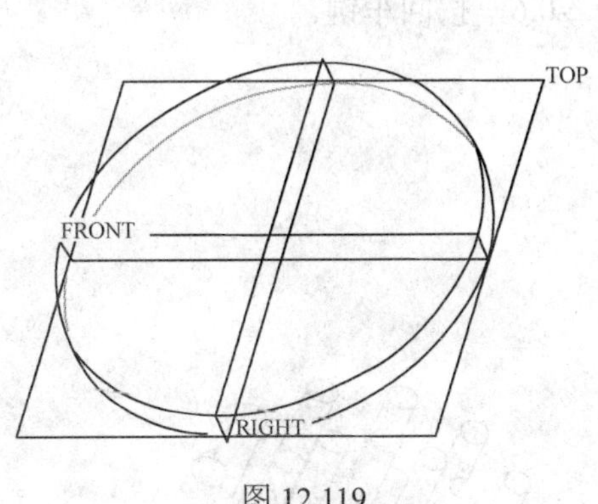

图 12.119

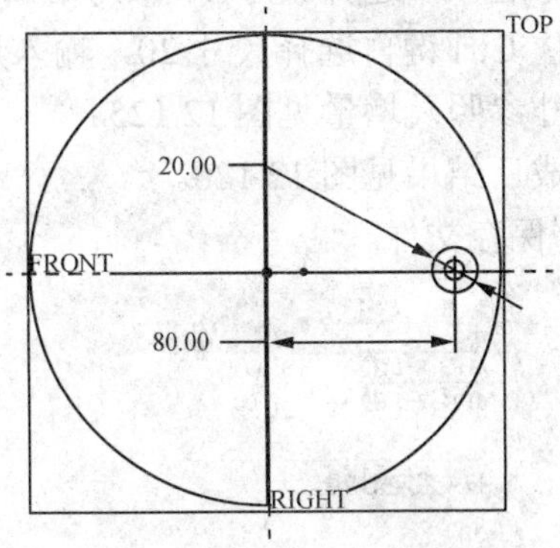

图 12.120

4）先选择刚建立的圆柱体特征，再选择“编辑”命令，或单击编辑工具按钮 ，得到特征控制对话框，在对话框中选择“轴”形式阵列，选择如图 12.121 中的 A_2 轴作阵列参考，输入角度增量 30，输入阵列总数 9，结果如图 12.122 所示。

5）如果在特征控制对话框中，输入第二方向阵列数 2，并输入径向增量-30，完成后结果见图 12.123。

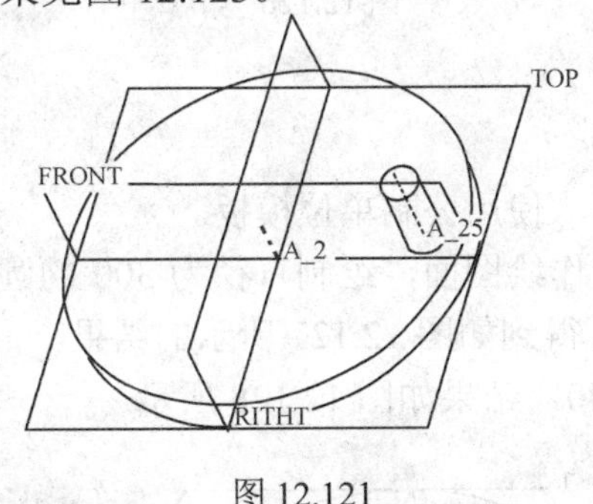

图 12.121

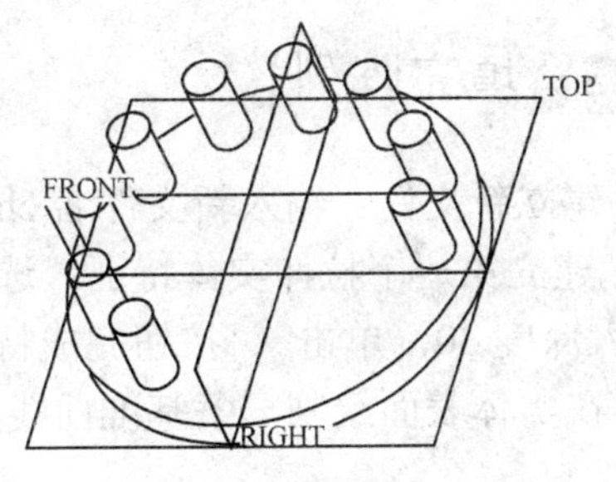

图 12.122

6）在特征控制对话框中，将第二方向阵列数改为 1，单击对话框中的“尺寸”项可以选择阵列尺寸参考，选择尺寸 40 作为第一方向尺寸，输入尺寸增量 8，按回车键。按住 Ctrl 键再选择尺寸 20，输入尺寸增量-1，按回车键。完成后结果见图 12.124。

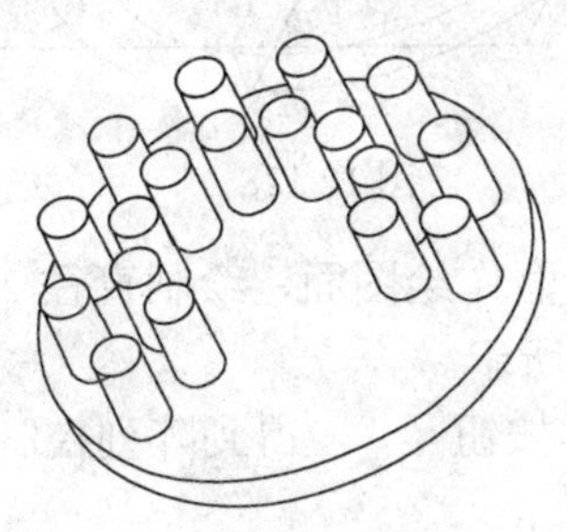

图 12.123

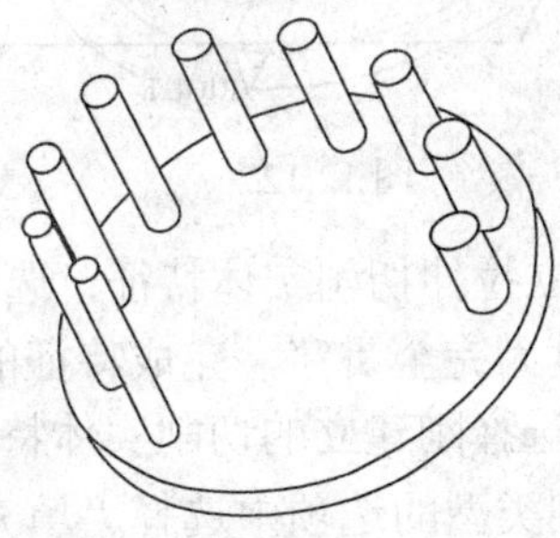

图 12.124

7）在特征控制对话框中，将第二方向阵列数改为 2，单击对话框中的“尺寸”项可以重新选择阵列尺寸参考，第一方向尺寸参照及增量保持不变；再激活对话框中右边第二个尺寸选项，选择尺寸 40 作为第二方向尺寸，输入尺寸增量-5，按回车键。

按住 Ctrl 键再选择尺寸 20，输入尺寸增量：-0.6，按回车键。

尺寸参照及增量见图 12.125。

完成后结果见图 12.126。

8）保存文件。

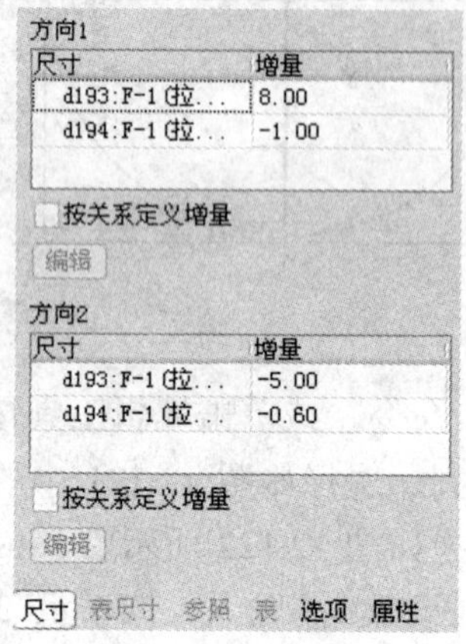

图 12.125

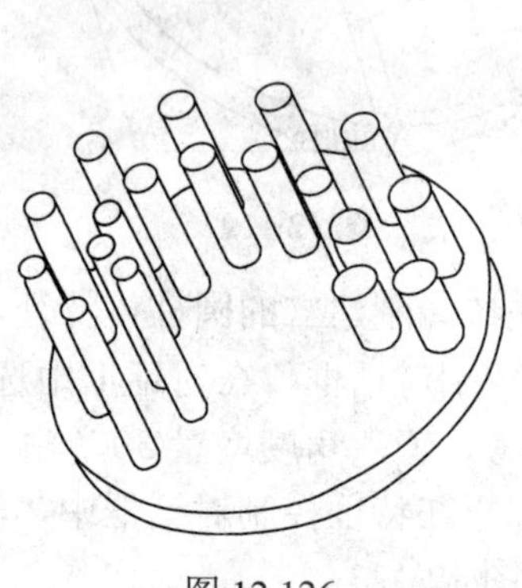

图 12.126

12.13.3 填充阵列

1）建立新文件：输入新文件名 chapter12_ex9，使用公制单位模板。

2）建立第一个拉伸实体特征：选 FRONT 面作绘图面，绘制直径为 300 的圆形剖面，输入深度 30，单击✔按钮完成特征的建立，得到如图 12.127 所示的结果。

3）在实体表面绘制一条基准曲线，直径为 240，结果如图 12.128 所示。

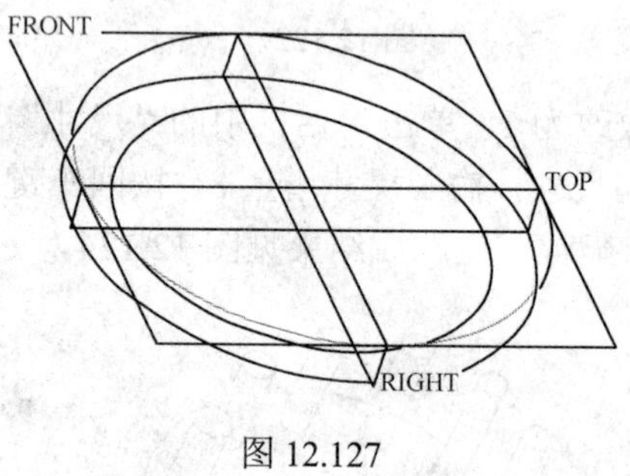

图 12.127

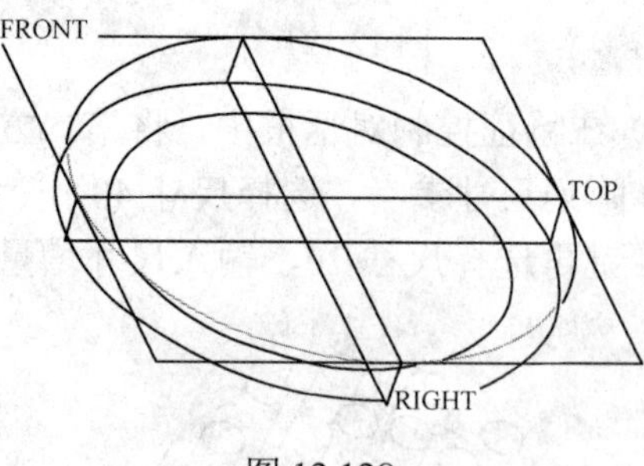

图 12.128

4）建立拉伸切削实体特征：选第一个圆柱体的顶面作绘图面，绘制直径 20 的圆形剖面，深度为完全贯穿，完成特征的结果如图 12.129 所示。

5）先选择刚建立的切削实体特征，单击编辑工具按钮 ，得到阵列控制对话框，在左边阵列类型的选项中选择“填充”选项。

6）选择基准曲线作为阵列界限，接受默认的填充类型为“正方形”，且接受各默认数据，完成阵列的结果如图 12.130 所示。

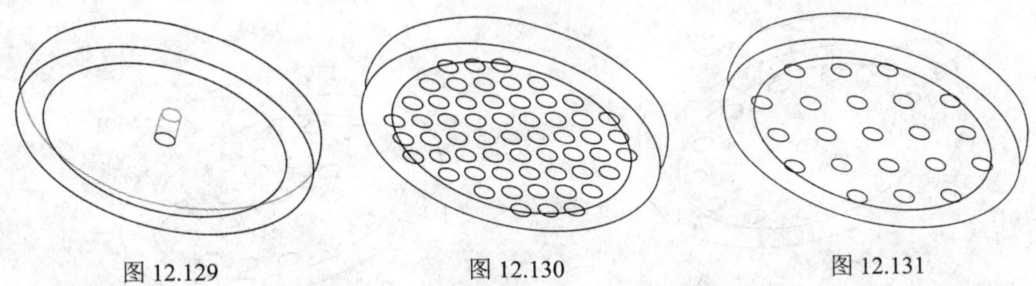

图 12.129　　图 12.130　　图 12.131

7）重新定义阵列特征，将对话框中的阵列间距改为 50，即修改成 50.00，完成阵列的结果如图 12.131 所示。

8）重新定义阵列特征，将填充类型“正方形”改为“菱形”，完成阵列的结果如图 12.132 所示。

图 12.132　　图 12.133

9）重新定义阵列特征，将边界间距改为 30，即 30.00 完成阵列的结果如图 12.133 所示。

注意　边界间距是阵列图形与边界的间距，也可以是负值，负值表示阵列图形超出边界的距离。

10）重新定义阵列特征，将填充类型“菱形”改为“三角形”，完成的结果如图 12.134 所示。

11）重新定义阵列特征，输入旋转角度 30，完成阵列的结果如图 12.135 所示。

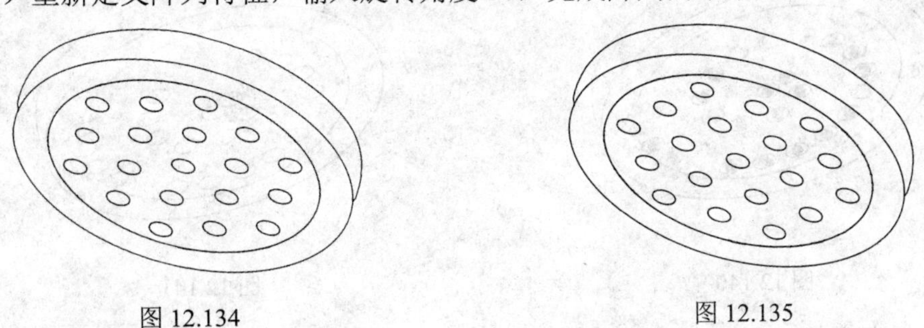

图 12.134　　图 12.135

12）重新定义阵列特征，将填充类型“三角形”改为“圆”，且把阵列间距改为 40，完成阵列的结果如图 12.136 所示。

13）重新定义阵列特征，将半径间距由原来的 100 改为 50，完成阵列的结果如图 12.137 所示。

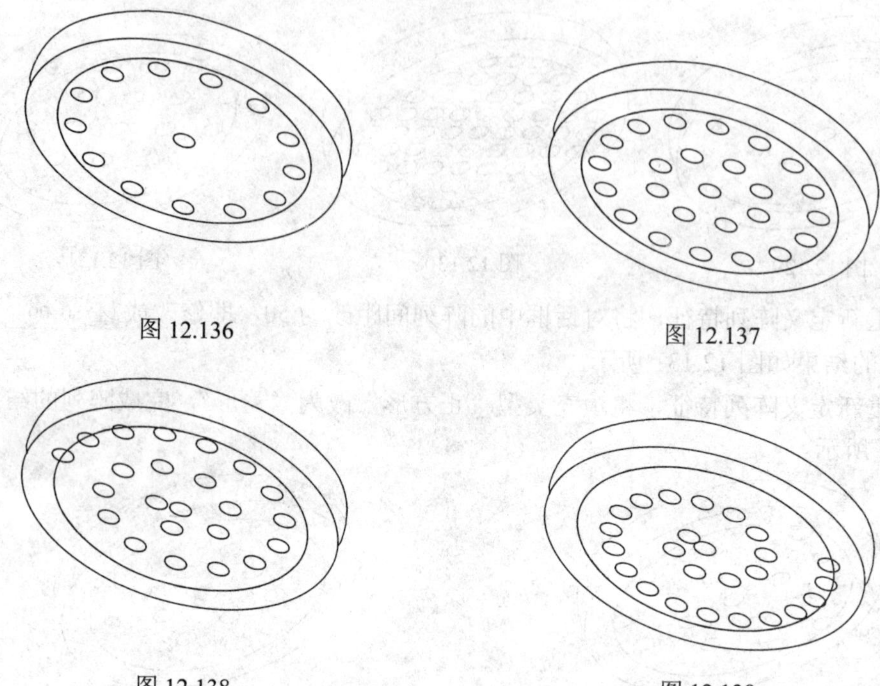

图 12.136　　图 12.137

图 12.138　　图 12.139

14）重新定义阵列特征，将填充类型“圆”改为“螺旋”，完成阵列的结果如图 12.138 所示。

15）重新定义阵列特征，将螺旋线的螺距由原来的 50 改为 60，阵列间距由 40 改为 30，完成阵列的结果如图 12.139 所示。

16）重新定义阵列特征，在设置好所有的参数后，可以直接用鼠标选择不需要的阵列元素，如图 12.140 所示，完成阵列的结果如图 12.141 所示。

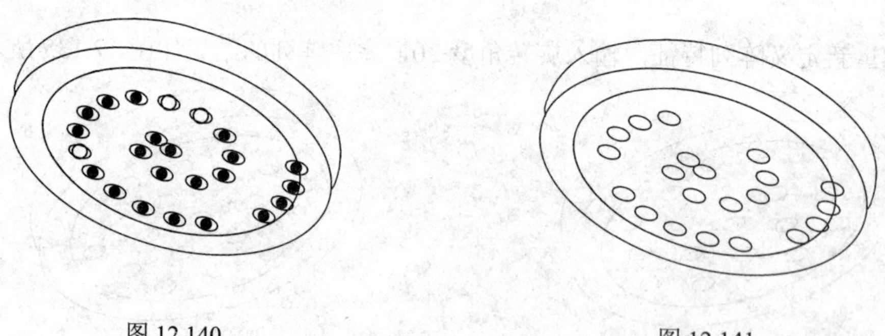

图 12.140　　图 12.141

17）保存文件。

18）只保留第一个实体特征，删除其他特征，结果如图 12.142 所示。

19）在实体表面绘制一条基准曲线，剖面如图 12.143 所示，结果如图 12.144 所示。

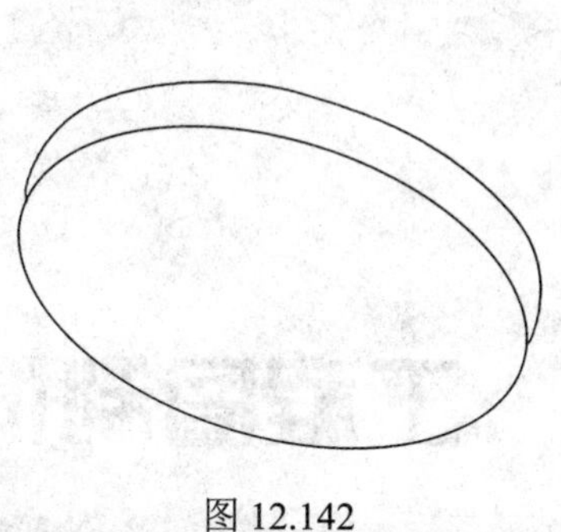
图 12.142

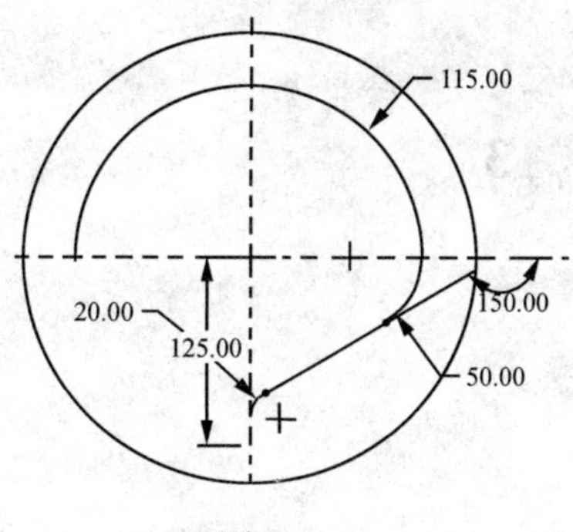

图 12.143

20）建立拉伸切削实体特征：选第一个圆柱体的顶面作绘图面，绘制直径为 20 的圆形剖面，圆心与基准曲线的端点对齐，深度为完全贯穿，完成特征的结果如图 12.145 所示。

21）先选择刚建立的切削实体特征，单击编辑工具按钮 ，在阵列控制对话框左边阵列类型的选项中选择“填充”选项。

22）选择基准曲线作为阵列参考，将填充类型修改为“曲线”，再把阵列间距修改为 40，完成阵列的结果如图 12.146 所示。

23）将文件另存为 chapter12_ex10。

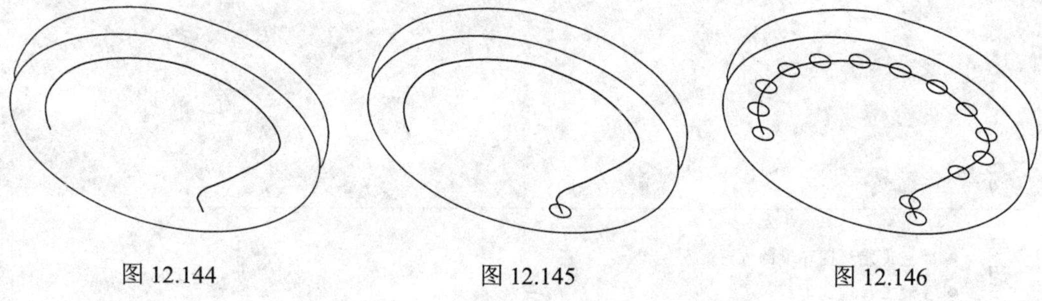
图 12.144　　图 12.145　　图 12.146

项目 13

工程图制作

学习目标

- 掌握设定绘图环境的方法。
- 了解工程图的类型。
- 熟练掌握简单工程图的制作过程。
- 掌握高级工程图的制作步骤。
- 掌握工程图的几何公差、表面粗糙度和基准的标准方法。

Pro/ENGINEER Wildfire 3.0 工程图的制作一般先完成三维图的设计，然后制作工程图。制作工程图的方法主要有如下两种：第一种是在 Pro/ENGINEER Wildfire 3.0 的界面内制作完整的工程图；第二种是将相关的图转换成 DWG（*.dwg）格式保存，用其他的软件（如 AutoCAD）读取保存的文件，再制作完整工程图。下面重点讲述第一种制作方法。

■ 13.1 绘图环境的设定 ■

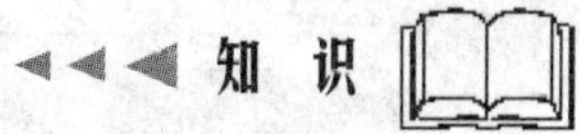

绘图环境就是软件设定的有关绘图的各种参数值，如标注尺寸的文本高度值、尺寸线的类型和线宽、投影方法等。

Pro/ENGINEER Wildfire 3.0 工程图的环境参数默认设置一般以美国、英国的标准为依据，并不符合我国的国家标准，如绘图单位，我国为 mm，而默认设置单位为 inch；又如投影方法，我国为第一视角，而默认设置为第三视角，等等。不同的单位、个人可以根据各自的爱好和规定来设置不同的绘图环境参数。下面讲述如何进行绘图环境参数设定及需要改变的参数。

13.1.1 工程图配置文件

工程图的所有环境参数所组成的文件就是工程图配置文件，工程图配置文件有两种，一种是图纸的配置文件，另一种是图纸格式的配置文件。格式是工程图文件的一个自定义的图层，一般格式文件主要包括标题栏、边框、表，还可包括公司标记等。不过图纸格式的配置文件并不会作用到工程图的图纸中。用户可根据不同的要求建立不同的图纸的配置文件和图纸格式的配置文件。配置文件默认的文件扩展名为*.dtl。

1. 创建图纸的配置文件

由于图纸的配置文件的项目很多，逐条输入进行编辑是很麻烦的，最好是先选择一个比较接近本单位标准的图纸的配置文件，步骤如下所述。

（1）进入绘图界面

打开 Pro/ENGINEER Wildfire 3.0，单击“文件”→“新建”项，选取如图 13.1 所示的选项，在“类型”栏下选择“绘图”单这项，输入工程图的名称，如 gongchengtu，不选择使用缺省模板，单击“确定”按钮，出现如图 13.2 的对话框，“大小”栏下选“A3”项，单击“确定”按钮进入绘图界面。

（2）进入属性界面

在绘图界面中的任何位置单击鼠标右键（维持 0.5s 以上，以后都一样），出现如图 13.3 所示的菜单。

（3）进入绘图选项

在如图 13.3 所示的菜单中选择“属性”项，出现如图 13.4 对话框。

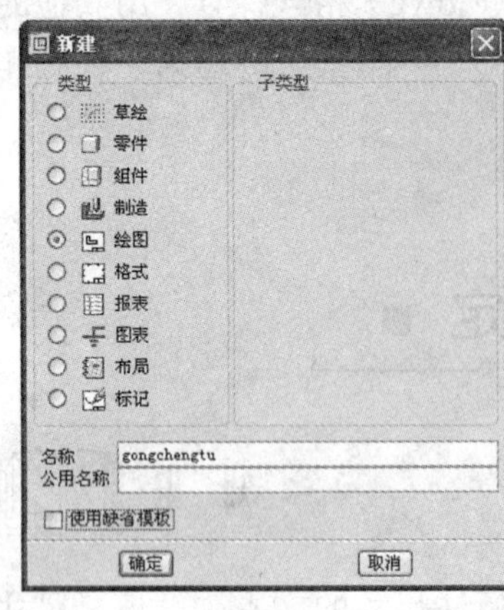
图 13.1

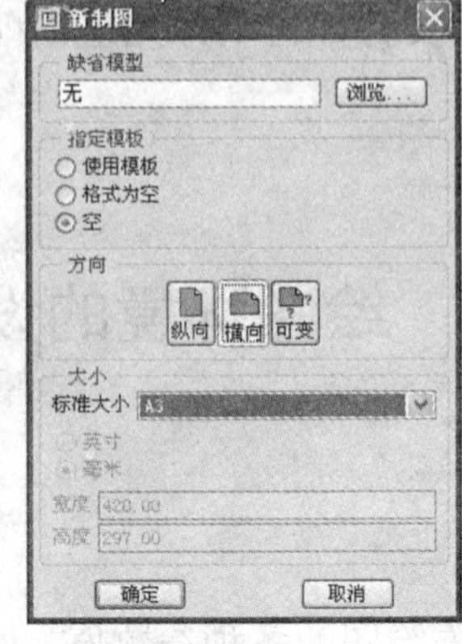
图 13.2

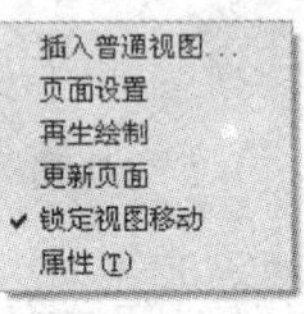

图 13.3

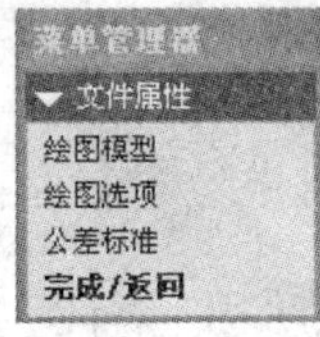

图 13.4

（4）进入配置文件的编辑

选择“绘图选项”，出现如图 13.5 所示的对话框，这就是图纸的配置文件，项目很多，对每一项目都能编辑。

（5）编辑说明

如要编辑第一项 drawing_text_height，单击 drawing_text_height，在右下角值处输入一数值如 3.5，此时“添加/更改”按钮变亮，单击此按钮，完成修改，此时“应用”按钮变亮，单击“应用”按钮，此参数编辑生效，此时状态栏目中的符号由 ✳ 变为 ●，如图 13.6 所示。

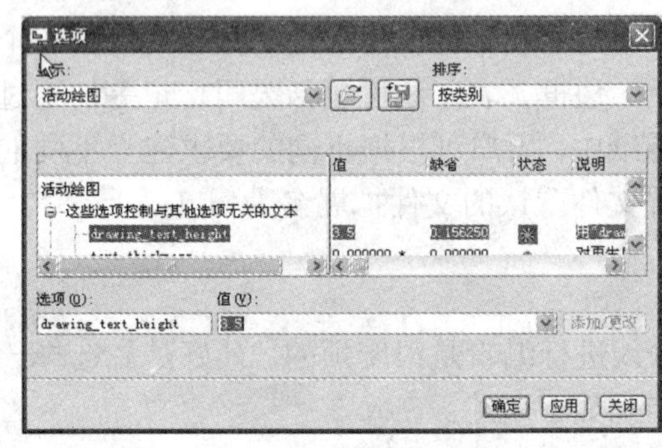
图 13.5

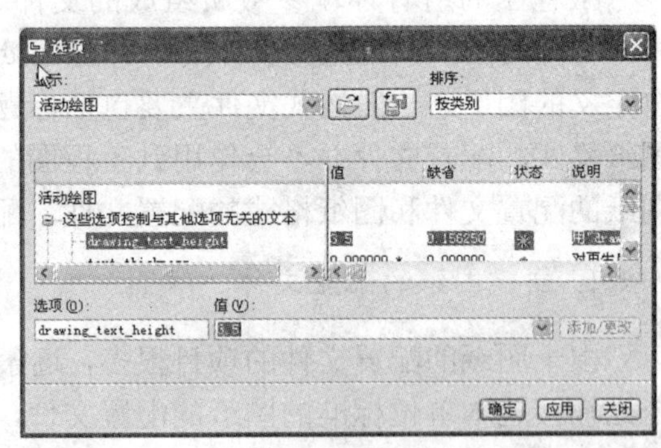
图 13.6

（6）完成配置文件创建

当编辑完成后，单击 按钮另存为图标，出现对话框，选择图纸的配置文件保存的目录，在 Name 框中输入所需文件名，如 proedetail.dtl，单击“关闭”按钮，完成创建。

配置文件中，一定要将 projection_type（投影类型）参数设定为 first_angle（第一视角）。

2. 创建图纸格式的配置文件

Pro/ENGINEER Wildfire 3.0 图纸格式的配置文件与图纸的配置文件不同，此配置文件项目较少，创建步骤如下。

（1）进入格式界面

打开 Pro/ENGINEER Wildfire 3.0，单击“文件”→“新建”项，出现如图 13.7 所示对话框，在“类型”栏下选“格式”单这项，输入格式名称，如 geshi，单击“确定”按钮，出现如图 13.8 所示对话框，在“大小”栏下选“A3”项，单击“确定”按钮。

（2）进入属性界面

在格式绘图界面中的任何位置单击鼠标右键，出现如图 13.9 的对话框，选择“属性”命令。

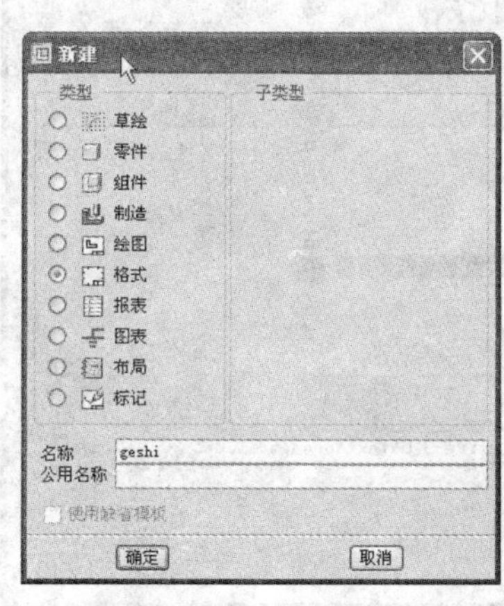

图 13.7

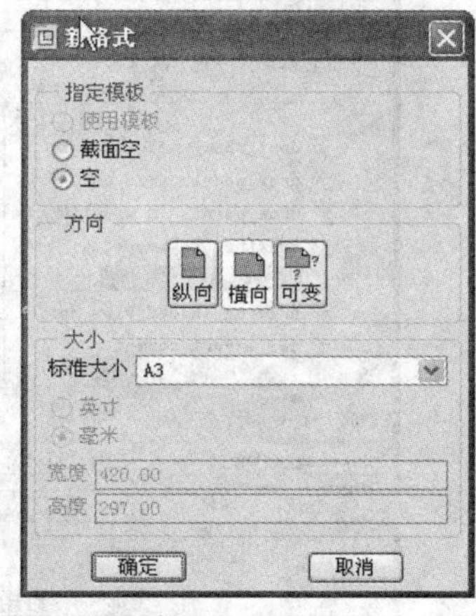

图 13.8

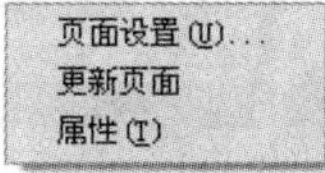

图 13.9

（3）编辑并保存格式配置文件

出现如图 13.10 所示对话框，即可进行编辑并保存在相应的位置。

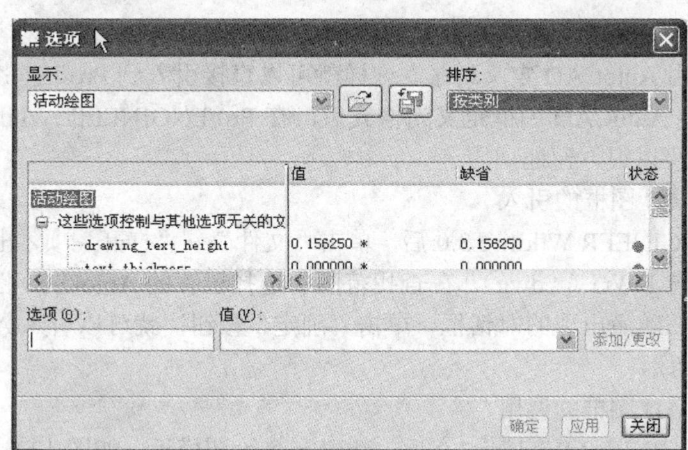

图 13.10

3. 如何引入编辑好的配置文件

如果硬盘里存有编辑好的配置文件，则可按下列步骤引入。

（1）进入选项界面

启动 Pro/ENGINEER Wildfire 3.0，单击主菜单中的“工具”项，如图 13.11 所示。

（2）引入配置文件

在出现如图 13.12 的对话框，不选“仅显示从文件载入的选项”复选项，找出或在左下角选项处输入 format_setup_file，看“值”处的地址是否就是用户所保存配置文件的地址，如果不是，可以通过浏览的方法引入用户的配置文件。

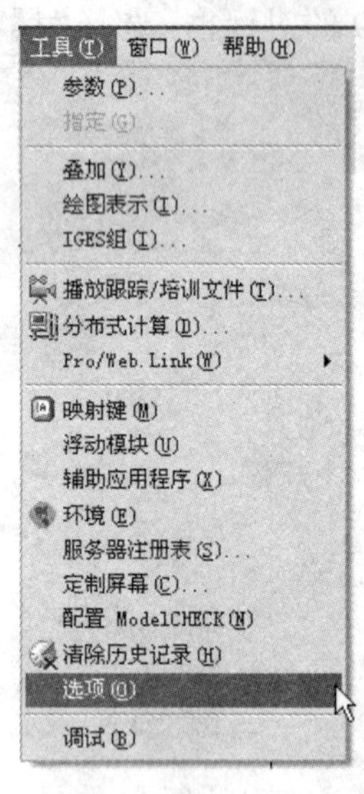

图 13.11

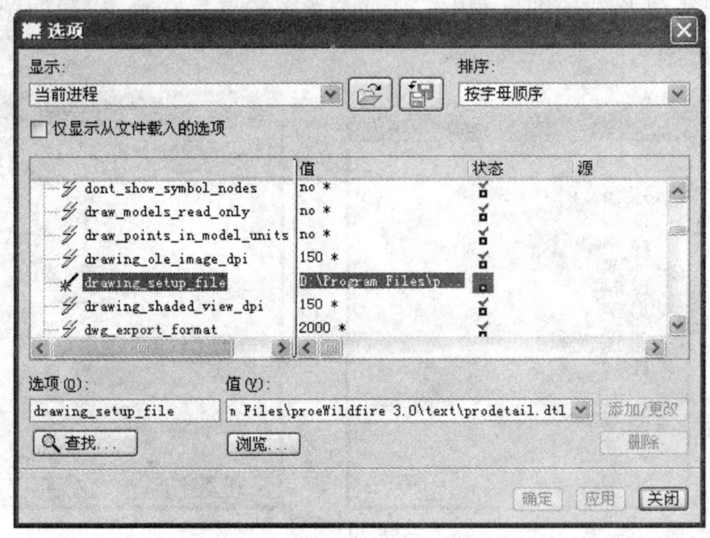

图 13.12

13.1.2 图框的引入及调用

在实际工作中，企业一般都有自己的图框格式，包括一些特定的内容，如企业标志等，并且多半已用 AutoCAD 定义好了，这样就可以直接引入到 Pro/ENGINEER Wildfire 3.0 中；当企业将 AutoCAD 图框定义为格式后，在 Pro/ENGINEER Wildfire 3.0 的工程图制作过程中就可以很方便地调用。

（1）AutoCAD 图框的引入

启动 Pro/ENGINEER Wildfire 3.0 后，单击“文件”→“打开”项，出现文件打开对话框，在类型中选 DWG（*.dwg），在查找范围中选择已存的 AutoCAD 图框文件，单击“打开”所示，在随后出现的对话框，单击“确定”按钮，就可以引入 AutoCAD 图框，结果如图 13.14 所示。

（2）AutoCAD 图框的调用

启动 Pro/ENGINEER Wildfire 3.0 后，新建一个绘图模板，如图 13.1、图 13.2 所示，单击“插入”→“共享数据”→“自文件”命令，见图 13.14，在出现的对话框中选取所需文件并打开，在随后出现的对话框中单击“确定”按钮，系统提示是否缩放格式，单击“是”按钮，AutoCAD 图框被成功调用，结果如图 13.13 所示。

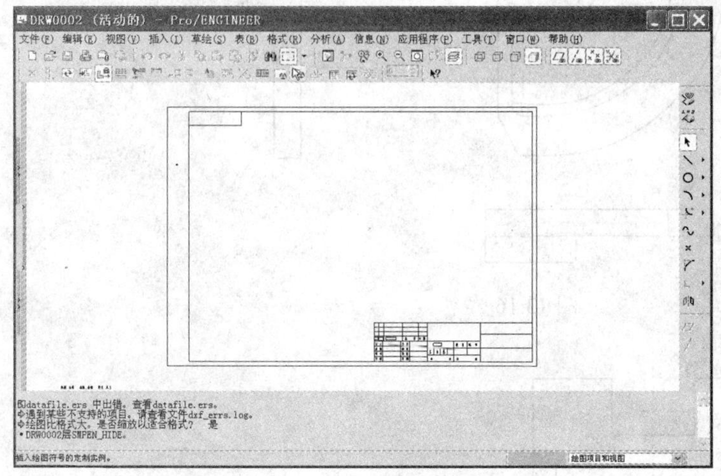

图 13.13

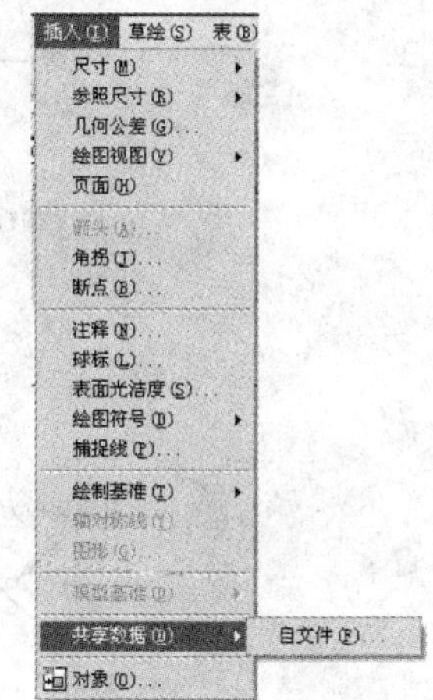

图 13.14

■ 13.2 工程图的类型和简单工程图的制作 ■

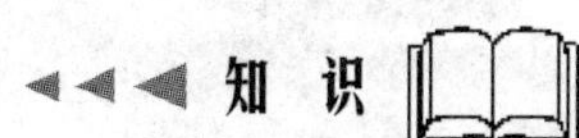

13.2.1 工程图的类型

1. 按视图方向分类

（1）一般视图

制作工程图必须首先制作一般视图，利用一般视图上的有关参考面进行定位才能制作出主视图，进而制作出其他视图，所以说一般视图是工程图制作的基础。一般视图是默认状态下的三维立体图，如图 13.15 所示。

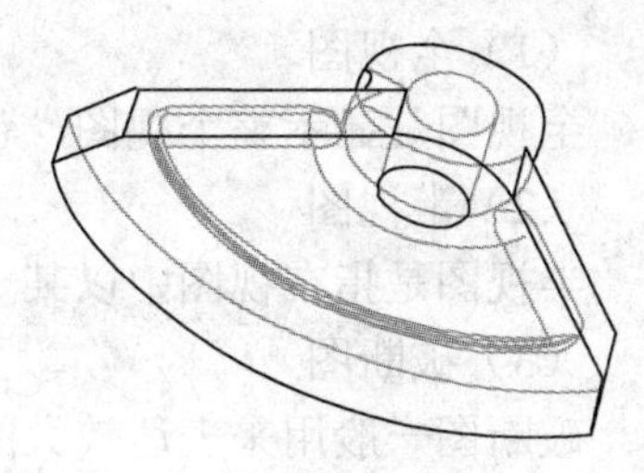

图 13.15

（2）投影图

投影图是工程图中最常用的视图，是按物体的正交投影关系产生的视图，如左视图、俯视图等，如图 13.16 所示。

（3）辅助视图

辅助视图起辅助说明作用，是按物体的非正交投影关系产生的视图，如图 13.17 所示。

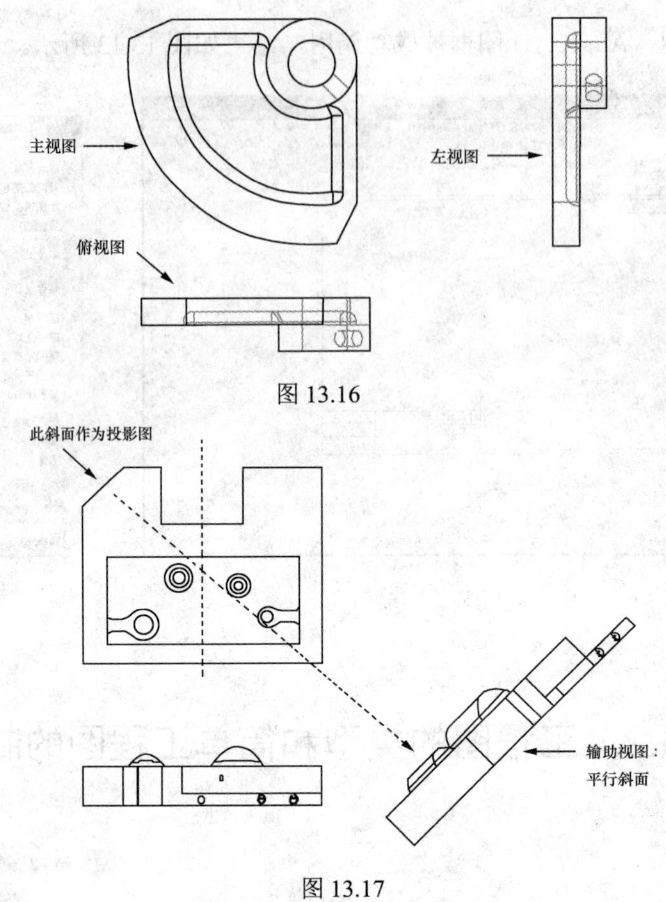

图 13.16

图 13.17

（4）详细视图

即局部放大图，以方便、清楚地表达局部细节的视图。

（5）旋转图

旋转图通常用来表达断面的几何形状，一般用剖面表达，即工程上常说的截面图。

2. 按视图表达方式分类

（1）全视图

全视图是显示整个视图，包括所有能看到的全部元素。

（2）半视图

半视图是指在视图中以某一基准为界，只显示此基准一侧的视图。

（3）破断图

破断图一般用来表达较大的零件，为表达方便将零件中间部分打断，再将余下部分靠放在一起。

（4）部分视图

部分视图就是局部视图，又可分为不带剖面和带剖面的局部视图。

3. 按剖视图的表达方式分类

（1）全部剖视图

全部剖视图是表达整个横截面和边界。

（2）半剖视图

半剖视图以某一基准为界，一边为剖视图，另一边为非剖视图。

（3）区域剖视图

区域剖视图只显示横截面区域而不显示其他投影边。

13.2.2 简单工程图的制作

简单的工程图包括主视图、左视图、俯视图和一个其他视图。制作简单工程图的步骤如下。

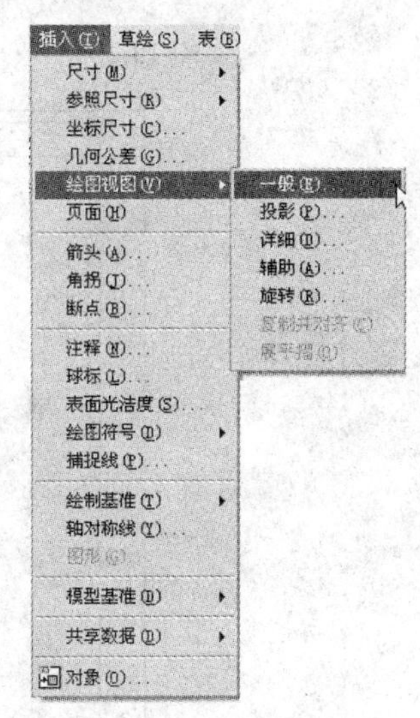

图 13.18

1. 引入配置文件和图框

首先引入配置文件和图框。

2. 创建主视图

创建主视图的过程如下。

（1）选择插入一般（普通）视图

有两种方法，一种是选择“插入”→“绘制视图”→“一般”命令，如图 13.18 所示。另一种是在绘图区任意位置单击鼠标右键，出现如图 13.19 所示的快捷菜单，选择“插入普通视图”项。

（2）选取零件图

出现选取零件的对话框，选取要制作工程图的零件，如 zhoutao.prt，打开该文件，（也可以在上一步引入图框时，在对话框中缺省模型中选取此零件，这样就可跳过此步）。

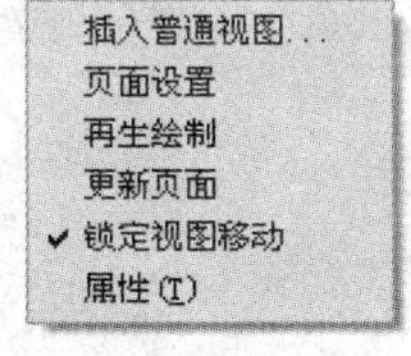

图 13.19

（3）选择放置主视图的中心点

系统提示：选取绘制视图的中心点，在绘图区合适的位置单击鼠标即可。

（4）创建主视图

出现零件的轴测图，如图 13.20 所示，同时出现如图 13.21 所示的对话框，定位如下：选取定向方法选几何参照，参照 1，用 FRONT 作后面，参照 2，用 RIGHT 作顶面，结果如图 13.22。

3. 创建投影视图

有两种创建投影视图的方法：其一如图 13.23 所示，选择“投影”命令即可；其二是先用鼠标左键单击主视图内的任意位置，当出现红色的框，单击鼠标右键，选择”插入投影视图”命令即可，如图 13.24 所示。此时鼠标点在视图相应的位置就产生相应的视图，如左视图和俯视图，结果如图 13.25 所示。

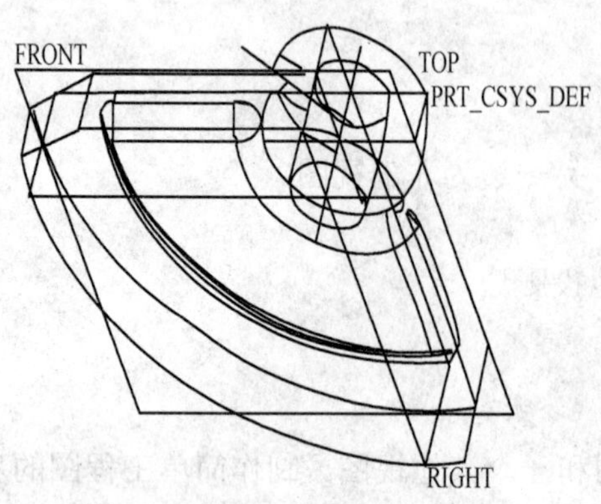

图 13.20

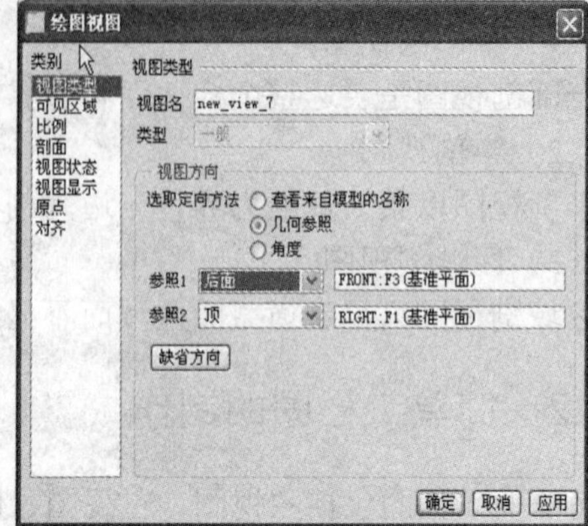

图 13.21

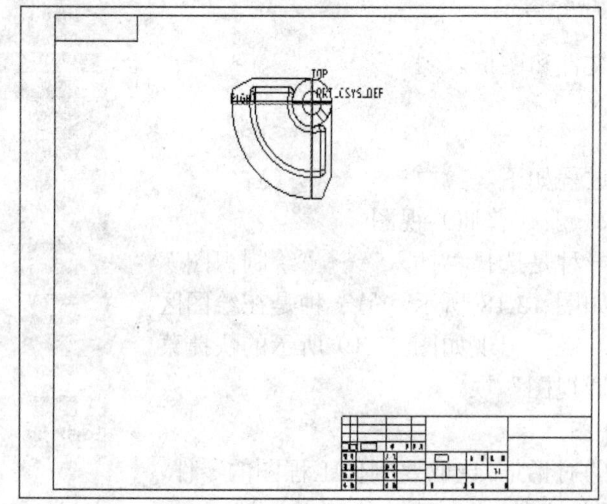

图 13.22

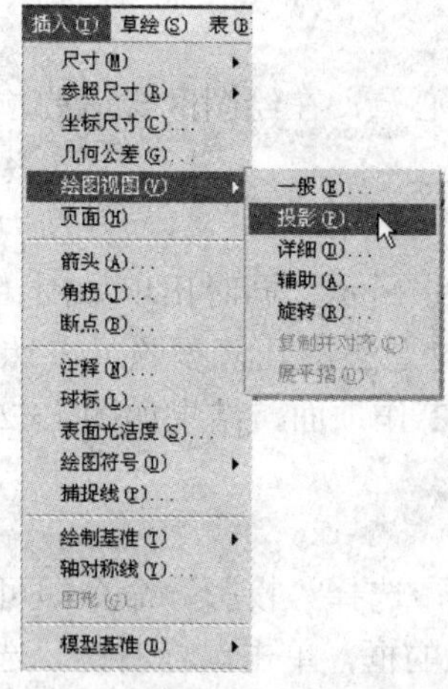

图 13.23

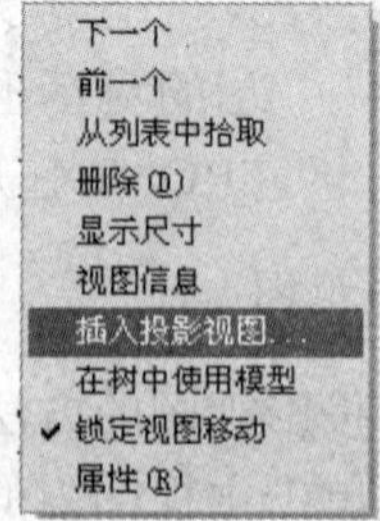

图 13.24

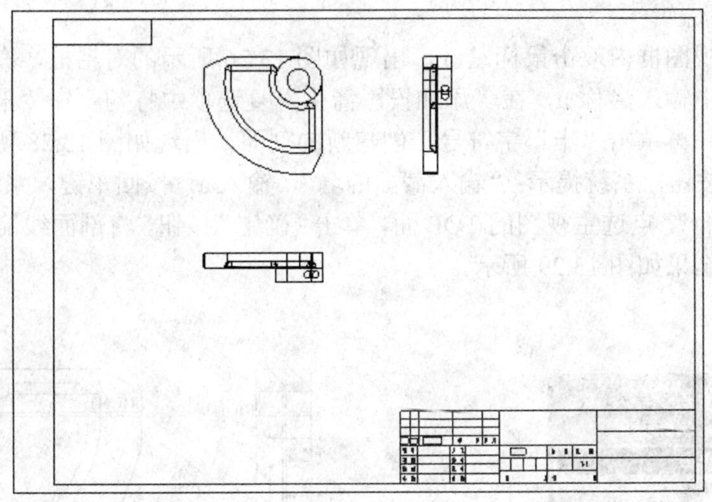

图 13.25

4. 创建全剖视图

（1）生成视图

如图 13.26 所示，选择“插入”→“绘制视图”→“辅助”命令，绘图区左下角出现提示，选择主视图中的 TOP 面，系统在提示选择绘制视图的中心点，只要将鼠标单击在相应的位置即可，如图 13.27 所示。

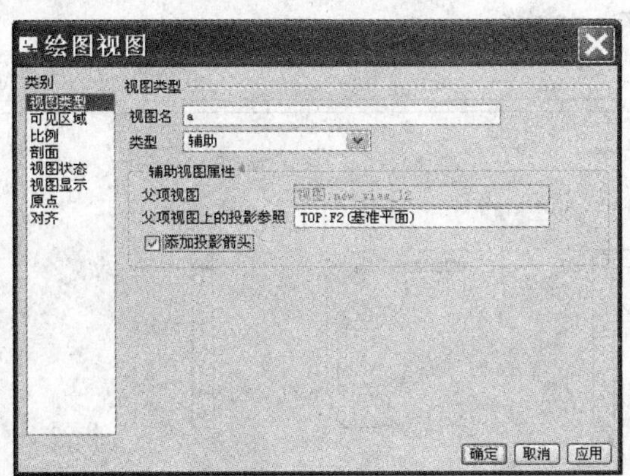

图 13.26

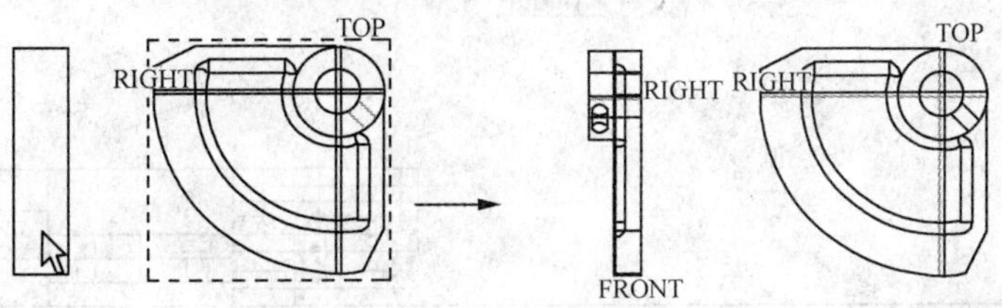

图 13.27

（2）进行编辑

在生成的视图框内双击鼠标左键，出现如图 13.26 所示的对话框，在“视图类型”的“视图名”中输入名称 a，在“添加投影箭头”复选项中打勾；在“剖面”选项中选择“2D 截面”，再单击“十”字符号，创建新的剖面，出现如图 13.28 所示的对话框，单击“完成”按钮，系统提示：“输入截面的名”，输入 a，按回车键，系统提示：“选取平面或基准平面”，点选主视图的 TOP 面，单击“确定”按钮，将剖面线箭头移动到 TOP 面所在位置，结果如图 13.29 所示。

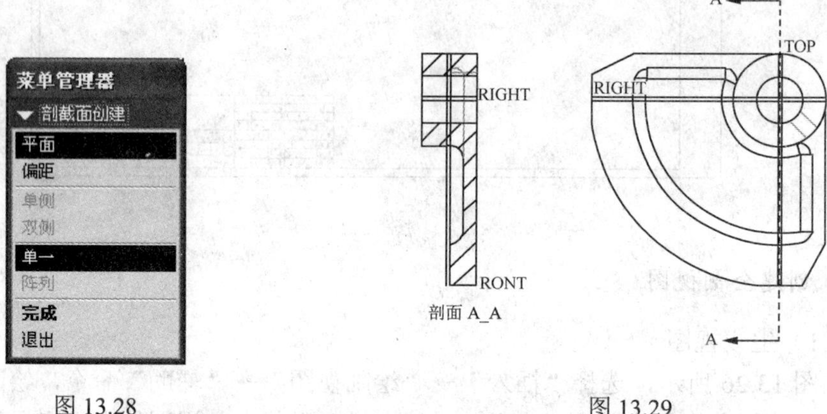

图 13.28　　　　图 13.29

在图 13.26 中，选择“视图显示”项可以对视图的显示细节进行控制，结果如图 13.30 所示。

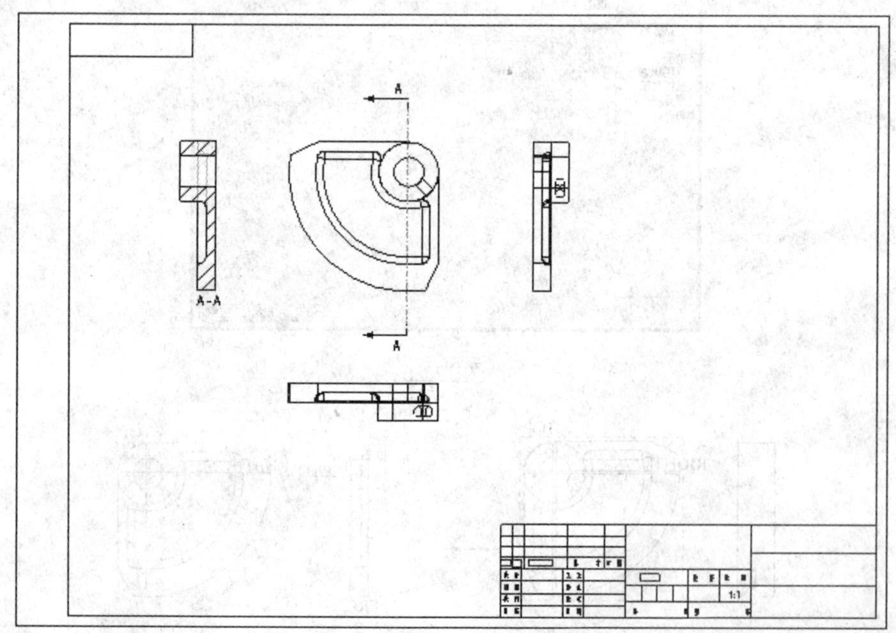

图 13.30

5. 创建尺寸和编辑视图

（1）在主视图上创建尺寸

在主视图框内单击鼠标右键，出现如图 13.31 所示的快捷菜单，选择“显示尺寸”命令，尺寸创建完成，如图 13.32 所示。

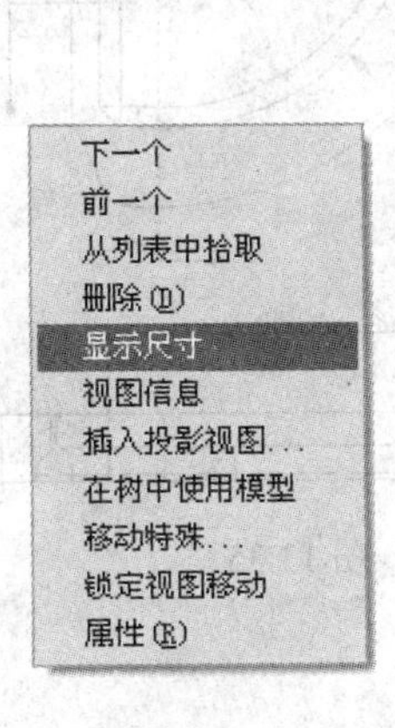

图 13.31

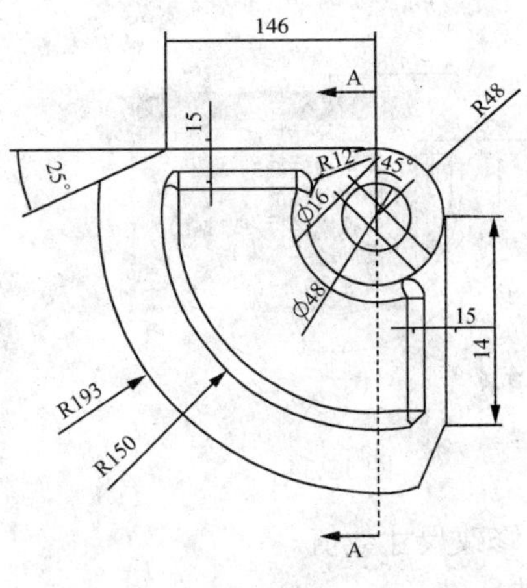

图 13.32

（2）在主视图上的标注进行编辑

1）尺寸移动。用鼠标单击尺寸 146，整个尺寸线变红并且鼠标的指针变为带箭头的十字形，如图 13.33 所示，此时按住鼠标左键就可将尺寸移动到所需要的位置，松开鼠标就结束移动。

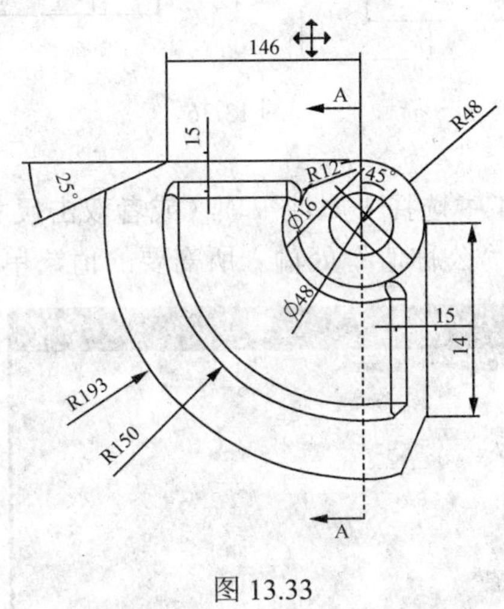

图 13.33

2）擦除尺寸。用鼠标单击要擦除的尺寸，整个尺寸线变红，单击鼠标右键，出现如图 13.34 所示的快捷菜单，选择“拭除”项，即可擦除该尺寸，再单击鼠标左键，完全清除。

3）尺寸转移。如将主视图上的尺寸 146 转移到俯视图上（当然不是所有的尺寸都能转移，要视情况而定），如步骤 2）操作，在图 13.34 中选择“将项目移动到视图”项，再选择目标视图，则主视图上的 146 转移到了俯视图上，如图 13.35 所示。

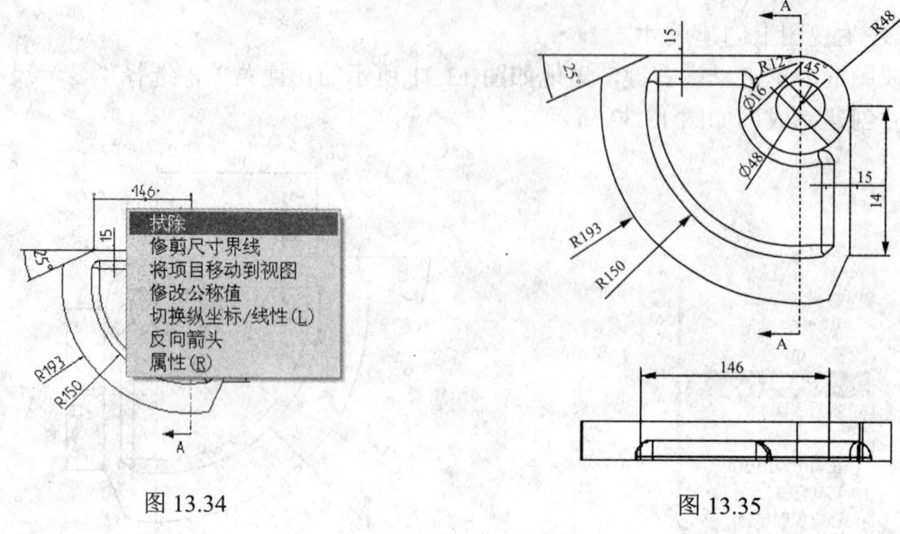

图 13.34　　　　图 13.35

4）修改尺寸数值。

方法一：

如第 2）步，在图 13.34 中选择“修改公称值”项，出现如图 13.36 左边的框，输入数字如 150，按回车键，结果如图 13.36 右边所示。

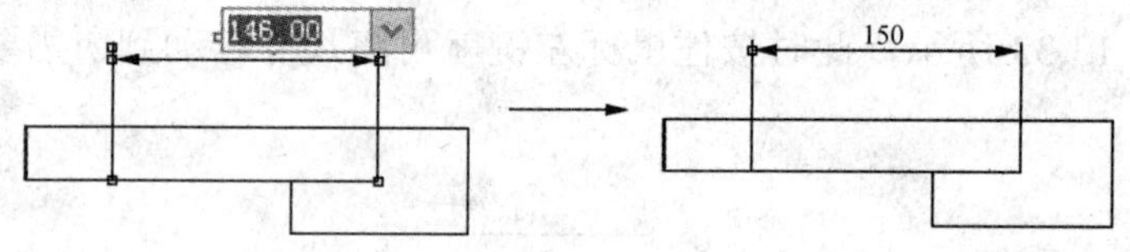

图 13.36

方法二：

如第 2）步，在图 13.34 中选择“属性”项（或者双击尺寸），出现“尺寸属性”对话框，如图 13.37 所示，在“公称值”处输入所需要的值，单击“确定”按钮即可。

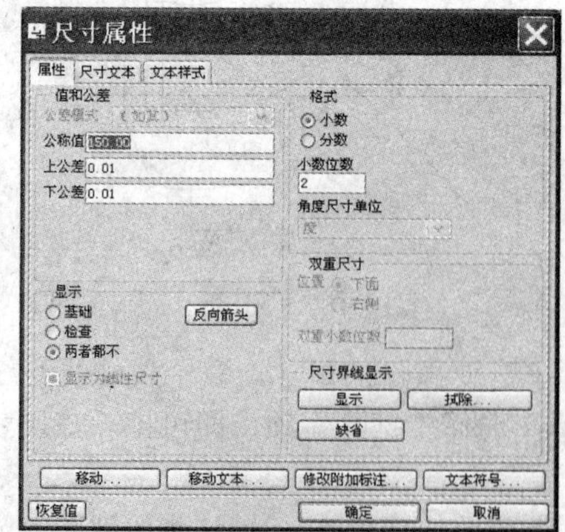

图 13.37

5）修改箭头类型。用鼠标单击要改变箭头的尺寸（如 146），整个尺寸线变红，把鼠标移到要改变类型的箭头一边，出现如图 13.38 所示上面的箭头方式，单击鼠标右键，出现如图 13.38 所示下面的快捷菜单，选择“箭头样式”项，出现如图 13.39 所示的对话框，选取一种类型（如“实心点”），单击“完成/返回”项，就完成修改任务，结果如图 13.40 所示。

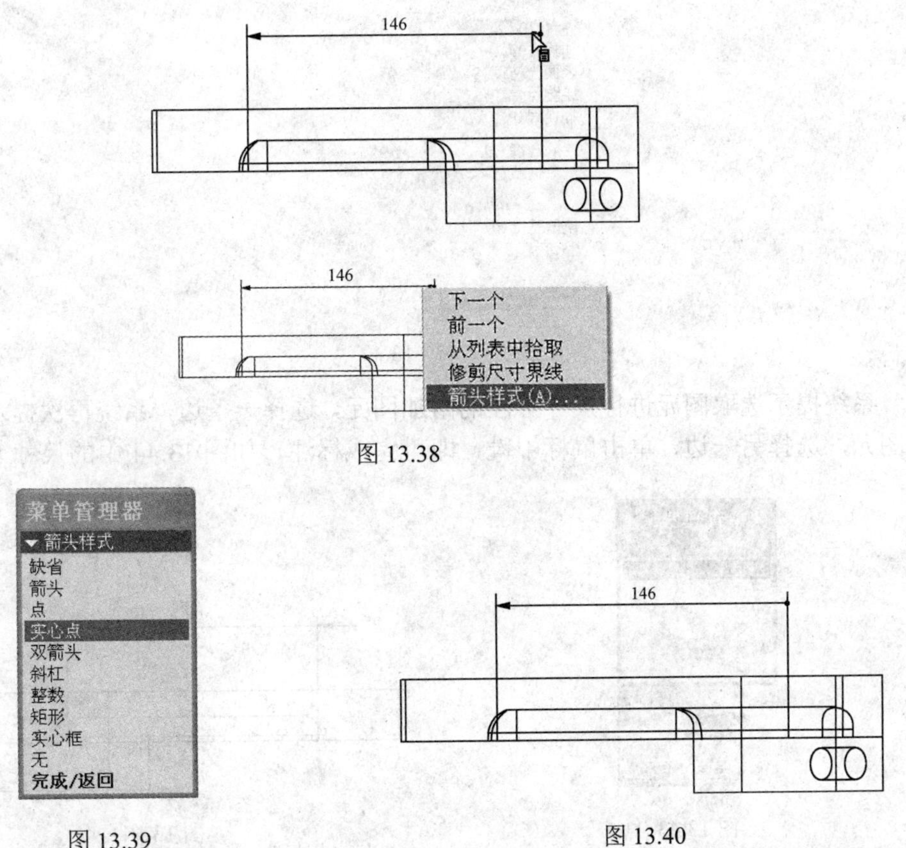

图 13.38

图 13.39

图 13.40

6）改变箭头方向。单击需要改变的尺寸，单击鼠标右键，出现如图 13.34 所示的快捷菜单，选择“反向箭头”项即可，结果如图 13.41 所示。

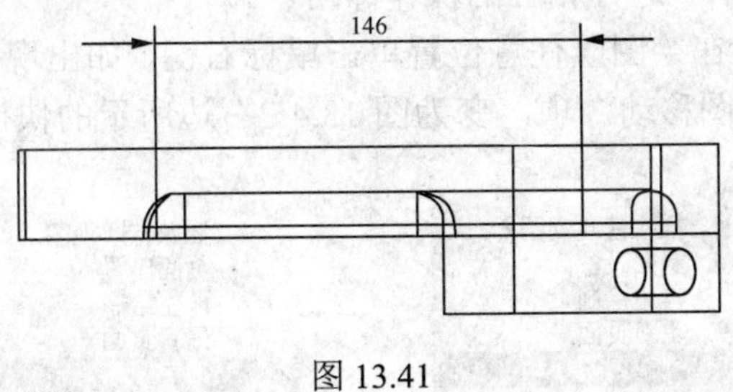

图 13.41

7）添加尺寸标注。这是按自己的愿望在适当的位置标注尺寸，在图 13.42 中进行选择，出现如图 13.43 所示的对话框。

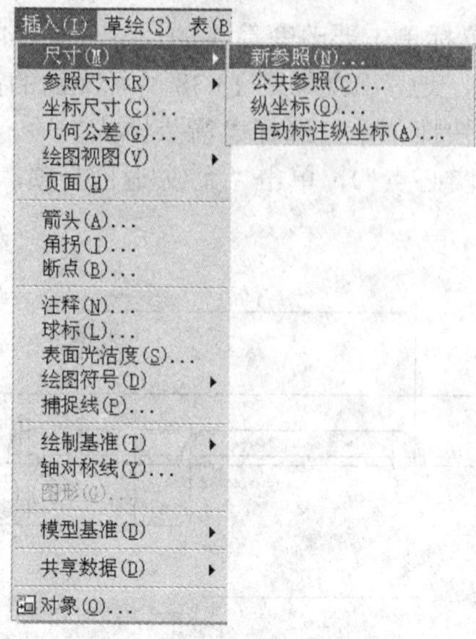

图 13.42

系统提示选取图元进行尺寸标注的附加图元，选择一条边，系统再次提示选取另外的图元，选择另一边，单击鼠标中键，即可完成标注，如图 13.44 中的尺寸 58。

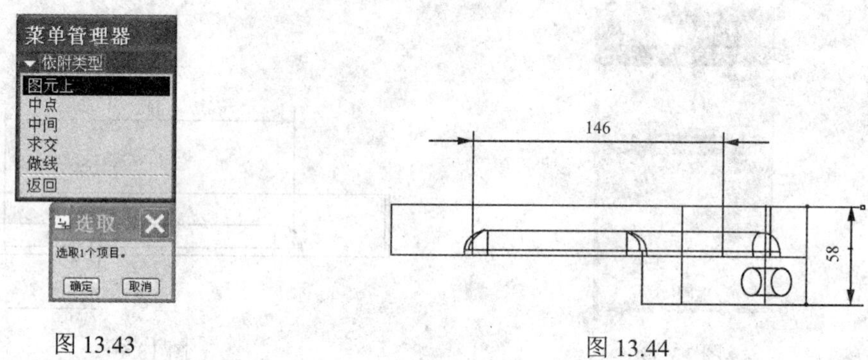

图 13.43　　　　图 13.44

8）改变尺寸标注的属性。想要改变尺寸的其他属性，只要用左键单击尺寸，再单击右键，出现如图 13.34 的对话框，选择“属性”项（或者双击尺寸），出现“尺寸属性”对话框，如图 13.37 所示，进行相应的操作即可。

9）移动各个视图。在绘图区任意位置单击鼠标右键，如出现如图 13.45 左边的快捷菜单，则单击“锁定视图移动”项，变为图 13.45 右边所示的快捷菜单，该视图就能方便地进行移动。

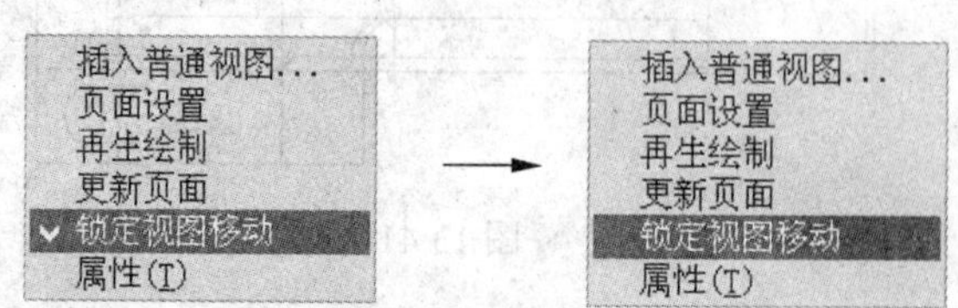

图 13.45

10）编辑后的最后结果如图 13.46 所示。

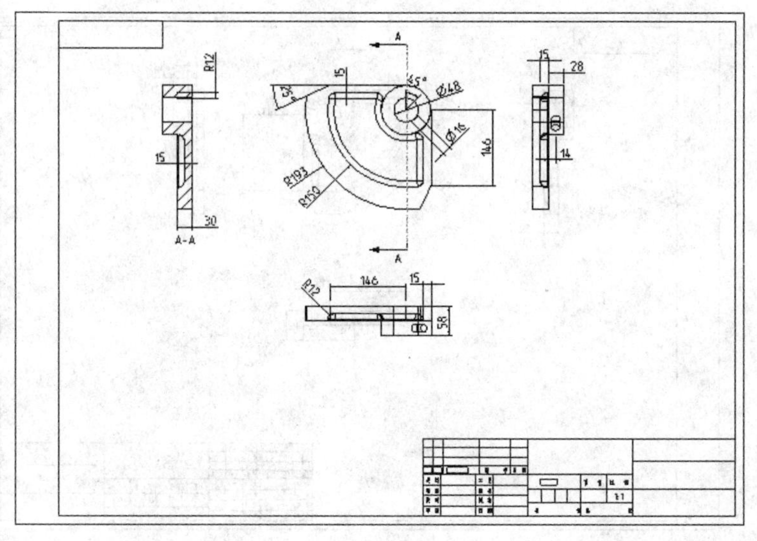

图 13.46

13.3　高级工程图的制作

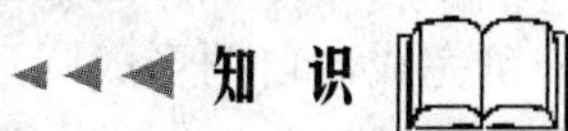

对于形状较复杂的零件要表达清楚就需要制作较高级的工程图，即除了基本的三视图外，还应该增加其他视图，零件图如图 13.47（和前面的图相同，增加了一个槽和一个缺口）所示。

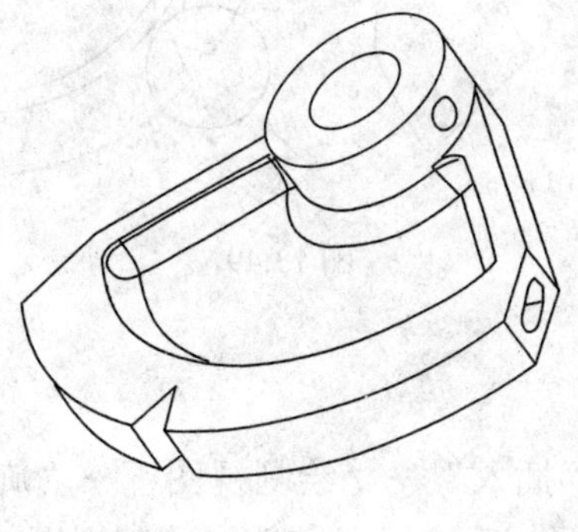

图 13.47

13.3.1　创建三视图

如前所述创建主视图、左视图和府视图，结果如图 13.48 所示。

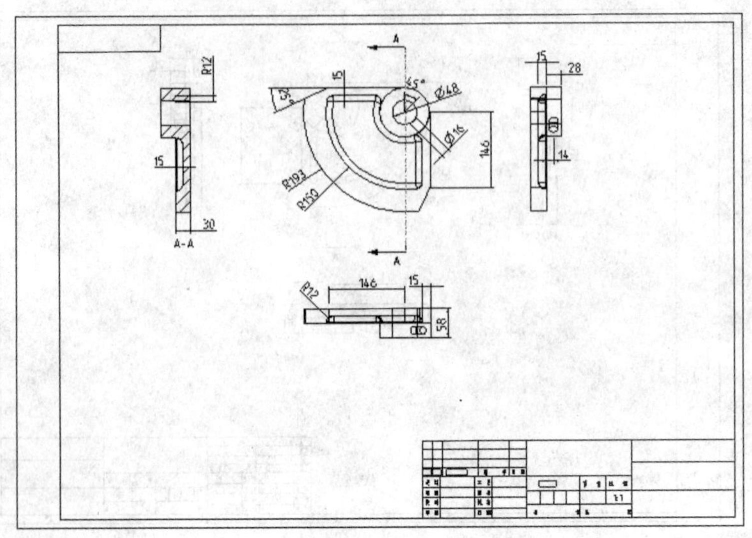

图 13.48

13.3.2 创建局部放大图（插入详图）

选择“插入”→“绘制视图”→“详图”项，系统提示：在一现有视图上选取要查看细节的中心点，选择主视图中带“V”形槽附近的一点；系统提示：草绘样条，单击中键完成，自动形成圆形的图框；系统提示：选取绘制视图的中心点，选择合适的位置即可，结果如图 13.49 所示。

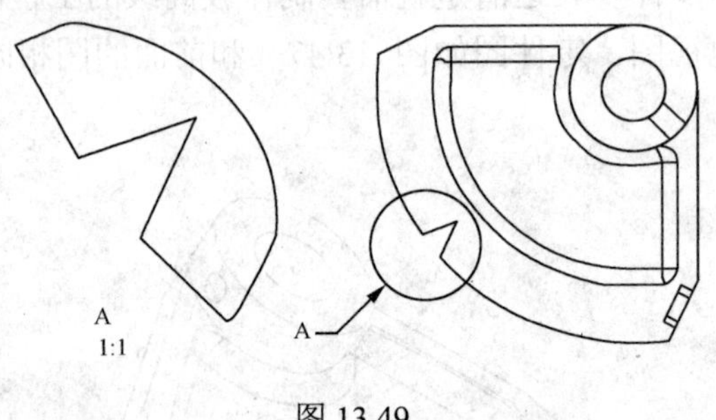

图 13.49

13.3.3 创建旋转视图

如图 13.23 所示，选择“插入”→“绘制视图”→“旋转”项，系统提示：选取旋转界面的父视图，选择主视图；系统提示：选取绘制视图的中心点，选择适当的位置；系统提示：选取对称轴或基轴，选择主视图中的 TOP 面，创建完成，如图 13.50 左边的图，而旋转视图中有缺口，不符合我国标准规定，用画直线的办法连接好，结果如图 13.50 右边的图。

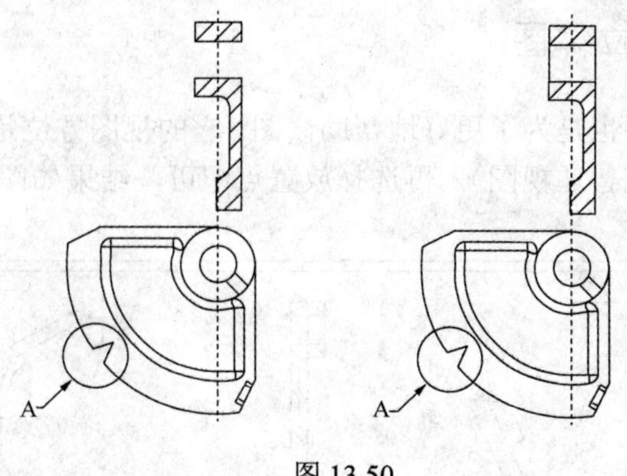

图 13.50

13.3.4 创建辅助视图

如图 13.23 所示，选择“插入”→“绘制视图”→“辅助”项，系统提示：在主视图上选取……基准平面，选取如图 13.51 的斜线；系统提示：选取绘制视图的中心点，选择合适的位置放置，如图 13.52 所示。

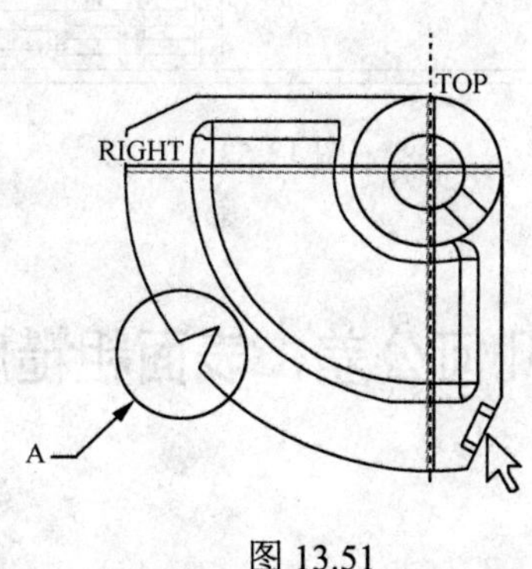

图 13.51

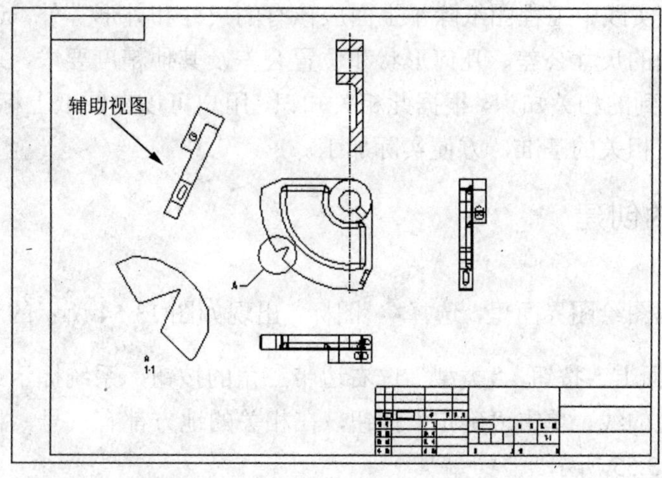

图 13.52

13.3.5 创建参考立体图

参考立体视图主要也是为了更好地帮助读图，它的视图方位是默认状态的三维立体图，插入一般视图（或普通视图），再选择放置点即可，结果如图 13.53。

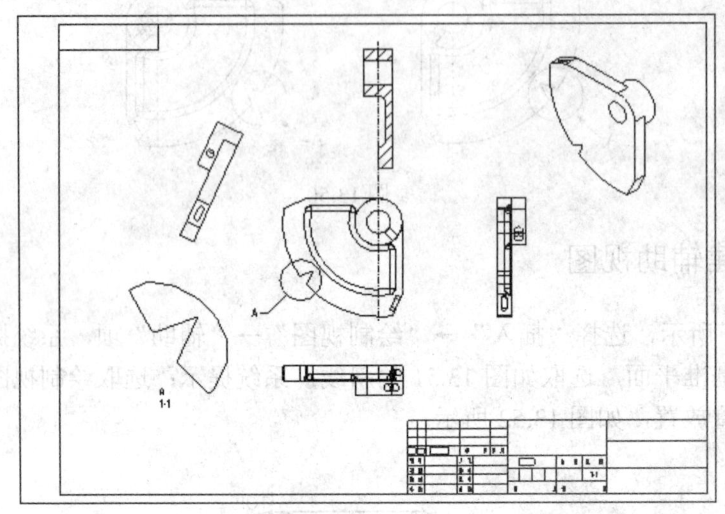

图 13.53

■ 13.4 工程图的几何公差、表面粗糙度和基准的标准 ■

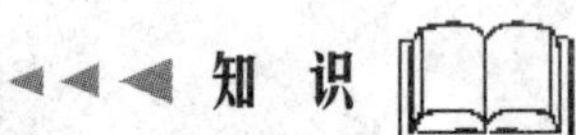

众所周知，在实践中工程图纸除了上面应该有的尺寸和外形等外，还必须对某些特征规定必要的精确的尺寸公差、几何形状和位置公差及其他精度要求，这就是《公差配合与技术测量》讲到的相关知识，根据此相关知识，用户可以在图纸上标注上几何公差、表面粗糙度及与之相关的基准，方便实际加工。

13.4.1 基准的创建

在打开的工程图绘图界面里，选择图标，出现如图 13.54 所示的对话框，输入名称 f，选择“在曲面上”按钮，“类型”选右边带三角的按钮，系统提示：选取曲面，选择左视图中最左边的线，单击“确定”按钮，在相关的地方都有符号，将不需要的地方擦除，结果如图 13.55 所示。

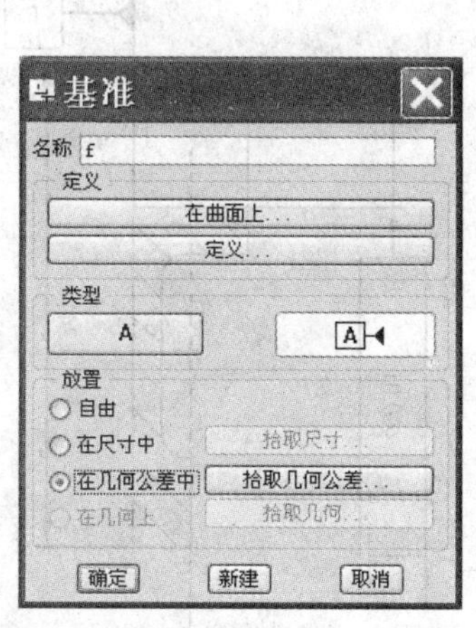

图 13.54

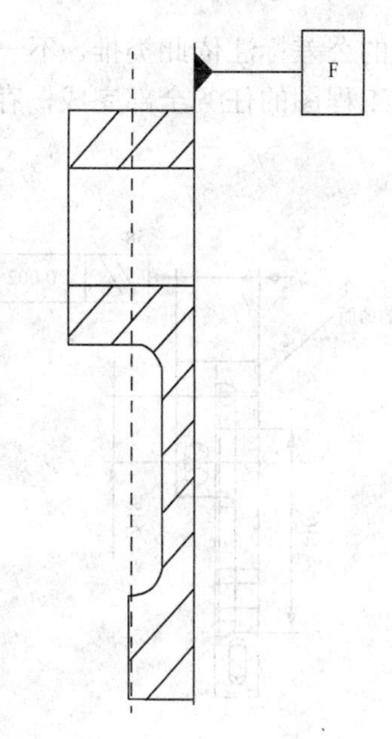

图 13.55

13.4.2 平行度公差的创建

选择“插入”→“几何公差”项，如图 13.56 所示，出现如图 13.57 图 13.56 所示的对话框，选择平行度符号“//”，在“模型参照”中的参照类型中选曲面，系统提示：选取曲面，选择左视图中最左边的线；在“基准参照”的首要的基本框内选 F 基准；在“公差值”的总公差中输入公差值，如 0.002；再回到“模型参照”的选项，在放置的类型中选“尺寸”，单击“放置几何公差”按钮，选择左视图中的尺寸 58，完成创建，结果如图 13.58 所示。

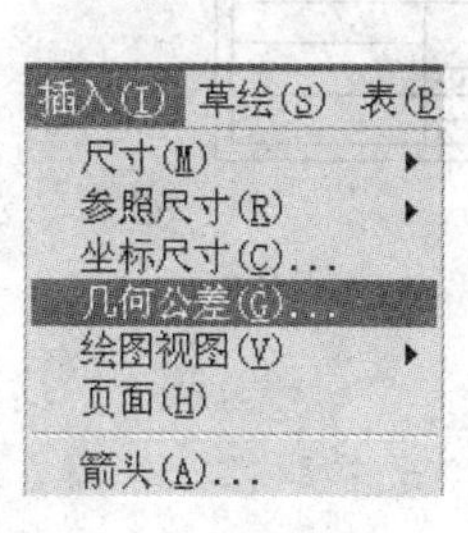

图 13.56

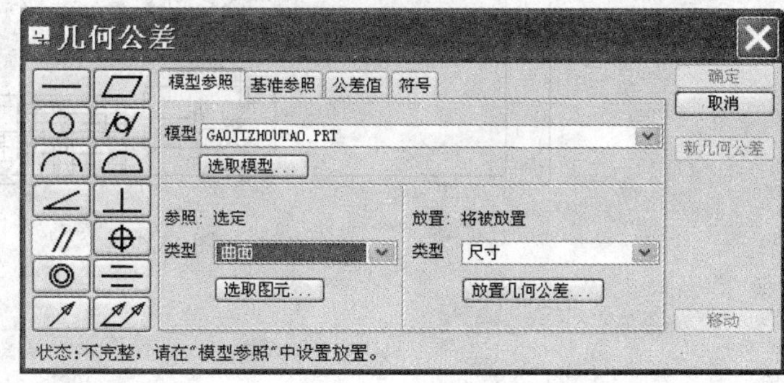

图 13.57

13.4.3 垂直度公差的创建

如上一步，选垂直度⊥符号，参考曲面、基准参照与上面相同，公差值为 0.015，符号为ϕ，尺寸选择旋转视图的ϕ48，结果如图 13.59 所示。

其他的公差标注依此类推，不一一列举，按前面的方法将所有的尺寸进行标注和编辑，至此工程图的任务全部完成，存盘退出，最后结果如图 13.60 所示。

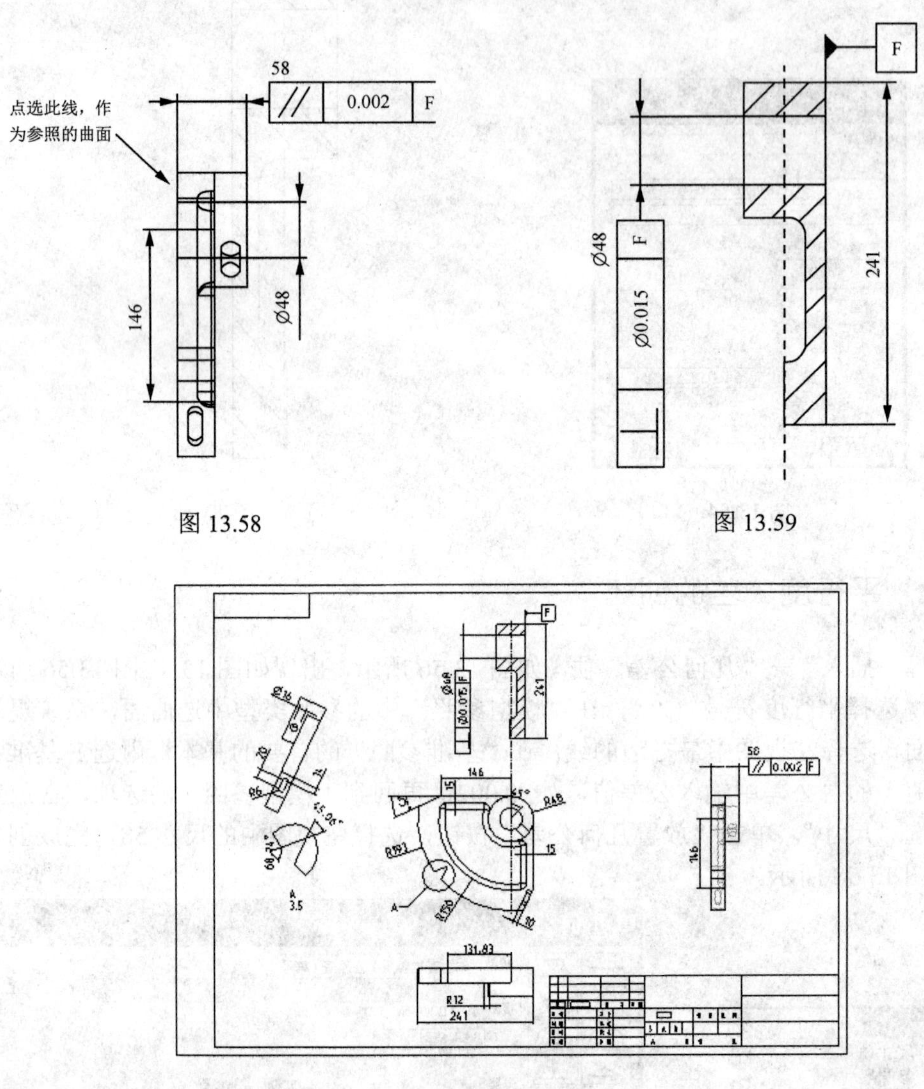

图 13.58

图 13.59

图 13.60

项目 14

零件组合

学习目标

- 熟悉零件组合的基本流。
- 熟练掌握简单的组合件组合方法。
- 掌握元件设计方法与分步组合方法。
- 了解组合过程中元件的操作。

■ 14.1 零件组合的基本流程 ■

知 识

进行产品设计时，如所有零件都设计完成后，便可以按零件之间的配合关系将零件进行组合，形成部件或产品。这里主要讲述几种零件组合的方式和基本过程。

零件组合的步骤如下。

1）在一个指定硬盘中创建新的文件夹。

2）将设计好的所有零件或者部件复制到新的文件夹中。

打开 Pro/ENGINEER，将工作目录选为新建的文件夹，新建一个组合文件（选取如图 14.1 所示的选项，在“类型”栏中选“组件”单选项；在“子类型”栏中选“设计”单选项，并输入新建组合的名称），不选择“使用缺省模板”复选项，单击“确定”按钮。

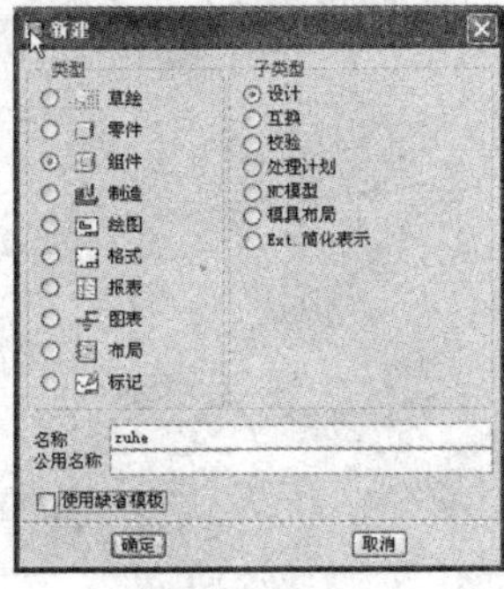

图 14.1

在新文件选项中选择 mmns_asm_design，单击“确定，按钮。

3）单击图标，系统自动弹出一个“打开”对话框，选取要组合的零件并打开该文件，得到如图 14.2 所示的组合工具对话框。

4）在对话框中，可以选取不同的装配类型及约束类型进行第一个零件的组合，也可以是已组合零件与待组合零件之间的组合，直到组合完毕，保存文件后退出。

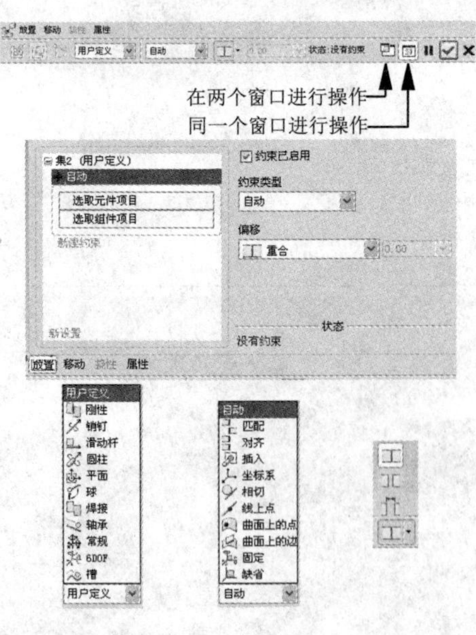

图 14.2

■ 14.2 简单的组合件 ■

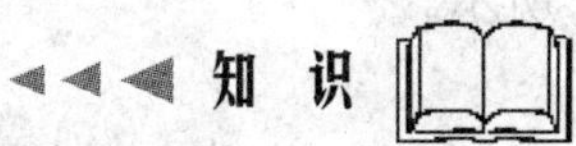

本实例比较简单，共有四个零件，分别为板（ban_base.prt）、轴（zhou.prt）、环（huan.prt）、螺母（luomu.prt）。组合步骤如下。

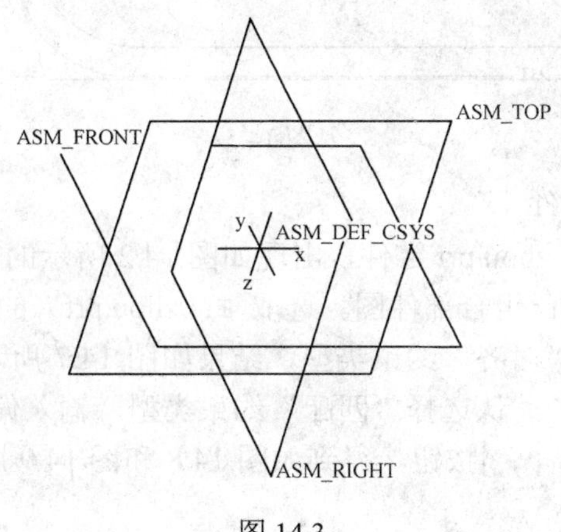

图 14.3

（1）新建一个文件夹

在任一个硬盘（如 D 盘）上的适当位置新建一个文件夹，并将已设计好的四个零件：ban_base.prt、zhou.prt、huan.prt、luomu.prt 复制到新建的文件夹内。

（2）设置工作目录

打开 Pro/ENGINEER，并将上面新建的文件夹设置为工作目录。

（3）新建一个组合文件

在图 14.1“新建”对话框中，选择“组件”、“设计”单选项，输入组合件名称 zuheban，不选择“使用缺省模板”复选项，单击“确定”按钮后就会出现“新文件选项”对话框，选取 mmns-asm-design，单击“确定”按钮后得到如图 14.3 所示的坐标系和参考面。

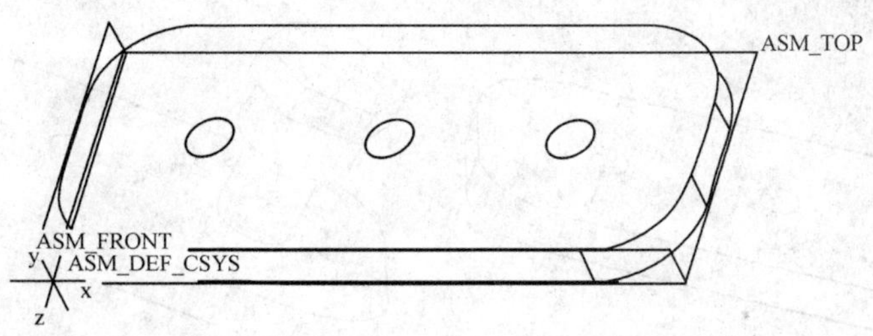

图 14.4

（4）添加第一个组件

单击将元件添加到组件图标所示，在“打开”对话框中打开 ban_base.prt 零件，出现如图 14.2 所示的对话框和如图 14.4 所示的组合图，在对话框中选择约束类型图标（在缺省位置装配元件），再单击按钮，完成第一个零件的组合，结果如图 14.5 所示。

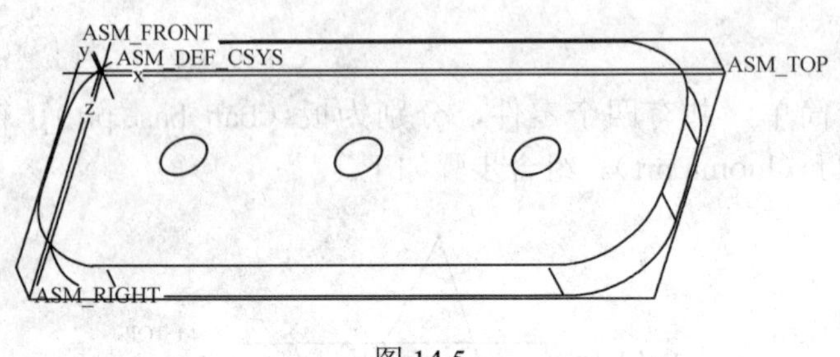

图 14.5

（5）添加第二个组件

单击图标，打开 zhou.prt 零件，出现如图 14.2 所示的对话框和如图 14.6 所示的待组合零件与第（4）步已组合部件图。选取轴（zhou.prt）的 A_1 和板（ban_base.prt）的 A_1，系统默认选择“对齐”约束类型，结果如图 14.7 所示；选取图 14.6 中轴的一个端面和板的顶面，系统默认选择“匹配”约束类型，输入偏移距离 0，或者选择偏移选项中的重合，单击按钮，得到如图 14.8 和图 14.9 所示的结果。

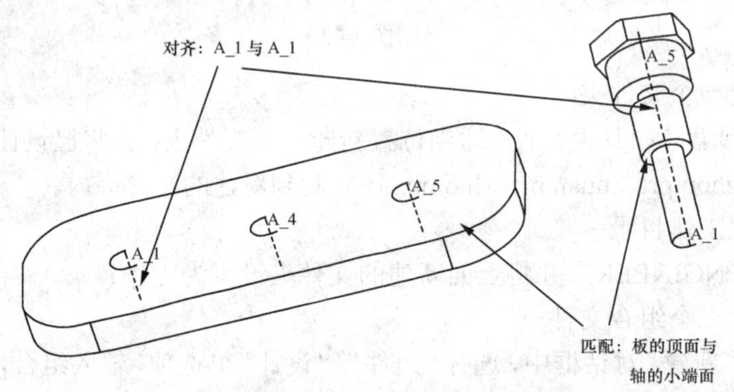

图 14.6

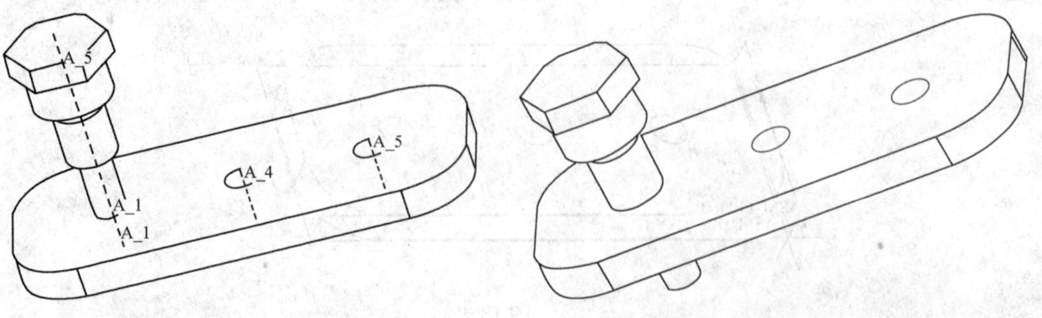

图 14.7　　图 14.8

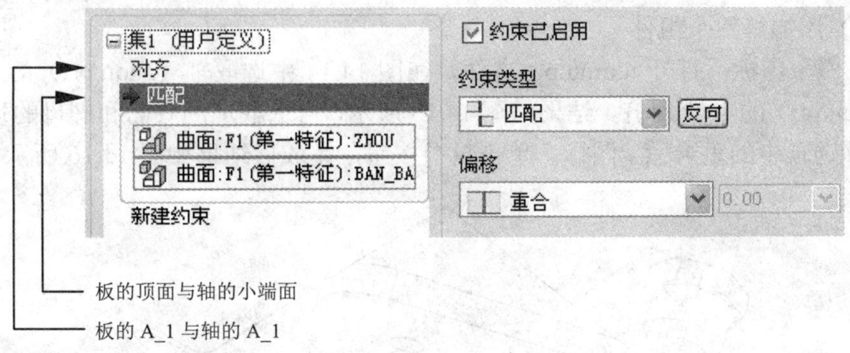

图 14.9

如发现组合的结果有错，可以打开左边组合模型树，用左键单击需要重新组合的零件，如 zhou.prt，再单击鼠标右键，出现快捷菜单，再用左键单击“编辑定义”项，如图 14.10 所示，则又出现如图 14.2 所示的对话框，即可进行重新组合。

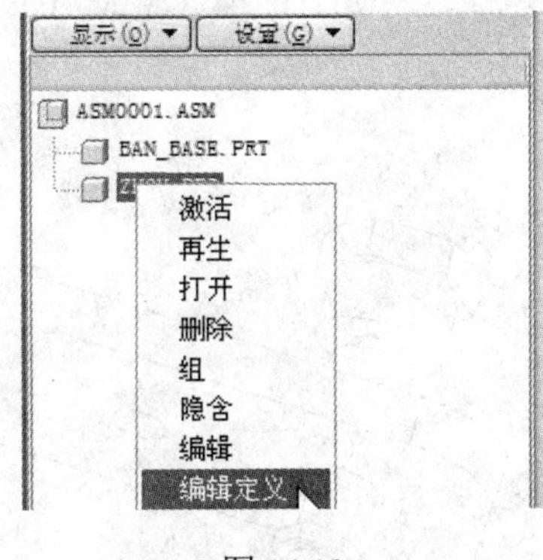

图 14.10

（6）添加第三个组件

单击图标，打开 huan.prt 零件，在图 14.11 的待组合零件与第（5）步已组合部件图中，选取轴（zhou.prt）的 A_1 和环（huan.prt）的 A_1 对齐，结果如图 14.12 所示，再选取板的底面和环的顶面匹配，选择偏移选项中的重合图标，单击按钮，完成后的结果如图 14.13 所示。

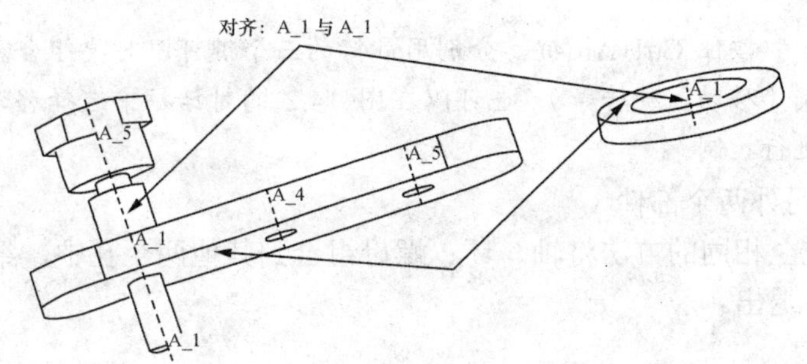

图 14.11

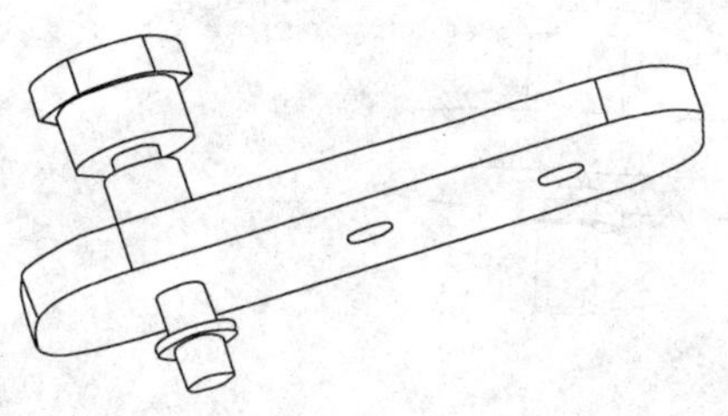

图 14.12

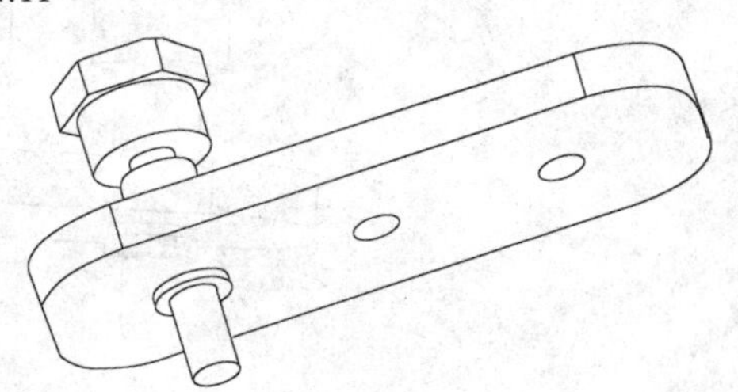

图 14.13

（7）添加第四个组件

单击 图标，打开 luomu.prt 文件，在图 14.14 中选取轴（zhou.prt）的 A_1 和螺母（luomu.prt）的 A_1 对齐，结果如图 14.15 所示，再选取环的底面和螺母的顶面匹配，选择偏移选项中的重合 图标，单击 按钮，完成后结果如图 14.16 所示。

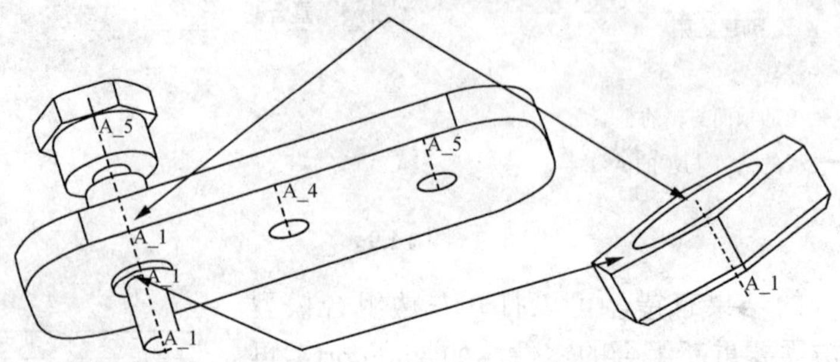

图 14.14

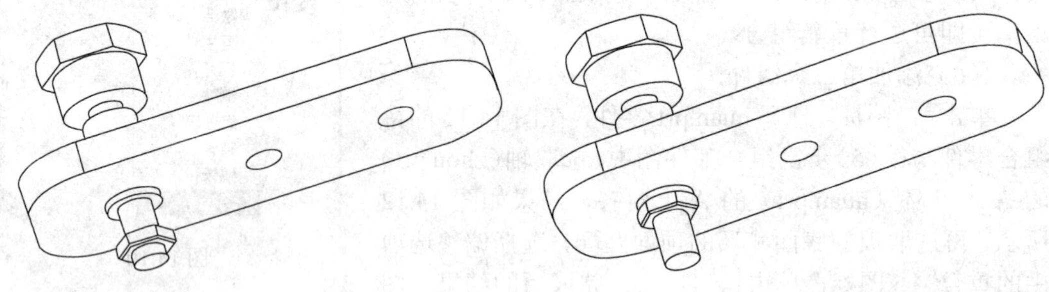

图 14.15　　图 14.16

按住 Ctrl+Alt 键，分别用鼠标的三个键可以对要组合零件的方位进行控制（移动、旋转等）。也可以在图 14.2 的对话框中选择移动选项对零件方位进行控制。

（8）组合另外两个部件

用与前面完全相同的方法将轴、环、螺母组合到其他两个孔中，结果如图 14.17 所示，保存文件并退出。

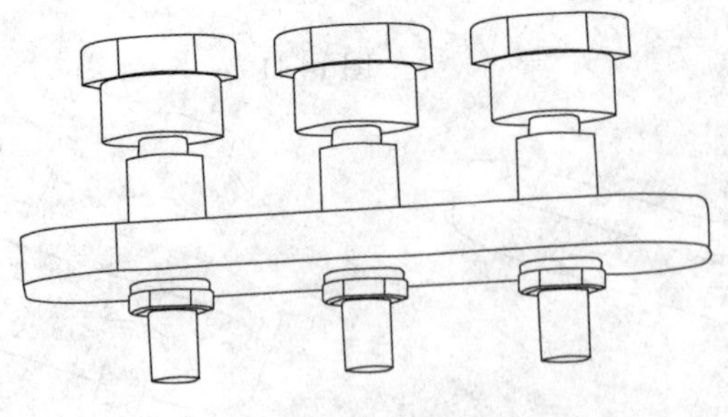

图 14.17

■ 14.3 元件设计与分步组合 ■

知 识

本例主要练习对比较复杂的部件或产品进行分步组合，基本步骤是：根据装配工艺的特点先把相对独立的零件组合成部件；再将各部件和零件组合成产品。下面讲述将缸体（gangti.prt）、连杆（liangan.prt）、转板（zhuanban.prt）和转杆（zhuangan.prt）进行组合，并设计手柄（shobing.prt），完成结果为如图 14.18 所示的手动阀门。

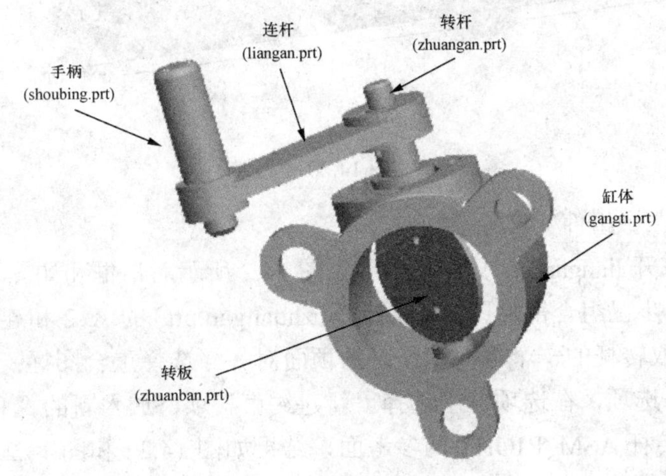

图 14.18

（1）新建一个文件夹

在任一个硬盘（如 D 盘）上的适当位置新建一个文件夹，并将已设计好的四个零件：缸体（gangti.prt）、连杆（liangan.prt）、转板（zhuanban.prt）和转杆（zhuangan.prt）复制到新建的文件夹内。

（2）设置工作目录

打开 Pro/ENGINEER 软件，并将上面新建的文件夹设置为工作目录。

（3）新建一个组合文件

在图 14.1“新建”对话框中选择“组合”、“设计”项，输入组合件名称：bujian，不选择“使用缺省模版”复选项，单击“确定”按钮后就会出现“新文件选项”对话框，选取 mmns-asm-design，单击“确定”按钮后得到如图 14.3 所示的坐标系和参考面。

（4）添加第一个组件

单击图标，出现“打开”对话框，打开零件 zhuangan.prt，出现如图 14,2 所示对话框和如图 14.19 的组合图，在对话框中选择约束类型（缺省组合），单击按钮完成第一个零件的组合，结果如图 14.20 所示。

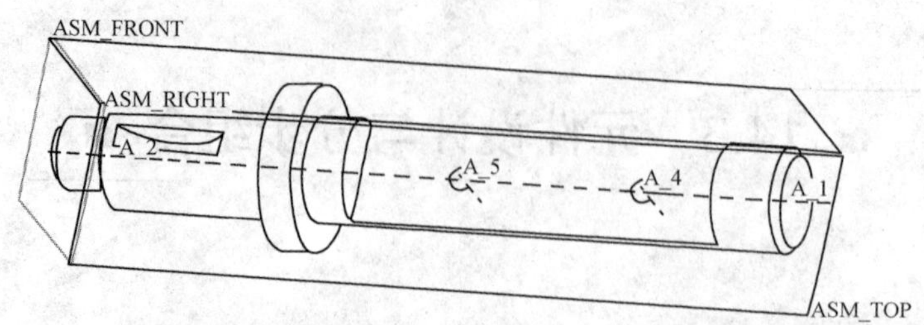

图 14.19

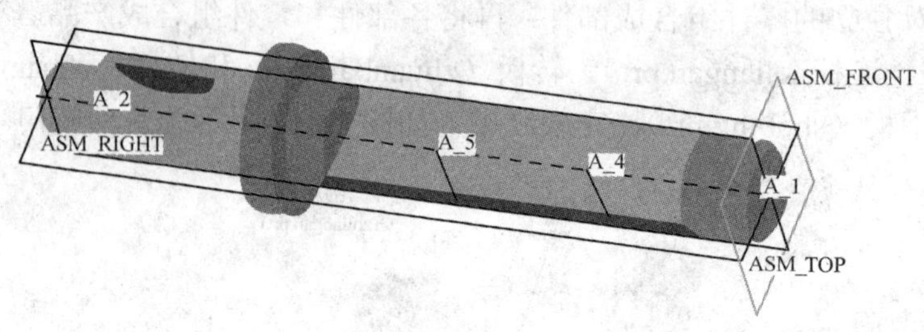

图 14.20

（5）添加第二个组件

单击图标，打开 liangan.prt 文件，出现如图 14.2 所示对话框和如图 14.21 所示的待组合零件与第（4）步已组合部件图，选取转杆（zhuangan.prt）的 A_2 和连杆（liangan.prt）的 A_2 对齐；选取转杆的一个端面和连杆的顶面对齐，选择重合图标；在图 14.2 对话框中选择“放置”选项，在选项框中选择“新建约束”项，加入新的“对齐”约束选取连杆的 DTM1 和转杆 ASM_RIGHT 两参考面，结果如图 14.22 和图 14.23 所示。

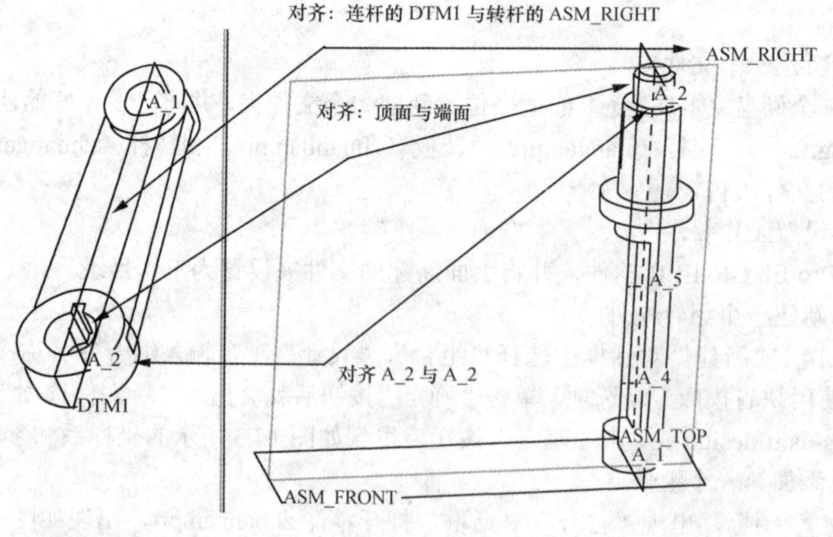

图 14.21

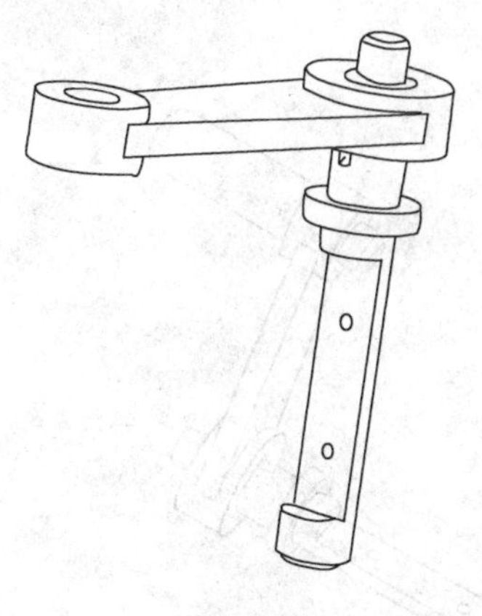

图 14.22

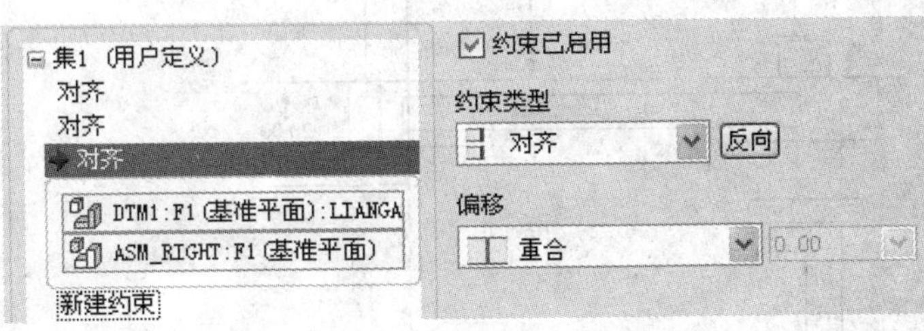

图 14.23

（6）手柄设计

在连杆上设计一个手柄：在上一步完成后，单击在“组件模式下创建元件”图标，出现如图 14.24 所示的“元件创建”对话框，选择“零件”、“实体”项，输入要创建的零件名称 shoubing，单击“确定”按钮，出现如图 14.25 所示的“创建选项”对话框，选择创建特征单选项，单击“确定”按钮。

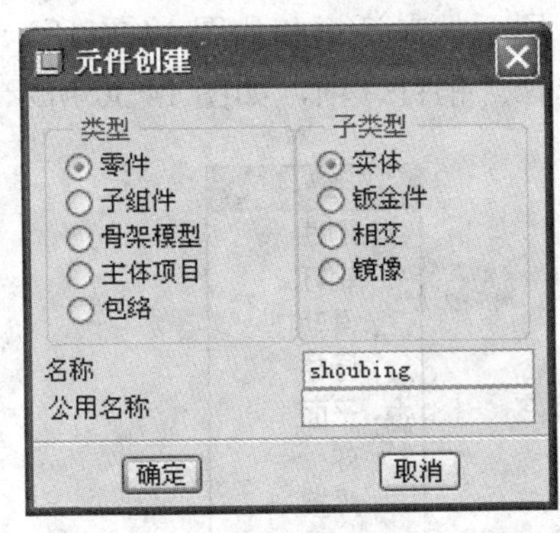

图 14.24

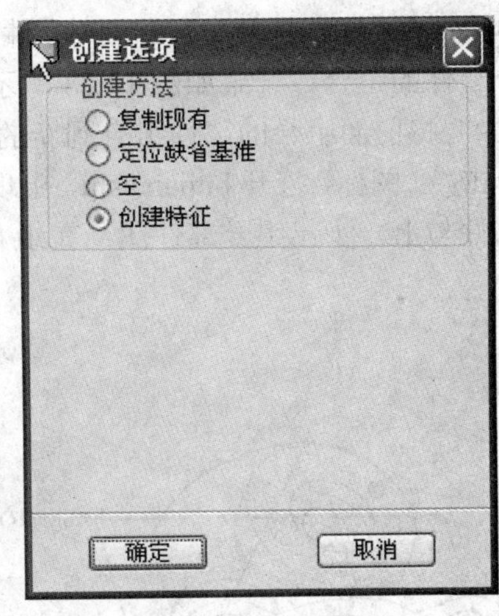

图 14.25

单击图标，单击绘图图标，选取 ASM_RIGHT 为绘图面、曲柄的上表面为 TOP 参考面，选择“草绘”，再选取合适的尺寸参考，画如图 14.26 所示的草图，单击按钮结束绘图并完成旋转特征的建立。

在手柄的底边倒 2×45° 的角，再在手柄的顶面倒 R3 的圆角。

单击主菜单中的“窗口”→“BUJIAN.ASM”项，完成手柄的设计并自动组合在组合件中，结果如图 14.27，保存文件并退出。

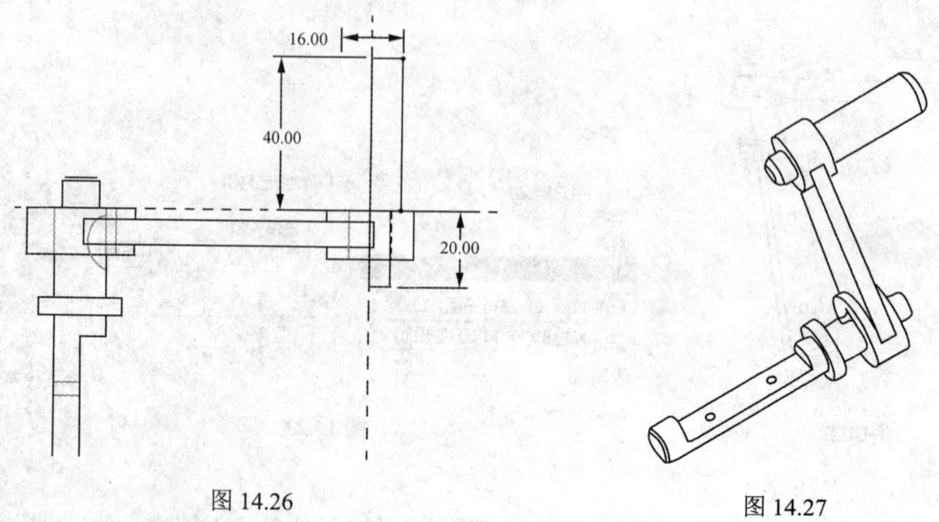

图 14.26　　图 14.27

（7）新建一个组合文件

新建一组合文件，输入组合件名称 famen，选择 mmns-asm-design 模板，出现如图 14.3 所示的坐标系和参考面。

（8）添加缸体作组合的第一个元件

单击图标，打开 gangti.prt 零件，在对话框中选择图标，单击按钮完成第一个零件的组合，结果如图 14.28 所示。

（9）将前面组合的部件组合到新的组合中来

单击图标，打开 bujian.asm，出现如图 14.2 所示的对话框和如图 14.29 所示的待组合部件与上一步已组合部件图；在组合类型中选择“销钉”项，如图 14.30 所示。

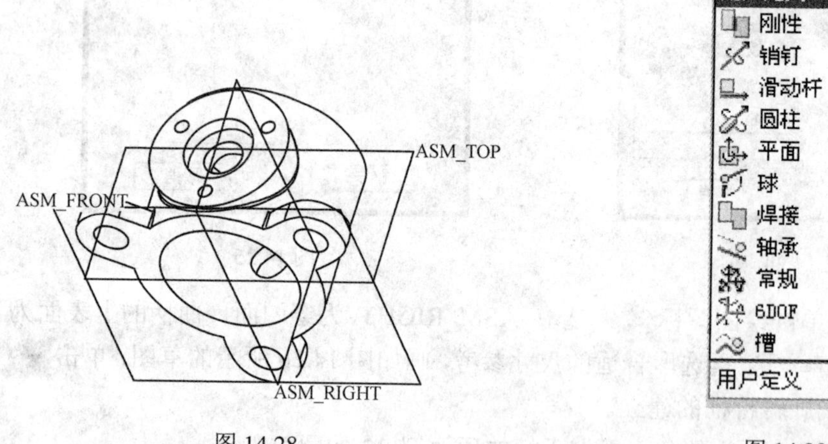

图 14.28　　图 14.29

选取转杆（zhuangan.prt）的 A_1 和缸体（gangti.prt）的 A_10，系统选择“对齐”约束类型；选取转杆的一个底面和缸体的内孔底面“匹配”、“重合”。

单击按钮完成第一个零件的组合，结果如图 14.31 所示。

（10）拖动手柄

单击拖动封装元件工具按钮，得到“拖动”对话框，单击手柄上的任一点，如图 14.32 所示，移动鼠标就可以旋转手柄了。

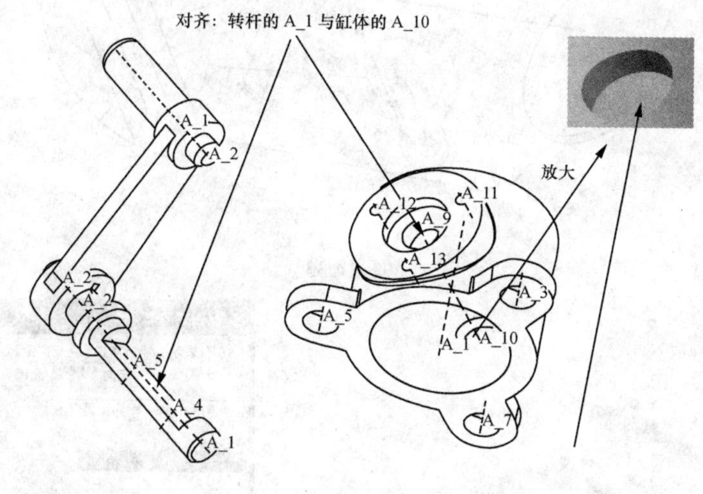

图 14.30

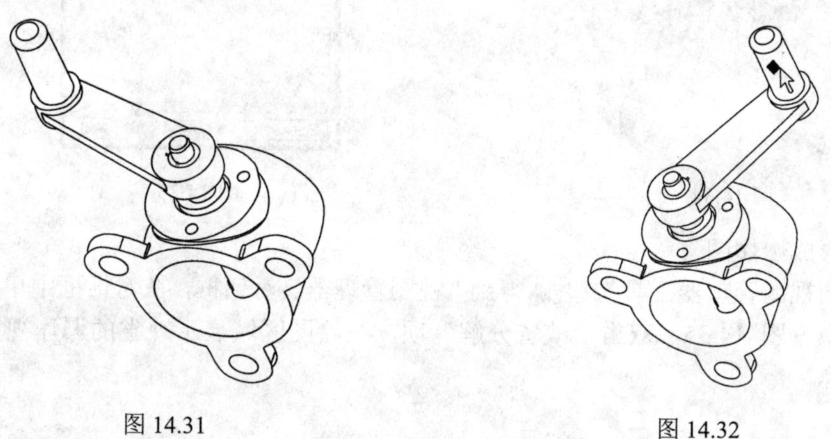

图 14.31　　图 14.32

（11）组合转板

单击图标，打开 zhuanban.prt 文件，出现如图 14.2 所示对话框和如图 14.33 所示的待组合零件与第（4）步已组合部件图。

选择“对齐”约束类型，选取转板（zhuanban.prt）的 A_3 和组合部件中的转杆（zhuangan.prt）中的 A_5。

同样选择“对齐”约束类型，选取转板的 A_4 和转杆的 A_4。

增加“匹配”约束类型，选取转板的顶面和转杆的 A_4、A_5 孔间的小平面，选择“重合”选项；单击按钮完成组合，结果如图 14.34 所示。

存盘退出，此例练习结束。

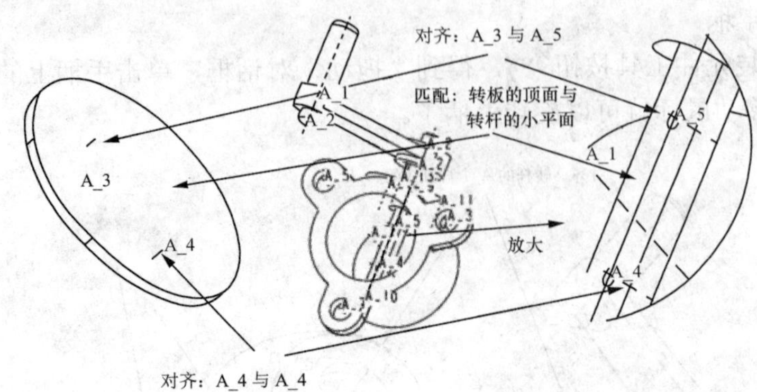

图 14.33

图 14.34

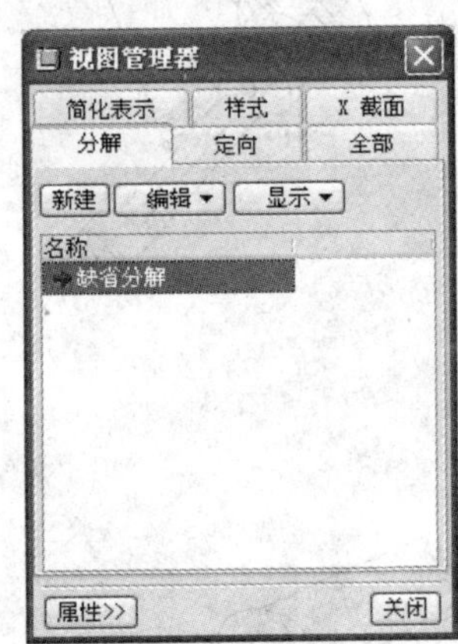

图 14.35

（12）形成爆炸图

单击启动视图管理器工具按钮，得到“视图管理器”对话框，在对话框中单击“分解”选项卡，见图 14.35，双击“缺省分解”项，在绘图区域显示缺省的爆炸视图，如图 14.36 所示。

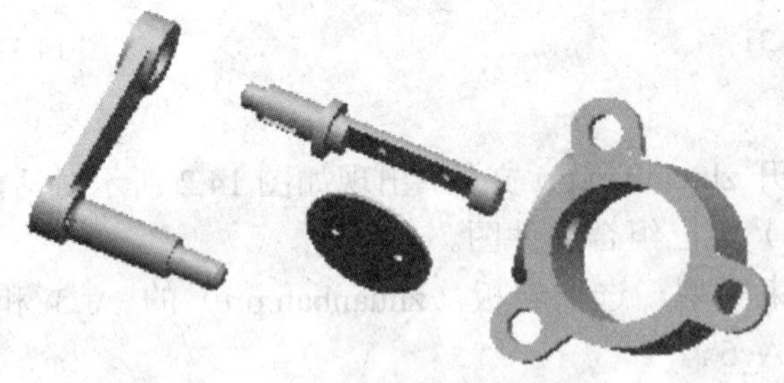

图 14.36

单击“属性”按钮，对话框显示属性页面，如图 14.37 所示。

单击“编辑位置”按钮，得到如图 14.38 所示的“分解位置”对话框。

选择转杆的轴线作运动参照，再分别选择相关部件移动到合适位置，可以得到如图 14.39 所示的结果。

图 14.37

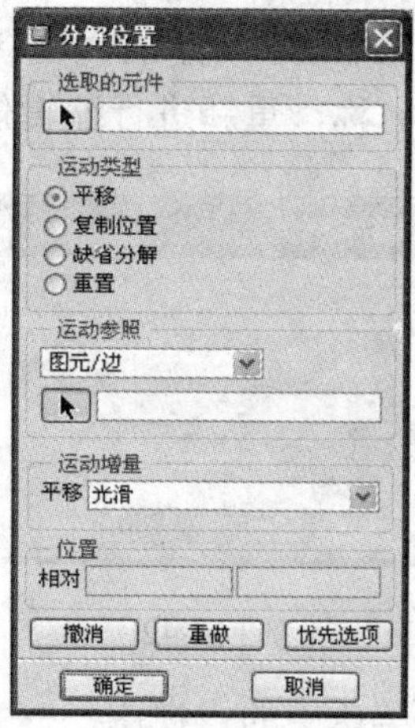

图 14.38

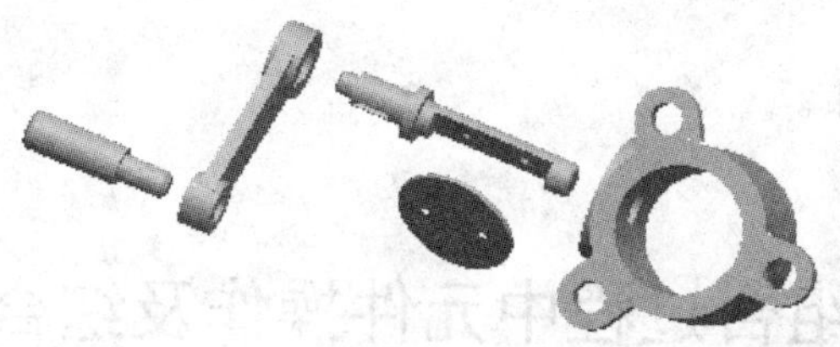

图 14.39

单击“确定”按钮返回到“视图管理器”对话框，结果见图 14.40，在对话框中选择一个项目，再通过单击切换按钮来切换分解与取消分解。

单击 << ... 按钮返回上一界面，右击 缺省分解(+)，出现如图 14.41 所示的快捷菜单，选择“保存”项，弹出如图 14.42 所示的“保存显示元素”对话框，单击“确定”按钮，得到如图 14.43 所示的“更新缺省状态”对话框，选择“更新缺省”按钮，这样就完成了对缺省爆炸图的更新。

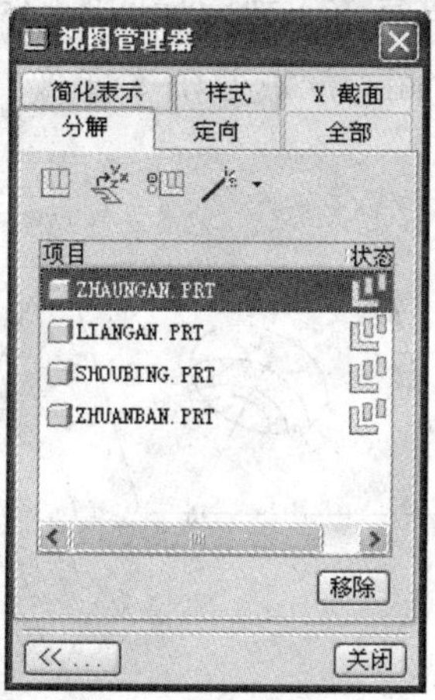

图 14.40

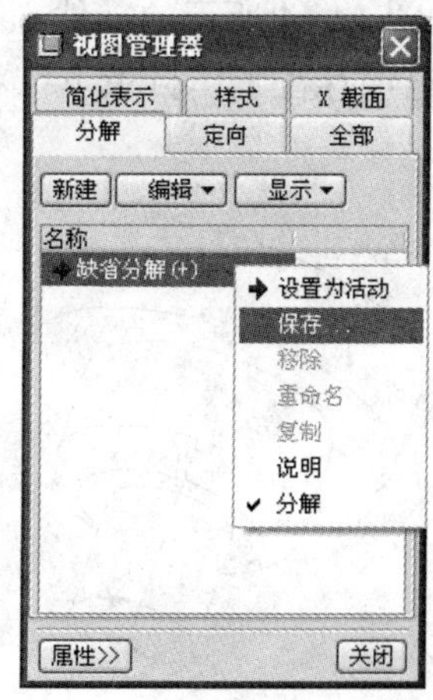

图 14.41

在对如图 14.35 所示的“视图管理器”对话框中，单击“新建”按钮后，可以输入新的爆炸图名称，重新进行编辑位置等操作，即可建立新的爆炸图。

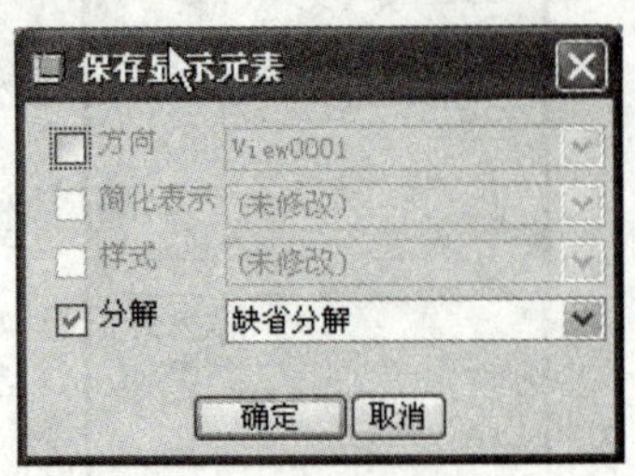

图 14.42

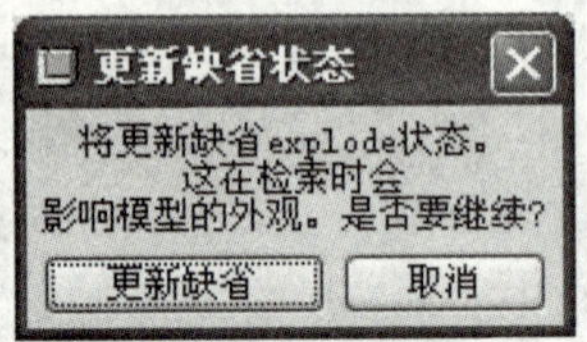

图 14.43

单击主菜单中的“视图”→“分解”→“编辑位置”项后，出现如图 14.38 的“分解位置”对话框。如果用户想得到原来的组合图则单击“视图”→“分解”→“取消分解视图”项；如果用户再想得到形成的爆炸图，则选择“视图”→“分解”→“分解视图”项。

存盘退出，练习结束。

14.4 组合过程中元件操作及综合实例

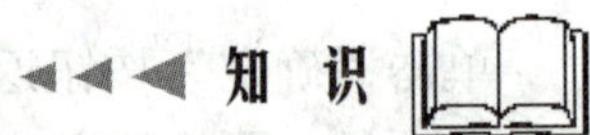

14.4.1 组合过程中的合并与切除

在组合过程中，可以使用合并与切除命令对元件进行操作，得到所需要的模型。

（1）合并

建立如图 14.44 所示的零件 part1，并保存在工作目录下；建立如图 14.45 所示的零件 part2，也保存在工作目录下；将两个零件组合到一起，注意两个零件有重叠部分，见图 14.46。

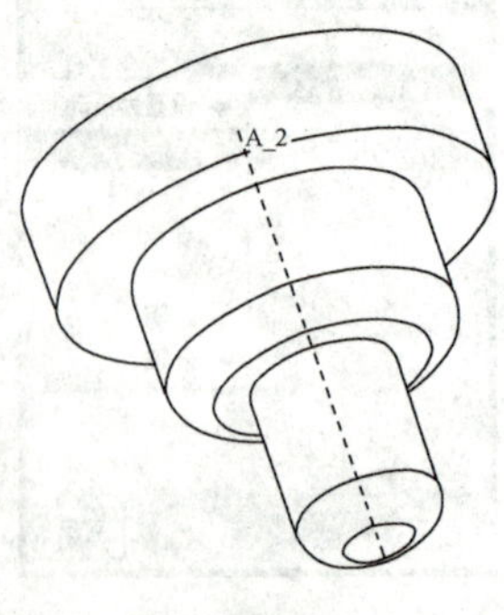

图 14.44

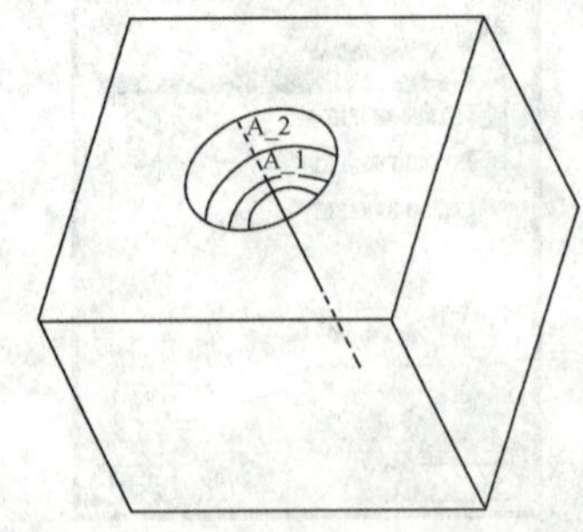

图 14.45

选择主菜单命令中的“编辑”→“元件操作”，得到如图 14.47 所示的“菜单管理器”对话框。

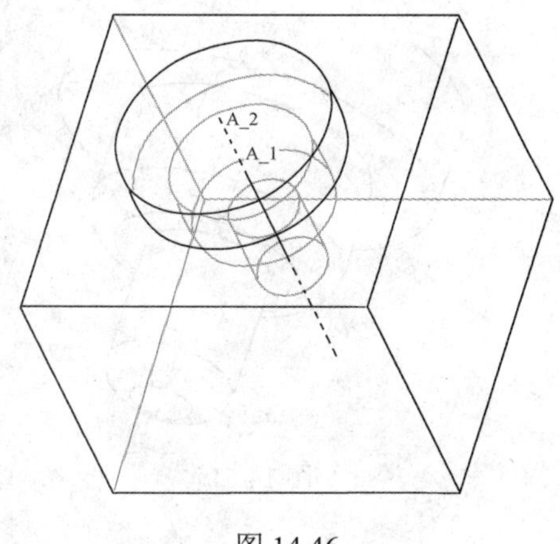

图 14.46

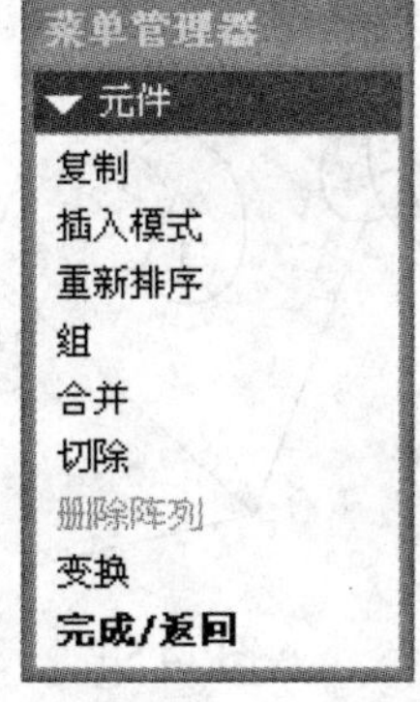

图 14.47

在菜单管理器中选择合并命令，先选取要对其执行合并处理的零件 part2，确定后再为合并处理选取参照零件 part1，确定后选择“参考”→“无基准”→“完成”项，这样就把参考零件合并到了零件 part2 上，打开 part2 得到结果如图 14.48 所示，注意观察与组合结果（见图 14.46）的区别。

（2）切除

与前面步骤一样，先将两个零件组合到一起，结果如图 14.46 所示。

选择主菜单命令中的“编辑”→“元件操作”项，得到如图 14.47 所示的“菜单管理器”对话框。

在菜单管理器中选择“切除”命令，先选取要对其执行切除处理的零件 part2，确定后再为切除处理选取参照零件 part1，确定后选择“参考”→“完成”项，这样就在零件 part2 上以零件 part1 为参考进行了切除处理，打开 part2，得到结果如图 14.49 所示。组合图的分解结果见图 14.50。

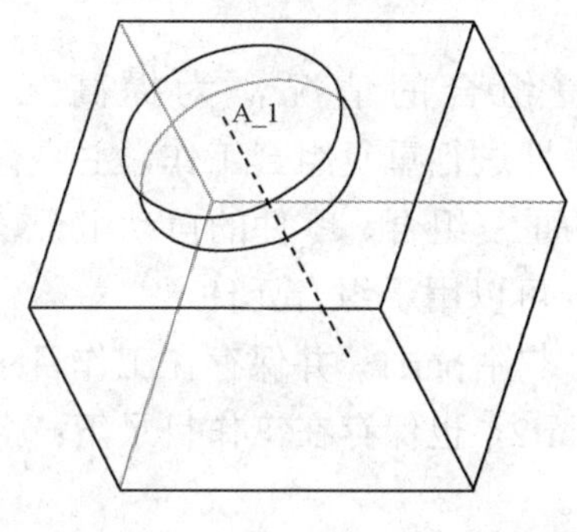

图 14.48

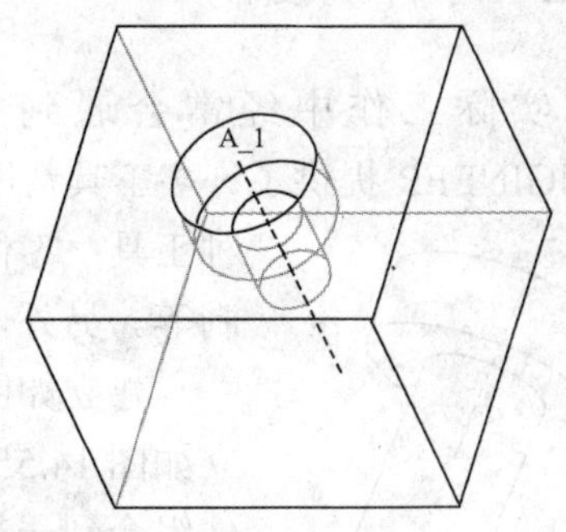

图 14.49

在合并及切除的操作中选择“参考”选项时，改变参考零件，则其他零件也会随之改变。例如把零件 part1 作圆角特征（见图 14.51），打开零件 part2 再生成后，得到如图

14.52 所示的结果，组合结果也变成了图 14.53 的结果。

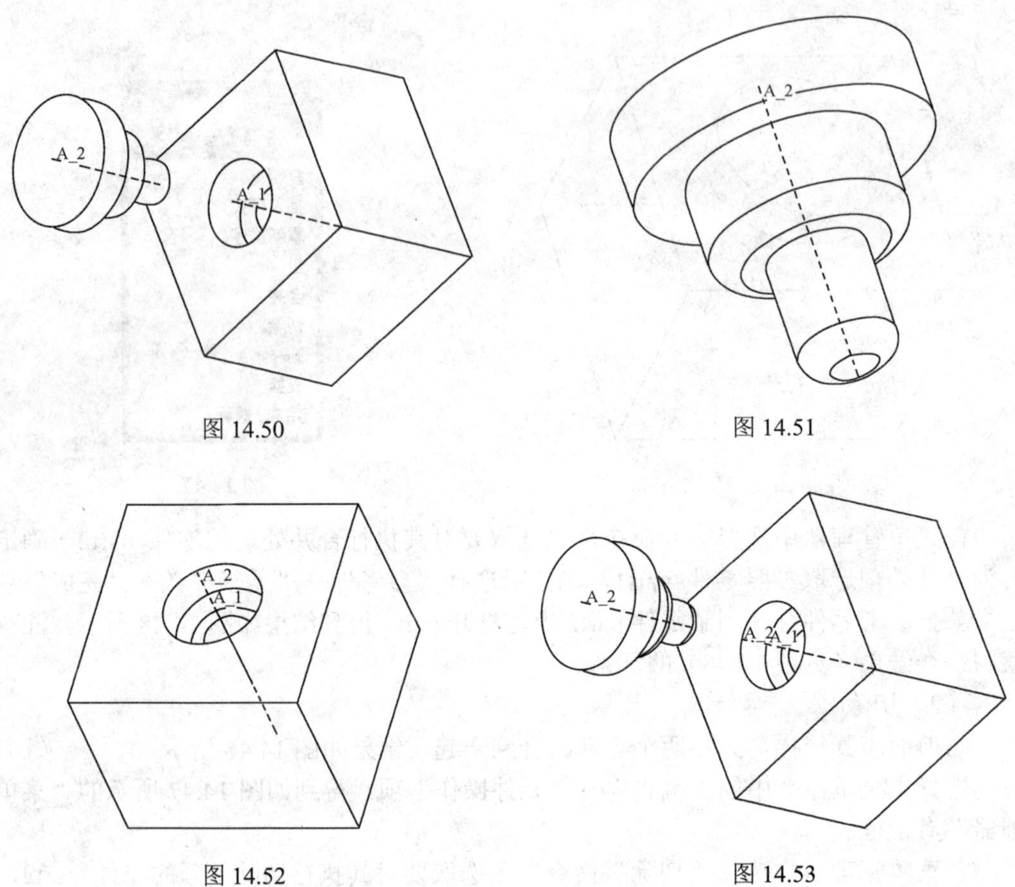

图 14.50　　图 14.51

图 14.52　　图 14.53

如果不是选择的“参考”选项，而选择的是“复制”选项，则在改变参考零件时，其他零件不会改变。

14.4.2　零件的复制

在实际工作中经常会遇到很多需要重复组合的情况，为提高工作效率 Pro/ENGINEER 提供了许多工具帮助设计人员更快地进行重复组合工作，主要有以下几种工具：零件镜像、零件的重复组合、零件的自动组合、数组复制等。另外，阵列命令同样可以用于组合元件。

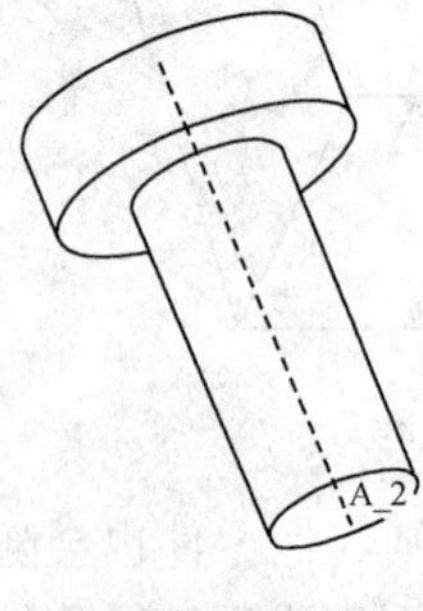

图 14.54

建立如图 14.54 所示的零件 part1，并保存在工作目录下；建立如图 14.55 所示的零件 part2，也保存在工作目录下；将两个零件组合到一起，见图 14.56。

（1）零件的镜像

单击在组件模式下创建元件按钮加按钮，打开如图 14.57 所示的“元件创建”对话框，在对话框中选“零件”→“镜像”

项，并输入文件名 part1-1。单击“确定”按钮就可以打开如图 14.58 所示的“镜像零件”对话框，选择 part1 作“零件参照”，选 part2 的右侧面作“平面参照”，单击“确定”按钮后就得到如图 14.59 所示的结果。在组合文件的模型树中就可以看到新的元件 part1-1。

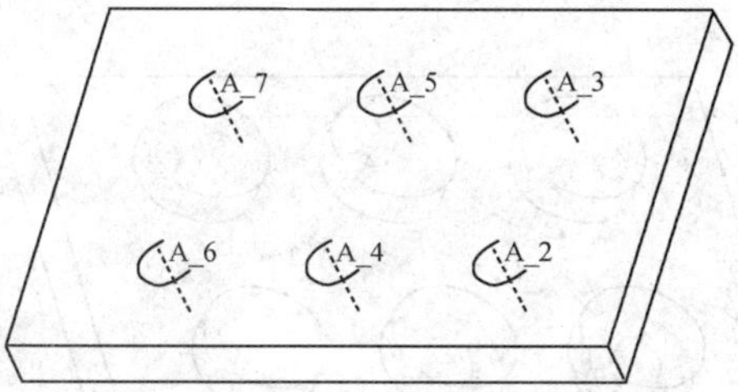

图 14.55

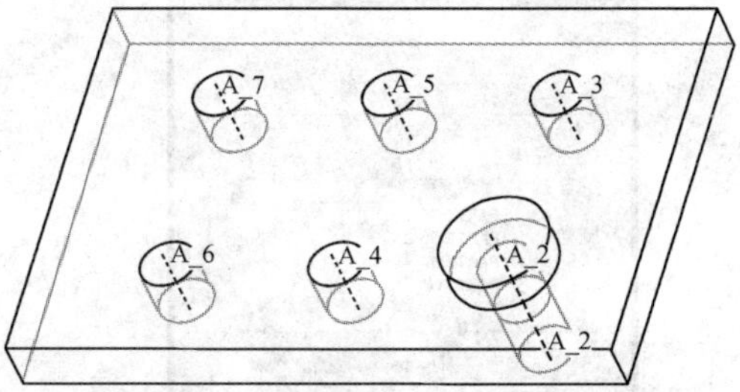

图 14.56

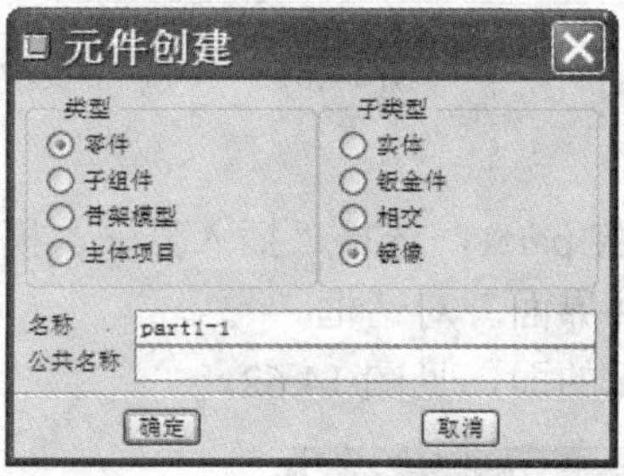

图 14.57

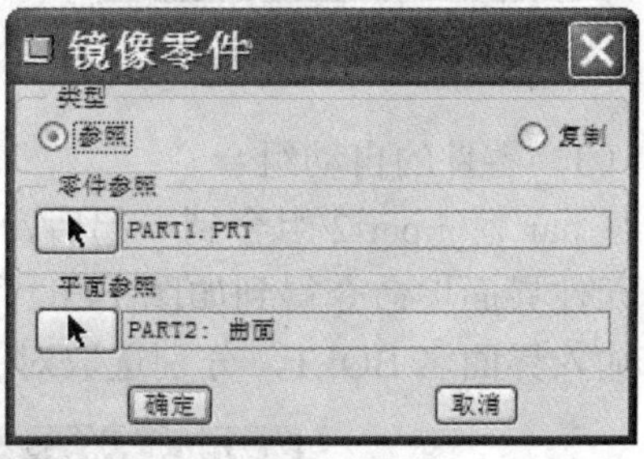

图 14.58

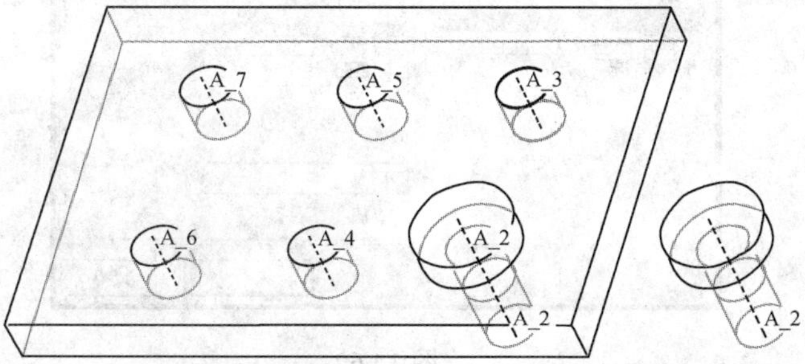

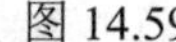

图 14.59

在“元件创建”对话框内还有“相交”选项，可以通过两个元件相交部分来创建元件。

（2）零件的重复组合

将 part1 与 part2 组合到一起后（见图 14.56），如果想在 part2 另外五个孔的位置继续组合 part1 零件，可以用重复组合命令。

选中元件 part1，再选择主菜单中的“编辑”→“重复”项，得到如图 14.60 所示的“重复元件”对话框，在“可变组件参照”栏中选择“对齐”参照。单击“添加”按钮，分别选择 part2 上另外五个孔的轴就可以将 part1 组合到相应的位置上，单击“确定”按钮后结果见图 14.61。

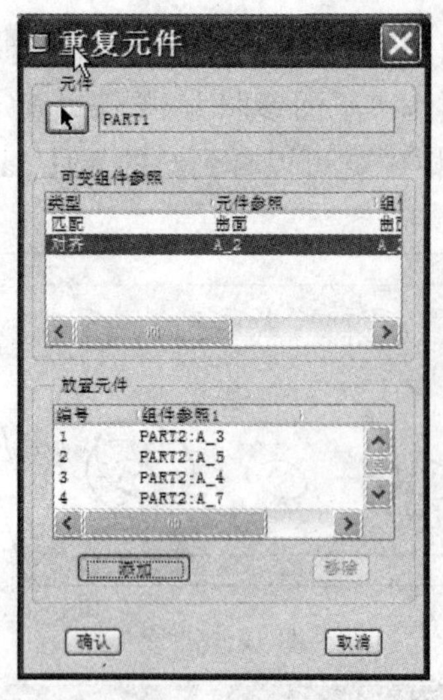

图 14.60

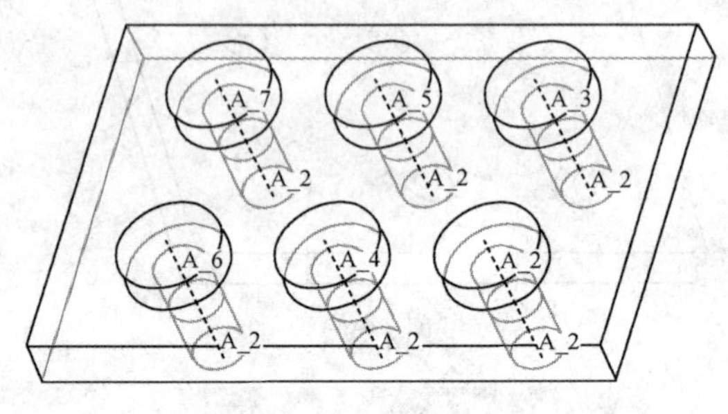

图 14.61

（3）零件的自动组合

将 part1 与 part2 组合到一起后，另外再打开将 part1，选择“插入”→“模型基准”→“元件界面”命令得到如图 14.62 所示的“元件界面”对话框。

输入界面名 BOLT，分别选取对齐的轴和匹配的面，见图 14.62。

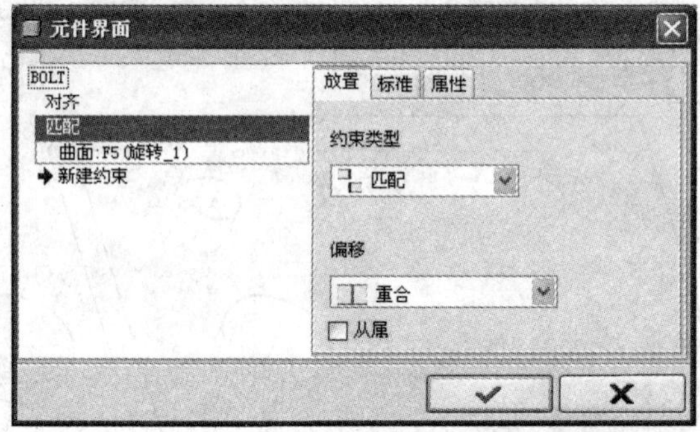

图 14.62

激活组合文件，再接着组合零件 part1，系统就会打开如图 14.63 所示的对话框，并单击“自动放置”按钮，就会弹出如图 14.64 所示的“自动放置”对话框。

图 14.63

用鼠标左键单击放置的大致位置，系统就会自动选择合适的约束放置零件。此时“自动放置”对话框中显示了可能的放置方案，选择不同的方案在模型图中会显示不同的结果。选择合适的位置后单击按钮，确定已选取的方案，单击“关闭”按钮就完成自动组合，如图 14.65 所示。还可以进行自动组合元件 part1。

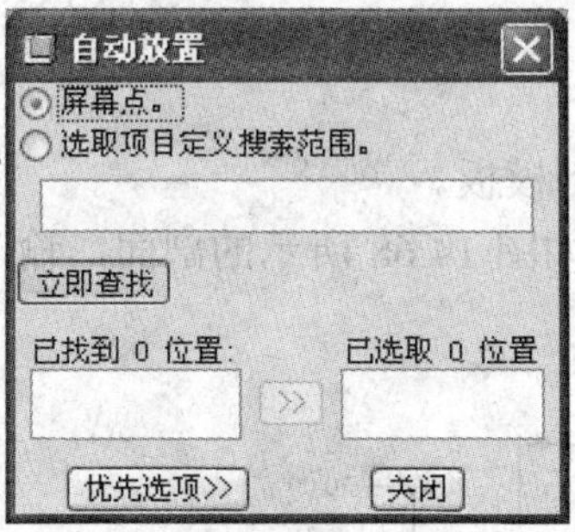

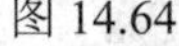

图 14.64

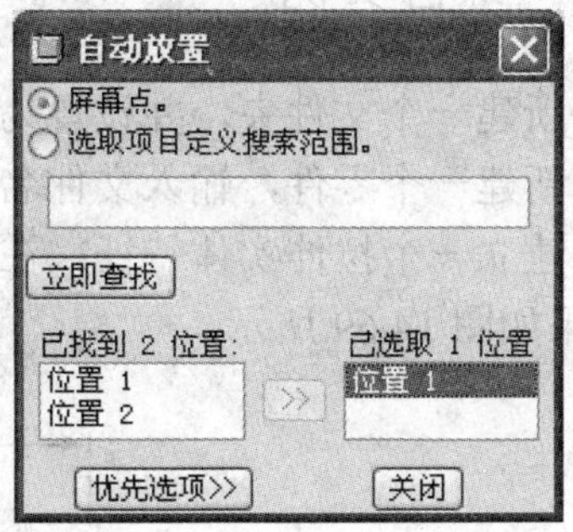

图 14.65

（4）零件数组复制

选择主菜单中的“编辑”→“元件操作”项，打开如图 14.47 所示的“菜单管理器”。单击“复制”命令后，系统要求选取坐标系。

先选取坐标系，再选中如图 14.66 所示的两个元件。

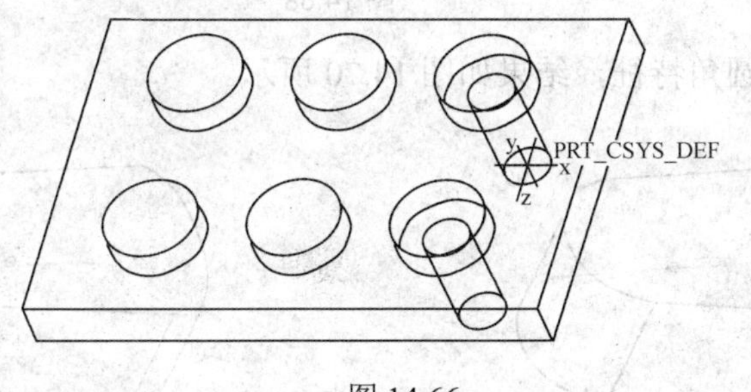

图 14.66

选择 x 轴方向的“平移”项，并输入距离增量 100。

再选择绕 y 轴的“旋转”，并输入角度增量 30。

选择“完成移动”项，输入沿这个复合方向的实例数目 3。选择“完成”项，就得到复制结果，见图 14.67。

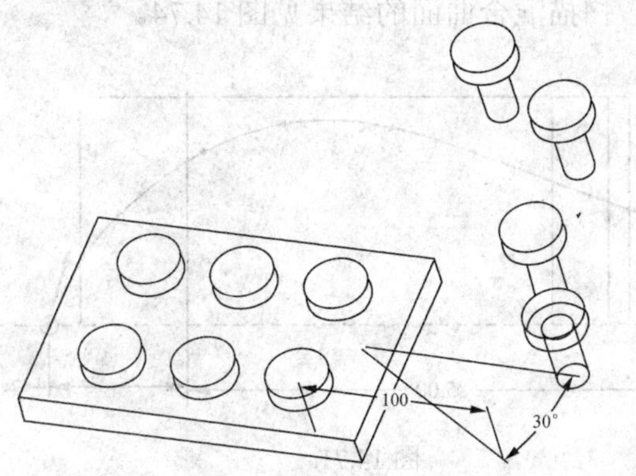

图 14.67

14.4.3 综合实例

1）新建一个文件夹，并设置为工作目录。

2）新建一个零件，输入文件名 main，选择公制模板。

3）建立一个拉伸实体特征：在 TOP 面上绘制如图 14.68 所示的剖面，输入深度为 40，结果如图 14.69 所示。

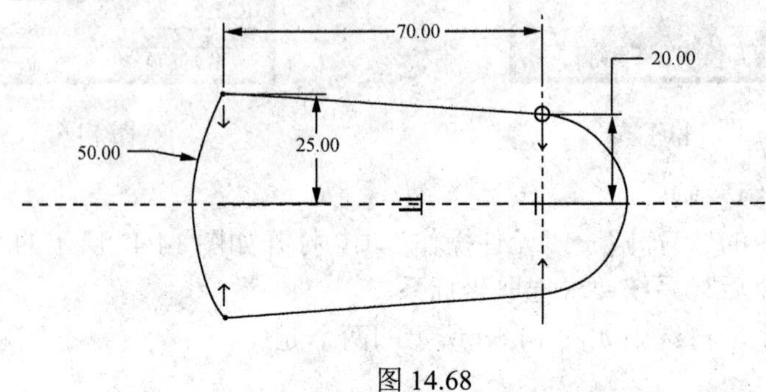

图 14.68

4）建立 R10 的圆角特征，结果如图 14.70 所示。

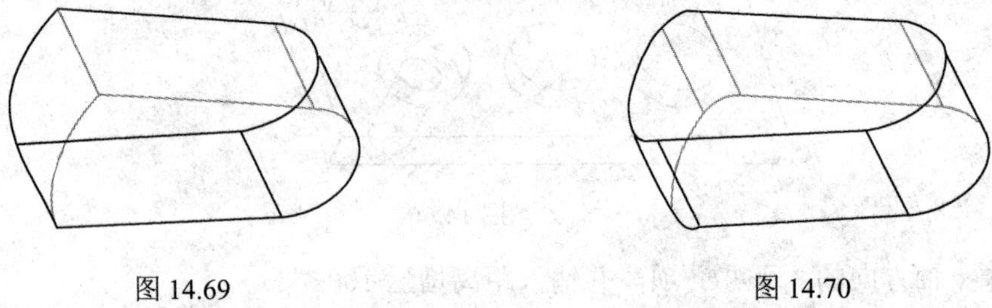

图 14.69　　图 14.70

5）建立一个扫描混合曲面特征：在 FRONT 面上绘制如图 14.71 所示的扫描轨迹，选两个端点绘制扫描剖面；在第一个端点绘制如图 14.72 所示的剖面；在第二个端点绘制如图 14.73 所示的剖面；扫描混合曲面的结果见图 14.74。

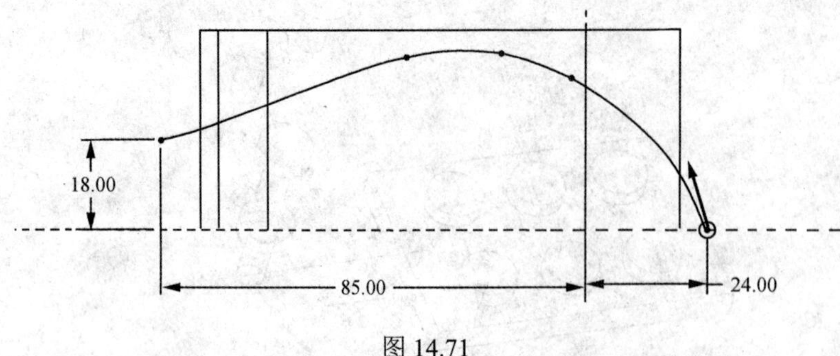

图 14.71

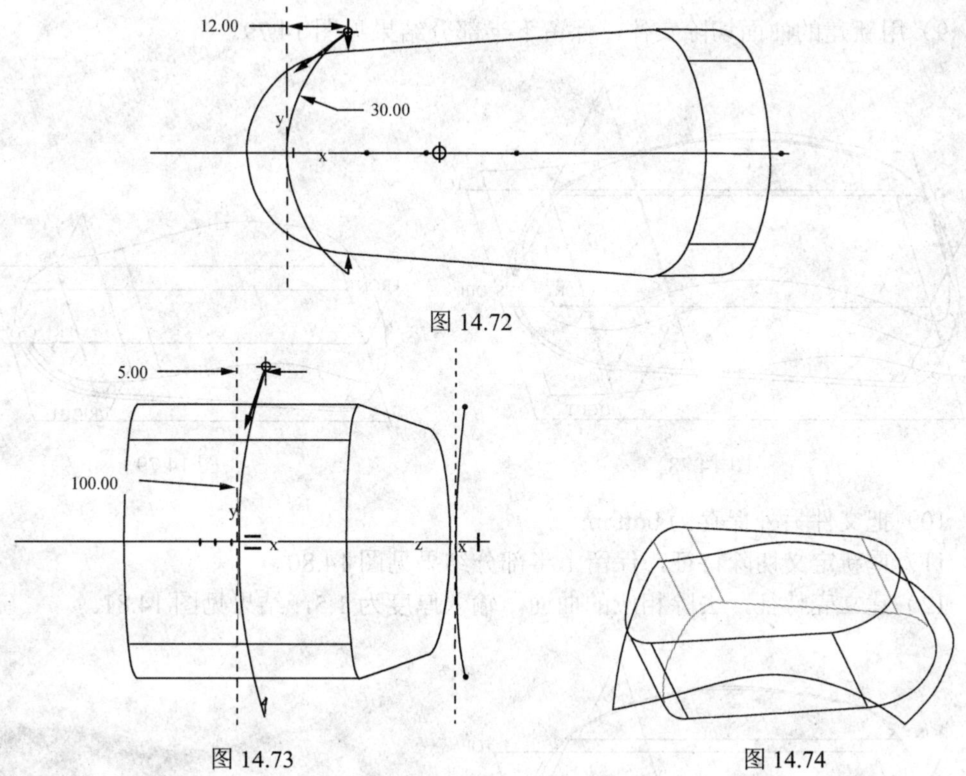

图 14.72

图 14.73

图 14.74

6）用新建的曲面切除实体，结果见图 14.75。

7）建立 R5 的圆角特征，结果见图 14.76。

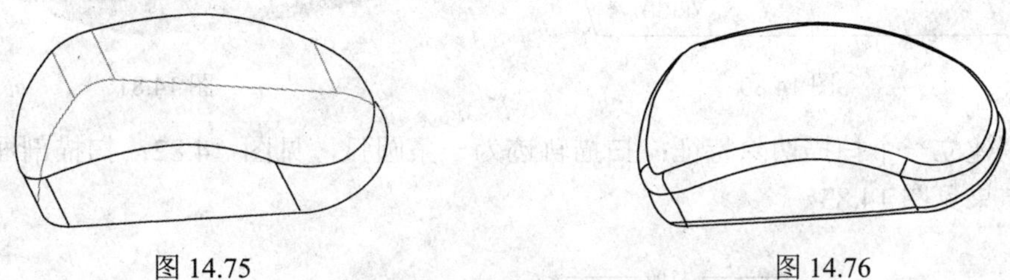

图 14.75

图 14.76

8）建立一个双向拉伸曲面特征：在 FRONT 面上绘制如图 14.77 所示的曲线，输入双向拉伸深度 60，结果如图 14.78 所示。

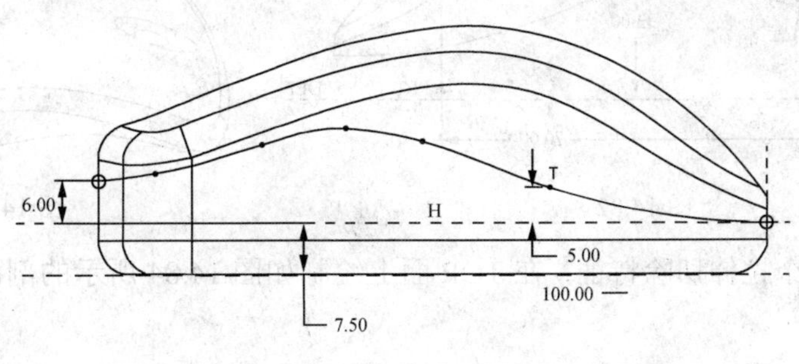

图 14.77

9）用新建的曲面切除实体，保留下半部分结果见图 14.79。

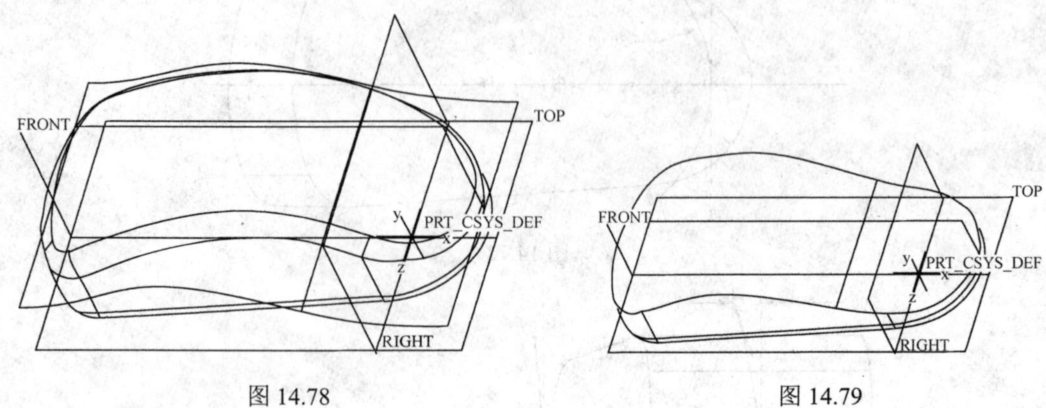

图 14.78　　　　图 14.79

10）把文件另外保存为 bottom。

11）重新定义切除特征，保留上半部分结果见图 14.80。

12）建立壳特征，去除相应的曲面，输入厚度为 1.5，结果见图 14.81。

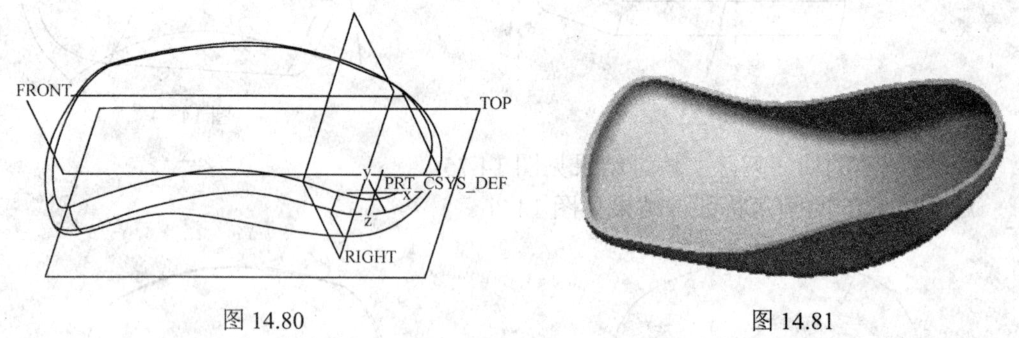

图 14.80　　　　图 14.81

13）建立一个扫描切除特征：扫描轨迹为一条圆弧，见图 14.82；扫描剖面为 R10 的圆，结果见图 14.83。

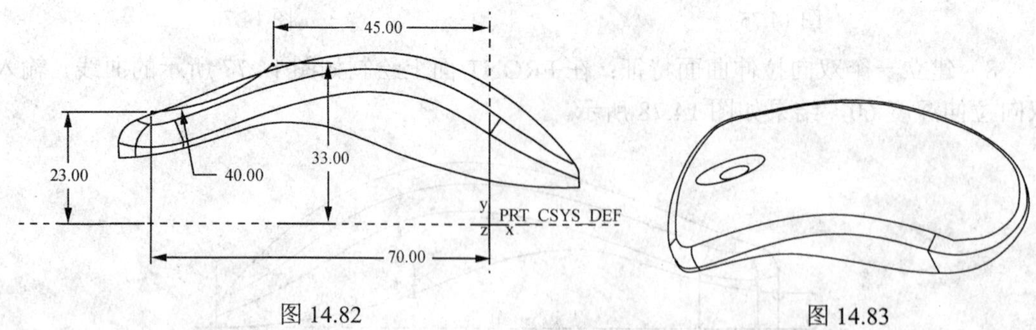

图 14.82　　　　图 14.83

14）建立一个拉伸切除特征：在 TOP 面上绘制如图 14.84 所示的剖面，切除的结果见图 14.85。

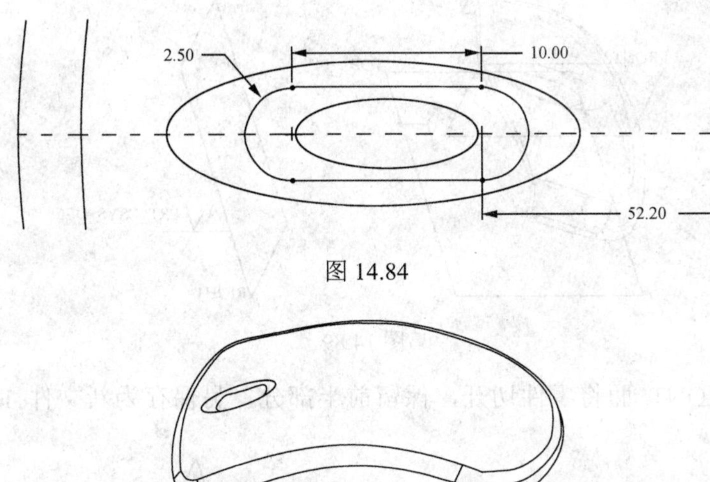

图 14.84

图 14.85

15）建立一个拉伸曲面：在 TOP 面上绘制如图 14.86 所示的剖面，输入拉伸深度为 36，拉伸结果见图 14.87。

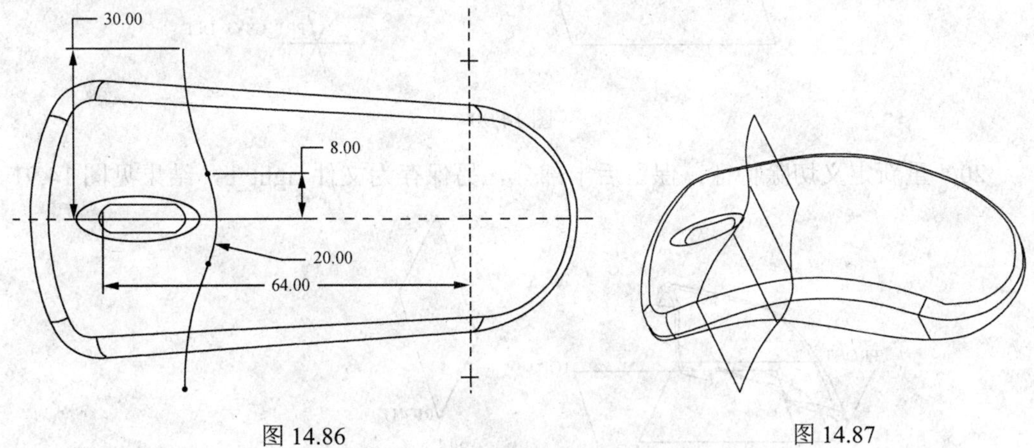

图 14.86　　图 14.87

16）用新建的曲面切除实体，保留右半部分，结果见图 14.88。

17）把文件另外保存为 top。

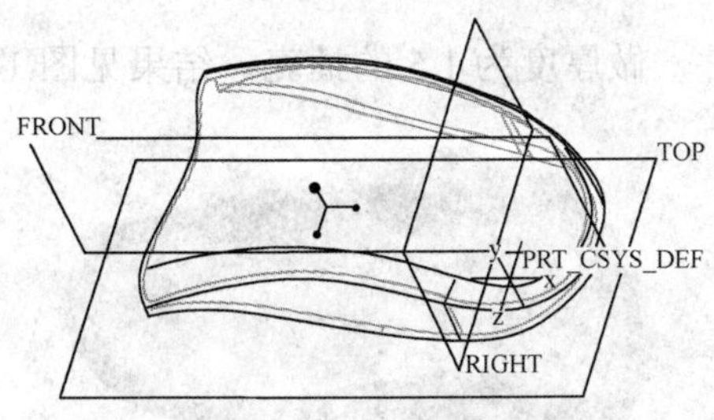

图 14.88

18）重新定义切除特征，保留右半部分，结果见图 14.89。

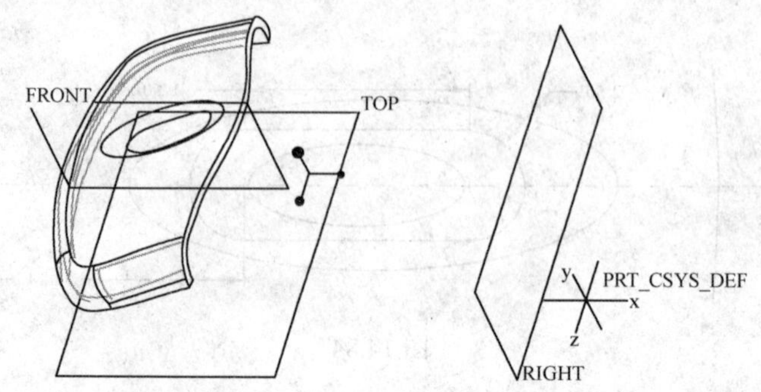

图 14.89

19）从 FRONT 面将零件切开，保留前半部分，另保存为新文件 left_b，结果见图 14.90。

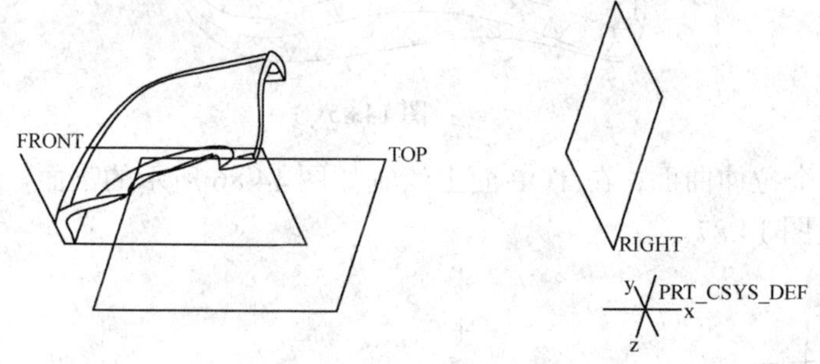

图 14.90

20）重新定义切除特征，保留后半部分，另保存为文件 right_b，结果见图 14.91。

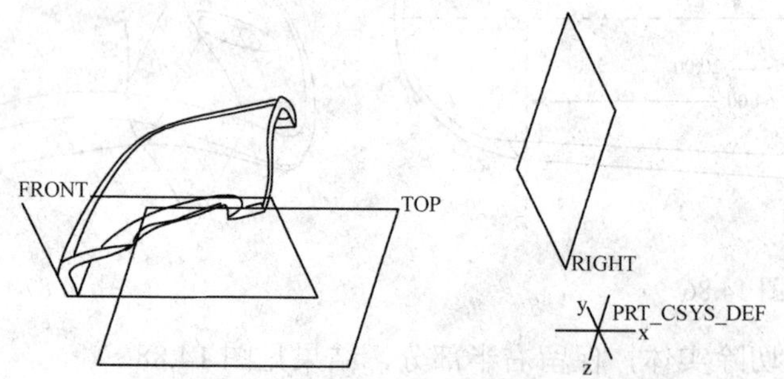

图 14.91

21）打开 bottom 零件，做厚度为 1.5 的抽壳，结果见图 14.92。

图 14.92

22）新建一个组合文件 mouse。在各零件相应曲面上作偏移，将各零件组合到一起（只需用缺省位置约束），结果见图 14.93。

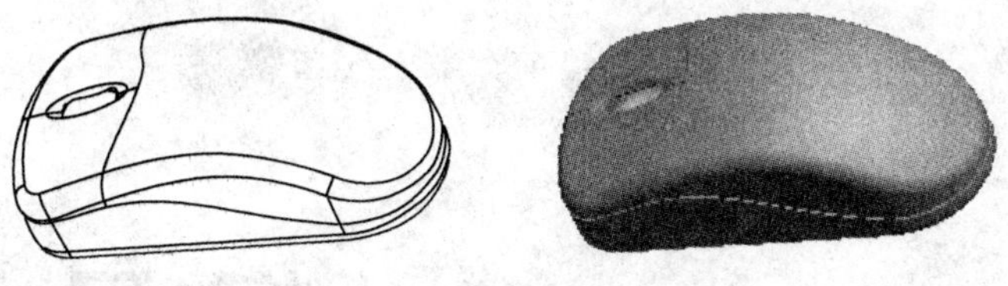

图 14.93

23）在组合中建立一个新零件 middle。在 FRONT 面上作一个两面拉伸特征，剖面见图 14.94，在拉伸外沿作全圆角特征，结果见图 14.95。

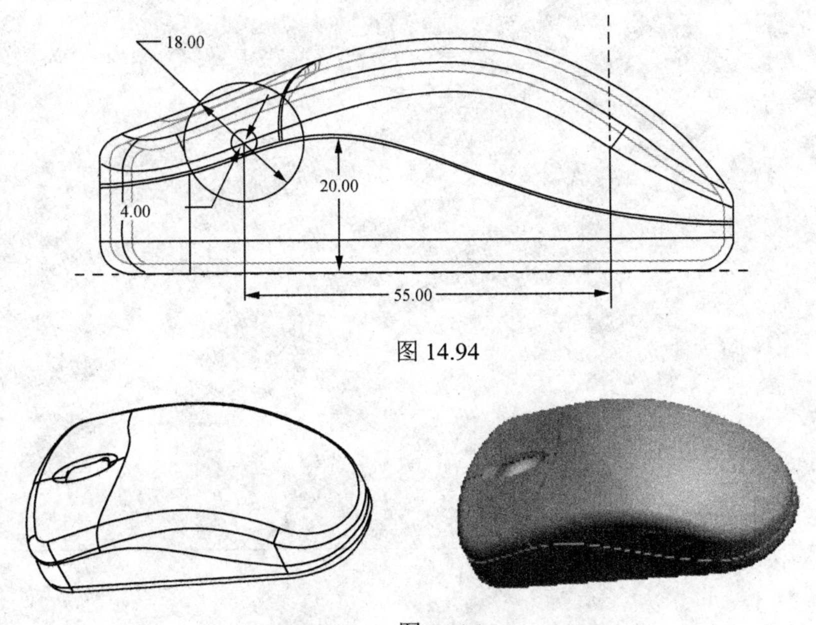

图 14.94

图 14.95

24）组合分解图见图 14.96，保存文件，练习完成。

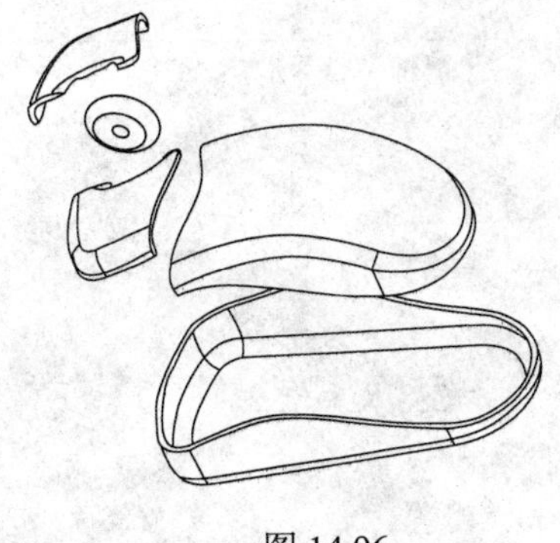

图 14.96

项目 15

模具设计

学习目标

- 掌握模具设计基本流程。
- 能熟练掌握几种基本模具设计方法。

■ 15.1　模具设计基本流程 ■

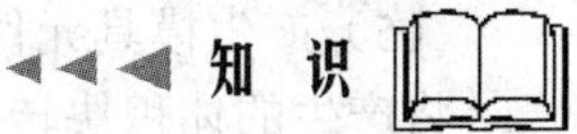

如图 15.1 所示为 Pro/ENGINEER Wildfire 3.0 版模具设计的主菜单，模具设计的流程基本按图示顺序进行。

（1）建立模具模型

将设计好的零件，如图 15.2 所示组装到模具坐标系统中；然后将设计好的毛胚料再装配到模具坐标系统中，或用自动或人工办法直接建立毛胚料，如图 15.3 所示。

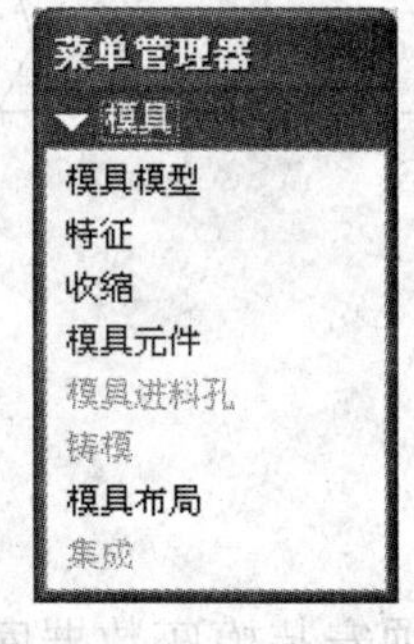

图 15.1

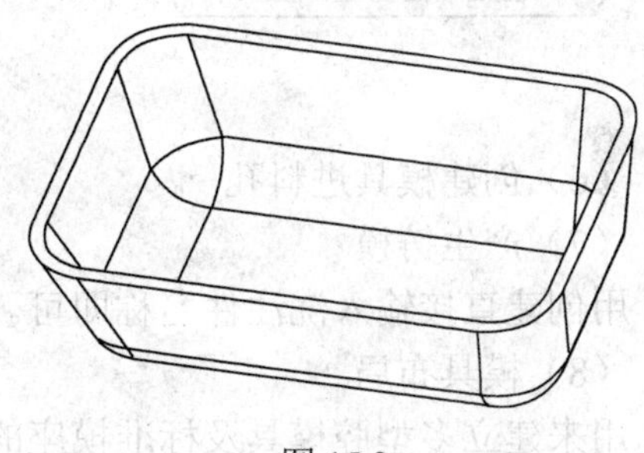

图 15.2

（2）设置零件的收缩率

因为塑料件都会收缩，所以必须设置零件的收缩率，有两种方法较常用：一是按尺寸，一般用于所有方向的收缩性相同的场合，直接输入塑料件的收缩率如 0.005；二是按比例，一般用于 x、y、z 方向的收缩性不同的场合，x、y、z 各方向输入塑料件的收缩率如 0.005。

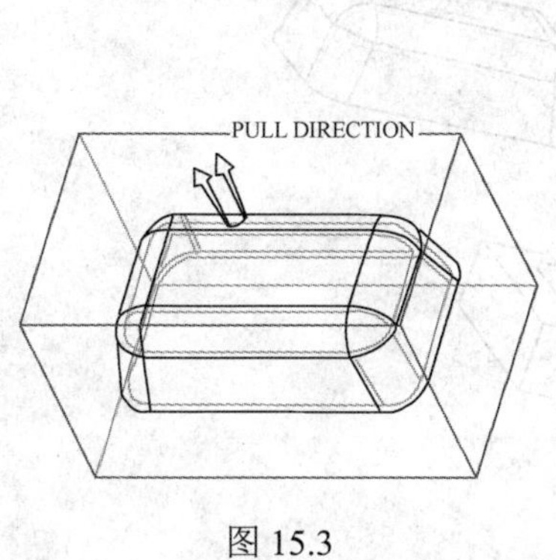

图 15.3

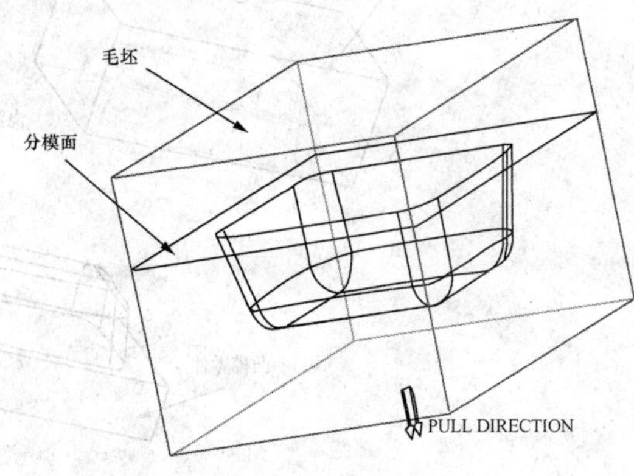

图 15.4

（3）建立分型面

如图 15.4 所示，便于分割毛坯而产生凸模、凹模、滑块、销等，是模具设计中最重要的步骤和工作，一般占模具设计较多的时间，方法也很多。

（4）建立模具体积块

利用分模面把毛坯分拆为数个模型体积，或建立砂芯体积、滑块体积与销体积等。

（5）产生模具元件

将产生的体积块转换为模具型腔（凹模、凸模）、砂芯、滑块与销等零件，如图 15.5 所示。

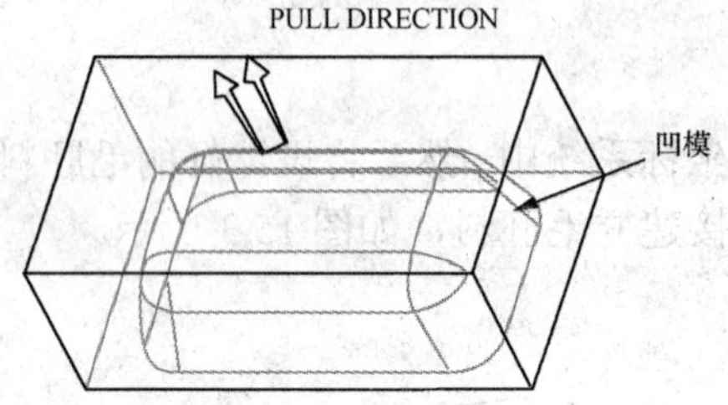

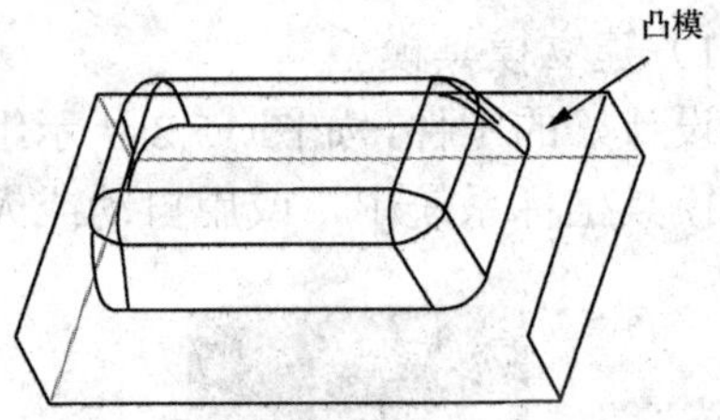

图 15.5

（6）创建模具进料孔

（7）产生铸模

用创建直接输入浇注件名称即可。

（8）模具布局

用来建立多型腔模具及标准模座的模块，使用前必须安装模座数据库模块。

（9）模具开口设计（模拟开模）

选择图标，将凸模、凹模、浇注件等模拟开模，并在开模过程中进行干涉检测，如图 15.6 所示。

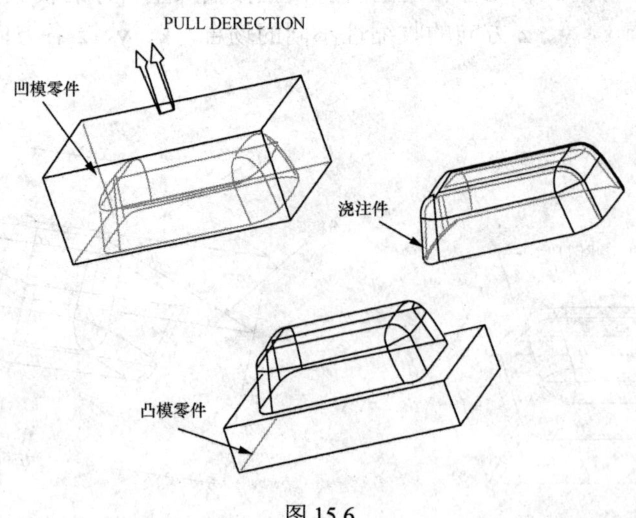

图 15.6

■ 15.2 模具设计实例 ■

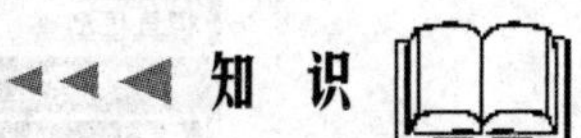

15.2.1 简易分模面模具设计

此实例的参考零件为如图 15.7 所示的碗状物体，下面说明设计其凸、凹模的全过程。

（1）建立一新的模具文件

新建一个文件夹，将练习的文件 jianyi.prt 存放在该文件夹中，并将其设为工作目录。

打开 Pro/ENGINEER Wildfire 3.0，选择“文件”→“新建”命令，出现如图 15.8 所示的对话框，按图示输入要建立的模具文件名称“jianyi_mold”，不选“使用缺省模板”复选项，单击“确定”按钮，选择 mmns_mfg_mold 公制单位，单击对话框中的“确定”按钮，出现如图 15.9 所示的坐标系和三个基准面。

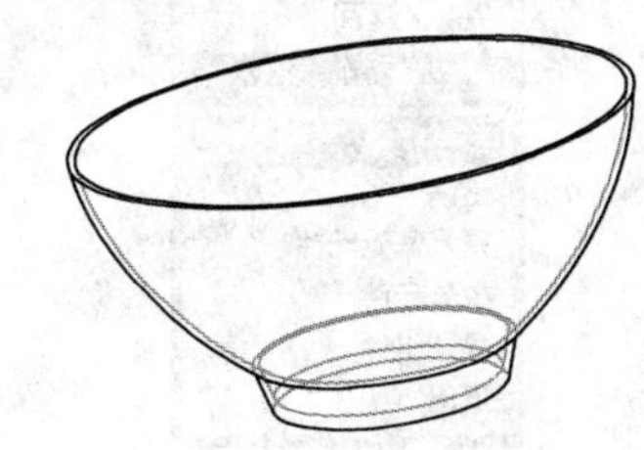

图 15.7

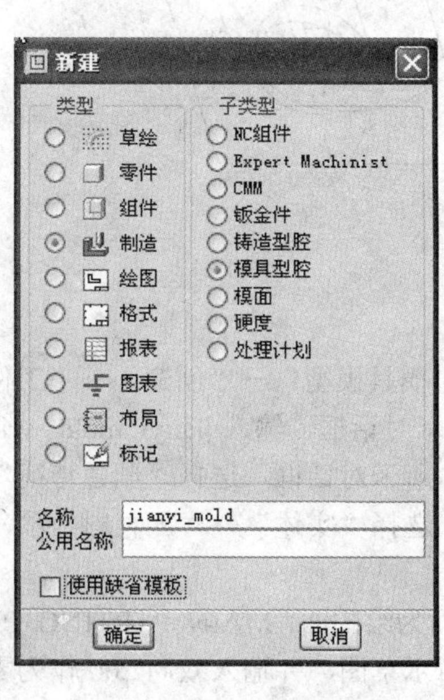

图 15.8

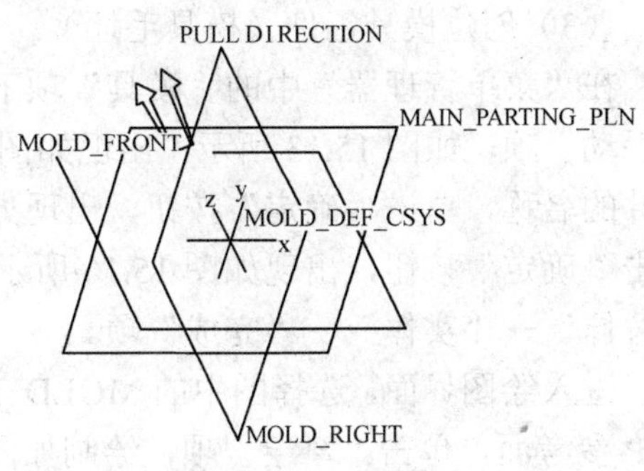

图 15.9

（2）建立参考模型

在“菜单管理器”中的“模具”项下，单击“模具模型”→“装配”→“参考模型”项，如图 15.10 所示，出现“打开”对话框，选取 jianyi.prt 零件文件，单击“打开”项，出现组合工具对话框，在对话框中选择缺省约束类型（在缺省位置装配元件），再单击✓按钮，完成组合，出现如图 15.11 所示的对话框，键入参考模型名称：JIANYI_MOLD_REF，单击“确定”按钮，返回“模具模型”菜单，结果如图 15.12 所示。

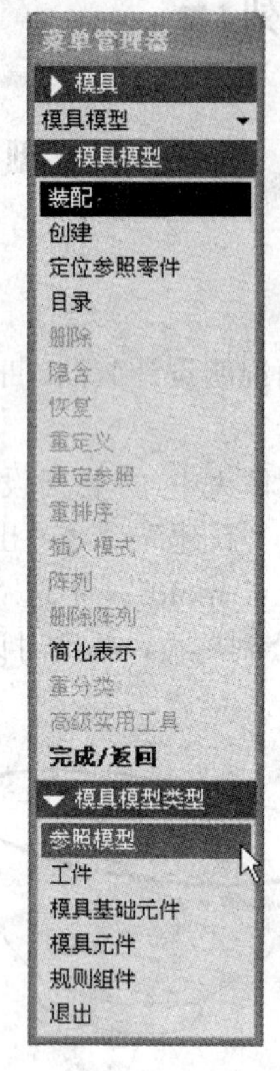

图 15.10

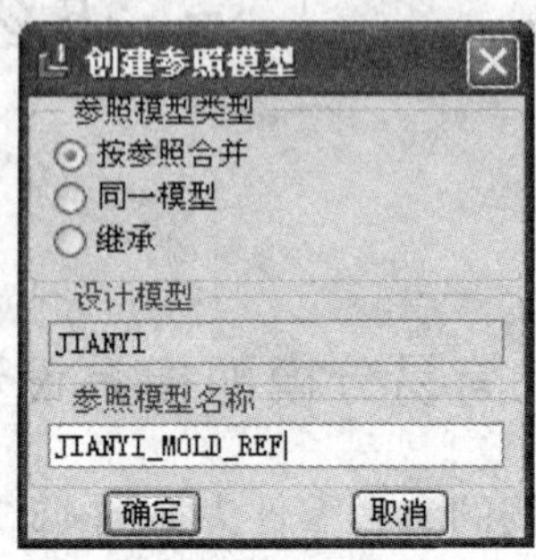

图 15.11

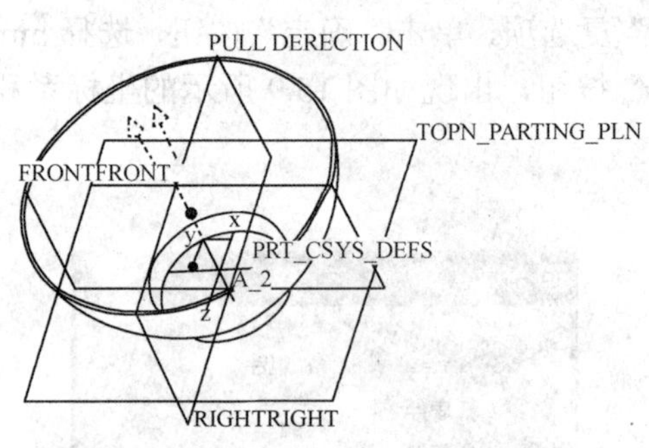

图 15.12

（3）创建模具工件（模具毛坯）

在“菜单管理器”中的“模具”项下，单击“模具模型”→“创建”→“工件”→“手动”项，如图 15.13 所示，出现如图 15.14 所示对话框，输入 jianyi_mold_wrk 作为工件的名称，单击“确定”按钮，出现如图 15.15 所示对话框，选择“创建特征”项，单击“确定”按钮，出现如图 15.16 所示对话框，选择“实体”→“加材料”项，选择“拉伸”→“实体”→“完成”项。

进入绘图界面，选择图中的 MOLD_FRONT 面为绘图面，MAIN_PARTING_PLN 为 TOP 参考面，单击“草绘”项，绘制如图 15.17 所示草图，并输入双向 200 作为零件的深度，完成后单击“完成/返回”按钮，回到“模具”菜单管理器。结果如图 15.18 所示。

（4）设置收缩（缩水）率

在模具菜单管理器中，单击“收缩”→“按尺寸”项，如图 15.19 所示，出现如图 15.20 所示的对话框，同时出现立体零件图界面，在比率处输入缩水率 0.005，单击✓按钮，单击“完成/返回”项，回到“模具”菜单管理器中。

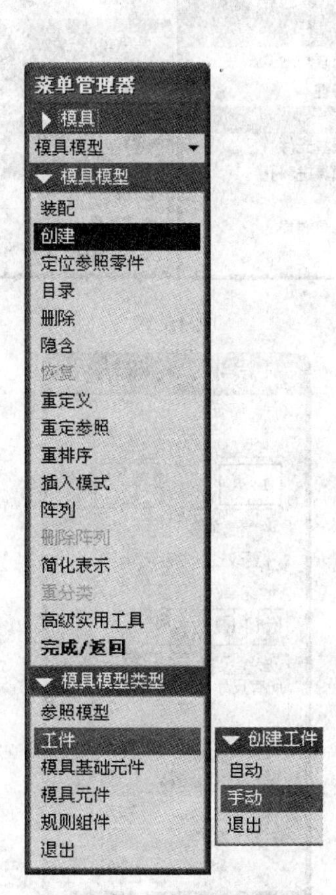

图 15.13

图 15.14

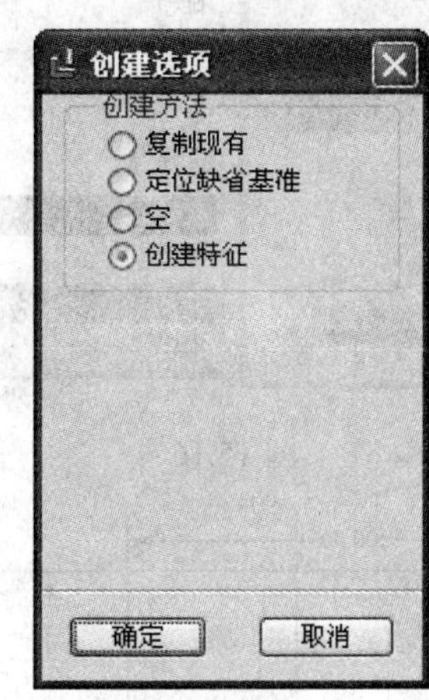

图 15.15

（5）建立分型面

单击“遮蔽/取消遮蔽”工具按钮，得到如图 15.21 所示的对话框，选择 JIANYI_MOLD_WRK 后，单击“遮蔽”项；也可以在模型树中选中 JIANYI_MOLD_WRK，再单击鼠标右键并在快捷菜单中选择“遮蔽”或“隐藏”项，可以暂时把相关组件遮蔽或隐藏。按同样步骤也可以选择“取消遮蔽”或“取消隐藏”项。

单击分型曲面工具按钮，选中参照模型的内表面，用复制、粘贴工具完成曲面复制，见图 15.22。

将 jianyi_mold_wrk.prt 取消隐藏，用“拉伸”工具建立拉伸曲面，选择如图 15.23 所示的绘图面，画一条如图 15.24 所示的直线，拉伸深度选“至曲面”，如图 15.25 所示选择后侧面，完成后的曲面是一个平面。

同时选中复制的曲面及拉伸曲面，再选择“合并”工具，进行曲面合并，如图 15.26 所示，分型面创建完成，将其他元件遮蔽后，分型面显示的结果如图 15.27 所示。

图 15.16

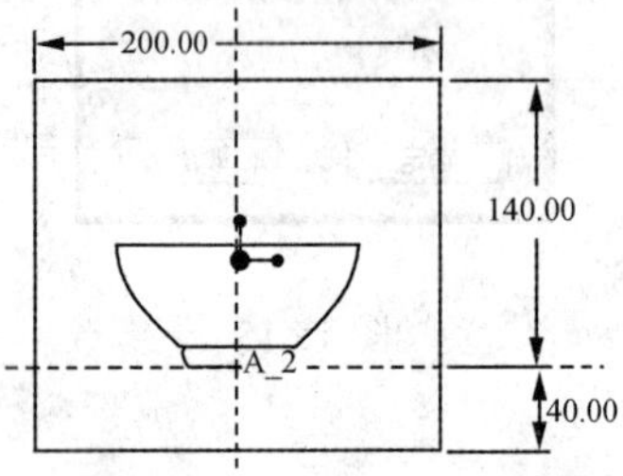

200.00
140.00
40.00
A_2

图 15.17

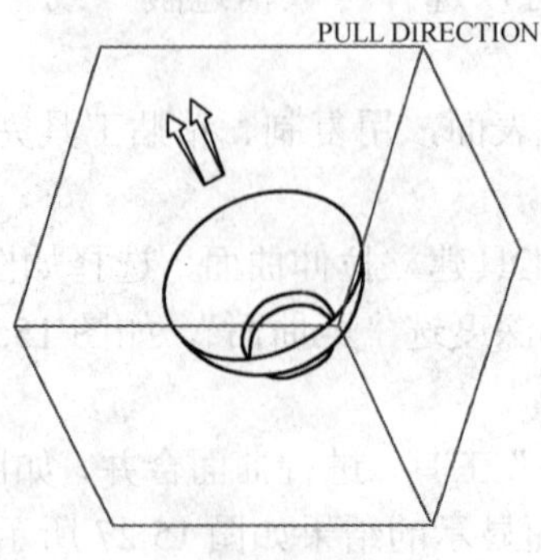

图 15.18

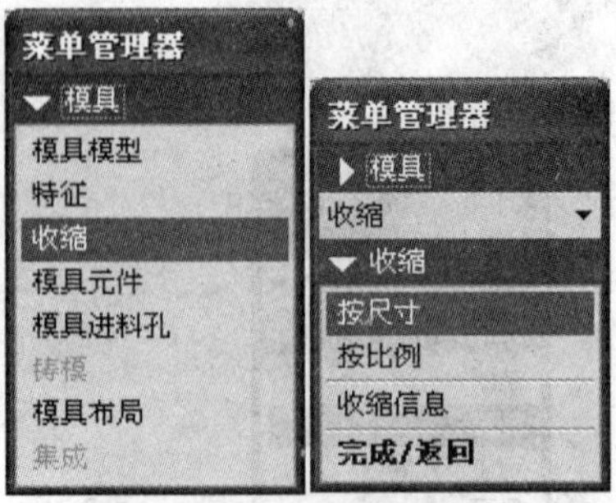

菜单管理器
模具
模具模型
特征
收缩
模具元件
模具进料孔
铸模
模具布局
集成

菜单管理器
模具
收缩
收缩
按尺寸
按比例
收缩信息
完成/返回

图 15.19

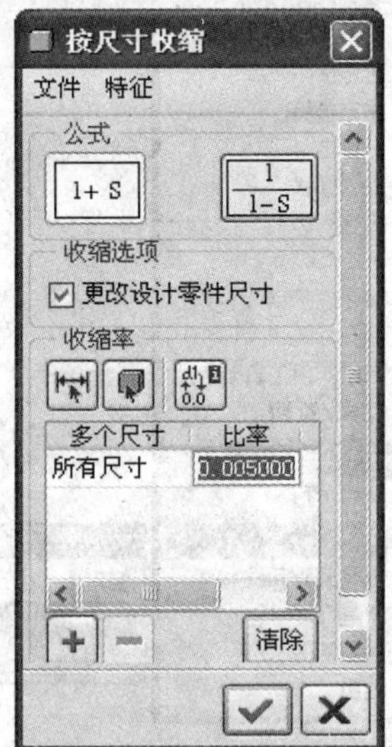

图 15.20

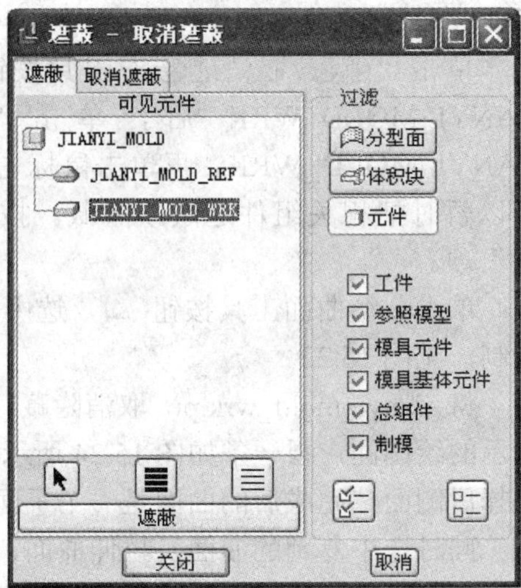

图 15.21

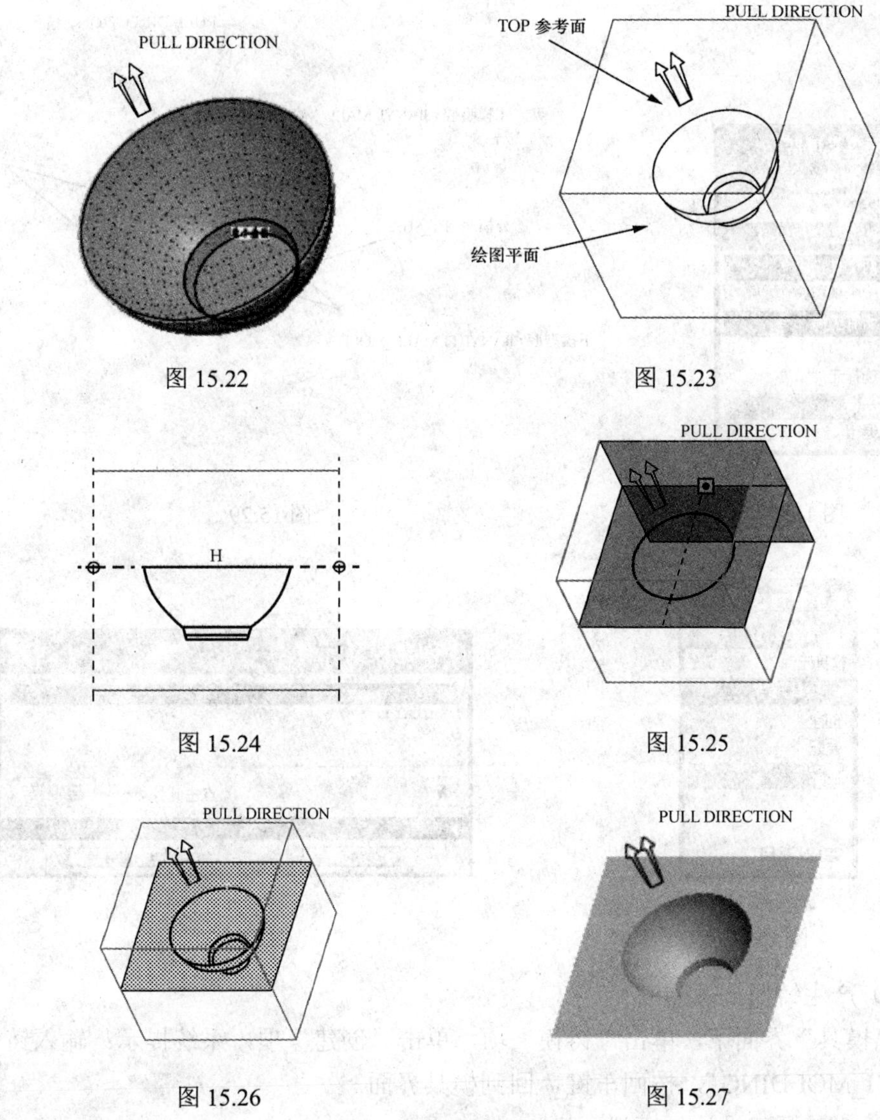

图 15.22

图 15.23

图 15.24

图 15.25

图 15.26

图 15.27

（6）建立模具体积块

单击分割模具体积块工具按钮，出现如图 15.28 所示的对话框，选择“两个体积块”→“所有工件”→“完成”项，出现“分割”对话框，选择上一步骤建立的分型面，单击“确定”按钮，此时分型面上方部分变颜色，输入上模型腔（凸模）的名称“JIANYI_MALE_MOLD”，单击“确定”按钮，此时分模面下方部分变颜色，输入下模型腔（凹模）的名称“JIANYI_FEMALE_MOLD”，单击“确定”按钮，如图 15.29 所示，模具体积块创建完成，单击“完成/返回”项。

（7）产生模具元件

在“模具”菜单管理器中，单击“模具元件”项，出现如图 15.30 所示对话框，单击“抽取”项，出现如图 15.31 所示对话框，选择所有零件，单击“确定”按钮，单击“完成/返回”项。

图 15.28

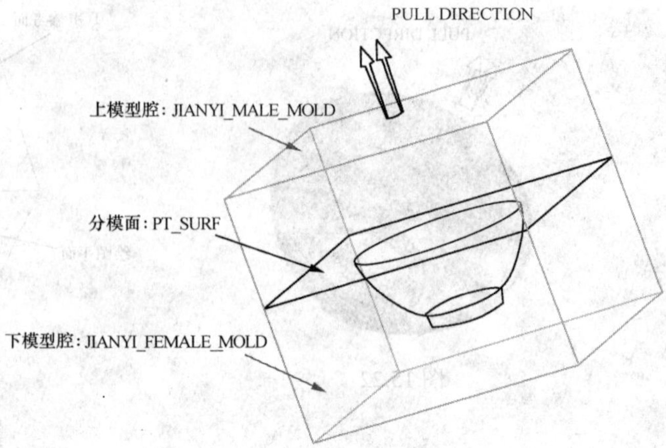

PULL DIRECTION
上模型腔: JIANYI_MALE_MOLD
分模面: PT_SURF
下模型腔: JIANYI_FEMALE_MOLD

图 15.29

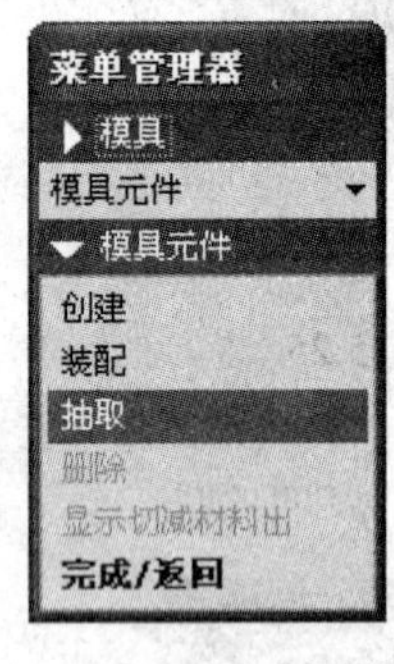

图 15.30

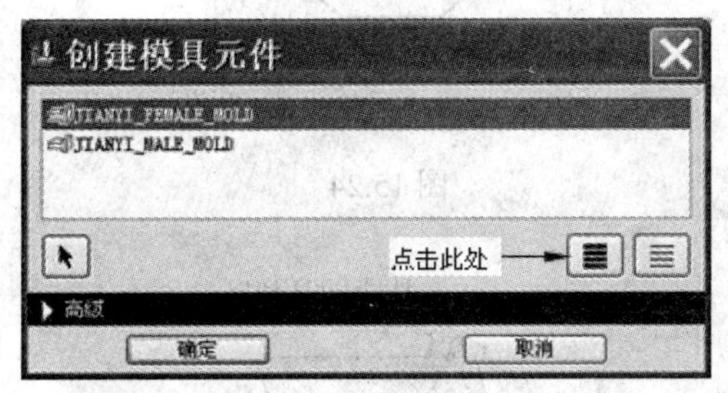

图 15.31

（8）产生铸模

在“模具”界面下，单击“铸模”项，单击“创建”项，系统提示：输入铸模名称“JIANYI_MOLDING”，按回车键，回到模具界面。

（9）模具开口设计（模拟开模）

首先将参考模型零件 JIANYI_MOLD_REF.PRT、模具工件 JIANYI_MOLD_WRK.PRT 和分模面 PT_SURF 都遮蔽起来。

单击图标，选择“定义间距”项，选择“定义移动”项，如图 15.32 所示，选择上模型腔零件 JIANYI_MALD__MOLD.PRT，单击“确定”按钮，系统提示：通过选取边、轴或表面选取分解方向，选取如图 15.33 所示的边，系统提示：输入沿指定方向的位移，输入 300，单击“完成”项，第一个零件移动完成，结果如图 15.34 所示；依此类推，铸模 jianyi_molding.prt 往上移动位移为 150，结果如图 15.35 所示。

可以使用图 15.32 菜单中的“分解”按钮命令来分步演示开模动作。

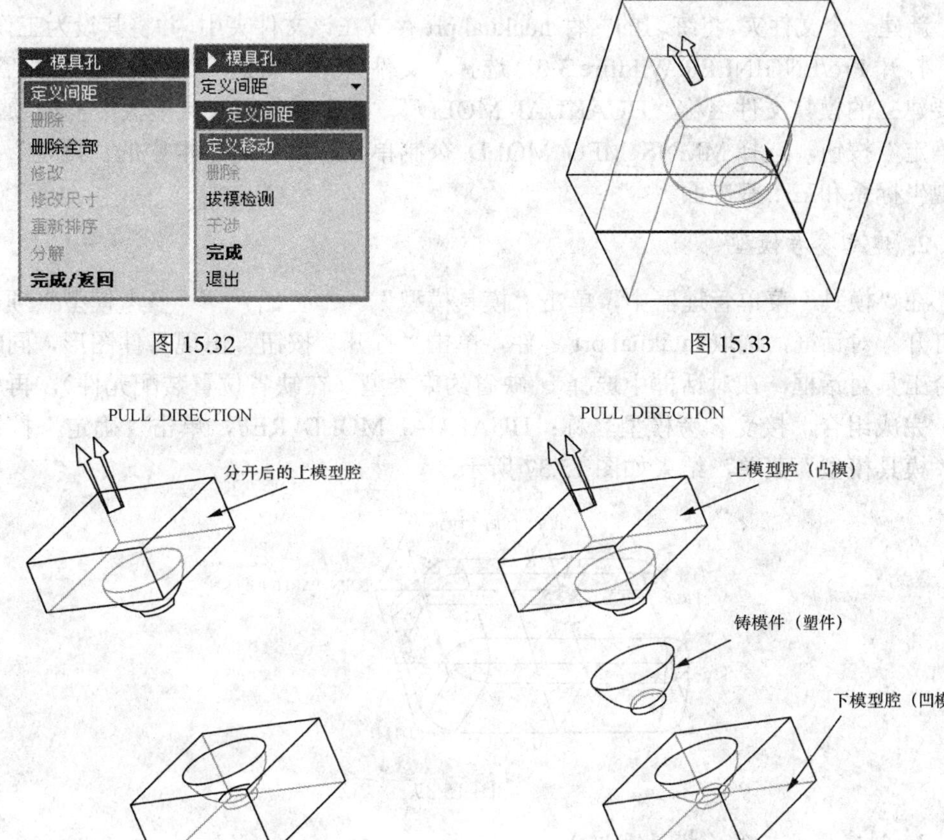

图 15.32 图 15.33

图 15.34 图 15.35

存盘后退出。

15.2.2 靠破孔及滑块设计

本小节实例的参考零件如图 15.36 所示，本实例主要练习滑块的生成及开模动作的模拟。

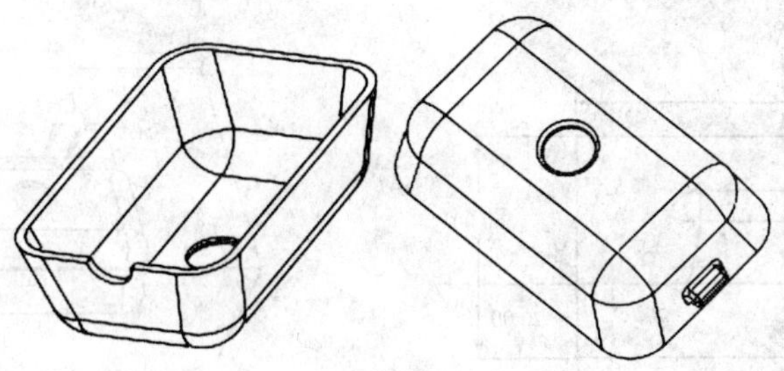

图 15.36

1. 建立一新的模具文件

新建一个文件夹，将练习的文件 huakuai.prt 存放在该文件夹中，并将其设为工作目录。

打开 Pro/ENGINEER Wildfire 3.0，选择“文件”→“新建”命令，出现对话框，输入要建立的模具文件名称“HUAKUAI_MOLD”，不选“使用缺省模板”复选项，单击“确定”按钮，选择 MMNS_MFG_MOLD 公制单位，单击对话框中的“确定”按钮，出现坐标系和三个基准面。

2. 建立参考模型

在“模具”菜单管理器中，单击“模具模型”→“装配”→“参考模型”项，出现“打开”对话框，选取 huakuai.prt 零件，单击“打开”按钮，出现零件图形，同时出现组合工具对话框，在对话框中选择 缺省约束类型（在缺省位置装配元件），再单击按钮，完成组合，接受参考模型名称：HUAKUAI_MOLD_REF，单击“确定”按钮，返回“模具模型”菜单，结果如图 15.37 所示。

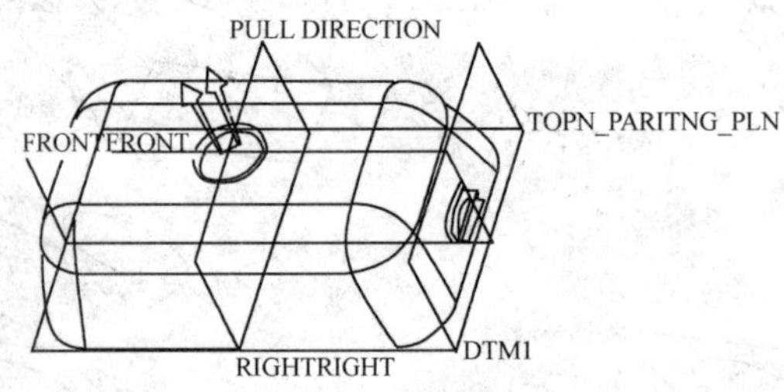

图 15.37

3. 创建模具工件（模具毛坯）

在“模具”界面下，单击“模具模型”→“创建”→“工件”→“手动”项，输入 HUAKUAI_MOLD_WRK 作为工件的名称，单击“确定”按钮，出现对话框，选择“创建特征”项，单击“确定”按钮，出现对话框，选择“实体”→“加材料”项，再选择“拉伸”→“实体”→“完成”项。

进入绘图界面，选图中的 MOLD_FRONT 面为绘图面，MAIN_PARTING_PLN 为顶部参考面，绘制如图 15.38 所示的草图，并输入双向 80 作为零件的深度，完成后结果如图 15.39 所示。单击“完成/返回”项，回到“模具”菜单。

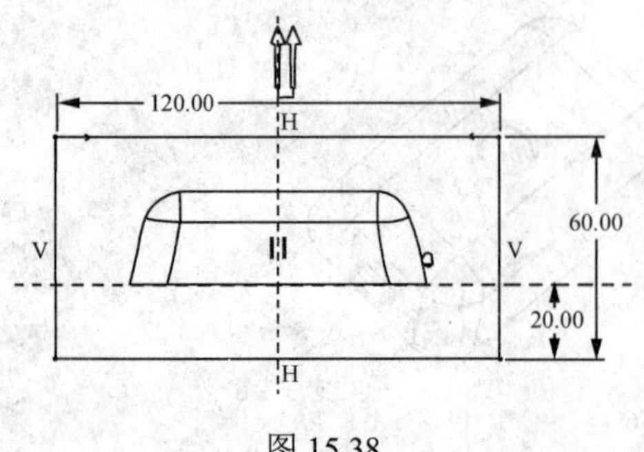

图 15.38

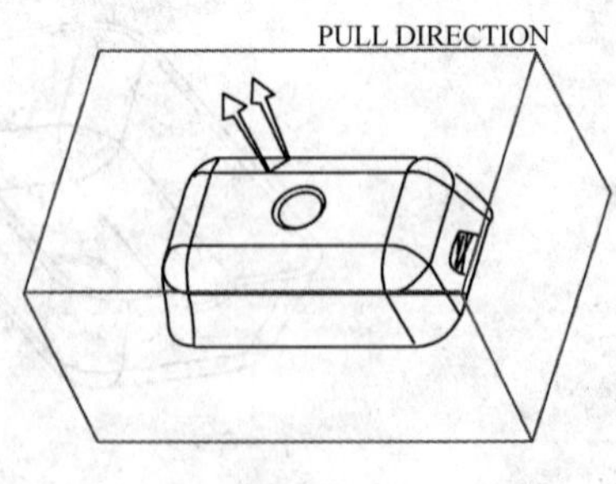

图 15.39

4. 设置收缩（缩水）率

在“模具”界面下，单击“收缩”→“按尺寸”项，出现如图 15.20 所示的对话框，同时出现立体零件图界面，在“比率”处输入缩水率 0.005，单击✔按钮，单击“完成/返回”项，回到“模具”菜单。

5. 建立分型面

（1）建立主体分型面

先遮蔽 HUAKUAI_MOLD_WRK.PRT，选参考零件的内表面进行复制（见图 15.46），单击“复制”→“粘贴”工具后得到如图 15.40 示的对话框，打开选项对话框，选择“排除曲面并填充孔”单选项，选择图 15.41 要填充孔所在的曲面，完成后的结果见图 15.42。

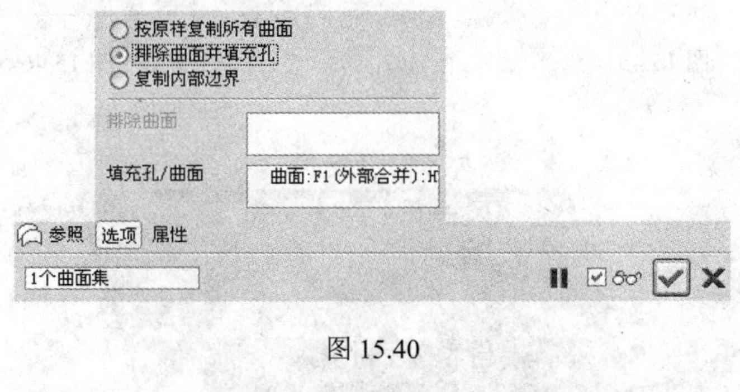

图 15.40

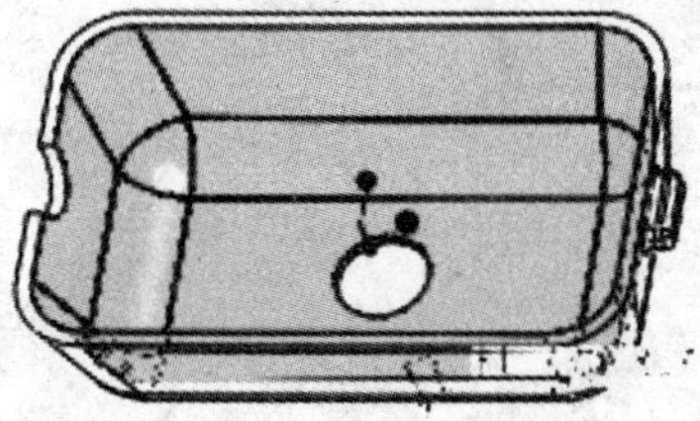

图 15.41

图 15.42

将 HUAKUAI_MOLD_WRK.PRT 取消遮蔽，选中刚刚复制曲面的小圆弧边，将曲面延伸到工件表面，见图 15.43，将 HUAKUAI_MOLD_WRK.prt 遮蔽后的结果见图 15.44。

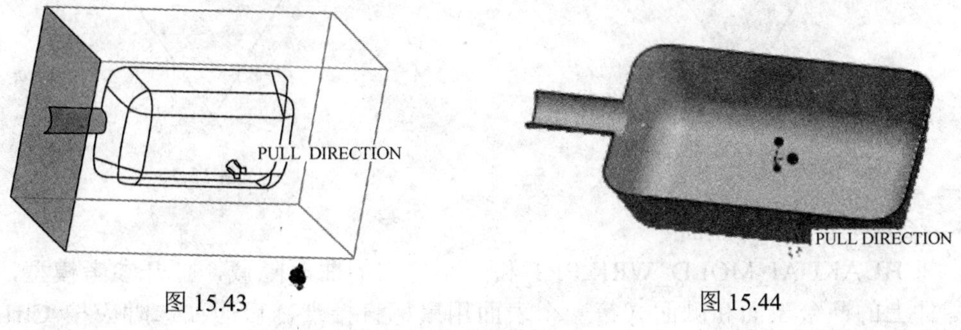

图 15.43

图 15.44

将 HUAKUAI_MOLD_WRK.PRT 取消隐藏，用“拉伸”工具建立拉伸曲面，选择工件的前侧面作绘图面，画一条如图 15.45 所示的直线，拉伸深度选至“曲面”项，如图 15.46 所示选择后侧面，完成后的曲面是一个平面。

将两个曲面合并得到如图 15.47 所示的主分模面。

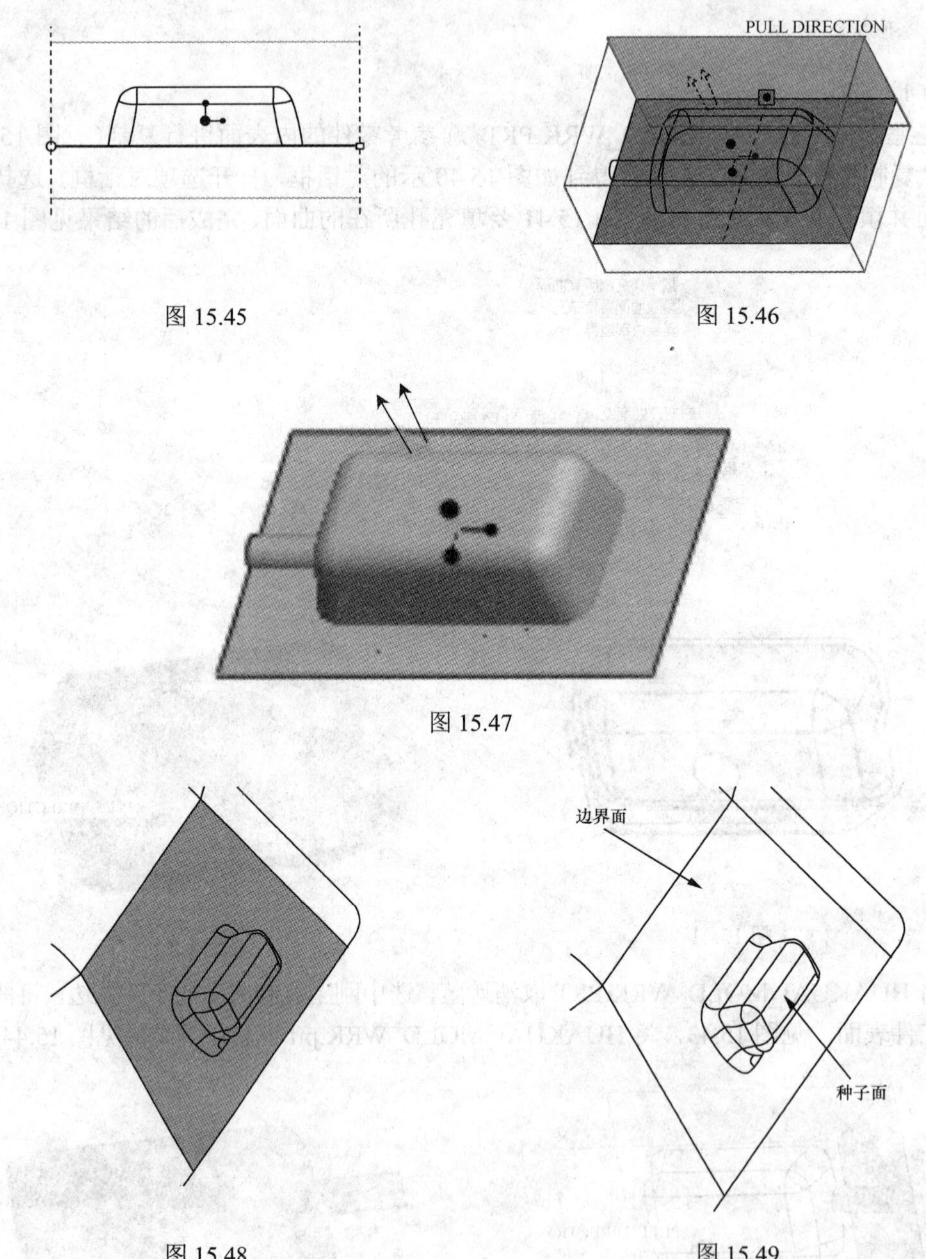

图 15.45

图 15.46

图 15.47

图 15.48

图 15.49

（2）建立滑块分型面

将 HUAKUAI_MOLD_WRK.PRT 和刚刚建立的曲面隐藏，打开参考模型，选参考零件上的凸台表面和侧面（第一个表面用鼠标直接点，后面加选时应按 Ctrl 键，直到选完为止；也可以在凸台选取任一曲面作种子面，再按住 Shift 键选择如图 15.49 所示的边界面，系统就会选中包括种子面在内的种子面到边界面之间的所有面，最后按住 Ctrl 键继续选中所需要的面），见图 15.48，使用“复制”→“粘贴”工具完成曲面的复制。

将 HUAKUAI_MOLD_WRK.PRT 取消隐藏，用“拉伸”工具建立拉伸曲面，选择工件的右侧面作绘图面，画一条如图 15.50 所示的矩形，拉伸深度 40，完成后的结果见图 15.51。

将两个曲面合并得到如图 15.52 所示的次分模面。

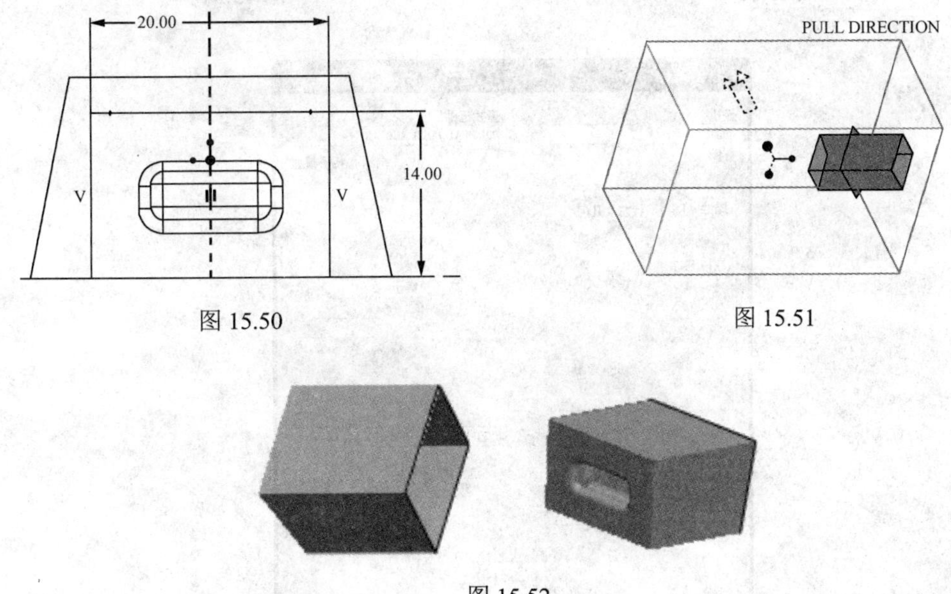

图 15.50

图 15.51

图 15.52

6. 建立模具体积块

（1）分割为两大块

单击分割模具体积块工具按钮，出现如图 15.28 所示的对话框，选择“两个体积块”→“所有工件”→“完成”项，出现“分割”对话框，选择上一步骤建立的分型面，单击“确定”按钮，此时分模面下方部分变颜色，输入下模型腔（凸模）的名称“HUAKUAI_MALE_MOLD”，单击“确定”按钮，接着分型面上方部分变颜色，输入上模型腔（凹模）的名称“HUAKUAI_FEMALE1_MOLD”，单击“确定”按钮，结果如图 15.53、图 15.54 所示。

（2）分割出滑块

在“模具”界面下，单击“模具体积块”→“分割”项，出现对话框，选择“一个体积块”→“模具体积”→“完成”项，出现分割对话框，同时出现搜索工具对话框，如图 15.55 所示，选中上模型腔（凹模）的名称“HUAKUAI_FEMALE1_MOLD”，单击 >> 按钮选定模具体积，单击“关闭”按钮完成选择。

图 15.53

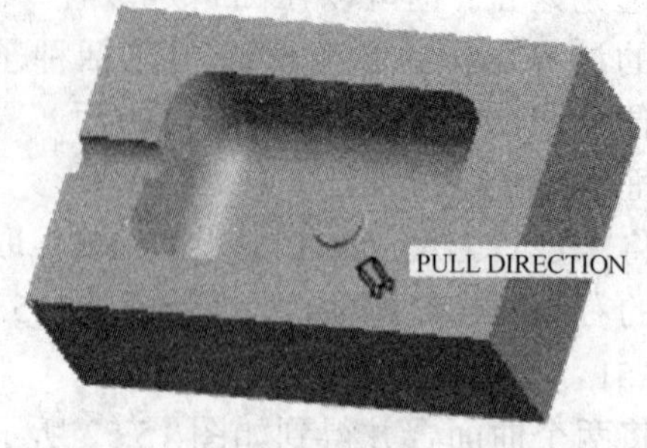

图 15.54

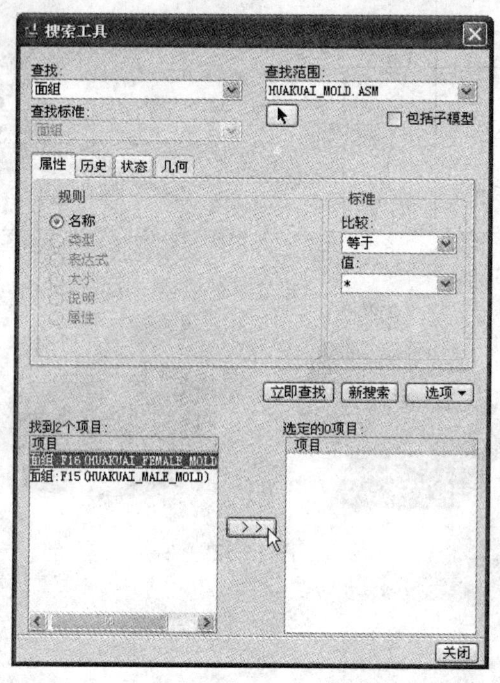

图 15.55

选择如图 15.52 所示的曲面，将鼠标放在图形任意位置，单击右键，出现快捷菜单，选择“从表中拾取”项，单击“确定”按钮，此时上模型腔部分变颜色，输入模型腔（凹模）的名称“HUAKUAI_FEMALE_MOLD”，单击“确定”按钮，此时滑块变颜色，输入滑块名称“HUAKUAI_SLIDE_MOLD”，单击“确定”按钮，完成滑块体积块的创建。

7. 产生模具元件

在“模具”界面上，单击“模具元件”项，单击“抽取”项，选择所有零件，单击“确定”按钮，选择“完成/返回”项，回到“模具”菜单。

8. 产生铸模

在“模具”界面下，单击“铸模”项，单击“创建”项，系统提示：输入铸模名称

"HUAKUAI_MOLDING"，按回车键。

9. 模具开口设计（模拟开模）

将参照模型零件 HUAKUAI_MOLD_REF.PTR、模具工件 HUAKUAI_MOLD_WRK.PRT 和分型面都隐藏起来。让滑块零件 HUAKUAI_SLIDE_MOLD.PRT 向右移动 50，将上模型腔 HUAKUAI_FEMALE_MOLD.PRT 向上移动 80，将铸模 HUAKUAI_MOLDING 向上移动 20，将下模型腔 HUAKUAI_MALE_MOLD 向下移动 60，结果如图 15.56 所示。

10. 存盘后退出

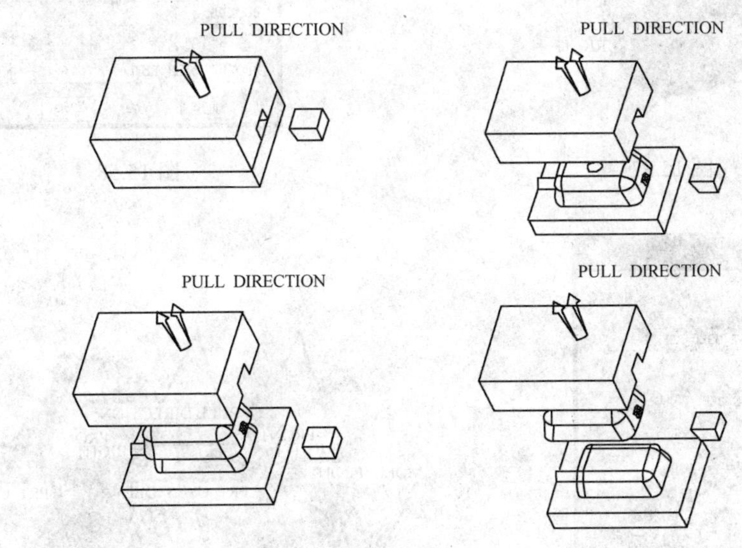

图 15.56

15.2.3 一模多穴设计

本小节练习设计一模四穴的模具，一次可生成 4 个产品零件，其零件（duoxue.prt）如图 15.57 所示。

1. 建立一新的模具文件

新建一个文件夹，将练习的文件 duoxue.prt 存放在该文件夹中，并将其设为工作目录。

打开 Pro/ENGINEER Wildfire 3.0，选择"文件"→"新建"命令，出现"新建"对话框，输入要建立的模具文件名称"DUOXUE_MOLD"，不选择"使用缺省模板"复选项，单击"确定"按钮，选择 MMNS_MFG_MOLD 公制单位，单击对话框中的"确定"按钮，出现如图 15.9 所示的坐标系和三个基准面。

2. 建立参考模型

选择右边图标中的 ![icon]（选取/定义零件在模具中的放置和方向）图标，出现"布局"对话框，同时出现参照模型"打开"对话框，选取 duoxue.prt 零件，单击"打开"按钮，出现如图 15.58 所示的“创建参照模型”的对话框，采用系统默认的名称，单击“确定”按钮，此时在“布局”对话框中，在“布局”栏选择“矩形”单选项，在“定向”栏选择“恒定”单选项，“矩形”栏下的“X”、“Y”增量均输入 10，如图 15.59 所示，单击“确定”按钮，结果如图 15.60 所示，选择“完成/返回”项，回到“模具”菜单。

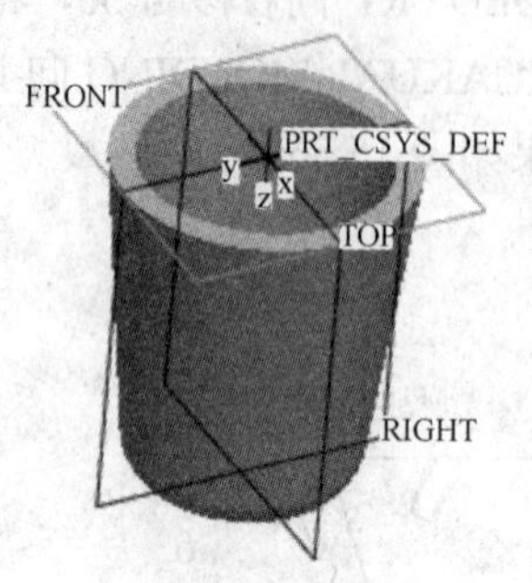

图 15.57

图 15.58

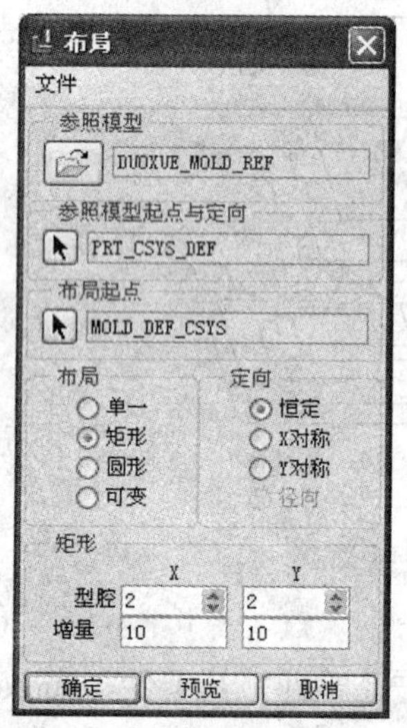

图 15.59

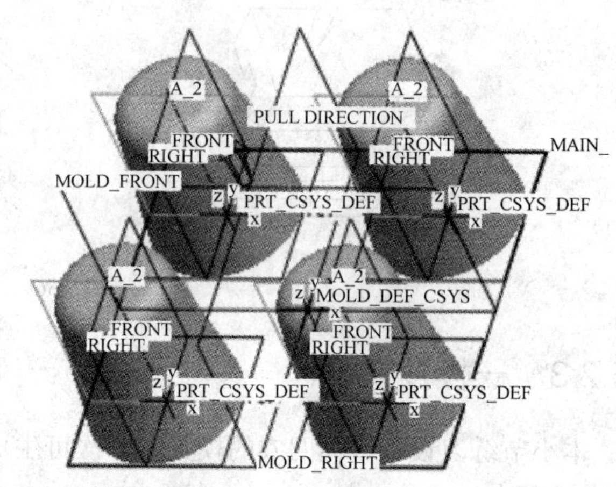

图 15.60

3. 创建模具工件（模具毛坯）

（1）创建模具工件主体

在“模具”界面下，单击“模具模型”→“创建”→“工件”→“手动”项，出现对话框，输入 DUOXUE_MOLD_WRK 作为工件的名称，单击“确定”按钮，出现对话框，选择“创建特征”项，单击“确定”按钮，出现对话框，选择“实体”→“加材料”项，再选择“拉伸”→“实体”→“完成”项。

进入绘图界面，选图中的 MOLD_FRONT 面为绘图面，MAIN_PARTING_PLN 为顶面参考面，单击“草绘”项，绘制如图 15.61 所示的草图，并输入双向 22 作为零件的深度，完成后结果如图 15.62 所示。选择“完成/返回”项。

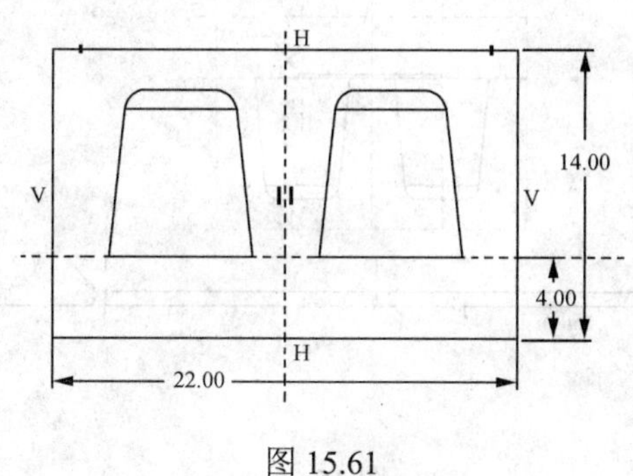

图 15.61

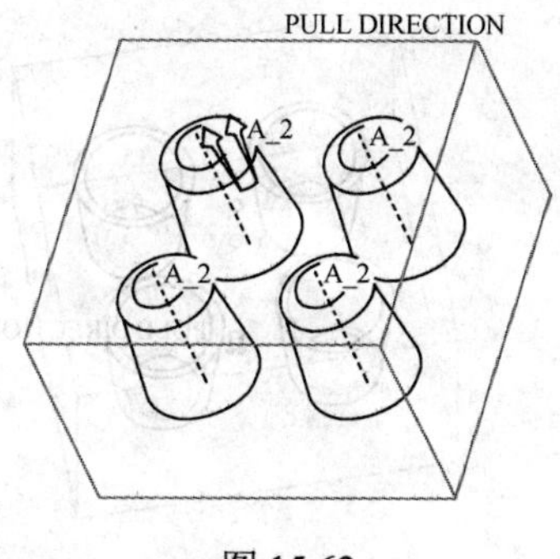

图 15.62

（2）在工件上创建浇道

在“模具”界面下，单击“特征”→“工件”项，出现如图 15.63 所示的对话框，单击“实体”→“切减材料”项，出现下一组对话框，再单击“旋转”→“实体”→“完成”项。

进入绘图界面，选择 MOLD_ FRONT 面为绘图面，工件顶面为底部参考面，单击“草绘”项，绘制如图 15.64 所示的草图，单击按钮，结果如图 15.65 所示，回到“特征操作”界面。

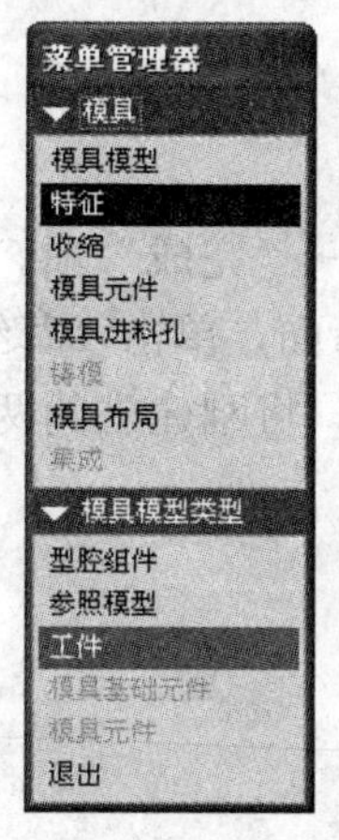

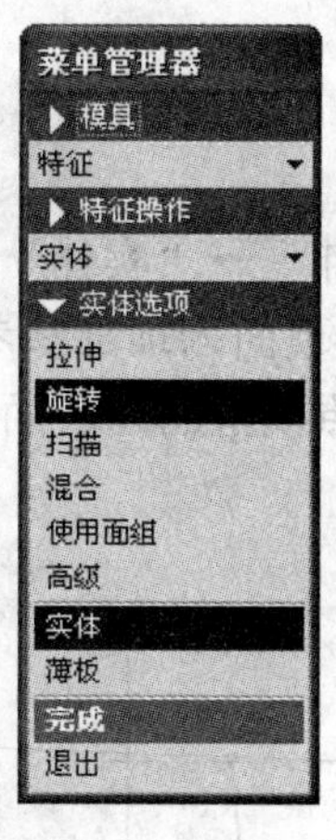

图 15.63

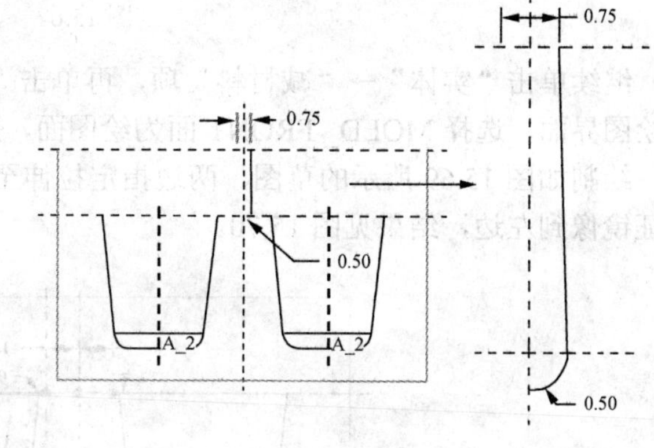

图 15.64

（3）在工件上创建主流道

在“特征操作”界面单击“实体”→“且减材料”项，再单击“旋转”→“实体”→“完成”项。

进入绘图界面，选择 MOLD_ FRONT 面为绘图面，工件顶面为顶部参考面，单击“草绘”项，绘制如图 15.66 所示的草图，单击按钮，结果如图 15.67 所示，回到“特征操作”菜单。

（4）在工件上创建分流道

进行同样的“旋转”操作，主流道的两边绘制如图 15.68 所示的草图，完成分流道的创建。

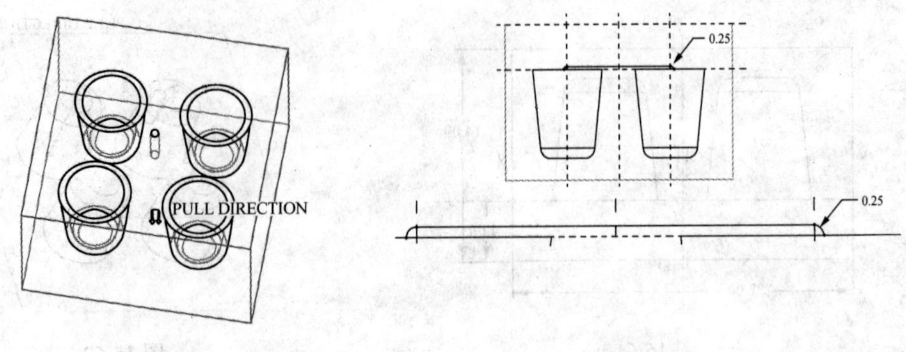

图 15.65　　　　图 15.66

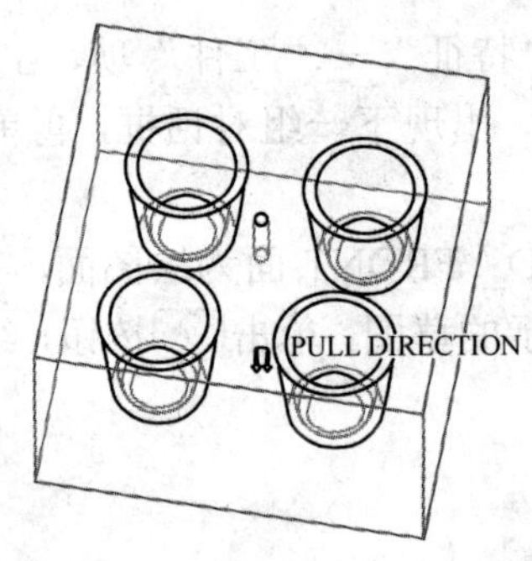

图 15.67

继续单击“实体”→“减材料”项，再单击“拉伸”→“实体”→“完成”项。进入绘图界面，选择 MOLD_FRONT 面为绘图面，工件顶面为顶部参考面，单击“草绘”项，绘制如图 15.69 所示的草图，两边指定拉伸至参照模型的外表面。将刚建立的两个特征镜像到左边，结果见图 15.70。

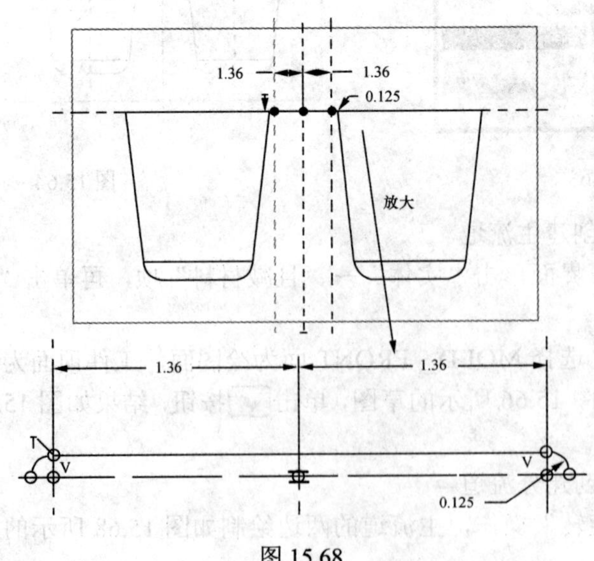

图 15.68

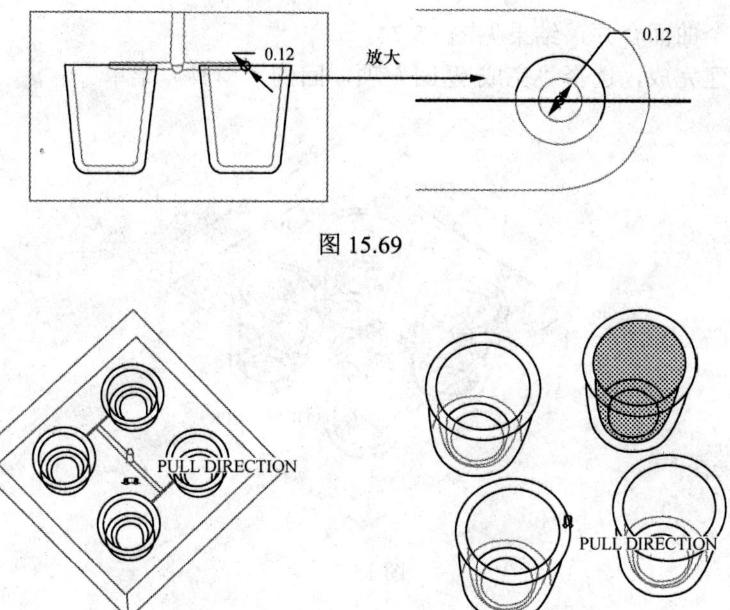

图 15.69

图 15.70

图 15.71

4. 设置收缩（缩水）率

在“模具”界面下，单击“收缩”→“按尺寸”项，出现对话框，同时出现立体零件图界面，在“比率”处输入缩水率 0.005，单击✔按钮，选择“完成/返回”项，回到“模具”菜单。

5. 建立分型面

将 duoxue_mold_wrk.prt 隐藏，单击“分型面”工具按钮，分别“复制”四个参考零件的内表面，见图 15.71。

将 duoxue_mold_wrk.prt 取消隐藏，再使用“拉伸”工具，选取毛坯料右侧面为绘图面，选毛坯料顶面为顶部参考面，绘制如图 15.72 所示的直线，深度为至如图 15.73 所示的曲面，拉伸结果为一平面。

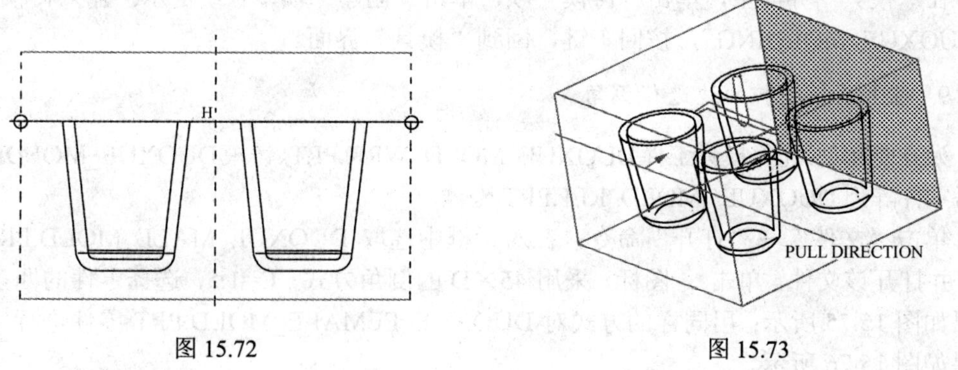

图 15.72

图 15.73

分别将五个曲面合并，结果见图 15.74。

分型面创建完成，选择“完成/返回”项，回到“模具”菜单。

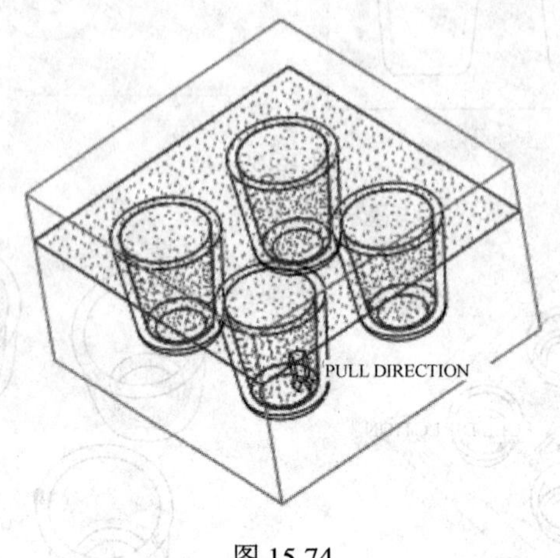

图 15.74

6. 建立模具体积块

在“模具”界面下，单击“模具体积块”→“分割”项，出现对话框，选择“两个体积块”→“所有工件”→“完成”项，出现“分割”对话框，系统提示：选分型面，选择上步生成的分型面，单击“确定”按钮，此时分型面上方部分变颜色，输入上模型腔（凸模）的名称“DUOXUE_MALE_MOLD”，单击“确定”按钮，此时分模面下方部分变颜色，输入下模型腔（凹模）的名称“DUXUE_FEMALE_MOLD”，单击“确定”按钮，模具体积块创建完成，选择“完成/返回”项，回到“模具”菜单。

7. 产生模具元件

在“模具”界面下，单击“模具元件”项，出现对话框，单击“抽取”项，出现“抽取”对话框，选择所有零件，单击“确定”按钮，选择“完成/返回”项，回到“模具”菜单。

8. 产生铸模

在“模具”界面下，单击“铸模”项，单击“创建”项，系统提示：输入铸模名称“DUOXUE_MOLDING”，按回车键，回到“模具”界面。

9. 对上下模型腔的边进行倒角

为方便起见，先将模具工件DUOXUE_MOLD_WRK.PRT、铸模DUOXUE_MOLDING、参考零件阵列DUOXUE _MOLD_REF.PRT隐藏。

单击“文件”→“打开”命令，在对话框中选取 DUOXUE_MALE_MOLD.PRT 零件，并打开该文件，单击图标，采用 45×D 的倒角方式，D=1.5，选择零件的四条边，结果如图 15.75 所示；用同样的方式对 DUOXUE_FEMALE_MOLD.PRT 零件进行倒角，结果如图 15.76 所示。

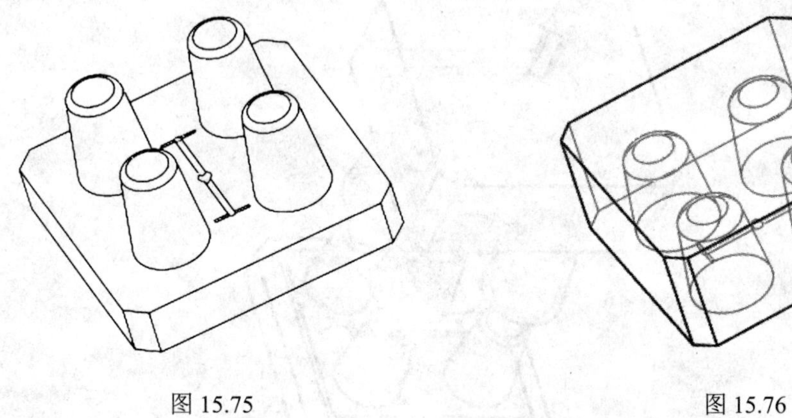

图 15.75　　　　图 15.76

10. 在上下模型腔中挖出凹槽，便于模型腔固定于模板上

在“模具”界面下，单击“特征”→“型腔组件”→“实体”→“切减材料”→“拉伸”→“实体”→“完成”项。

进入绘图界面，选 MAIN_PARTING_PLN 为绘图面，MOLD_RIGHT 为右侧参考面，单击“草绘”项，绘制如图 15.77 所示的图形，双向输入 2 的深度，完成结果如图 15.78 所示。

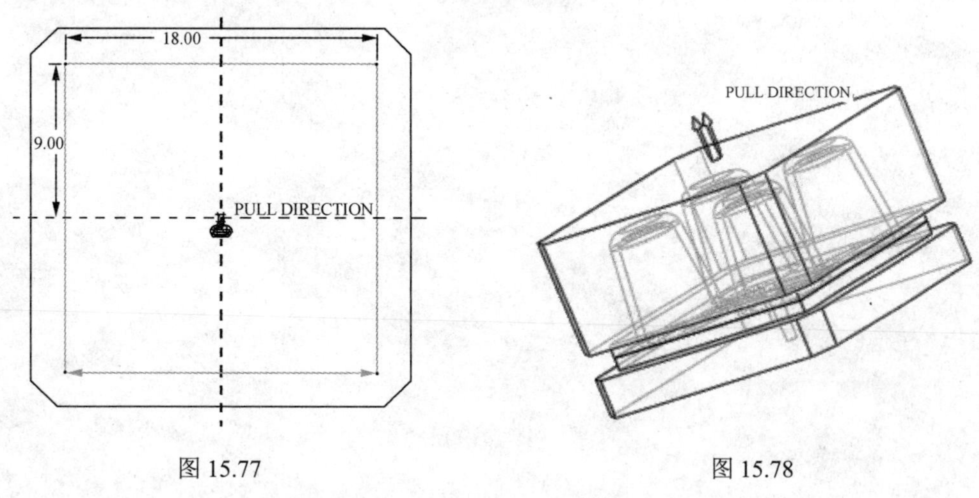

图 15.77　　　　图 15.78

11. 模具开口设计（模拟开模）

单击图标，出现对话框，选择“定义间距”项，选择“定义移动”项，选择下模型腔零件 DUOXUE_FEMALE_MOLD.PRT，系统提示：通过选取边、轴或表面选取分解方向，选取上模型腔顶面，单击“确定”按钮，系统提示：输入沿指定方向的位移，输入 30，选择“完成”项，以此类推，将铸模 DUOXUE_MOLDING 往上移动 5，将上模型腔 DUOXUE_MALE_MOLD.PRT 向下移动 30，结果如图 15.79 所示。

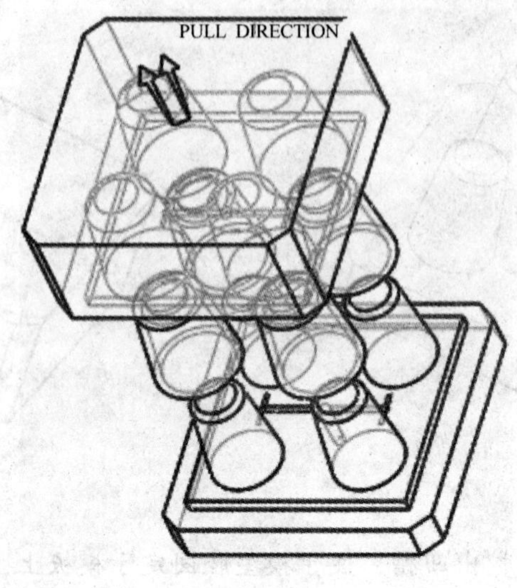

图 15.79

练习到此结束，保存文件并退出。

参 考 文 献

陈志雄，胡焕成，吴流发．Pro/ENGINEER 实用教程．北京：中国水利水电出版社

林清安．Pro/ENGINEER 野火版 3.0 中文版基础零件设计（下）．北京：电子工业出版社

冯如设计在线，李翔鹏．Pro/ENGINEER 野火版 3.0 自学手册——实例应用篇．北京：人民邮电出版社

冯如设计在线，樊旭平．Pro/ENGINEER 野火版 3.0 自学手册——模具设计篇．北京：人民邮电出版社

林勇志，黄朝瑜，黄圣杰等．Pro/ENGINEER 野火版基础教程（上）．北京：人民邮电出版社

祝凌云，李斌．Pro/ENGINEER 野火版新手必问．北京：人民邮电出版社

老虎工作室：谭雪松、朱金波、朱新涛．Pro/ENGINEER Wildfire 中文版典型实例。北京：人民邮电出版社